高等院校信息技术系列教材

3S技术导论

张军 雷军 李硕豪 李国辉 编著

清華大学出版社
北京

内 容 简 介

本书的内容主要涉及地理信息系统、遥感、全球定位系统中的基本数学模型及其原理以及三者集成的框架。本书的特点是：以空间数据管理为目的，注重基本概念、数据特性和数学模型、工作原理的阐述。全书共 8 章，包括概论、坐标系统与时间系统、地理空间数据、遥感技术、遥感图像处理技术、卫星定位技术、地理信息系统以及 3S 技术的综合应用。

本书可以作为信息管理与信息系统、信息系统工程、电子信息和计算机类（非地理信息系统、遥感技术）等专业的本科生教材，也可供空间信息管理领域的研究、设计和工程开发人员参考。

图书在版编目(CIP)数据

3S 技术导论/张军等编著. —北京：清华大学出版社，2023.2（2024.2 重印）
高等院校信息技术系列教材
ISBN 978-7-302-61527-9

Ⅰ. ①3… Ⅱ. ①张… Ⅲ. ①全球定位系统－高等学校－教材 ②遥感技术－高等学校－教材 ③地理信息系统－高等学校－教材 Ⅳ. ①P228.4 ②TP7

中国版本图书馆 CIP 数据核字(2022)第 144934 号

责任编辑：白立军　战晓雷
封面设计：常雪影
责任校对：郝美丽
责任印制：刘海龙

出版发行：清华大学出版社
　　网　　址：https://www.tup.com.cn，https://www.wqxuetang.com
　　地　　址：北京清华大学学研大厦 A 座　　**邮　　编：**100084
　　社 总 机：010-83470000　　**邮　　购：**010-62786544
　　投稿与读者服务：010-62776969，c-service@tup.tsinghua.edu.cn
　　质量反馈：010-62772015，zhiliang@tup.tsinghua.edu.cn
　　课件下载：https://www.tup.com.cn，010-83470236
印 装 者：三河市龙大印装有限公司
经　　销：全国新华书店
开　　本：185mm×260mm　　**印　　张：**23　　**字　　数：**533 千字
版　　次：2023 年 3 月第 1 版　　**印　　次：**2024 年 2 月第 2 次印刷
定　　价：69.00 元

产品编号：090961-01

前言 Foreword

3S技术是地理信息系统(GIS)、全球定位系统(GPS)和遥感技术(RS)有机地结合在一起的应用技术。地理信息系统是一种地理信息管理、分析和表现的信息系统,全球定位系统能够精确测量位置和实时获取运动实体的空间位置和时间,遥感技术是大范围空间和环境信息获取和更新的重要技术手段。因此,以地理信息系统为核心的3S技术的集成,构成了对空间数据进行实时采集、更新、处理、分析和管理的新技术及其应用领域。3S技术和系统已经广泛应用于军事和民用领域。过去虽然有独立的地理信息系统、全球定位系统和遥感技术原理等课程,但是三者的结合和关联越来越紧密,非地理信息系统、遥感信息处理等信息类专业学生需要了解有关3S技术方面的基本概念和术语,掌握其中的基本技术原理和应用方式,学习3S系统基本功能的操作和使用。过去,信息类课程的教学内容多涉及字符数值类型的数据管理,但是缺乏对3S空间数据的管理内容,本书就是针对这个需求编写的。

本书的基本理念是知识学习与知识运用相结合。内容突出技术概念和原理的讲授,让学生掌握基本的技术知识;通过配套的实践教材培养学生综合运用知识的能力。建议教师侧重从技术学习和3S技术综合运用的角度进行教学活动的设计和实施,介绍地理信息系统、全球定位系统和遥感技术的基本概念、原理和术语的含义,并通过课程演示、上机和课程综合设计环节,让学生掌握3S应用系统的基本操作和使用方法,使得学生能够自主运用所学的知识,锻炼动手能力和创新能力,加深对课堂知识的理解。

希望学生通过本书及对应课程的学习,了解空间信息获取、处理、管理和操纵的整体框架,掌握地理信息系统、全球定位系统和遥感技术的基本原理和术语的含义,并能够运用这些知识。

本书已经在"3S技术基础"课程中用过多次,并经过多次修改。由于时间匆忙,书中一定还有不足之处,我们将继续修改和完善本书的内容。随后我们还将编写与本书配套的实验教材。

在本书的编写过程中，作者参考了许多文献以及网络精品课程的资料，在此对相关作者一并表示衷心感谢。

作　者

2023年1月于长沙

目录 Contents

第1章 Chapter 1

概　　论

什么是GIS、GPS和RS
什么是3S技术
3S集成的基本概念
数字地球的概念
典型应用中的3S核心技术

1.1　3S技术的基本概念

所谓3S,就是3种技术的统称。一个S是GIS(Geographic[①] Information System,地理信息系统),还有一个S是GPS(Global Positioning System,全球定位系统),最后一个S是RS(Remote Sensing,遥感技术)。人们把这3种技术用一个简称——3S来表示,是因为随着技术的发展,这3种技术互相渗透、相互融合和集成。在与**地球空间信息科学**(geomatics)相关的技术和应用领域,3S技术及其集成已经成为最基础的关键技术。为了更好地理解3S技术,首先需要分别了解什么是GIS、GPS和RS。

1.1.1　什么是地理信息系统

与地理位置有关的信息称为**地理信息**。信息总量中有70%左右[②]的信息是与地理位置有关的信息。这样的信息相当广泛,如耕地、林地、城镇和建筑物的分布信息,道路、河流、海岸、人口、医院、学校、企事业单位、派出所、商店、加油站、机场、管线、井位、下水道等与位置有关的信息。这些用地理参照数据去描述的信息都属于地理信息。

准确地说,地理信息是用**地理参照数据**(geographically referenced data)来表示的。它描述和表示地球表面(包括大气层和较浅的地表下)空间要素[③]的位置、形状、大小、分布及其特征。现实世界中的物体具有定位、定性、时间和空间关系等特性。**定位**是指在

① 也可写为Geographical。
② 各个资料叙述的百分比范围稍有不同。
③ 在一些文献中,其对应于地理要素。

已知的坐标系里空间目标都具有唯一的空间位置;**定性**是指有关空间目标的自然属性,它伴随着目标的地理位置;**时间**是指地理空间目标随时间的变化而变化;**空间关系**一般用拓扑关系表示。地理参照数据有时也简称为地理空间数据(geospatial data)、地理数据(geographic data)等。

地理信息系统(GIS)就是管理地理参照数据的计算机信息系统,即采集、存储、查询、分析和显示地理参照数据的信息系统。从广义上看,GIS具有管理地理参照数据的数据库系统和一组数据操作工具。它能分门别类、分级分层地管理地理参照数据及其相关属性,还能对地理参照数据及其属性进行查询、修改、输出、更新、分析和可视化。GIS由计算机和网络硬件、地理信息系统软件、空间数据库、分析应用模型、图形用户界面及系统人员组成。

1.1.2 什么是全球定位系统

全球定位系统(GPS)是导航卫星测时与测距全球定位系统(Navigation Satellite Timing And Ranging Global Positioning System, NAVSTAR GPS)的简称,为导航、测量和GIS数据获取提供精确和灵活的定位功能。GPS是一个中距离圆形轨道导航卫星系统(Global Navigation Satellite System, GNSS),作为一种现代定位方法,已在越来越多的领域取代了常规光学、电子测量和定位仪器。

GPS定位将测绘定位技术从陆地和近海扩展到整个海洋和外层空间,从静态扩展到动态,从单点定位扩展到局部与广域差分定位[①],从事后处理扩展到实时(准实时)定位与导航,从绝对和相对精度扩展到米级(导航和地图绘制)、厘米级乃至亚毫米级(大地测绘定位),从而显著拓宽了定位技术的应用范围。

GPS由美国国防部研制和维护,系统由处于2万千米高度的6个轨道平面中的24颗卫星、地面上的1个主控站、3个数据注入站、5个监测站和GPS接收机组成。该系统可以在任何时间向地球上任何地方的用户提供高精度的**位置**、**速度**和**时间**信息。这比传统的测量定位和罗盘定位等先进得多。

该系统由美国政府于20世纪70年代开始研制,于1994年全面建成。使用者只需拥有GPS接收机,无须另外付费。GPS信号分为民用的标准定位服务(Standard Positioning Service, SPS)和军用的精确定位服务(Precise Positioning Service, PPS)两类。由于SPS无须任何授权即可任意使用,原本美国因为担心敌对国家或组织会利用SPS对美国发动攻击,故在民用信号中人为地加入误差以降低其精度,使其最终定位精度在100m左右;PPS的精度在10m以下。2000年以后,克林顿政府决定取消对民用信号的干扰。因此,现在SPS也可以达到10m左右的定位精度。

全球定位系统具有以下特点:全天候,不受天气的影响;全球可用,覆盖率高达

---

① 广域差分定位(Wide Area Differential GPS)主要是以应对美国军方实施的有意降低GPS民用精度的选择可用性政策为背景的一种大范围差分GPS技术。广域差分GPS是利用分布在服务区内的参考站(网)监测全部可见GPS卫星,将监测数据通过通信链路传送至主站,主站用收集的数据计算出差分改正数和完好性信息,经格式编排后用通信链路发播给服务区内的用户。用户用接收到的广域差分数据改进GPS导航定位的精度。

98%;定位、定速和定时精度高;可以移动定位。GPS不同于双星定位系统,使用过程中接收机不需要发出任何信号,增强了隐蔽性。

GPS技术广泛用于导航、制图、陆地测量、商业和科学应用、跟踪和监视等。其精确的时间参照可以用于无线蜂窝通信的时间同步(如CDMA通信)和地震科学研究等。

1.1.3 什么是遥感技术

遥感技术,顾名思义,具有遥远感知的含义。遥感是不通过物理接触而获取有关物体、区域或现象的信息(光谱、空间和时间)的技术。遥感不采用直接接触的方法,因此需要采用一些通过空间传递信息的方法。在遥感中,信息传递是通过电磁波实现的。地球上的每一个物体都在不停地吸收、发射和反射能量。电磁波早已经被人们所认识和利用。人们发现,不同物体的电磁波特性是不同的。**遥感**就是根据这个原理来探测地表物体发射的电磁波特性或对电磁波的反射特性,并对这些特性进行处理和分析,实现远距离标识物体。遥感应用的一个日常例子是电视台天气预报中播放的卫星气象云图,它是由气象卫星获取的云的图像。遥感技术是从人们一般不能到达的高度去“拍照”,具有宏观视野。

遥感设备搭载的平台称为**载荷平台**。不仅可以是卫星,还可以是航天飞机、飞机、气球、航模飞机和汽车等,从而实现了在不同高度上进行遥感,使之为不同的工作目的服务。目前最常用的是卫星遥感技术和航空遥感技术。

卫星载荷可以分为两大类:**科学探测卫星**和**应用卫星**。科学探测卫星是用来进行空间物理环境探测的卫星,主要任务是探测空间环境中的中性粒子、高能带电粒子、固体颗粒、低频电磁波和等离子体波、磁场、电场等。应用卫星是直接为国民经济和军事服务的人造地球卫星,按用途可分为通信、气象、侦察、导航、测地、地球资源和多用途卫星等。

各种卫星通过不同的遥感技术实现不同的用途,如**气象卫星**用于气象的观测预报,**海洋观测卫星**用于海洋观测,**陆地资源卫星**用于陆地上所有土地、森林、河流、矿产和环境资源等的调查,**侦察卫星**是用于搜集和截获军事情报的人造地球卫星。侦察卫星的优点是侦察范围广,速度快,可不受国界限制定期或连续地监视某个地区。侦察卫星按照执行的任务和采用的侦察手段加以区别,一般分为照相侦察卫星、电子侦察卫星、海洋监视卫星和预警卫星等。

传感器及其成像系统是遥感的“眼睛”。遥感成像方法可以分为两类:一类是模拟成像技术,采用模拟图像的感光度或模拟电信号方法来表示传感器获取的图像;另一类是数字成像技术,采用像素和二进制数据来表示传感器获取的图像,获取的图像信号可以通过信道传输到地面站。

根据传感器感知电磁波波长的不同,遥感又可分为**可见光-近红外**(visible-near infrared)遥感、**红外**(infrared)遥感及**微波**(microwave)遥感等。根据接收到的电磁波信号的来源,遥感可分为**主动式**(信号由感应器发出)和**被动式**(信号来自目标物体发出或反射的太阳光波)。

从遥感技术的角度看,图像分辨率有**空间分辨率**、**光谱分辨率**和**时间分辨率**。分辨率是用于记录数据的最小度量单位。空间分辨率指影像上能看到的地面最小物体的尺寸，用像元在地面的大小来表示，它描述了一个像元点所表示的地面的面积。遥感卫星的飞行高度一般为600～4000km，图像分辨率一般为1m～1km，军用卫星的图像分辨率甚至可达到10cm。例如，当分辨率为1km时，一个像元代表地面1km×1km的面积；当分辨率为30m时，一个像元代表地面30m×30m的面积；当分辨率为1m时，一个像元代表地面1m×1m的面积，能够分辨出面积大于$1m^2$的物体。光谱分辨率指成像的波段范围，分得越细，波段越多，光谱分辨率就越高。现在的技术可以达到5～6nm量级，400多个波段。细分光谱可以提高识别目标性质和组成成分的能力。时间分辨率指重访周期的长短，目前一般对地观测卫星的重访周期为15～25天。

通过观察和分析遥感图像，可以辨别出很多物体，如水体（河流、湖泊、水库、盐池和鱼塘等）、植被（森林、果园、草地、农作物、沼泽和水生植物等）、土地（农田、林地、居民地、厂矿企事业单位、沙漠、海岸、荒原和道路等）、山地（丘陵、高山和雪山等）、关键特征（一棵树、一个人、一条交通标志线、一个足球场内的标志线）等。

1.1.4 什么是3S技术

3S系统是指将上述3种技术及其他相关技术有机地集成在一起的技术，通过GIS、GPS和RS的集成，构成从数据获取、数据定位、可视化到空间数据操纵和分析各方面都互补增强的信息系统，如图1.1所示。

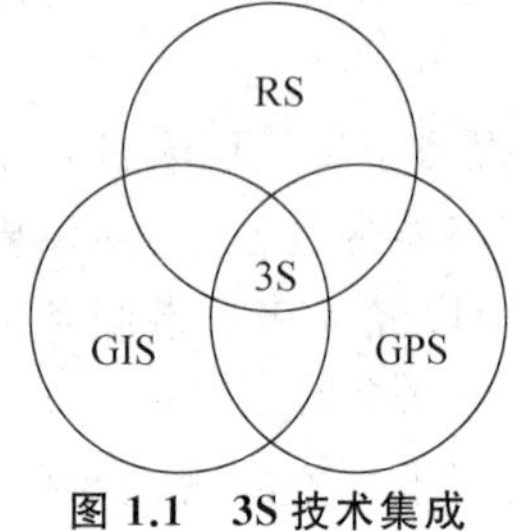

图1.1 3S技术集成

地理信息系统是地理空间信息的统管，它实现**空间数据集成**、**处理**、**管理**和**可视化**，提供空间数据及其属性数据分析的能力。例如，可以基于数字地图，集成卫星影像、航空照片、GPS地理坐标、目标运动和时间信息等其他信息源。另外，在GIS的支持下，可以提高遥感数据的解译和处理精度。将影像数据库、向量图形库和数字高程模型集成的3S系统还可以处理和管理动态和三维的地理和空间信息。

全球定位系统可以对被观测目标、遥感图像中的目标进行**定位**，赋予坐标，准确**测时**和**测速**，使其能与数字地图进行配套。"有位置的数据"就是地理空间数据。

遥感技术是空间信息获取的一种重要技术。在3S系统中，遥感技术的主要作用是作为数据源为系统提供**遥感图像数据**及其他**遥感空间数据**，例如利用多角度遥感数字影像获取地面的高程数据。

集成指的是一种有机的结合，即在线的连接、实时的处理和系统的整体性。集成可以是紧密的**同步集成**或松散的**异步集成**。例如，对于已得到的航空航天遥感影像，到实地用GPS接收机测定其空间位置(x, y, z)，然后通过遥感图像处理，将结果数字化，送入地理信息系统中。这里使用了3S技术，但它不是一种紧密的同步集成，而是一种松散的异步集成。

早期一个经典的3S技术集成系统的例子（详见第8章）是美国俄亥俄州立大学、加拿大卡尔加里大学在政府基金会和工业部门资助下建立的一种移动式测绘系统（Mobile Mapping System）VISAT[1]，该系统集成了CCD摄像机、GPS、GIS和惯性导航系统，将GPS、CCD实时立体摄像系统和GIS联机地装在汽车上。随着汽车的行驶，所有系统均在同一个时间脉冲控制下实时工作。由空间定位、导航系统自动测定CCD摄像机瞬间的方位和距离，据此与已拍摄的数字影像实时/准实时地求出线路上的目标（如两旁的建筑物和道路标志等）的空间坐标，并随时送入GIS。而GIS中已经存储的道路网及数字地图信息可用来修正GPS和CCD成像中的系统偏差，或作为参照系统，实时地发现公路上各种设施的位置是否准确。这种系统就是紧密的同步集成系统。

1.2 3S技术的发展

3S技术是GIS、GPS和RS技术发展和融合的产物。要理解3S技术的由来，首先需要分别了解GIS、RS和GPS技术的发展。

1.2.1 GIS技术的发展

20世纪50年代末和60年代初，计算机获得广泛应用以后，也应用于地理数据的存储和处理，使计算机成为地图信息存储和计算处理的装置，地图数字化并用计算机管理，这样就出现了地理信息系统的雏形。早期GIS开发的许多贡献归功于加拿大测量学家Roger Tom Linson，他在1963年建立了第一个地理信息系统——加拿大地理信息系统(Canada Geographic Information System)，用于自然资源的管理和规划。那时地理信息系统的特征是计算机支持的制图能力较强，但是地理分析功能比较简单。实现了手扶跟踪的数字化方法，可以完成地图数据的拓扑编辑、分幅数据的自动拼接、格网单元的操作，由此发展了一些面向格网的系统，Howard Fisher建立的哈佛大学计算机图形和空间分析实验室及其SYMAP(Synagraphic Mapping System)系统就是最著名的一例，另外还有GRID(20世纪60年代后期)等系统。

1969年，Jack和Laura Dangermond创建了著名的ESRI(Environmental Science Research Institute，环境科学研究学会)，当时是一个私人咨询组织。后来它以1100美元起家，开始了商业化发展。其早期的研究和开发包括制图数据结构、专业GIS软件工具及其应用。这些处理地理数据的主要技术奠定了地理信息系统发展的基础。这一时期，地理信息系统发展的另一显著标志是许多有关的组织和机构纷纷建立，例如国际地理联合会(International Geographical Union，IGU)[①]于1968年设立了地理数据收集和处理委员会。这些组织和机构的建立，对于传播地理信息系统的知识和发展地理信息系统的技术起了重要的指导作用。

在20世纪70年代，随着计算机技术迅速发展，数据处理速度加快，内存容量增大，输入和输出设备能力增强，以及磁盘大容量直接存取设备的推出，为地理数据的录入、存储、检索和输出提供了有效的手段，特别是人机对话和随机操作的应用，可以通过屏幕直接监视数字化的操作，而且制图分析的结果能及时看到，并可以进行实时的编辑。这时，由于计算机技术及其在自然资源和环境数据处理中的应用，促使地理信息系统迅速发

① 网址为http://www.igu-net.org/。

展。例如,1970—1976年,美国地质调查所就建成50多个信息系统,分别作为处理地理、地质和水资源等领域空间信息的工具。其他如加拿大、联邦德国、瑞典和日本等国也先后发展了自己的地理信息系统。

地理信息系统的发展,使一些商业公司开始活跃起来,应用软件得以推广。在此期间,召开了一系列地理信息系统的国际讨论会,国际地理联合会先后于1972年和1978年两次召开关于地理信息系统的学术讨论会。1978年在联邦德国达姆施塔特工业大学召开了第一次地理信息系统讨论会。这个时期,许多大学(例如美国纽约州立大学布法罗校区等)开始培养地理信息系统方面的人才,创建了地理信息系统实验室。一些商业性的咨询服务公司开始从事地理信息系统的工作。地理信息系统受到了政府部门、商业公司和大学的普遍重视。这个时期地理信息系统发展的总体特点是:地理信息系统在20世纪60年代技术的基础之上,充分利用了新的计算机技术;但系统的数据分析能力仍然很弱,在地理信息系统技术方面未有新的突破,系统的应用与开发多限于某个机构。

20世纪80年代,由于大规模和超大规模集成电路的问世,特别是微型计算机和远程通信传输设备的出现,为计算机的普及应用创造了条件,加上计算机网络的建立,提高了地理信息的传输时效。在系统软件方面,面向数据管理的数据库管理系统通过操作系统管理数据,系统软件工具和应用软件工具得到发展,数据处理和数学模型、模拟和分析等决策工具结合。地理信息系统的应用领域迅速扩大,从资源管理、环境规划到应急处理,从商业服务区域划分到军事作战规划等,涉及许多学科与领域,如人类学、景观生态规划、森林管理、土木工程、计算机科学与工程、信息系统与信息管理和信息系统工程等。这时期,许多国家制定了本国的地理信息系统发展规划,启动了若干科研项目,建立了一些政府性和学术性机构,如美国于1987年成立了国家地理信息与分析中心(National Center for Geographic Information & Analysis,NCGIA)[①],英国于1987年成立了地理信息协会。同时,商业性的咨询公司和软件商不断涌现,并提供系列专业化服务。地理信息系统引起工业化国家的普遍兴趣,研究和应用不受国界的限制,地理信息系统开始用于解决全球性的经济、环境、资源和安全等问题。

20世纪90年代,由于计算机的软硬件尤其是Internet的发展,网络已进入千家万户,社会对地理信息系统的认识普遍提高,需求大幅度增加,地理信息系统已成为许多机构的业务系统。国家级乃至全球性的地理信息系统已成为公众关注的问题,例如地理信息系统已列入美国政府制订的"信息高速公路"计划,美国提出的"数字地球"战略也包括地理信息系统。毫无疑问,地理信息系统将发展成为现代社会**最基本的信息服务**系统。

随着大数据和人工智能时代的到来,以及空间大数据、物联网、深度学习、计算机视觉等新技术的飞速发展,地理信息系统将迎来新的黄金发展期。尤其在智慧城市的建设中,地理信息系统将作为"大脑"而存在,为城市信息化奠定技术基础。人工智能与地理信息系统的融合将实现智能化地理信息系统。构建在云计算、大数据、人工智能基础上

① 网址为http://www.ncgia.ucsb.edu/。

的多维动态新一代地理信息系统，将在智慧城市、智慧产业以及地理控制方面发挥越来越重要的作用。

我国地理信息系统方面的工作自20世纪80年代初开始。1980年，中国科学院遥感应用研究所成立地理信息系统研究室，在几年的起步发展阶段中，我国地理信息系统在理论探索、硬件和软件研制、规范制定、区域试验研究、局部系统建立和应用试验等方面都取得了进步，积累了经验。地理信息系统进入发展阶段是从第七个五年计划开始的。地理信息系统研究正式列入国家科技攻关计划，开始了有计划、有组织、有目标的科学研究、应用实验和工程建设工作。许多部门同时开展了地理信息系统研究与开发工作，如全国性地理信息系统（包括地理数据库）实体建设、区域地理信息系统建设，以及城市地理信息系统、公共安全应急信息系统和军事地理信息系统等。近几十年来，我国GIS技术得到了长足的发展，GIS基础软件技术支持得到了全面加强。目前，我国已形成了一批具有自主知识产权的GIS软件品牌，如MapGIS、SuperMap、GeoStar等，并在较多领域内得到应用。经过多年激烈的市场竞争的洗礼，中国GIS行业的创新能力大幅增强，技术水平大幅提升。目前，中国GIS软件紧跟IT技术发展的趋势，在云GIS、三维GIS、大数据、BIM、虚拟现实/增强现实、室内GIS等技术上已开始了一系列探索和应用，众多传统行业也随着地理信息技术的进步焕发新力量。

1.2.2 RS技术的发展

遥感一词是由美国海军科学研究部的伊夫林·普鲁特(Evelyn L.Pruitt)在1950年提出来的[①]，替代含义受限的航空摄影(aerial photography)。1960年年初“遥感”这一术语在由美国密歇根大学等组织发起的环境科学讨论会上正式被采用，此后它得到科学技术界的普遍认同，而被广泛运用。

而遥感的渊源则可追溯到很久以前。如果说人类最早的遥感意识是懂得了凭借人的眼、耳、鼻等感觉器官来感知周围环境的形、声、味等信息，从而辨认出周围物体的属性和位置分布的话，那么人类自古以来就在想方设法不断地提高自身的视觉和听觉感知能力和扩大其范围。古代神话中的“千里眼”“顺风耳”就是人类这种意识的表达和流露，体现了人们梦寐以求的遥感幻想。1610年，意大利科学家伽利略研制的望远镜及其对月球的首次观测，以及1794年气球首次升空侦察，可视为遥感的早期尝试和实践。而1839年达盖尔(Daguerre)[②]和尼埃普斯瑟(Niepce)的第一张摄影照片的发表则是摄影遥感技术的起源。

随着摄影术的诞生和照相机的使用，以及信鸽、风筝及气球等简陋平台的应用，构成了初期遥感技术系统的雏形。空中照片的魅力得到更多人的首肯和赞许。1903年飞机的发明以及1909年Wilbur Wright(莱特)第一次从飞机上拍摄意大利西恩多西利地区空中相片，揭开了航空摄影测量(遥感初期)发展的序幕。

---

① Remote Sensing: introduction and history. http://earthobservatory.nasa.gov/Library/RemoteSensing/。

② 达盖尔(1787—1851)，法国艺术家和发明家，发明了银版摄影术，能洗出照片的正像。

在第一次进行航空摄影以后，1913年，塔迪沃(Captain Tardivo)发表论文首次描述了用飞机摄影绘制地图的问题。第一次世界大战的爆发使航空摄影因军事上的需要而得到迅速发展，并逐渐形成了独立的**航空摄影测量学**的学科体系。其应用进一步扩大到森林、土地利用调查及地质勘探等方面。

随着航空摄影测量学的发展及其应用领域的扩展，特别是第二次世界大战爆发，军事上的需要以及科学技术的不断进展，使彩色摄影、红外摄影、雷达技术、多光谱摄影和扫描技术相继问世，传感器的研制得到迅速发展，遥感探测手段取得了显著进步，从而突破了航空摄影测量只记录可见光谱段的局限，向紫外和红外扩展，并扩展到微波。同时，运载工具以及判读制图等设备也都得到相应的完善和发展。

1957年10月4日，苏联发射了人类第一颗人造地球卫星，标志着人类从空间观测地球和探索宇宙奥秘的活动进入了新的纪元。1959年，苏联宇宙飞船"月球3号"拍摄了第一批月球相片。1960年，美国也发射了TIROS-1(Television Infrared Observation Satellite)和NOAA-1(National Oceanic and Atmospheric Administration)太阳同步气象卫星，开始利用航天器对地球进行长期观测。20世纪60年代初，人类第一次实现了从太空观察地球的壮举，并取得了第一批从宇宙空间拍摄的地球图像。这些图像显著地开阔了人们的视野。随着新型传感器的研制成功和应用，信息传输与处理技术的发展，美国在一系列试验的基础上，于1972年7月23日发射了用于探测地球资源和环境的地球资源技术卫星ERTS-1(Earth Resources Technology Satellites，后改名为Landsat-1)，装有MSS(Multi-Spectral Scanners)传感器，分辨率为79m。1982年，Landsat-4[①]发射，装有专题绘图仪(Thematic Mapper，TM)成像传感器，分辨率提高到30m。

至今世界各国发射的各种人造地球卫星总共已超过3000颗，其中大部分为军事侦察卫星(约占60%)，用于科学研究及地球资源探测和环境监测的有气象卫星系列、陆地卫星系列、海洋卫星系列、测地卫星系列、天文观测卫星系列和通信卫星系列等。通过不同高度的卫星及其载有的不同类型的传感器，不间断地获得地球上的各种信息。现代遥感充分发挥了航空遥感和航天遥感的各自优势，并融合为一个整体，构成了现代遥感技术系统。

1999年，美国发射IKONOS(伊科诺斯)卫星，它是世界上第一颗高分辨率卫星影像的商业遥感卫星，可同时采集1m分辨率的全光和4m分辨率的多光谱图像，98min绕地球一次，重返周期为3天，其许多影像被用于国家防御、军队制图和交通运输等领域。苏联也曾是遥感的超级大国，尤其在其运载工具的发射能力以及遥感资料的数量及应用上都具有一定的优势。随着原有的遥感卫星陆续退役，以及重新争夺国际市场份额、树立航天强国地位等需要，俄罗斯逐步调整原有的联邦航天规划，确立了优先发展遥感、导航和通信卫星的指导方针。资源-P系列卫星是俄罗斯高分辨率商业遥感卫星的代表。此外，西欧各国、加拿大和日本等发达国家也都在积极地发展各自的空间技术，研制和发射自己的卫星系统，例如法国的SPOT卫星系列。1986年法国发射SPOT-1，装有全色(Panchromatic，PAN)和多光谱(Multispectral，XS)遥感器，分辨率提高到10m。日本发

---

① http://landsat.gsfc.nasa.gov/。

射了JERS和MOS系列卫星。中国、巴西、泰国、印度、埃及和墨西哥等都已建立起专业化的研究应用中心和管理机构，形成了一定规模的专业化遥感技术队伍。

1950年，我国组织了专业飞行队伍，开展航空摄影和应用工作。20世纪60年代，我国航空摄影工作已初具规模，完成了我国大部分地区的航空摄影测量工作，应用范围不断扩展。有关院校开设了航空摄影专业或课程。1970年4月24日，我国成功地发射了第一颗人造地球卫星。1975年11月26日，我国发射的卫星在正常运行之后，按计划返回地面，并获得了清晰的卫星图片。1988年9月7日，我国发射了第一颗气象卫星风云1号，其主要任务是获取全球的昼夜云图资料及进行空间海洋水色遥感试验。20世纪80年代和20世纪90年代初，遥感事业在我国得到长足的发展，我国相继完成了从单一黑白摄影向彩色、彩红外、多波段摄影等多手段探测的航空遥感的转变，特别是数项大型综合遥感试验和遥感工程的完成，使我国遥感事业得到长足的发展，缩短了与世界先进水平的差距，有些项目已进入世界先进水平行列。1999年10月14日，我国成功发射资源一号卫星。神舟四号飞船有效载荷应用任务携带了多模态微波遥感器（微波辐射计、雷达高度计和雷达散射计），它不受云、雷、雨的限制，可以全天时、全天候工作，而且对土壤和植被具有一定的穿透能力。2010年，我国高分辨率对地观测系统国家科技重大专项全面启动实施，研制和发射了一系列高分辨率对地观测卫星。2013年4月26日，高分一号卫星的成功发射。2020年12月6日，高分十四号卫星成功发射。高分十四号卫星是光学立体测绘卫星，可高效获取全球范围高精度立体影像，测绘大比例尺数字地形图，生产数字高程模型、数字表面模型和数字正射影像图等产品，将为“一带一路”建设等提供基础地理信息保障。

随着传感器技术、航空航天技术和通信网络技术的不断发展，现代遥感技术已经进入动态、快速、多平台、多时相、高分辨率提供对地观测数据的新阶段。

1.2.3 GPS技术的发展

人类导航，从最初的石头、树、山脉等作为参照物，渐渐发展到天文观测法，通过天上的太阳、月亮和星星来判断位置。而中国四大发明之一的指南针是人类导航领域的一个里程碑。

近代和现代的常规定位方法是采用尺（例如铟钢尺[①]）、光学仪器（例如经纬仪、水准仪等）、电磁波或激光测距仪或综合多种技术的仪器（例如全站仪），获取的观测值包括角度或方向观测值、距离观测值和天文观测值等。

但是，常规定位方法具有难以克服的局限性。例如，需要事先布设大量的地面控制点和地面站，观测点之间需要保证通视，修建觇标[②]，架设高大的天线，需要布置一些中间过渡点，观测难度大，效率低；观测的边长受到限制；观测还会受气候、环境条件限制；难

---

① 铟钢尺是一根用铟钢做的尺，并按一定条件固定在尺框内，主要用于精密水准测量。铟钢尺刻画很严密，精度高，热膨胀系数小，受外界温度影响几乎可以忽略不计。

② 觇(chān)标是一种测量标志，标架用几米到几十米高的木料或金属等制成，架设在观测点上，作为观测、瞄准的目标。

以确定地心坐标；受系统误差影响大，如地球旁折光[①]的影响；无法同时精确确定点的三维坐标。

随着卫星技术的出现，开始实现更大范围的定位和定时。为了解决海军舰艇的定位导航问题，自1957年人类发射第一颗卫星开始，美国海军就着手卫星定位方面的研究工作，研制了海军导航卫星系统(Navy Navigation Satellite System，NNSS)，为核潜艇和各类海面舰船等提供高精度断续的二维定位。由于其卫星轨道为极地轨道，故也称为子午卫星导航系统(Transit)。该系统利用多普勒效应进行导航定位，也被称为多普勒定位系统。它于1964年1月建成，1967年7月解密供民用，可以用于海上石油勘探和海洋调查定位、陆地用户定位和大地测量。该系统由6颗卫星构成6个轨道平面，轨道高度1075km。用户使用的是多普勒接收机。尽管子午卫星导航系统得到了应用，但在实际应用方面仍存在缺陷：由于卫星少，观测时间和间隔时间长(大约1.5h定位一次)，无法提供实时导航定位服务；只有经纬度，没有高程；卫星信号频率低(400MHz、150MHz)，不利于补偿电离层折射效应的影响；卫星轨道低，难以进行精密定轨，导航定位精度低(导航定位精度一般为20～50m)。

鉴于子午卫星导航系统存在的缺陷，1973年12月，美国国防部批准研制GPS。1978年2月22日，第一颗GPS试验卫星发射成功，到1979年，共发射了4颗试验卫星，并研制了地面接收机及建立地面跟踪网。从1979—1987年，又陆续发射了7颗试验卫星，研制了各种用途的接收机。试验表明，GPS定位精度远远超过设计标准。1989年2月14日，第一颗GPS工作卫星发射成功。1991年，在海湾战争中，GPS首次大规模用于实战。1993年，实用的GPS网即GPS卫星星座(21+3颗卫星)已经建成，这些卫星分布在互成60°的轨道平面上，每个轨道平面平均分布4颗卫星。1995年7月17日，GPS达到FOC(Full Operational Capability，完全运行能力)。

GPS的进一步发展称为现代化阶段。GPS现代化实质是要在现代化战争中加强GPS对美军的支撑和保持全球民用导航领域中的领先地位。即GPS现代化是为了更好地保护美国及其盟友的使用，要发展军码和强化军码的保密性能，加强抗干扰能力；阻挠敌对方的使用，施加干扰，人为降低普通用户的测量精度，例如施加选择可用性(Selective Availability，SA)和反电子欺骗(Anti-Spoofing，AS)；保持在有威胁地区以外的民用用户更精确、更安全的使用。GPS现代化第一阶段发射了12颗改进型的BLOCK Ⅱ R型卫星；第二阶段发射了6颗GPS BLOCK Ⅱ F(Ⅱ F Lite)；第三阶段发射了GPS BLOCK Ⅲ型卫星，在2003年前完成了代号为GPS Ⅲ的GPS完全现代化计划设计工作。GPS BLOCK Ⅲ卫星的首次发射在2018年进行。GPS BLOCK Ⅲ具有先进的抗干扰能力，并采用了M码，另外为民用用户提供了一个新的信号。

然而，GPS系统毕竟是美国的。其他国家也纷纷研制自己的卫星定位系统。俄罗斯的全球导航卫星系统是GLONASS(Global Navigation Satellite System)，该系统从1982年10月12日发射第一颗GLONASS卫星起，至1995年12月14日共发射了73颗卫星。到2020年5月，GLONASS系统共有30颗卫星在轨，包括3颗GEO卫星、27颗

① 地球旁折光，由大气密度随纬度的系统性变化所引起，对沿纬度线布设的观测路线有影响。

MEO卫星。目前,GLONASS系统将其星基增强系统——差分改正与监测系统(SDCM)、地面增强设施等纳入体系,为GLONASS系统提供强化性能,以满足定位所需的高精确度及可靠性。

2002年3月24日,欧盟决定研制自己的民用卫星导航定位系统——Galileo。Galileo卫星星座将由27颗工作卫星和3颗备用卫星组成,这30颗卫星将均匀分布在3个轨道平面上,卫星高度为23 616km,轨道倾角为56°。Galileo系统是一种多功能的卫星导航定位系统,具有公开服务、安全服务、商业服务和政府服务等功能,但只有前两种服务是自由公开的,后两种服务则需经过批准后才能使用。2005年12月28日,第一颗Galileo试验卫星GLOVE-A成功进入高度为2.3万千米的预定轨道。2006年1月12日,GLOVE-A已开始向地面发送信号。2016年12月15日,首批15颗卫星具备了操作能力,Galileo系统正式开展初始服务。随后,Galileo系统的卫星数量逐步增加,该星座的30颗卫星计划在21世纪20年代初投入运行。截至2020年3月4日,已有26颗卫星发射,22颗卫星具备操作能力。

我国自行研制的两颗北斗导航试验卫星分别于2000年10月31日和12月20日从西昌卫星发射中心升空并进入预定的地球同步轨道(东经80°和140°的赤道上空),此外另一颗备用卫星也被送入预定轨道(东经110.5°的赤道上空),标志着我国拥有了自己的第一代卫星导航系统——北斗一号系统(BD-1)。北斗卫星导航系统空间部分包括两颗地球同步轨道卫星(GEO)。与GPS系统不同,北斗一号系统所有用户终端位置的计算都在地面控制中心站完成。因此,地面控制中心可以保留全部北斗终端用户机的位置及时间信息。同时,地面控制中心站还负责整个系统的监控管理。与GPS、GLONASS和Galileo等国外的卫星导航系统相比,北斗一号系统有自己的优点,如投资少、组建快、具有通信功能、捕获信号快等;但也存在着明显的不足和差距,如用户隐蔽性差,无测高和测速功能,用户数量受限制,用户的设备体积大、重量大、能耗高等。为了使我国的卫星导航定位系统的性能有实质性的提高,第二代北斗卫星导航定位系统(BD-2)在兼容北斗一号系统技术体制基础上,增加了无源定位体制,从导航体制、测距方法、卫星星座、信号结构及接收机等方面进行了全面改进。卫星星座由5颗GEO卫星、5颗IGSO卫星和4颗MEO卫星组成。北斗三号系统继承了有源服务和无源服务两种技术体制,为全球用户提供定位导航授时、全球短报文通信和国际搜救服务,同时可为中国及周边地区用户提供星基增强、地基增强、精密单点定位和区域短报文通信等服务。

1.2.4 3S技术的发展概述

1. 3S技术的集成

地理信息系统(GIS)、全球导航卫星定位系统(例如GPS)和遥感(RS)是目前空间信息获取、存储、管理、分析、可视化和应用的三大支撑技术,是现代社会持续发展、资源合理规划利用、城乡规划与管理、自然灾害动态监测与防治、突发事件应急处理、军事情报获取和预警的重要技术手段。

这三大技术有着相互独立、平行的发展成就。GIS技术被各行各业用于建立各种尺度的地理空间数据库和决策支持系统，向用户提供多种形式的地理空间查询、空间分析和辅助规划决策的功能。GPS是以卫星为基础的无线电测时定位、导航系统，可为航空、航天、陆地和海洋等方面的用户提供不同精度的在线或离线的空间定位数据。RS在过去的30年中已在大面积资源调查和环境监测等方面发挥了重要的作用。

随着技术和应用的不断深入，研究和开发人员和应用部门逐渐地认识到，单独地运用其中的一种技术往往不能满足许多应用的需要。事实上，这些应用项目需要综合地利用这三大技术的特长，才能形成和提供所需的空间数据分析、对地观测、信息处理和分析模拟的能力。例如海湾战争和伊拉克战争中GIS、GPS和RS技术的集成代表了现代战争的高技术特点。而且这三种技术的集成应用于工业、农业、交通运输、导航、公安、消防、保险、旅游、国防和军事等不同行业，将产生越来越大的市场价值和政治军事价值。这样就产生了三种技术的集成技术——3S技术。

近几年来，国际上3S的技术及其应用开始向集成化方向发展。在这种集成应用中，GIS用于对多种来源的时空数据进行综合处理、集成管理、动态存取、可视化、分析及决策；GPS主要用于实时、快速地提供目标位置，包括各类传感器和运载平台（车、船、飞机和卫星等）自身的空间位置；RS用于实时地或准实时地提供目标及其环境的语义或非语义信息，发现地球表面上的各种变化，及时地对地形地貌数据进行更新。普及使用的带有GPS定位的移动设备（例如手机、车载机和笔记本计算机等）可以实现基于位置的服务（Location-Based Service，LBS），在这些移动终端上显示其位置及其相关的固定物（例如邻近的酒店、饭店、加油站、医院和公安执勤点）或移动物（友人、小孩和警车）的信息。

20世纪90年代后期出现的“数字地球”概念中，3S技术是关键的基础技术。所谓**“数字地球”**，可以理解为对真实地球及其相关现象统一的数字化重现和认识。“数字地球”以计算机技术、多媒体技术和大规模存储技术为基础，以宽带网络为纽带，运用海量地球信息对地球进行多分辨率、多尺度、多时空和多种类的三维描述，并利用它作为工具来支持人类的各种活动。其核心思想是用数字化的手段处理整个地球的自然和社会活动等方面的问题，最大限度地利用资源，并使普通用户能够方便地获得他们所需的有关地球的信息。其特点是在海量地理数据支持下，实现多分辨率、三维形式的地球描述，即“虚拟地球”。换句话说，就是用数字的方法将地球、地球上的活动、整个地球环境及其时空变化用计算机和网络来管理。

从20世纪90年代开始，3S集成日益受到关注和重视，并逐渐发展为新的交叉学科：**地球空间信息学**（geomatics）和**地球空间信息学**（geoinformatics）。

2. 3S技术与地球空间信息技术

随着地图学、卫星遥感、全球定位系统、地理信息系统、Internet、计算机技术和信息系统等学科领域的发展和集成，20世纪90年代以来出现了一些新的研究和应用交叉学科和领域，这些新学科领域用geomatics（地球空间信息学）或geoinformatics（地球空间信息学）等新词汇来表示。虽然其理论与方法还处于初步发展阶段，其学科体系尚未完善，但它已得到国内外科技界的普遍关注。

Geomatics一词是由法国大地测量和摄影测量学家B. Dubuisson在1969年创造出来的，1975年该词的法文Geomatique正式用于科学文献。它包括以下领域的工具和技术：大地测量、遥感、GIS、全球导航卫星系统、摄影测量及地球制图相关的领域。该词现被ISO和其他国际权威机构采纳。但是有些组织（尤其在美国）还是喜欢用**地球空间技术**（Geospatial Technology）这个术语。

地球空间信息学有各种各样的定义和解释。《牛津英语词典》的解释是：地球的数学；采集、分析和解析数据的科学，尤其是与地球表面相关的数据。加拿大卡尔加里大学Geomatics网页上的解释是：地球空间信息工程（Geomatics Engineering）是一个现代学科，集成空间参照数据的采集、建模、分析和管理。空间参照数据就是按照其位置标识的数据。基于大地测量学框架，它使用陆地、海洋、空中和基于卫星的传感器采集空间和其他数据。它包括把空间参照数据按照定义的精度特性从不同源转换到公共信息系统的过程。

ISO给出了正式的定义：地球空间信息学是测量、分析、管理和显示空间数据（spatial data）的集成方法。其详细解释是：地球空间信息学是采用系统方法，集成获取和管理空间数据的所有手段，用于科学、管理、法律和技术活动中的空间信息的生产和管理过程，包括（但不限于）制图、控制测量、数字地图、地理信息系统、水文地理学、大地信息管理、大地测量学、矿区测量、摄影测量和遥感。

从ISO给出的定义可明显看出[2]：

(1) 地球空间信息学处理的是空间数据和空间信息。

(2) 地球空间信息学作为一个科学术语，涉及的是采集、量测、分析、存储、管理、显示和应用空间数据的集成方法，属于现代的空间信息科学技术。

(3) 地球空间信息学涵盖的学科范围包括（但不限于）地图学、控制测量、数字测图、大地测量、地理信息系统、水道测量、土地信息管理、土地测量、摄影测量、遥感、重力测量和天文测量，采用的方法有星载、机载、舰载和地面数据采集方法，属于现代测绘科学与计算机信息科学的集成，归属于空间信息科学。

地球空间信息学涉及地球空间信息技术的范畴，这里用到的是“地球”而不是“地理”的概念。地理学以人与自然关系为中心，研究四大圈层（大气圈、水圈、生物圈和岩石圈）之间的相互作用。地球空间信息并不能涵盖全部地理信息。

地球空间信息学不是地球信息科学。地球作为一个复杂的巨系统，需要获取和利用地球信息来研究它。从目前的地球科学的发展看，地球信息科学除了包括地球空间信息学外，还包括地质学、地球物理学、地球化学、大气科学、气象科学、生态学和环境科学等诸多地球科学学科提供的关于地球的信息，包括过去的、现在的和未来的地球信息。依托全球定位系统、航空航天遥感和地理信息系统，只能以地球的数学这种形式来为地球信息科学提供空间基础数据。所以，地球空间信息科学是地球信息科学的组成部分，为之提供空间框架。读者可以进一步阅读参考文献[3]，其中给出了地球空间信息学含义的详细论述。

另外，地球信息科学集成了卫星遥感、全球定位系统、地理信息系统和数字传输网络等现代信息技术，是信息科学与地球系统科学交叉形成的科学体系。

地球信息科学是地球系统科学、信息科学和地球信息技术交叉与融合的产物，是地球科学的一门新兴的重要分支学科和应用学科。其内涵是[4]：通过对地球系统内部多源信息的获取、传输、处理、感受、响应与反馈的信息机理与信息流过程的深入研究，揭示地球这一复杂的、开放的巨系统各圈层的相互作用与影响，阐明人地系统、全球变化和区域可持续发展中的物质流、能量流与信息流的全过程及其时空分布与变化规律，从而为宏观调控、规划决策与工程设计提供全方位的信息服务。

维基百科对地球空间信息学的解释是：一种开发和使用信息科学基础设施解决地球科学及其工程问题的科学。它结合了地球空间分析和建模、地球空间数据库开发、信息系统设计、人机交互以及有线和无线网络技术。地球信息科学技术包括地理信息系统、空间决策支持系统、全球定位系统和遥感。地球信息科学用地球空间计算(geocomputation)分析地球信息。地球信息科学建立在全球定位系统、遥感、地理信息系统、计算机制图与电子地图的基础上，是更高层次的科学技术体系。同时它将广泛应用多媒体技术和虚拟技术，并将利用通信网络与信息高速公路，采用分布式计算机和Web GIS技术，建立全国性和全球性地球信息研究与服务网络体系。

地球信息科学的研究对象是地球系统，应用信息论、控制论和系统论来研究地球系统就形成了地球信息科学的方法论。地理信息系统通过源于地球系统的数据流进行空间信息分析，将数据流转换为信息流，完成对地球系统的了解和认识，即实现对复杂地球系统的认识过程。空间决策系统通过对来自地理信息系统的信息流进行空间决策分析，将信息流转换为知识流(目的、计划和策略信息流)，模拟了对于地球系统的调节和控制作用，即模拟了对于这个复杂地球系统的调控过程，而策略、方案的实施是将知识流转化为真正可供操作的调节和控制行为。读者可以进一步阅读参考文献[4]～[7]，其中详细论述了地球信息科学的含义。

从以上地球空间信息学和地球信息科学的发展可以看出：

(1) 3S技术的集成促进了地球空间信息学和地球信息科学的诞生和发展。

(2) 3S技术是地球空间信息学和地球信息科学中的3个关键支撑技术，是地球空间信息学和地球信息科学的组成部分。

(3) 3S技术采集、处理和管理的数据是空间数据及其特征属性，其含义更接近**空间信息技术**(spatial information technology)或**地球空间技术**(geospatial technology)。

1.3 3S系统的基本组成

3S系统中，GPS和RS为系统提供空间数据的采集和处理能力，GIS作为空间数据的集成平台，提供空间数据的操纵、分析和可视化，为用户提供有价值的空间信息。

1.3.1 3S系统的组成

3S系统一般由以下子系统(模块)构成：遥感数据的获取和处理、卫星定位数据的获取和处理、地理空间数据的获取和处理、空间数据、空间数据的集成与管理。**空间数据**是描述空间要素的几何、位置、空间变化和分布特性的数据。在这里，空间数据中也包括与空间数据相关的属性数据和时间数据。3S系统的组成如图1.2所示。

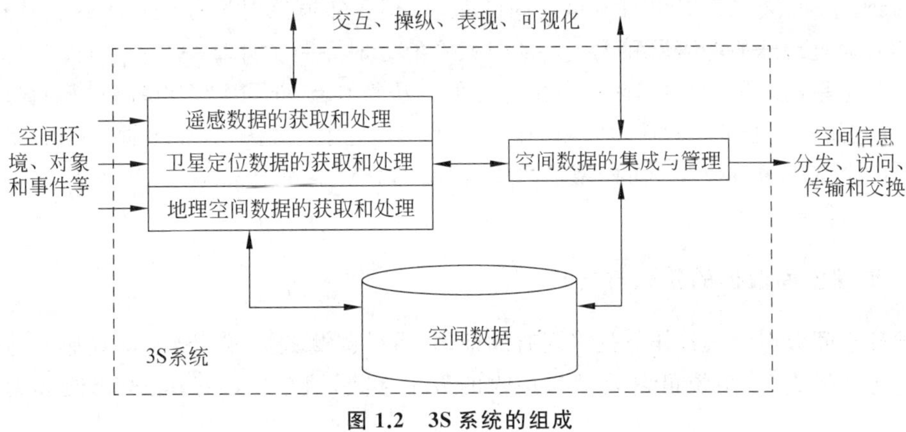

图1.2 3S系统的组成

1. 遥感数据的获取和处理

遥感数据是3S系统的重要数据源。遥感数据含有丰富的资源与环境信息，在3S系统支持下，可以与定位、地理、城市、地形和军事等方面的信息进行信息复合和综合分析。遥感数据是一种大面积的、动态的、近实时的空间数据源，遥感技术是3S系统数据更新的重要手段。

遥感系统主要由能量源、平台、传感器和遥感图像处理模块组成。其中，**能量源**可以是被动的或主动的能量源。太阳或来自地球物质的辐射是被动能量源；来自人工产生的能量源的辐射，例如雷达，是主动能量源。**平台**承载传感器，可以是汽车、飞机、飞船和卫星等。**传感器**检测电磁辐射，被动传感器检测反射或发射的来自自然物质的电磁波辐射，主动传感器利用人工能量源（例如雷达）照射物体以检测物体的反射响应。获取的遥感图像要经过**遥感图像处理**，包括遥感图像的校正、遥感图像变换和遥感图像增强等处理以及高层的遥感图像识别等，对原始数据进行处理和加工，得到用户可以直接使用或间接使用的遥感产品。

2. 卫星定位数据的获取和处理

GPS技术为导航、测量和GIS数据的获取提供精确和灵活的定位功能。GPS为全球提供每天24小时连续不断的三维空间定位能力。

GPS系统能够对静止或移动对象进行定位：在三维坐标系中的绝对位置；与其他对象之间的相对位置。第一种定位模式称作点定位，第二种定位模式称作相对定位。如果定位对象是固定不动的，称为**静止定位**；如果对象是移动的，称为**移动定位**。通常，静止定位用于测量，移动定位用于导航。

GPS通过卫星测量和计算机计算地球上任何地方的位置。它以卫星的位置为基础，意味着地球上对象的位置是通过测量它与一组卫星之间的距离来确定的。虽然GPS用到很多先进的设备，但它的基本原理非常简单，即卫星的三角测量是系统运行的基础，GPS通过计算无线电波的传输时间进行三角测量。为了测量传播时间，GPS需要非常精确的时钟。不仅要知道对象与卫星之间的距离，还要知道该卫星在太空中的具体位置。电波信号通过地球的电离层和大气层的时候会有延时。为了计算一个位置的三维坐标，需要4颗卫星同时进行测量，采用三角计算的方法得到结果。因为卫星的运行轨道非常高，因此它的轨道的可预测性也很好，同时每颗卫星还装有精确的原子钟。GPS系统可以分为3个基本子系统：地面控制子系统（控制部分）、空间子系统（空间部分）和用户子系统（用户部分）。

3. 地理空间数据的获取与处理

地理空间数据的获取任务是将现有的地图、野外观测数据、航空照片、遥感图像和文本资料等转换成3S系统可以处理与接收的数字形式，通常要经过验证、修改和编辑等处理。

地理数据和相关的表格数据可以自行收集或购买商业数据。基本的地理数据就是**数字地图**。地理参照数据包括了空间数据及其相关的属性数据。关系数据库中的数据也可以作为属性数据。

有许多不同的技术可以用来生成数字地图。可以用栅格图像向量化自动生成数字地图，也可以用数字化仪手工向量化地图。数字地图的来源既可以是任何测量机构，也可以是卫星成像图像。

4. 空间数据

空间数据是3S系统分析与处理的对象，是构成系统应用的基础。空间数据是地理信息和其他空间信息的载体，是3S系统管理和操作的对象，它具体描述空间要素的空间特征、属性特征和时间特征。**空间特征**是指地理要素或目标实体的空间位置及其相互关系，**属性特征**表示空间要素或目标实体的名称、类型和数量等属性，**时间特征**指空间要素或目标实体随时间而发生的相关变化。

在3S系统中，空间数据是以结构化的形式存储在计算机中的，由**空间数据库系统**管理。空间数据库系统由数据库实体和数据库管理系统组成。数据库实体存储空间数据及其属性，而数据库管理系统主要用于对空间数据的统一管理，包括查询、检索、增删、修改和维护等。

3S系统管理的空间数据可以是地图、遥感图像、GPS定位的目标时空数据、文本资料、统计资料、实测数据以及多媒体形式的数据。

地图是3S系统的主要数据源，因为地图包含着丰富的内容，不仅含有实体的类别和属性，而且含有实体间的空间关系。地图数据主要通过对地图的跟踪数字化和扫描数字化获取。文本资料是指各行业、各部门的有关法律文档、行业规范、技术标准和条文条例等，如边界条约，这些也可以是3S系统中与空间数据相关联的数据。国家和军队的许多部门和机构都拥有不同领域（如人口、基础设施建设、兵力和要地等）的大量统计资料，是3S属性数据的重要来源。野外试验和实地测量等获取的数据可以通过转换直接进入3S

空间数据库，以便进行实时分析和进一步应用。GPS获取的定位数据是3S的重要数据源。多媒体数据（包括声音和视频等）的主要功能是辅助空间信息的可视化，表现3S系统的分析和查询结果。

3S系统管理的空间数据涉及地球信息的概念。**地球信息**是地球系统内部物质流、能量流和人流的一种运动状态和方式[5]。运动状态是物质流、能量流和人流在地球空间所表现出来的区位特征，包括位置、形状和属性特征的描述；运动方式是其区位特征在时间上所呈现的运动过程和变化规律的解释。

物质流是指物质资源在空间与时间上的重新分配，例如大气循环、水文循环、物质运输和集转等。能量流指各种能量的传输，例如风能、电能、太阳能、大洋暖流、电力输送和油气输送等。人流是指人类社会中的群体迁移，例如人才流、移民、农民工流、部队输送和应急人员调拨等。

地球信息所覆盖的空间范围上至电离层，下至莫霍面①，其中在地球表层上的**地理（空间）信息**是地球信息的基础信息。正是地理信息的空间定位和空间关联性起到了连接**地质信息**、**海洋信息**和**大气信息**的作用，使得地质信息、海洋信息和大气信息得以通过地理信息组合成为地球信息。空间信息的数据获取、存储、空间分析和查询为地球信息的模拟、分析和预测奠定了基础。

5. 空间数据的集成与管理

随着GIS、GPS和RS技术的广泛应用，积累了大量空间数据资源。在3S系统中，如何实现网格环境下的空间数据资源集成，为空间数据建立高效的共享服务机制成为3S集成管理的一个关键问题。空间数据的集成管理表现在3个层次上：底层的数据集成、中层的服务集成和高层的应用集成[8]。

在**数据集成**方面，由于使用了不同的采集技术和数据格式，这些空间数据分别存储为不同格式和不同结构，按不同的坐标系统标定。为了集成利用这些数据，通常的做法是使用空间数据转换功能，把数据转换为某种坐标系统下的统一格式。众所周知，不同软件数据格式之间的转换往往会造成一定的信息损失，例如转换可能丢失线型、颜色和拓扑结构等属性。数据转换一般通过交换格式进行，因此转换过程复杂。

为解决数据格式转换带来的种种问题，另一种数据集成管理方案是在一个软件中实现对多种数据格式的直接访问。多格式数据直接访问避免了数据格式转换，为综合利用不同格式的数据资源带来了方便。这种集成是格式无关的数据集成，3S用户在使用数据时，可以不必关心数据以何种格式存储，真正实现格式无关的数据集成。也可以实现位置无关的数据集成，如果使用大型关系数据库（如Oracle和SQL Server）存储空间数据，这些数据可以存放在网络服务器甚至Web服务器上；如果使用文件存储空间数据，这些数据一般是本地的。通过集成技术访问数据，不仅不必关心数据的存储格式，也不必关心数据的存放位置。用户可以像操作本地数据一样操作网络数据。

---

① 地壳同地幔间的分界面是南斯拉夫地震学家莫霍洛维奇于1909年发现的，故以他的名字命名，称为莫霍洛维奇不连续面，简称莫霍面（或莫氏面）。

对于**空间服务集成**，可以在 OGC(Open Geospatial Consortium，开放空间联盟)给出的空间数据统一模型下，基于地理标记语言(Geography Markup Language，GML)和简单对象访问协议(Simple Object Access Protocol，SOAP)①实现空间数据服务集成的**框架**。即基于GML空间数据统一模型进行空间数据转换，基于SOAP实现空间数据服务，建立网格环境下虚拟化空间数据服务应用模型，实现多数据源、多类型空间数据的服务集成。

在数据集成和服务集成的支持下，空间数据的**应用集成**也是重要的一方面，即实现多源空间数据的复合探查、分析和可视化，允许使用不同格式的数据直接进行联合/复合空间分析。例如，用户可以使用一个土地利用数据(遥感图像)和一个行政区划的GIS数据集进行叠加分析，叠加结果可以存储到另一个数据库中。

在3S信息系统中，采集的空间数据经过GIS系统的集成、分析和可视化，输出为可以利用的空间**信息**，经过辅助决策支持系统(辅助专业模型)的策略和方案分析，提炼出可以实施的计划、控制和方案**知识**。

当卫星传感器采集到地球系统的有关数据后，在没有应用有关地球数据的处理方法之前，这些有关地球的原始记录(遥感数据)难以被人所认识。当在卫星地面站对传感器获得的数据进行预处理后，这些数据就转化为可被人利用的各种数据格式的遥感地球信息。

这些信息进入地理信息系统后，与数字地图和其他相关信息结合，它们的信息含量将逐渐增高，信息的使用价值随之增大。信息处理是决策的准备和基础，决策分析是信息处理的目的和结果。地理信息系统是一个能够获取、存储、查询、模拟和分析地理信息的计算机信息系统，是一种能够处理和分析大量地理数据的通用地理信息技术，它汇集来自多方面的空间数据，按照地理空间框架进行数据管理、查询与检索，通过地球空间信息分析进行地球信息的加工、再生，为空间辅助决策的分析打下基础。

经过地理信息系统处理后的信息再进入各种专题的**空间辅助决策支持系统**，信息又可以进一步地转化为更高级的信息形态：知识。知识是有关某一空间问题解决的目的、计划和策略，或是对地球上物质流、能量流和人流要素的运动规律的描述和解释。空间辅助决策支持系统直接面向空间问题领域，它的任务是在地理信息系统有关地球空间信息分析结果的基础之上产生人类行动的目的、计划和策略信息。

1.3.2 3S系统涉及的关键技术

从空间信息系统和信息集成的角度看，未来的3S信息系统涉及许多挑战性的问题及关键技术，包括高分辨率卫星影像、空间信息基础设施、大容量数据存储及元数据交换与共享、空间数据处理和分析、空间信息可视化技术、分布空间数据管理技术。详细内容请阅读参考文献[8]～[10]。

1. 高分辨率卫星影像

随着技术的发展，遥感卫星影像的分辨率已经有了很大的提高。分辨率指空间分辨率、光谱分辨率和时间分辨率。通过发射合理分布的卫星星座可以3～5天观测地球一

---

① SOAP是一种基于XML的简单协议，应用程序之间通过HTTP交换信息。

次。高分辨率卫星遥感图像将以优于1m的空间分辨率，每3～5天为人类提供反映地表动态变化的翔实数据。在紧急状态下，可以调用多颗卫星对敏感区域进行每天24小时不间断的监视。

2. 空间信息基础设施

空间信息是指与空间和地理分布有关的信息。国家空间数据基础设施主要包括空间数据协调管理与分发体系和机构、空间数据库系统、国家基础地理信息系统、空间数据交换网站、空间数据交换标准及数字地球空间数据框架。美国、欧洲、俄罗斯和亚太地区都建立了自己的空间数据基础设施。我国也在建立基于1∶50 000和1∶10 000比例尺的空间信息基础设施。

3. 大容量数据存储及元数据交换与共享

3S系统管理海量的空间数据。例如，美国NASA的行星地球计划EOS-AMI 99每天将产生1000GB的数据和信息。1m分辨率影像覆盖我国一个省，大约有1TB的数据。这还只是一个时刻的数据量，而多时相的动态数据量就更大了。美国NAS(National Academy Sciences，国家科学院)和NOAA(National Oceanic & Atmospheric Administration，国家海洋和大气管理局)将建立用并行机管理的可存储1.8×10^9 TB的数据中心，数据盘带的查找由机械手自动而快速地完成。

另一方面，为了在海量数据中迅速找到需要的数据，元数据库的建设是非常必要的。元数据是关于数据的数据，通过它可以了解有关数据的名称、位置和属性等信息，从而显著减少用户寻找空间数据的时间，同时为数据共享和交换提供了共用的数据描述基础。

4. 空间数据处理和分析

在空间数据基础设施的支持下，3S系统可以管理海量的空间数据。但是要有效地利用这些数据，还需要对空间数据进行综合处理和分析。空间数据库中包含结构化和非结构化数据，例如遥感图像、地理空间的几何图形数据、空间位置和时间数据、相关属性数据等，对这些数据类型进行集成处理和分析的难度非常大。如何有效地管理和利用好这些空间数据，是3S系统中最关键的技术。例如，利用数据挖掘技术，可以更好地认识和分析观测到的海量数据，从中找出空间事件的规律和知识。

5. 空间信息可视化技术

可视化是实现3S系统与人交互的窗口和工具，空间数据尤其需要可视化技术。3S系统使用的可视化方法有二维、二点五维和三维空间可视化方法。二点五维是在二维的基础上增加了高度信息，而三维空间可视化利用三维模型、光照和渲染方法等三维图形和虚拟现实技术，构建逼真的三维地球空间。虚拟现实技术在摄影测量中是成熟的技术，近几年随着数字摄影测量的发展，已经能够在计算机上建立可供观测的数字虚拟技术。可以对同一实体拍摄照片，产生视差，构造立体模型。如果对整个地球建模，进行无缝拼接，就可以实现任意漫游和放大。

6. 分布空间数据管理技术

3S 系统中的数据已不能通过单一的数据库来存储，因为它的数据源是多种形式的，数据源可能分布于距离不等的其他组织当中。这意味着参与 3S 系统的服务器需要由高速通信网络来连接。通信网络实现数据采集源到 3S 系统的数据传输，涉及卫星通信、无线机载通信和移动车载通信。通信网络（Internet、局域网络和移动无线网络）实现 3S 系统内部各子系统和数据库系统之间的高速数据交换。

1.4 3S 技术的应用

人类接触到的信息大多数与地理位置和空间分布有关，而 3S 技术处理和管理的信息包括高分辨率的地球卫星图像、数字地图、位置信息，以及相关的经济、社会和人口等方面的信息，其应用非常广泛。

1. 地球资源环境监测

3S 技术可以广泛地应用于对全球气候变化、海平面变化、荒漠变化、生态与环境变化和土地利用变化的监测。随着全球经济高速发展，资源与环境的矛盾越来越突出。例如洪灾、江河断流、耕地减少和荒漠化加剧，引起了社会各界的广泛关注。因此需要采取有效措施，从宏观的角度加强土地资源和水资源的监测和保护，加强自然灾害特别是洪涝灾害的预测、监测和防御。3S 技术中的遥感监视和地理信息规划与分析功能在这方面可以发挥重要的作用。

2. 数字化城市和基础设施规划与管理

基于 3S 技术的空间信息系统可以管理大量行业部门、企业和私人添加的信息，因此可以在空间和时间分布上对这些数据进行分析。例如国家基础设施建设的规划、全国铁路和交通运输的规划、城市发展的规划和海岸带开发等。基于“数字地球”，可以实现城市规划、市政管理、城市环境、城市通信与交通、公安消防等方面的应用。在数字化城市系统中，房地产公司可以将房地产信息链接到“数字地球”上；旅游公司可以将酒店、旅游景点，包括它们的风景照片和录像放入这个公用的“数字地球”上；世界著名的博物馆和图书馆可以将其以图像、声音和文字形式放入空间信息系统中；甚至商店也可以将货架上的商品制作成多媒体或虚拟产品放入“数字地球”中，让用户任意挑选。基于高分辨率正射影像、城市 GIS、建筑 CAD，建立虚拟城市和数字化城市，实现真三维和多时相的城市漫游、查询分析和可视化。

3. 智能交通及运输管理

智能运输系统可以基于 3S 技术，建立国家和省、自治区、直辖市的路面管理系统，桥梁管理系统，交通阻塞、交通安全以及高速公路监控系统，并将先进的信息技术、数据通信传输技术、电子传感技术、电子控制技术以及计算机处理技术等有效地集成运用于整个运输管理体系，建立起一种在大范围内全方位发挥作用的，实时、准确、高效的综合运输和管理系统，实现运输工具在道路上的运行功能智能化。具体地说，该系统将采集到的各种道路交通及服务信息经交通管理中心集中处理后，传输到公路运输系统的各个用户（驾驶员、居民、公安局、停车场、运输公司、医院和救护排障等部门），出行者可实时选择交通方式和交通路线；交通管理部门可自动进行合理的交通疏导、控制和事故处理；运输部门可随时掌握车辆的运行情况，进行合理调度，从而使路网上的交通流运行处于最佳状态，减轻交通拥挤和阻塞，最大限度地提高路网的通行能力，提高整个运输系统的机动性、安全性和生产效率。

4. 精细农业

21世纪农业现代化远景——实现节水农业和优质、高产、无污染农业可以依托3S信息技术。例如，每隔3～5天给农民送去庄稼地的高分辨率卫星影像，农民在计算机网络终端上可以从影像图中了解庄稼的长势，通过GIS进行分析，制订农田作业计划，然后在车载GPS和电子地图指引下，实施农田作业，及时地预防病虫害，把杀虫剂、化肥和水用到必须用的地方，以避免化学残留物污染土地、粮食和种子，实现真正的绿色农业。在收获的季节，3S技术还可以用于重点产粮区的主要农作物估产。

5. 安全救援与应急处理

利用3S技术中的定位技术，可以对消防队、救护队、警察和军队进行应急调遣，提高紧急事件处理部门对火灾、犯罪现场、交通事故、交通堵塞和洪灾等紧急事件的响应效率，对重大自然灾害进行监测与评估。特种车辆（如运钞车）等可在突发事件发生时进行报警和定位，将损失降到最低。有了3S技术的帮助，救援人员就可在人迹罕至、条件恶劣的大海、山野和沙漠对失踪人员实施有效的搜救。装有3S装置的渔船在发生险情时可及时定位和报警，使之能更快、更及时地获得救援。

6. 国防与军事应用

在现代化战争和国防建设中，3S技术具有十分重大的意义和实用价值。军事信息系统方面的应用对空间信息的采集、处理和更新提出了极高的要求。运用虚拟现实技术建立数字化战场，集成运用3S技术，建立服务于战略、战术和战役的各种军事地理信息系统，服务于各类军事信息系统、作战系统或后勤保障系统。

这方面的应用包括地形地貌侦察、军事目标跟踪监视、飞行器定位、导航、武器制导、打击效果侦察、战场仿真和作战指挥等。在战争开始之前需要建立战区及其周围地区的军事地理信息系统，战时利用GPS、RS和GIS进行战场侦察、信息的更新、军事指挥与调度、武器精确制导，战时与战后进行军事打击效果评估等。3S技术是一个典型的平战结合、军民应用结合的系统工程和信息集成技术。

1.5 本章小结

3S 作为地球空间信息学、地球信息科学和“数字地球”的技术基础和核心得到迅速发展。3S 系统作为交叉和集成的系统和技术，关注遥感信息获取、全球卫星导航和定位信息获取、地球空间信息集成、处理、探查、分析和可视化。

从二维向多维动态以及网络方向发展是 GIS 发展的主要方向。在技术方面，一个发展是 Internet GIS 或 Web-GIS，可以实现远程寻找各种地理空间数据，包括图形和图像，而且可以进行各种地理空间分析；另一个发展是数据挖掘，从空间数据库中自动发现知识，用来支持遥感解译自动化和 GIS 空间分析的智能化。

随着小卫星群计划的推行，可以用多颗小卫星实现每 2～3 天对地表重复一次采样，获得高分辨率成像光谱仪数据。多波段、多极化方式的雷达卫星将能解决阴雨多雾情况下的全天候和全天时对地观测。卫星遥感与机载和车载遥感技术的有机结合是实现多时相遥感数据获取的有力保证。遥感信息的应用分析已从单一遥感资料向多时相、多数据源的融合与分析过渡，从静态分析向动态监测过渡，从对资源与环境的定性调查向计算机辅助的定量自动制图过渡，从对各种现象的表面描述向软件分析和计量探索过渡。近年来，由于航空遥感具有快速机动性和高分辨率的显著特点，因此成为遥感发展的重要方面。

GPS 为 3S 信息系统提供了精确、实时的目标和载体的位置、速度和时间信息。为了国家安全的考虑，各国及组织都希望发展自己的全球卫星导航系统。GPS 技术首先应用在军事和装备系统中，但是随着 Internet 和无线通信技术的发展，其技术越来越多地应用到民用导航、测量、搜救和应急处理中。

第2章 Chapter 2

坐标系统与时间系统

地球及其模型
天球及其模型
地球坐标系统
时间系统
各种坐标系统与时间系统之间的关系

2.1 地球及其空间模型

要对地球空间要素的位置和属性进行描述，就需要一个地球空间模型。空间要素的位置可以用经纬度表示。用参考椭球建立地球的空间模型，椭球体是用于逼近地球的空间模型。大地基准包括大地原点、参考椭球参数、椭球与地球在原点的分离参数。基准面是在椭球体基础上建立的，但椭球体不能代表基准面，同样的椭球体能定义不同的基准面。

2.1.1 地球及其地理网格

地图是3S系统的基础数据。构成地图的基本内容叫作**地图要素**，它包括数学要素、地理要素和辅助要素。**数学要素**指构成地图的数学基础，例如地图投影、比例尺、控制点、坐标网、高程系和地图分幅等。这些内容是决定地图图幅范围和位置以及控制其他内容的基础。它保证地图的精确性，作为在图上量取点位、高程、长度和面积的可靠依据，在大范围内保证多幅图的拼接使用。**地理要素**指地图上表示的具有地理位置和分布特点的自然现象和社会现象，因此，又可分为自然要素（如水文、地貌、土质和植被）和社会经济要素（如居民地、交通线和行政境界等）。**辅助要素**主要指便于读图和用图的某些内容，例如图名、图号、图例和地图资料说明，以及图内各种文字和数字注记等。

地图是在**平面**上对地图要素进行处理的。这些地图要素代表地球表面的**空间要素**。将地理系统中复杂的地理现象进行抽象得到的地理对象称为**地理实体**或空间实体、空间目标，简称实体。实体是现实世界中客观存在的，并可相互区别的事物。实体可以指个体，也可以指总体（是个体的集合）。空间要素又称为**地理要素**，是地理实体的抽象表示，例如道路、桥梁、建筑物、各种类型的土地、降雨量和高程等。地图要素的位置是基于**坐标系**的，而空间要素的位置是基于用经度和纬度表示的**地理网格**，又称为**地理坐标系统**。

地理网格是地球表面空间要素的定位参照系统。地理网格由经线和纬线组成，如图 2.1 所示。**经线**是通过地轴的平面和地球表面相交的大圆周线的一半，经线呈南北方向，同一经线上各点的经度相同。将通过英国格林尼治的经线作为**本初子午线**或 0°经线。**子午线**是指经度相同的线。地球表面一个地点的经度值从本初子午线开始，向东或向西，分别用 0～180°度量。东半球经度值为正，西半球为负。

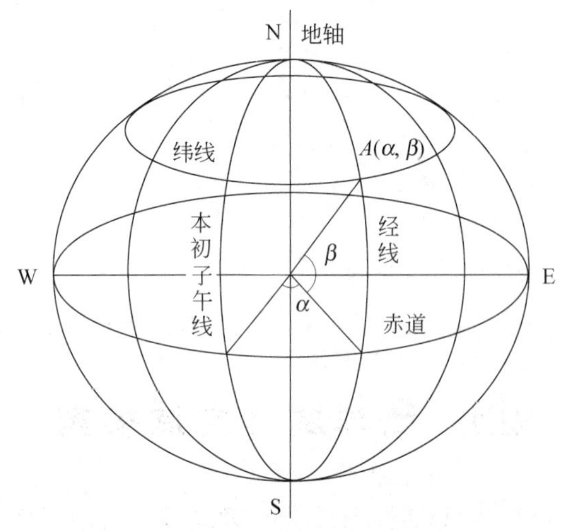

图 2.1　地球与地理坐标系统

纬线是与地轴垂直的平面与地表相交而成的圆，所有纬线都相互平行。地球表面某点的纬度值可以从赤道向南或向北分别用 0～90°度量。赤道以北的纬度值为正，以南为负。

例如，地球表面某点位置为 A(30°E，70°N)，表示其位于本初子午线以东 30°、赤道以北 70°的地方。E(East)表示东向，N(North)表示北向。

经纬线的角度可以用°、′、″(度、分、秒)来表示。1°=60′，1′=60″。或用十进制小数形式的度来表示。两种表示可以转换。例如，经度为 60°45′36″，用小数形式的度表示为 $60+45/60+36/3600=60.76°$。

2.1.2　地球空间模型

为了深入研究地理空间，有必要建立**地球表面的几何模型**以近似表示地球，便于进行长度、面积和体积等几何测量和分析。地球的**自然表面**是一个起伏不平、不规则的表面，包括海洋底部和高山、高原在内的固体地球表面。固体地球表面的形态是多种成分的内、外地貌引力在漫长的地质时代综合作用的结果，非常复杂，难以用一个简洁的数学表达式描述出来，所以难以进行数学建模。

地球表面的 72%被流体状态的海水所覆盖，因此可以假设当海水处于完全静止的平衡状态时，从海平面延伸到所有大陆下部，而与地球重力方向正交的一个连续、闭合的水准面，这就是**大地水准面**(geoid)。以大地水准面为基准，可以方便地用水准仪完成地球自然表面上任意一点高程的测量。大地水准面比起实际的固体地球表面要平滑得多。

实际上，海水温度的变化和盛行风的存在，可以导致海平面高达百米以上的起伏变化。大地水准面虽然十分复杂，但从整体来看，起伏是微小的，很接近于绕自转轴旋转的椭球面。为了测量计算的需要，选用一个同大地体相近的、可以用数学方法表达的旋转椭球来代替地球。地球并不是一个正球体，其赤道直径比两极直径大一些，因此这个旋转椭球是由一个椭圆绕其短轴旋转而成的，在测量和制图中就用旋转椭球来代替大地球体，这个旋转椭球通常称为**地球椭球体**(ellipsoid)。

地球椭球体表面是一个规则的数学表面。实际的固体地球表面、大地水准面和地球椭球体表面之间的关系如图 2.2 所示。地球椭球体的大小通常用其两个半轴——长半轴 a 和短半轴 b，或一个半轴和扁率 f 来决定，如图 2.3 所示。扁率表示椭球体的扁平程度，扁率 f 的计算公式如下：

$$f=(a-b)/b \tag{2.1}$$

其中，a、b、f 称为地球椭球体的基本元素。

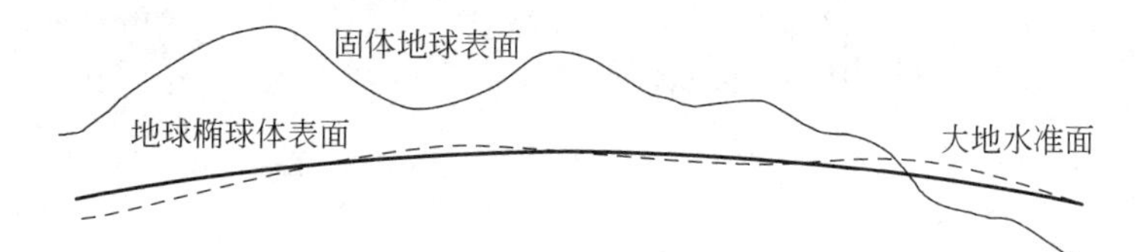

图 2.2 固体地球表面、大地水准面和地球椭球体表面之间的关系

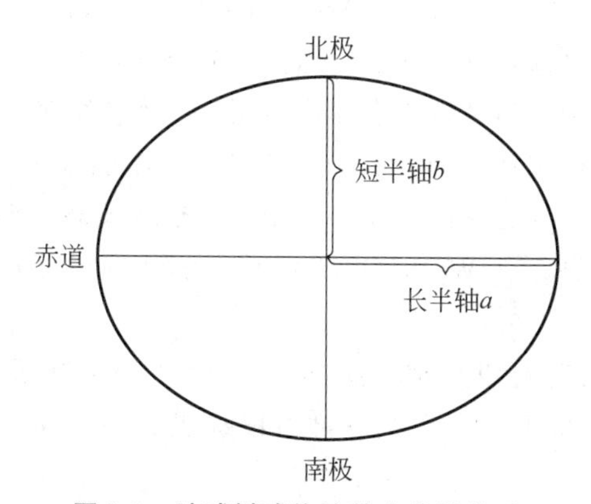

图 2.3 地球椭球体的基本参数关系

问题是：如何算出(通过测量)这些基本元素的大小？

对于旋转椭球体，由于计算年代不同，所用的方法不同，以及测定地区不同，其描述方法多种多样。凡是与局部地区(一个或几个国家)的大地水准面符合得最好的旋转椭球都称为**参考椭球**(reference ellipsoid)。经过长期的观测、分析和计算，世界上许多学者和机构算出了参考椭球的长短半轴的数值。美国环境系统研究所(ESRI)的 ArcGIS/INFO 软件中提供了多达 30 种旋转椭球体模型。我国 1952 年以前采用的是海福特椭球，1953 年起改用克拉索夫斯基椭球，1978 后开始采用 1975 年国际大地测量学协会提出的IAG-75国际椭球,并以此建立了我国新的、独立的大地坐标系。

参考椭球又称为**基准椭球**,是地球的一个数学模型。它应该满足以下几个条件:

(1) 椭球质量等于地球质量,两者的旋转角速度相等。

(2) 椭球体积与大地体积相等,它的表面与大地水准面之间距离差的平方和最小。

(3) 椭球中心与地球质心重合,椭球短轴与地球自转轴重合。

尽管确定参考椭球时要满足以上3个条件,但是由于采用的数据的局限性,实际上建立的参考椭球与理想的参考椭球间有误差,特别是1950年以前的结果,只能看成局部的参考椭球。

自从17世纪以来,许多国家的研究机构和研究人员根据不同地区、不同年代的观测资料推算出各种不同的参考椭球。常用的参考椭球参数如表2.1所示。

表2.1 常用的参考椭球参数

椭球体名称	推算年代	长半轴/m	扁率的倒数	应用
贝塞尔	1841	6 377 397	299.15	
克拉克	1866	6 378 206	294.98	美国
海福特	1910	6 378 388	297.0	中国1952年以前
克拉索夫斯基	1940	6 378 245	298.3	中国1953—1978年
IAG-75	1975	6 378 140	298.257	中国1978年起至今
WGS-84	1984	6 378 137	298.257 223 563	美国

其中,世界大地测量系统WGS-84(World Geodetic System 1984)是为GPS使用而建立的坐标系统。GPS系统的卫星发送它们在WGS-84中的位置,GPS接收机的内部计算都是基于WGS-84的。WGS-84有两套参数,一套参数定义了地球的形状和大小,另一套参数涉及不同国家的本地基准。1996年,美国国防部国家图像与制图局(National Imagery and Mapping Agency,NIMA)为美国国防部设计了一个新的坐标系统,实现了新的WGS版本——WGS(G873),其中加入了美国海军天文台和北京站的修正。

表2.1中的各参考椭球可以互相转换,即从一个地理坐标系转换到另一个地理坐标系,经纬度要重新计算。商业GIS系统软件可以提供一些转换方法。Internet上也有免费转换软件①。

2.1.3 大地基准

基准椭球或参考椭球是**大地基准**(datum)系统的一部分。大地基准是进行测量的一种参照点、面或坐标轴,往往与地球形状模型关联起来。大地基准的定义包括大地原点、参考椭球参数、椭球与地球在原点的分离参数。简单来说,参考椭球及其匹配水准面的方式的组合称为大地基准。显然,有许多种椭球和匹配参数的组合,目前在用的有

① 美国国家大地测量网站:http://www.ngs.noaa.gov/tools/nadcon.html。

30 多种参考椭球、数百种大地基准。

我们注意到，如果所用的大地基准不同，即使基于相同的坐标系，相应的数字地图配准结果也不相同。坐标系统的不同其实就是所用大地基准的偏移。一个国家或地区内的某个地点在两个不同基准之间的偏移可能达到数百米，对于偏远的岛屿可能偏移几千米；甚至北极、南极和赤道在不同的大地基准中都是不同的。这些都是因为不同的大地基准采用不同的参考椭球引起的。

许多大地基准是在 GPS 定位系统出现之前定义的，精度低，不统一。各国的制图组织没有公共的大地测量参考点，只为本国制作地图产品。

从上面看出，大地基准是一个参照系统，包括了一个参考椭球。不同的基准可能采用相同的参考椭球，这是为什么呢？椭球面和地球肯定不是完全贴合的，即使用同一个椭球面，由于不同的国家所处的位置不同，需要椭球能够最大限度地贴合本国的那一部分，因而调整基准参数，大地基准就会不同。也就是说，由于地球表面是非均匀平滑的，当产生一个基准去匹配本国时，一般来说就要重新定位椭球体，以便使之最佳匹配本国的大地水准面，这种基准称为本国的大地基准，简称为本地基准。使用本地基准的结果是不同国家之间的经纬度线不能够连接。这种差别通常有一百多米。在图 2.4 中，椭球体向右上位置移动，最佳匹配地球的东北区域，这样就可以指定该区域的大地基准。在该基准下，地球的其他区域可能与椭球体匹配得不好，造成误差很大。例如，北美的 1927 大地基准 NAD27 特别设计用于北美地区的匹配，它采用了克拉克 1866 椭球。

这种差别的一种解决方法就是建立世界范围的基准。自从 1950 年以来，人们越来越需要建立一种适合世界范围的大地基准。这种大地基准称为**地心基准**（geocentric datum），如图 2.5 所示。大地水准面与椭球匹配时考虑全部的地球面，地球中心也是椭球的中心。这是地心基准的基本部分。该基准设计用于全球定位系统，这是由于卫星轨道是绕地球质心运转的。并不令人惊奇的是，美军促成了这件事情，因为精确发送洲际弹道导弹需要知道导弹飞在什么地方，美国为此开发出世界大地系统（World Geodetic System，WGS）。

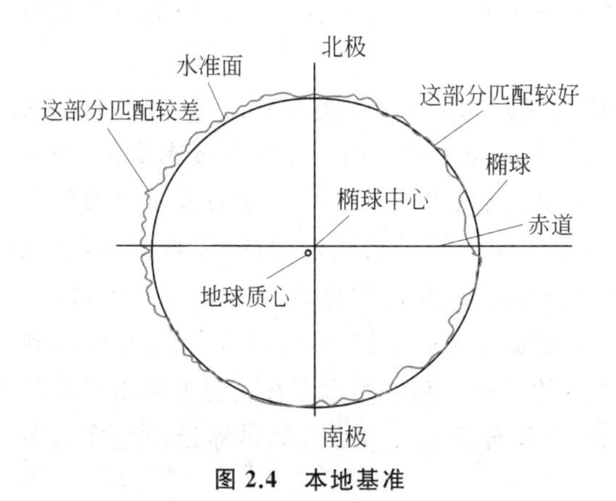

图 2.4 本地基准

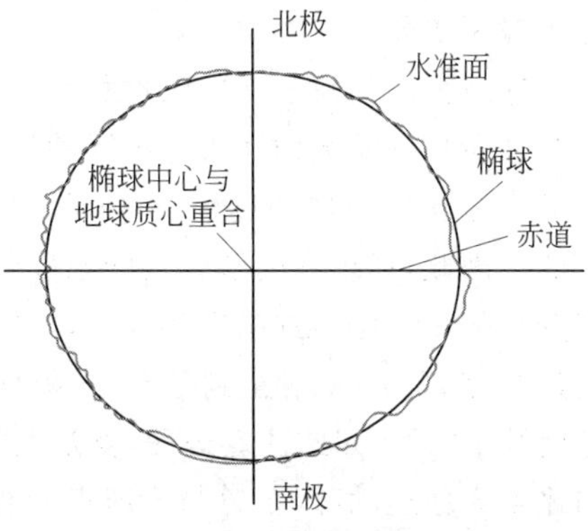

图 2.5 地心基准

2.2 天球及其天文基本概念

把地球空间向外扩展到太空,如何确定太空中天体的位置?这就需要建立一个天球模型。天球模型中最重要的一个点是春分点,它是一个定位点。但是,由于岁差和章动的影响,春分点并不是完全固定不变的,从而给空间定位带来一定的复杂性。

2.2.1 天球及其春分点

天球(Celestial Sphere)就是以空间某一点(例如观察者)为中心、半径为无穷大的一个圆球。天文学中通常把参考坐标建立在天球上。我们想象所有天体都附着在天球上。天球是假设的,实际上不存在,它来源于天穹视觉。天球的半径是任意长,数学上当作无穷大,球心可根据观测需要确定,因此就有**地面天球**、**地心天球**和**日心天球**。常用的是地心天球。天球上天体位置不是真实位置,而是投影位置或视位置。天球上天体只有角距离,没有线距离。天体和观察者间的距离与观测者随地球在空间移动的距离相比要大得多,所以看上去天体似乎都离我们一样远,仿佛散布在以观测者为中心的一个圆球的球面上。地心天球如图 2.6 所示。

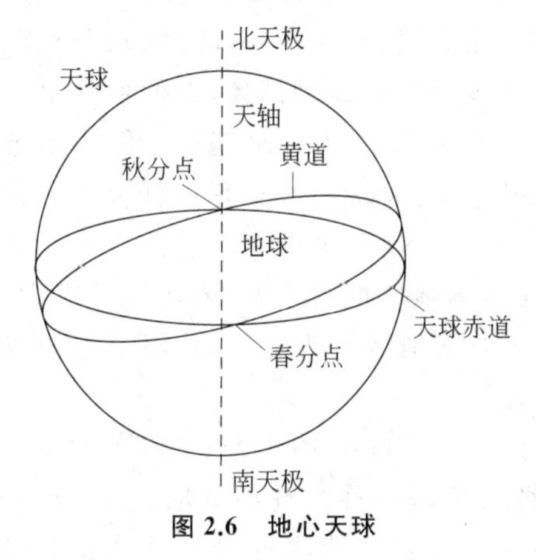

图 2.6 地心天球

地球自转轴(地轴)的延长线叫作**天轴**。天轴同天球的交点就是**天极**,在地球北极上空的是**北天极**(P),在地球南极上空的是**南天极**(P')。通过天球中心,同天轴垂直的平面和天球相交的大圆叫作**天球赤道**。北天极和南天极就是天球的两极。天球赤道把天球分成南、北两半球。显然,天球赤道平面同地球的赤道平面或者重合(地心天球)或者平行(地面天球或日心天球)。包含天轴的平面就是**天球子午面**,天球子午面与天球相交的大圆叫作**天球子午圈**。

地球公转的轨道面与天球相交的大圆称为**黄道**,即当地球绕太阳公转时,地球上的观察者所见到的太阳在天球上运动的轨迹。黄道面与赤道面的夹角称为**黄赤交角**,约为23.5°。地球在公转的过程中,地轴的空间指向和黄赤交角的大小在一定时期可以看作不变的。因此,地球在公转轨道的不同位置,地表接受太阳垂直照射的点(太阳直射点)是有变化的。从冬至到第二年夏至,太阳直射点自南纬 23.5°向北移动,经过赤道(春分时),到达北纬 23.5°;从夏至到冬至,太阳直射点自北纬 23.5°向南移动,经过赤道(秋分时),到达南纬 23.5°。如此往返运动,就是太阳直射点的回归运动。当太阳在黄道上从南半天球向北半天球运动时,黄道与天球赤道的交点称为**春分点**。春分点和天球赤道面是建立参考系的重要基准点和基准面。

2.2.2 岁差与章动

人们希望能够在天球中找到一点来固定坐标系中的一个轴，这个点就是春分点。但是，早在很久以前，人们就发现春分点在恒星间的位置不是固定不变的。在外力的作用下，地球的自转轴在空间的指向并不保持固定的方向，而是不断发生变化。其中地轴的长期运动称为**岁差**(precession)，而周期运动称为**章动**(nutation)。岁差和章动引起天极和春分点位置相对于恒星的变化。

产生岁差的一个原因是月球、太阳和行星会对地球产生引力，同时地球不是一个质量分布均匀的正球体，而近似为旋转椭球体。月球与太阳的轨道面不重合。在太阳和月球的引力作用下，地球自转轴在空间绕黄极[①]描绘出一个圆锥面，绕行一周(360°)约需25 765年，圆锥面顶点夹角的一半约为23.5°。这样就使得春分点沿着黄道缓慢地向西移动，每年约50.37s。这样，就使得太阳通过春分点的时刻总是比太阳回到恒星间的同一位置的时刻要早一些，也就是说回归年的长度比恒星年的长度短。这一现象称为**日月岁差**。显然，如果把春分点的方向作为坐标系的 X 轴，那么 X 轴的方向就会随时间而变化。

除太阳和月球的引力作用外，地球还受到太阳系内其他行星的引力作用，从而引起地球运动的轨道面，即黄道面位置的不断变化，由此使春分点沿赤道有一个小的位移，称为**行星岁差**。行星岁差使春分点每年沿赤道东进约0.13s。日月岁差和行星岁差的综合作用使天体的坐标如**赤经**、**赤纬**等发生变化，一年内的变化量称为周年岁差。

由于月球和太阳的轨道面与赤道面不重合，它们有时在赤道面之上，有时在赤道面之下。另外，月球与地球、太阳与地球之间的距离也在不断地变化。这些因素都使得地球自转轴的进动力矩不断变化，也就使得地球自转轴的进动变得非常复杂。进动轨迹可以看作在平均位置附近作短周期的微小摆动，这种微小的摆动称为**章动**。章动的半振幅大约为9.2s，周期约为18.6年。地球自转轴在空间绕黄极做岁差运动的同时，还伴随许多短周期变化。图2.7为岁差和章动的概念示意图。

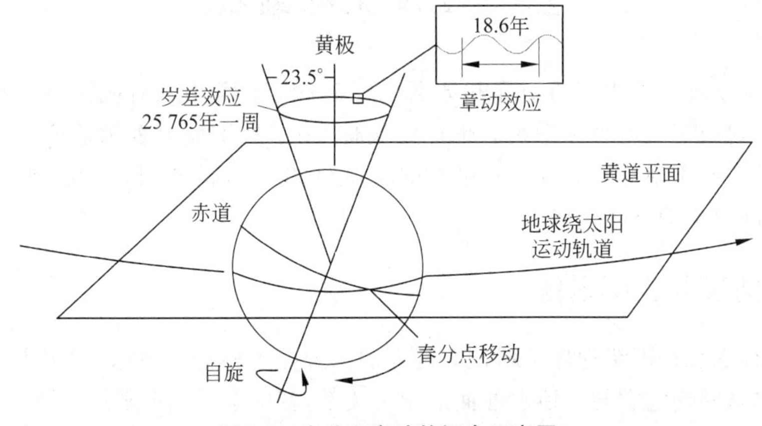

图2.7 岁差和章动的概念示意图

---

① 黄极：天球上与黄道角距离都是90°的两点，靠近北天极的称为北黄极。黄极与天极的角距离等于黄赤交角。

1765 年，瑞士数学家欧拉曾指出，由于地球自转轴与地球短轴不重合，地球自转轴会在地球内部绕行，其周期为 305 天。但是，直到 1888 年德国天文学家库斯特才实际发现了地极的这种运动，称为**极移**(polar motion)，即地球瞬时自转轴在地球本体内的运动。极移与岁差、章动是完全不同的地球物理现象。岁差和章动是地球自转轴的方向在恒星空间中的变化，但是地球内部的相对位置并没有变化。因此，岁差和章动只引起天体坐标的变化，却不会引起地球表面经度和纬度的改变。与此相反，极移表现为地球内部的相对位置在改变。这样就引起地球表面上各地经度和纬度的变化。因极移的量非常小，所以常用一个平面直角坐标系表示瞬时极的位置，该坐标系称为地极坐标系，图 2.8为极移现象的轨迹及其平面直角坐标系。

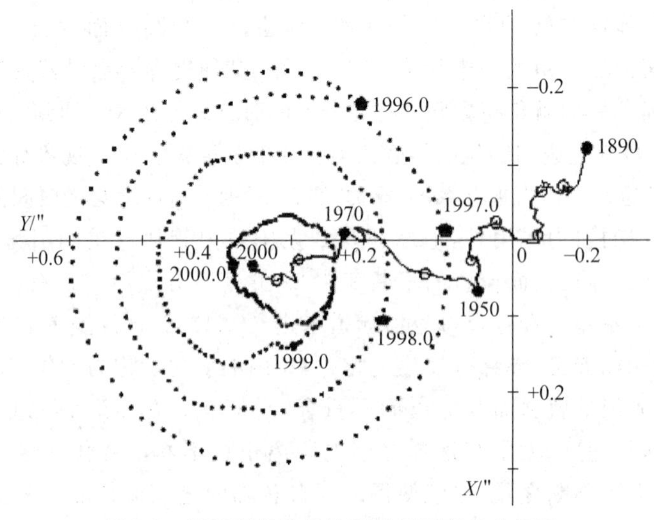

图 2.8　极移现象的轨迹及其平面直角坐标系

2.3　地球坐标系统

地球坐标系统可以用直角坐标和球面坐标表示。直角坐标对应于空间直角坐标系统，球面坐标对应于大地坐标系统。地球是椭球，为了在平面上表示地球空间要素的位置和属性，就需要把地球空间投影到平面空间，绘制出平面的地图，并用相应的投影坐标系统确定空间要素的空间位置。

2.3.1　空间直角坐标系统

地球坐标系统是围绕地球椭球建立起来的。选择了相应的椭球，确定坐标原点及其坐标轴的方向，并确定它与大地水准面的相关关系，就确定了一个坐标系统。

地球上地面静止不动的点如何用一种坐标系统来描述呢？如果用直角坐标系统，那么就可以选择**空间直角坐标系统**。

空间直角坐标系统可以进一步分为**参心**(reference-ellipsoid-centric)空间直角坐标

系统和地心(geocentric)空间直角坐标系统。

参心就是参考椭球的中心。参心空间直角坐标系统是在参考椭球内建立的空间直角坐标系统，原点位于参考椭球的几何中心，Z 轴与参考椭球的短轴重合，向北为正，X 轴指向本初子午线与赤道面的交点，Y 轴位于赤道面上，且按右手系与 X 轴呈 90°夹角。

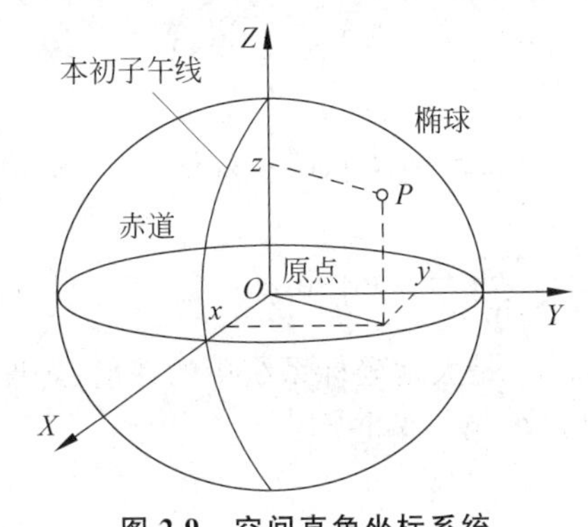

图 2.9 空间直角坐标系统

地心空间直角坐标系统是地球质心为原点的空间直角坐标系统。其中，Z 轴与地球自转轴重合，指向北极为正，与 Z 轴垂直的赤道面构成 X-Y 平面；X 轴指向本初子午线与赤道面的交点；Y 轴位于赤道面上，且按右手系与 X 轴呈 90°夹角。

在空间直角坐标系统中，某点位置可以用该点在坐标系统各个轴上的投影(x, y, z)来表示，如图 2.9 所示。用空间直角坐标系统表示地球上某点的位置不是很合适，因为人站在球形的地球上，当人在地球上移动时，(x, y, z)中至少两个维度值就会变化，导致某点离地面高度的计算比较困难。空间直角坐标系统常用于计算距离以及执行其他方面的数学操作。下面介绍如何用球面坐标表示实体的位置。

2.3.2 大地坐标系统

在测量过程中，椭球面是计算工作的基础。常用的**大地坐标系统**(geodetic coordinate system)是一种球面坐标系统，用大地经纬度和大地高程来描述空间位置，以(B, L, H)来表示。大地纬度 B 是某点与参考椭球面的法线和赤道面的夹角，向北为正，称为北纬，向南为负，称为南纬，变化范围是$-90°\sim+90°$。大地经度 L 是过某点的子午面与格林尼治起始子午面的夹角。由起始子午面起算，向东为正，称为东经，向西为负，称为西经，变化范围为$-180°\sim+180°$。高度 H 为空间点到椭球面的垂直距离(沿法线)。当点在参考椭球面上时，仅用大地经度和大地纬度表示。大地坐标系统如图 2.10 所示。

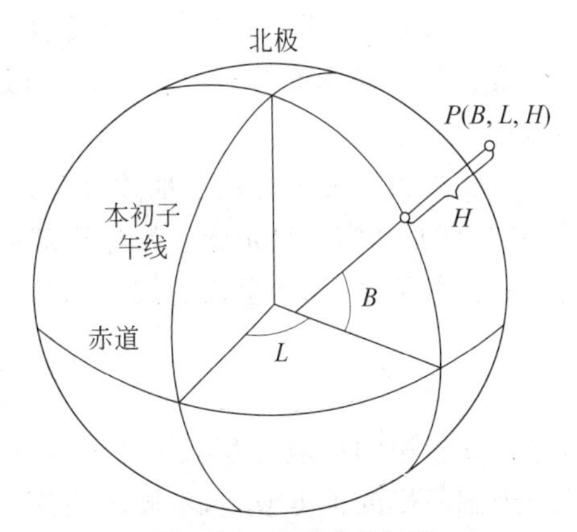

图 2.10 大地坐标系统

由于参考椭球的中心大多不能与地球的质心完全重合，就导致使用不同的椭球参数的国家测得的大地坐标之间存在一定的差异。

注意，大地纬度与地心纬度是有区别的，如图 2.11 所示。大地纬度是由某点的椭球法线与赤道面之间的夹角确定的；而地心纬度是由某点的地心连线与赤道面的夹角确定的，即本地子午面上从地球赤道面到连接坐标系统的几何中心(地心)到大地法线与水准面交点连线之间的夹角。这两个纬度的差别是因为

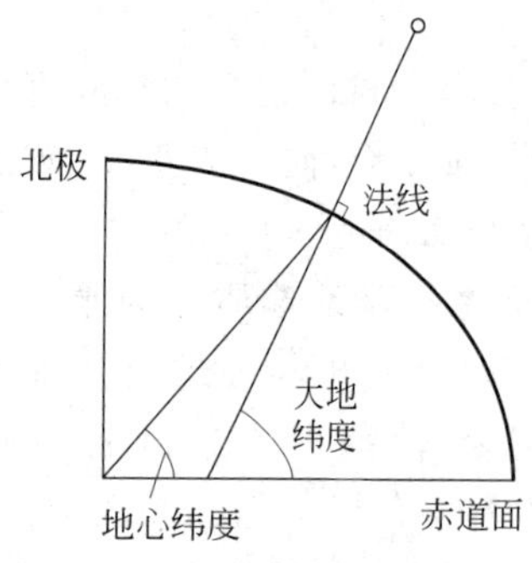

图 2.11　大地纬度与地心纬度

地球是椭球而不是正圆球所引起的。因此，大地坐标系采用的是大地纬度。

大地坐标系统与空间直角坐标系统之间的关系用以下公式表示：

$$x=\left(\frac{a}{\sqrt{1-e^2\sin^2\varphi}}+h\right)\cos\varphi\ \cos\lambda \tag{2.2}$$

$$y=\left(\frac{a}{\sqrt{1-e^2\sin^2\varphi}}+h\right)\cos\varphi\ \sin\lambda \tag{2.3}$$

$$z=\left(\frac{a(1-e^2)}{\sqrt{1-e^2\sin^2\varphi}}+h\right)\sin\varphi \tag{2.4}$$

其中，(x, y, z)为空间直角坐标系统中的一点，(φ,λ,h)是大地坐标系统中的纬度、经度和高度，a 和 b 分别为椭球的长半轴和短半轴，e 为椭球的第一偏心率：

$$e=\frac{\sqrt{a^2-b^2}}{a} \tag{2.5}$$

2.3.3　地图投影

不规则的地球表面可以用椭球面来替代，而人们习惯的纸质地图和数字地图是建立在二维平面坐标基础上的。但是，地球椭球面是不可展曲面，这就需要把球形的地球表面的点映射到一个平面上，这种从球形表面到平面的转换就称为**地图投影**(map projection)。

在平面坐标上进行地理元素的量测要比在球面坐标上量测简单得多，但是从地球表面到平面的转换总是会有不同程度的变形。对于小区域范围，可以视地表为平面，这样就可以认为投影没有变形；但对于大区域范围，甚至是半球或全球，这种近似方法就不太适合了，这时需要考虑适合的投影方法。投影变形可能是长度变形、角度变形或面积变形。投影的时候变形是不可避免的，但是可以根据需要来掌握和控制它，使得某种变形尽量小。

科学的投影方式是建立地球椭球面上的经纬线网与平面上相应的经纬线网相对应的基础上的，其实质就是建立地球椭球面上点的坐标(m, n)与平面上对应的坐标(x, y)之间的函数关系，用数学表达式表示为

$$x=f_1(m,n) \tag{2.6}$$

$$y=f_2(m,n) \tag{2.7}$$

这是地图投影的一般方程式。当给定不同的具体条件时，就可得到不同种类的投影公式。地图投影的种类繁多，不同的投影方式具有不同的形态和变形特征。因此，根据不同的使用目的，可以采用不同的投影方式。一种投影对一种目的是有用的，而对另一种目的则可能不适合。地图投影方式的选取取决于地图的应用及其比例尺的大小。常见的投影是把参考椭球向一个几何投影面投影。常见的投影面是圆柱面、圆锥面和平面，以圆柱面为投影面的投影称为**圆柱投影**(cylindrical projection)，以圆锥面为投影面的投

影称为**圆锥投影**(conic projection),以平面为投影面的投影称为**平面投影**(planar projection)[①]。图 2.12 是上述 3 种几何投影。

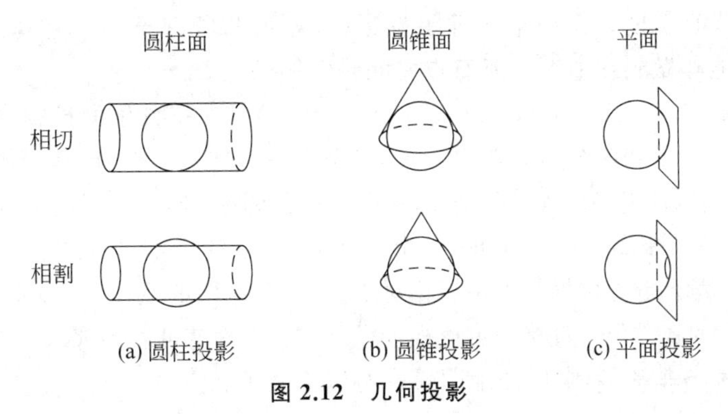

图 2.12 几何投影

参考椭球与几何投影面可能是相切或相割的关系。以圆锥投影为例,可以使圆锥面与椭球**相切**,也可以使圆锥面与椭球**相割**。相切情况下产生了一条相切的线,相割情况下产生了两条相割的线。圆柱投影的相切和相割情况与圆锥投影相似。平面投影在相切情况下只有一个切点,在相割情况下有一条割线。几何投影面可以是横向的、纵向的、斜向的。例如,在图 2.12 中,圆柱投影面是横向放置的,它是一种横向(又称为横轴)投影。

标准线指的是投影面与参考椭球的切线。对于圆锥投影和圆柱投影来说,相切时只有一条标准线,而相割时有两条标准线。如果标准线沿纬线方向,则称为**标准纬线**;如果沿经线方向,则称为**标准经线**。标准线上没有投影变形,因为它与参考椭球的比例尺相同。距离标准线越远,投影变形程度越大。

依据投影保持的性质,把投影分为正形投影、等积投影、等距投影和等方位投影。

正形投影(conformal projection)是保持局部形状的投影(没有任何一种投影能够在较大范围保持形状)。这里所谓正形,就是形状保真的意思,在地形和导航应用中需要这个特性。球面上的格网线投影后是垂直的。为了保持描述空间关系的角度,正形投影必须在地图上显示 90°交叉的格网线,使得球面上任何两条线的夹角投影到地图上后其角度是不变的,地球表面上任意一点的纬线和子午线都是互相垂直的。任意一点在所有方向上的比例尺都相同。在正形投影中,球面上的直线投影后通常会在平面上成为曲线,曲线投影后成为直线。正形投影的缺陷是一组弧包围的面积可能会显著失真。正形投影通常用于大比例尺应用中,很少用于大陆或世界地图中,其中一个重要原因是正形投影的面积变形大,不适合用于国土区域和人口统计方面的应用。

等积投影(equal area projection)保持显示要素的面积。为了达到这个目的,其他特性(如形状、角度和比例尺)会失真。在等积投影中,子午线和纬线可能不以直角交叉。在某些情况下,尤其是较小区域的地图上,形状的失真并不大。

等距投影(equidistant projection)保持两点之间的距离。虽然没有哪种投影能够在整个地图上都保持正确的比例尺,但是在许多情况下可以正确保持沿着一条或多条线的

---

① 平面投影又称为方位投影(azimuthal projection),它能够保持特定方向上的投影精度。

比例尺。许多投影具有一条或多条线,其在地图上的线长与球面上的线长相等,无论是大圆、小圆、直线还是曲线。这样的距离称为真距离(长度)。例如,正弦曲线投影中的赤道和所有纬线是真长度。而在某些等距投影中,赤道和所有子午线是真长度。应注意,没有哪个投影能够做到在地图上所有点之间是等距的。

等方位投影(true-direction 或 azimuthal projection)是保持方位的投影。假设在地球表面给定一个参照点 A 和两个其他点 B 和 C,B 到 C 的方位(azimuth)是 AB 线与 AC 线之间的夹角。请注意,这里 AB 和 AC 是在球面上的最短距离连线。球面上两点的最短距离线是过两点的最大圆弧线。换句话说,一个人在 A 点看 B 点,如果要看 C 点,那么要转动的角度就是方位角。等方位投影保留了相对于参照点(地图的概念中心)的方位,因此呈现出到任何其他点的真方位。直接通过透视投影到一个平面就可以实现这种投影。

地图投影种类非常多,常用的地图投影有以下几种:

(1) 墨卡托投影。

(2) 高斯-克吕格投影。

(3) 通用横轴墨卡托投影。

(4) 兰勃特投影。

下面将结合投影坐标系统分别介绍以上地图投影的概念。

2.3.4 常用的地图投影及其坐标系统

1. 墨卡托投影

墨卡托投影(Mercator projection)是一种**等角正切圆柱投影**[①],由佛兰德地理和制图学家墨卡托(Gerardus Mercator)在 1569 年拟定。假设地球被围在一个中空的圆柱里,两者的切线是标准纬线,然后再假设地球中心有一盏灯,把球面上的图形投影到圆柱体上,再把圆柱体展开,就是一幅用选定标准纬线的墨卡托投影方法绘制的地图,如图 2.13 所示。

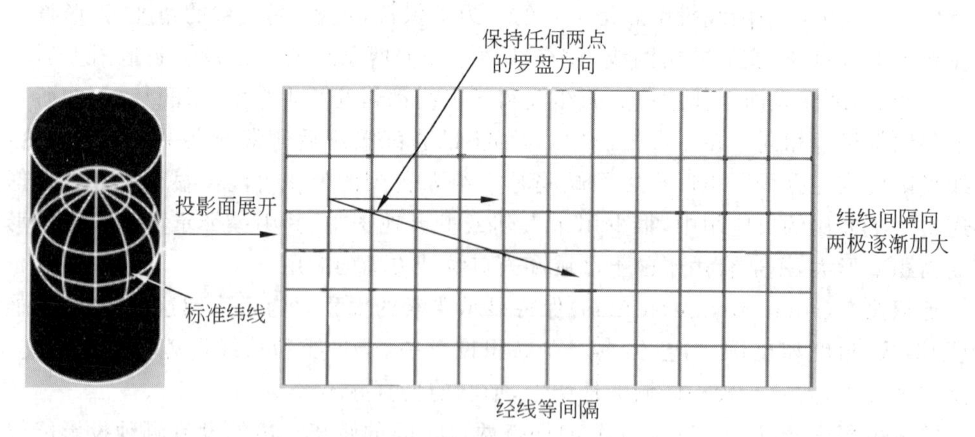

图 2.13 用墨卡托投影方法绘制的地图

① 一种正形投影。

墨卡托投影没有角度变形，由每一点向各方向的长度比相等，它的经纬线都是平行直线，且相交成直角，经线间隔相等，纬线间隔从标准纬线向两极逐渐增大。墨卡托投影的地图上长度和面积变形明显，但标准纬线无变形，从标准纬线向两极变形逐渐增大，但因为它具有各个方向均等扩大的特性，保持了方向和相互位置关系的正确。

在地图上保持方向和角度的正确是墨卡托投影的优点。墨卡托投影地图常用作航海图和航空图，如果循着墨卡托投影地图上两点间的直线航行，保持方向不变，可以一直到达目的地，因此它对船舶在航行中定位、确定航向都具有有利条件，给航海者带来很大方便。《海底地形图编绘规范》(GB/T 17834—1999，由中国海军司令部航海保证部起草)中规定 1∶250 000 及更小比例尺的海图采用墨卡托投影。

墨卡托投影坐标系统取零子午线或自定义原点经线与赤道交点的投影为原点，零子午线或自定义原点经线的投影为纵坐标(X 轴)，赤道的投影为横坐标(Y 轴)，构成墨卡托平面直角坐标系统。

2. 高斯-克吕格投影

高斯-克吕格投影(Gauss-Kruger projection)又称为横轴墨卡托投影或高斯正形投影，是一种**等角横切圆柱投影**。该投影方法由德国数学家、物理学家、天文学家高斯(Carl Friedrich Gauss)于 19 世纪 20 年代拟定，后经德国大地测量学家克吕格(Johann Heinrich Louis Kruger)于 1912 年对投影公式加以补充。该投影是墨卡托投影的一种变化，其圆柱体旋转 90°与赤道平行，椭圆柱的中心轴通过椭球中心与地轴垂直。因此椭球体与圆柱投影面相切于一条经线上，该经线为**中央经线**，而不是赤道。墨卡托投影和高斯-克吕格投影都是圆柱投影和正形投影。

设想用一个圆柱横切于球面上投影带的中央经线，按照投影带中央经线投影为直线且长度不变，赤道投影为直线，将中央经线两侧一定经差范围内的球面正形投影于圆柱面。然后将圆柱面展平，即高斯-克吕格投影平面。图 2.14 给出某个投影带的高斯-克吕格投影效果。

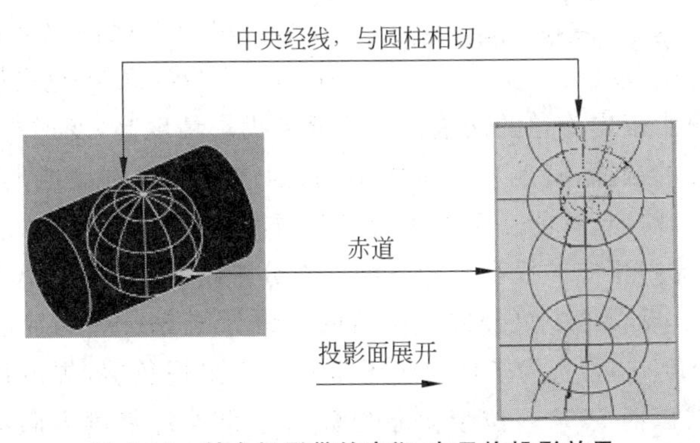

图 2.14　某个投影带的高斯-克吕格投影效果

采用高斯-克吕格投影，除中央经线和赤道为直线外，其他经线均为对称于中央经线的曲线。高斯-克吕格投影可以表示整个地球，但是只是在中央经线附近窄带区域的方向、距离和面积畸变小;中央经线无变形;自中央经线向投影带边缘方向,变形逐渐增加。

为此,高斯-克吕格投影通常采用分带投影的方法。按一定经差将地球椭球面划分成若干投影带,这是高斯-克吕格投影中限制长度变形的最有效方法。分带时既要控制长度变形,使其不大于测图误差,又要使带数不致过多以减少换带计算工作,据此原则将地球椭球面沿子午线划分成经差相等的瓜瓣形地带,以便分带投影,如图 2.15 所示。

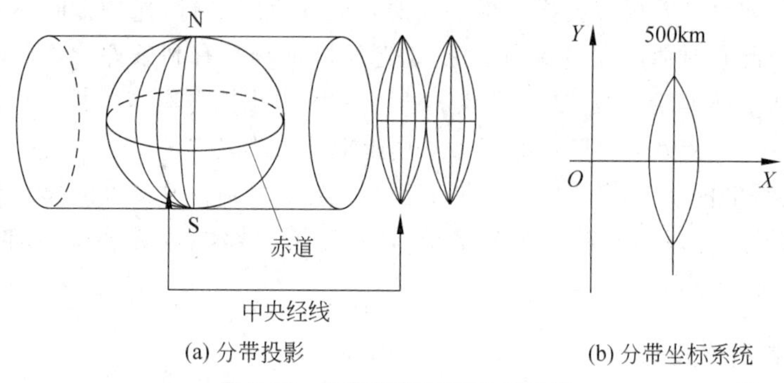

图 2.15 分带投影及其坐标系统

通常按经差 6°或 3°分为六度带或三度带。六度带自 0°子午线起每隔经差 6°自西向东分带,带号依次编为第 1,2,…,60 带。三度带是在六度带的基础上分成的,它的中央子午线与六度带的中央子午线和分带子午线重合,即自 1.5°子午线起每隔经差 3°自西向东分带,带号依次编为第 1,2,…,120 带,如图 2.16 所示。我国的经度范围西起 73°,东至 135°,可分成 11 个六度带(带号为 13,14,…,23),各带中央经线依次为 75°,81°,…,135°,或 22 个三度带。我国大于或等于 1∶500 000 的大中比例尺地形图多采用六度带高斯-克吕格投影,三度带高斯-克吕格投影多用于大比例尺测图,如城建坐标多采用三度带的高斯-克吕格投影。分带投影后,变形最大处在投影带内赤道的两端。由于分带投影精度高,变形小,各投影带坐标一致,只要算出一个带的数据,其他各带都能应用,因此在大比例尺地形图中应用,可以满足民用和军事上各种需要,并能在图上进行精确的量测计算。

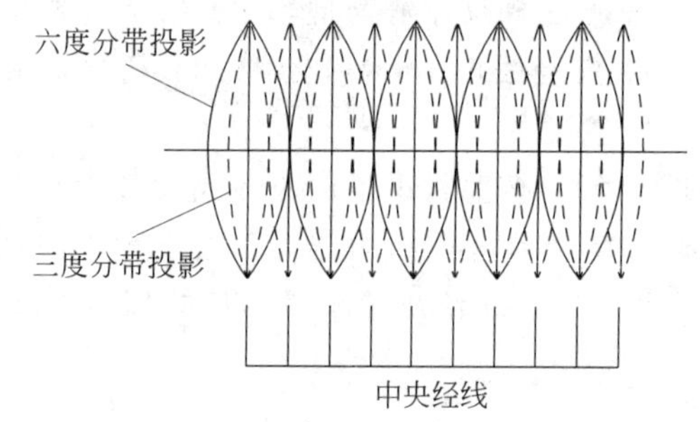

图 2.16 三度带和六度带高斯-克吕格投影

以此投影可以建立相应的投影坐标系统。在分带情况下,每一个分带构成一个独立的平面直角坐标网。投影带中央经线投影后的直线为 Y 轴(纵轴,纬度方向),赤道投影后为 X 轴(横轴,经度方向)。为了使得经度坐标值不出现负值,规定每带的坐标原点西移 500km(中央经线以西 500km 位于赤道的原点)。北半球纬度方向不存在问题。由于高斯-克吕格投影中每一个投影带的坐标都是对本带坐标原点的相对值,所以各带的纵坐标是相同的。为此规定在纵轴坐标前加上**带号**。例如,工作区位于 21 带,即经度为 120°~126°,中央经度为 123°,其坐标形式为(4 231 898, 21 655 933),其中 21 为投影带号。

3. 通用横轴墨卡托投影

通用横轴墨卡托(Universal Transverse Mercator，UTM)投影是一种**等角横轴割圆柱投影**。椭圆柱割地球于南纬 80°、北纬 84°两条等高圈，投影后两条相割的经线上没有变形，而中央经线上长度比为 0.9996。这个值引出**比例系数**的概念。例如在图 2.17 中，在两个相割点 A、B 之间的弧线(地球表面上)要投影到 A、B 之间的直线(圆柱面上)上，显然其比例缩小了，缩小的比例为 0.9996，也称中央经线的比例系数为 0.9996。而相割处形成的标准线的比例系数为 1，这是因为投影后这两条线的长度相同。

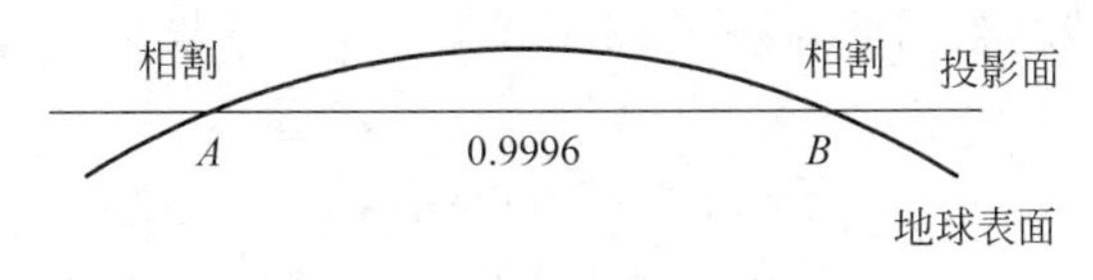

图 2.17 比例系数

UTM 投影是为了全球战争需要创建的，美国陆军工程兵于 1948 年完成了这种通用投影系统的计算。目前，UTM 投影采用 WGS-84 椭球模型。早在 UTM 投影推出之前，一些欧洲国家在战争期间就采用了基于格网的正形地形地图。在这种地图上可以方便地用勾股定理计算战场上两点之间的距离，要比以往基于经纬度格网的系统中用三角公式计算容易得多。战后，这些概念经过扩展后引入 UTM 投影及其坐标系统中。

与高斯-克吕格投影相似，UTM 投影角度没有变形，中央经线为直线，且为投影的对称轴，中央经线的比例系数取 0.9996 是为了保证离中央经线左右约 360km 处有两条不失真的标准经线，如图 2.18 所示。两条标准经线是圆柱体与地球相割的交线，分别距中央经线以西和以东 180km。分带的作用就是保持经度至少为 1∶2500(即 0.0004，根据比例系数 0.9996 得出)误差，即 2500m 的距离量测误差在 1m 以内。UTM 投影分带方法与高斯-克吕格投影相似，但是自西经 180°(国际日期变更线)起每隔经差 6°自西向东分带(南北纵带)，依序编号，将地球划分为 60 个投影带(zone)，北京处于第 50 带。每个带又分为南北两个半球。UTM 带名称用一个号码和一个字母表示，例如，10N 带表示北半

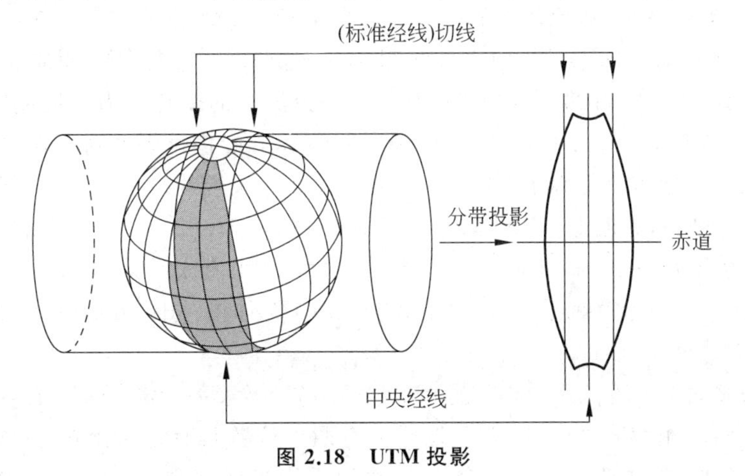

图 2.18 UTM 投影

球第10带区域。我国的卫星影像资料常采用UTM投影。

高斯-克吕格投影与UTM投影都是墨卡托投影的变种，目前一些国外的软件或国外仪器的配套软件往往不支持高斯-克吕格投影，但支持UTM投影，因此常有把UTM投影当作高斯-克吕格投影的情况。

从投影几何方式看，高斯-克吕格投影是等角横切圆柱投影，投影后中央经线保持长度不变，即比例系数为1；UTM投影是等角横轴割圆柱投影，圆柱割地球于南纬80°、北纬84°两条等高圈，投影后两条割线上没有变形，中央经线上长度比为0.9996。从计算结果看，两者主要差别在比例因子上，高斯-克吕格投影中央经线上的比例系数为1，UTM投影为0.9996，因此高斯-克吕格投影与UTM投影可采用以下公式进行近似坐标转换：

$$x_{\text{UTM}} = 0.9996x_{\text{高斯}}$$

$$y_{\text{UTM}} = 0.9996y_{\text{高斯}}$$

注意，如坐标纵轴西移了500km，转换时必须将x值减去500 000，乘以比例因子后再加500 000。

从分带方式看，两者的分带起点不同，高斯-克吕格投影自0°子午线起每隔经差6°自西向东分带，第1带的中央经度为3°；UTM投影自西经180°起每隔经差6°自西向东分带，从180°W到174°W，第1带的中央经度为177°W，因此高斯-克吕格投影的第1带是UTM的第31带。

两种投影的东伪偏移都是500km。高斯-克吕格投影北伪偏移为0；UTM北半球投影北伪偏移为0，南半球则为10 000km。

UTM投影也按分带方法各自进行投影，因此各带坐标成为独立系统。以中央经线投影为纵轴Y，赤道投影为横轴X，两轴交点即各带的坐标原点。为了避免横坐标出现负值，UTM北半球投影中规定将坐标纵轴西移500km当作起始轴，而UTM南半球投影除了将纵轴西移500km外，横轴南移10 000km。也就是说，在北半球，UTM坐标的假定原点是位于赤道和中央经线以西500km处；在南半球，坐标的假定原点是位于赤道以南10 000km、中央经线以西500km处。

在UTM坐标系统中，地球上的一个位置是基于UTM分带以及向东(easting)和向北(northing)坐标对。向东是从中央经线起始的该位置的投影距离，而向北是与赤道的投影距离。每个UTM带的原点是赤道和带的中央经线的交点。为了避免出现负数，为每带的中央经线赋予一个500km的伪向东(false easting)值。因此对于任何位于中央经线以东的位置，其向东值都大于500 000m；任何位于中央经线以西的位置，其向东值都小于500 000m。例如，赤道上UTM向东值范围是167 000～833 000m。在北半球，位置向北值是从赤道开始量测的，初始向北值是0，最大向北值大约为9 328 000m(在北纬84°处)；在南半球，为赤道赋予一个10 000 000m的伪向北(false northing)值，这样就不会出现负的向北值。

例如，加拿大CN塔位于地理位置43.642 566 7°N 79.387 139°W，处于第17带，格网位置是630 084m东、4 833 438m北。地球上有两个位置具有这个坐标，一个在北半球，另一个在南半球。为了唯一定义一个位置，可以再用半球符号N(北)和S(南)区分北半球和南半球，因此以上坐标可以表示为 17N 630084 4833438。

4. ArcGIS 坐标系统举例

首先定义参考椭球为 Krasovsky 1940 椭球，包括其长半轴和短半轴长度以及扁率的倒数：

Spheroid：Krasovsky_1940	参考椭球体名称
Semimajor Axis：6 378 245.000 000 000 000 000 000	长半轴
Semiminor Axis：6 356 863.018 773 047 300 000 000	短半轴
Inverse Flattening：298.300 000 000 000 010 000	扁率的倒数

然而有了这个椭球还不够，还需要一个大地基准将这个椭球定位。例如，选择北京 1954 作为大地基准：

Datum：D_Beijing_1954

采用高斯-克吕格投影，这里表示的是中央子午线为 117°经线的投影带。高斯-克吕格投影是等角横切圆柱投影，因此比例系数为 1。因为中国位于北半球，因此为了避免出现负坐标值，采用伪向东 500km 和伪向北 0km，原点纬度为 0°，线的度量单位是米。以上信息给出的是投影坐标参数。后面接着的是地理坐标系统，名称为北京 1954 大地坐标系统，角度单位为度，1°相当于 0.017 453 292 519 943 299rad。本初子午线位于格林尼治。大地基准为 D_Beijing_1954，参考椭球为 Krasovsky_1940。

Projection：Gauss_Kruger	高斯-克吕格投影
Parameters：	参数
False_Easting：500 000.000 000	伪向东值
False_Northing：0.000 000	伪向北值
Central_Meridian：117.000 000	中央子午线
Scale_Factor：1.000 000	比例系数
Latitude_Of_Origin：0.000 000	原点纬度
Linear Unit：Meter (1.000 000)	线性单位：米
Geographic Coordinate System：	地理坐标系统
Name：GCS_Beijing_1954	名字
Alias：	别名
Abbreviation：	缩写
Remarks：	注释
Angular Unit：Degree (1°相当于 0.017 453 292 519 943 299rad)	角度单位：度
Prime Meridian：Greenwich (0.000 000 000 000 000 000)	本初子午线：格林尼治
Datum：D_Beijing_1954	大地基准
Spheroid：Krasovsky_1940	椭球
……	长半轴、短半轴、扁率等

2.4 天球坐标系统

天球坐标系统用来确定天体在天球上的位置。天球的几何形状是正球,因此适合用球面坐标系统表示天体的位置。它类似于我们在地球表面上用的地理坐标系统。天球坐标系统可以按基础平面的不同来分类。在天球上沿着大圆将天空分为两个相等的半球的平面称为基础平面。例如,地理坐标系统中的基础平面是地球的赤道面。根据基础平面的选择可以有 5 种天球坐标系统:地平坐标系统、赤道坐标系统、黄道坐标系统、银河坐标系统和超星坐标系统。下面主要介绍常用的地平坐标系统和赤道坐标系统。

2.4.1 地平坐标系统

地平坐标系统(horizontal coordinate system)是天球坐标系统中的一种,以观测者所在地为中心点,所在地的本地地平面作为基础平面,将天球适当地分成能看见的上半球和看不见(被地球本身遮挡)的下半球。上半球的顶点(最高点,即观察者的正上方位置,垂直于观察者的地平面)称为天顶(zenith),下半球的顶点(最低点)称为天底(nadir)。

地平坐标系统包括两个坐标值:

(1) 高度角 (altitude)。有时也称为高度或仰角,是天体和观测者所在地的地平面的夹角,用 Alt 表示。

(2) 方位角 (azimuth)。是沿着地平面测量的角度,用 Az 表示。约定由观测者的**正北方**(**N**)为起点向东方测量,得到方位角。

地平坐标系统如图 2.19 所示。

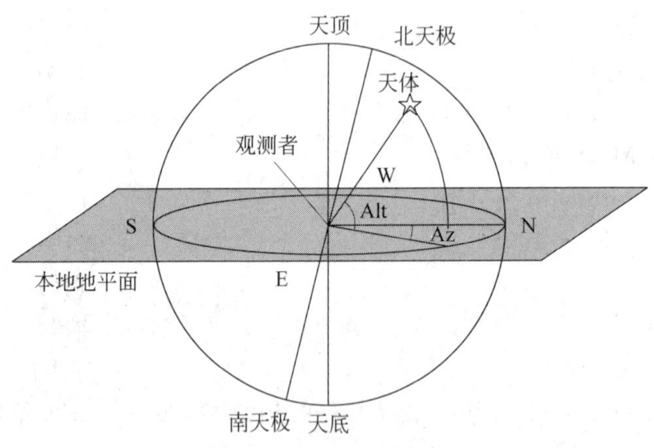

图 2.19 地平坐标系统

因此地平坐标系统有时也被称为高度角/方位角(Alt/Az)坐标系统。

高度角是以几何学的角度来计量从地平面(0°)到天顶(+90°)之间的角度。在地平面之下的天体也可以用负值来表示,最低的点是天底(−90°)。有的书以高或高度这样的名词来取代高度角,但是高或高度本身是表示直线或线性的距离,通常的单位是米或是其他的长度单位,并不是以角度度量的距离单位。

地平坐标系统固定在地球上而不是恒星上,所以天体出现在天球上的高度和方位会随着时间的变化不停地改变。另外,因为基础平面是观测者所在地的地平面,所以相同的天体在相同的时间从不同的位置观察,也会有不同的高度角和方位角。

地平坐标系统在测量天体的出没上非常好用,当一个天体的高度为0°时,就表示它位于地平线上。此时若其高度增加,就代表上升;若高度减少,便是下降。

2.4.2　赤道坐标系统

赤道坐标系统(equatorial coordinate system)是一种应用广泛的天球坐标系统。它把地球的地理极、赤道和黄道投影到天球上。不像地平坐标系统(其天体的坐标依赖于观察者的位置),赤道坐标系统对天体的位置描述是客观的。地球赤道投影到天球上称为**天球赤道**。相似地,地球的地理北极和南极投影称为**北天极**和**南天极**,即北天极和南天极是地球旋转轴与天球的交点。

赤道坐标系统建立在天球体上,地球和太阳在其中运动。赤道坐标系统与地球坐标系统类似,因为它也由地球的旋转轴和赤道来定义。在赤道坐标系统中,与纬度对应的是**赤纬**(Declination,Dec)。而在地球坐标系统中,北南位置是从天球赤道开始度量的,角顶点在地球中心,用度来表示,为0°～90°,这和纬度的单位一样。天球赤道以南为负,以北为正,赤道为0°。

与经度对应的称为**赤经**(Right Ascension, RA)。类似于经度,东西位置是从一个指定零点子午圈开始度量的,这个本初子午圈设置在三月春分点处,即白天和夜晚处于相等长度的时刻位置。赤经可以用度来度量,但由于历史原因,通常用时间来度量(小时、分、秒)。24h对应于一个完整的圈。天空旋转360°为24h,因此每小时旋转15°,1h赤经等于15°天空旋转。这样做很方便,因为人们可以观看一个天体从东到西在天空中运动,24h后返回到原来的位置。随着时间过去,新的天体在东方的地平线处上升。小时数越大的对象离东方越远。基于这个原因,RA值从西到东增加(从天球之外的角度观察)。图2.20为赤道坐标系统,图中的天球是以地球质心为原点的。

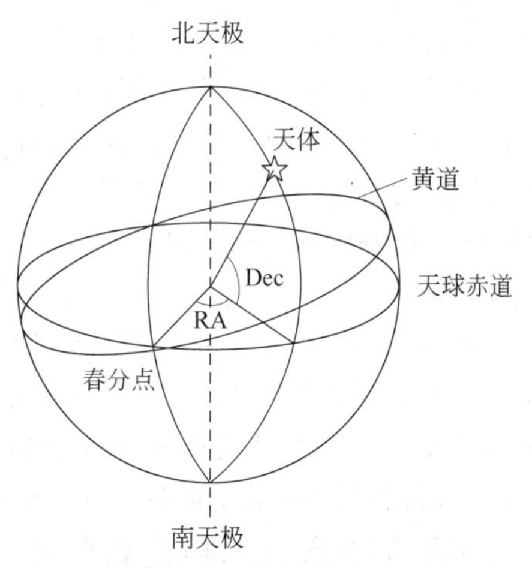

图2.20　赤道坐标系统

天球上一个目标的赤经(RA)和赤纬(Dec)唯一指定其位置,就像地球表面上一个目标的经纬度定义其唯一位置一样。例如,天狼星的天球赤道坐标是6:45RA和−16°43′Dec。

请读者注意,从地球上看天空和从天球之外看天体是不同的,天狼星在天球图上的投影和天空视角图是不同的。在天球图上,我们是在天球之外观看天球的;而天空视角图是从地球上观看天空的图,即从地球往外看,因此方向是反的。例如,从天球之外看时春分点向右移动相当于从地球上看时向左移动。

天球球面坐标系统是非常重要的坐标系统，常用的星表、星图上恒星的坐标位置均用天球球面坐标系统来表示。该坐标系统对恒星来说是固定的，因此用赤经和赤纬来表示天体在天球上的位置较为合适。

但是，由于地球自转轴的岁差、章动和极动等现象，地球自转轴在空间和地球内部都有变化，赤道面也随着发生相应的变化。因此，北天极和春分点就有“**平**”和“**瞬时**”两种位置，这就出现了**平天球球面坐标系统**和**瞬时天球球面坐标系统**两种用法。在精度要求不高的时候，一般多使用平天球球面坐标系统。

1984 年 1 月 1 日后，取 2000 年 1 月 15 日的平北天极为**协议北天极**，这种天球坐标系统称为**协议天球坐标系统**，赤经从**协议春分点**开始度量。

2.5 常用坐标系统简介

前面介绍的是坐标系统的概念和模型，其具体化就是实际在地理信息系统、空间信息系统和地球空间信息系统中使用的坐标系统。本节主要介绍在我国采用的 WGS-84 世界大地测量系统、1954 年北京大地坐标系统、1980 年西安大地坐标系统、地方独立坐标系统和 2000 年国家大地坐标系统。

1. WGS-84 世界大地测量系统

19 世纪以来，人们实现了各种各样的国家测量系统，产生了多种不同的地球椭球体。但是，20 世纪 50 年代以后，人们希望创建一个全球统一的大地测量系统。这是因为国际空间科学和宇航科学诞生之后，需要为导航、航海和地理分析绘制全球地图，但是缺乏洲际大地测量信息，现有大地基准不能提供世界范围的地球数据基准。

20 世纪 50 年代后期，美国国防部与其他国家和部门的科学家一起开发世界广泛可参照和兼容的大地测量基准。经过美国陆军、海军和空军的共同努力，创建了美国国防部世界大地测量系统 1960(World Geodetic System-60，WGS-60)。之后，其发展经过了 WGS-66 和 WGS-72 的不断改进，最新版本是 WGS-84(开始于 1984 年，最新修订是 2004 年)。

WGS-84 是由美国国家地理空间情报局(National Geospatial-Intelligence Agency，NGA，其前身是美国国防部国家图像与制图局)制定的世界大地测量参照系统。WGS-84 坐标系统是为 GPS 使用而建立的坐标系统。GPS 卫星发送其在 WGS-84 中的坐标位置，GPS 接收机的计算全部基于 WGS-84 系统的参数。

WGS-84 坐标系统的原点在地球质心，误差小于 2cm。其 0°子午线是 IERS(International Earth Rotation Service，国际地球自转服务)参考子午线，它位于格林尼治本初子午线以东 5.31″(角秒)的地方。WGS-84 采用的椭球是国际大地测量学与地球物理学联合会第 17 届大会大地测量常数推荐值，其 4 个基本参数为：长半轴 $a=6\,378\,137$m，扁率倒数 $f^{-1}=298.257\,223\,563$，地球引力常数 $GM=3.986\,004\,418\times$

$10^{14}\mathrm{m}^3/\mathrm{s}^2$，地球自转角速度 $\omega=7.292\ 115\times10^{-5}\mathrm{rad/s}$。

2. 1954 年北京大地坐标系统

20 世纪 50 年代，在我国天文大地网建立初期，鉴于当时的历史条件，采用的参考椭球是克拉索夫斯基椭球，并与苏联的 1942 普尔科沃坐标系统进行联测，通过计算建立了我国的大地坐标系统，命名为 1954 北京大地坐标系统。

该坐标系统参照克拉索夫斯基椭球，其长半轴 $a=6\ 378\ 245\mathrm{m}$，扁率的倒数 $f^{-1}=298.3$，高程以 1956 年青岛验潮站的黄海平均海水面为基准。

但是该坐标系统存在一些问题。与现代精确值相比，椭球参数半轴有约 108m 的误差。参考椭球面与我国大地水准面存在着自西向东明显的系统性倾斜，东部差距达 68m。几何大地测量和物理大地测量应用的参考面不统一。重力数据处理时采用的是赫尔默特正常重力公式，与其相应的椭球为赫尔默特椭球，这与克拉索夫斯基椭球不一致。定向不明确，克拉索夫斯基椭球短半轴既不指向 CIO① (Conventional International Origin，国际协议原点)，也不指向我国地极原点 JYD1968.0，同时其起始子午面也不是国际时间局所定义的格林尼治天文台平均子午面。另外，该坐标系统还是按局部平差逐步提供大地点成果的，因此不可避免地会出现一些矛盾和不够合理的地方。

3. 1980 年西安大地坐标系统

1980 年西安大地坐标系统也称为 1980 年国家大地坐标系统。为了对国家天文大地网进行整体平差，1978 年以后，我国建立了 1980 年西安大地坐标系统，大地坐标原点设在我国中部的陕西省泾阳县永乐镇，位于西安市以北 60km 的地方。平差方法是天文大地网整体平差。参考椭球是 IAG-75 椭球，即国际大地测量学和地球物理学联合会 1975 年推荐的 4 个地球椭球参数，并根据这 4 个参数求解椭球扁率和其他参数。其中，长半轴 $a=6\ 378\ 140\mathrm{m}$，地球引力常数 $\mathrm{GM}=3.986\ 005\times10^{14}\mathrm{m}^3/\mathrm{s}^2$，地球重力场二阶带球谐系数 $J_2=1.082\ 63\times10^{-8}$，地球自转角速度 $\omega=7.292\ 115\times10^{-5}\mathrm{rad/s}$。

该坐标系统采用的椭球面和大地水准面在我国境内最为密合，是多点定位，定向明确，椭球短半轴平行于地球质心，指向我国地极原点 JYD1968.0 方向，大地起始子午面平行于格林尼治天文台平均子午面。大地原点地处我国中部，比较适当。大地高程基准采用 1956 年黄海高程，椭球定位参数以我国范围内的高程异常值平方和最小为高程方向的约束条件。

4. 地方独立坐标系统

在城市测量、工程测量或其他本地空间应用中，要求投影长度变形不大于一定的值(例如小于 2.5cm/km)。然而采用 1980 年西安大地坐标系统，在许多情况下(例如高海拔地区、离中央子午线较远的地方等)不能满足这一要求，这就要求建立地方独立坐标系统。

---

① 国际大地测量学与地球物理学联合会于 1960 年在赫尔辛基会议上决定采用的由国际纬度局的 5 个极移监测站在 1900—1905 年期间的天文纬度观测数据所确定的固定平极。

地方独立坐标系统是在北京54或国家80坐标系统的基础上进行3项改进建立的：

(1) 将统一编号的投影带中央子午线移至测区中央，中央子午线可以和国家坐标系统标准带的中央子午线重合，但当测区离标准带中央子午线较远时，可选取过测区中心点或过某点的经线作为中央子午线。

(2) 将投影面(被投影的椭球面)由参考椭球面改为测区平均高程面，进一步解决了投影变形问题。

(3) 通过对地方独立坐标系统参考椭球几何元素、定位及定向的确定，使得椭球面与投影面拟合最好，这样投影变形可以减到最小，同时要求便于与国家大地坐标系统进行换算。即建立一种既与国家大地坐标系统有严密换算公式，又能保证投影变形在规定范围内的地方独立坐标系统。

由于卫星导航系统的全球性，它的点位坐标易于获得，加之定位精度高，空间数据格式统一，为3S技术的广泛应用提供了良好的基础。因此现在人们倾向于用地心坐标系统来代替参心坐标系统和地方独立坐标系统。

5. 2000年国家大地坐标系统

1954年北京大地坐标系统和1980年西安大地坐标系统都是参心坐标系统。20世纪90年代以来，以全球卫星定位系统为主的现代空间定位技术快速发展，导致测量技术和方法迅速变革。空间技术的迅速发展与广泛应用，迫切要求国家提供高精度、动态、统一的大地坐标系统。以地球质心为大地坐标系统的原点，可以更好地统一描述地球上各种地理和物理现象，特别是空间物体的运动。目前利用空间技术得到的定位和影像等成果都以地心坐标系统为参照系。高精度的地心坐标系统是构建国家地理空间数据的基础。采用地心坐标系统可以充分利用现代最新科技成果，应用现代空间技术进行测绘和定位，可以快速获取目标精确的三维地心坐标，有效提高测量精度和工作效率，从而为我国航天、民航、海事、交通、地震、水利、农业、能源、建设、规划、地质调查和国土资源管理等部门提供技术支撑。

我国自2008年7月1日起启用2000年国家大地坐标系统(China Geodetic Coordinate System 2000，CGCS2000)。2000年国家大地坐标系统与之前的国家大地坐标系统转换、衔接的过渡期为8～10年。2008年7月1日后新建设的地理信息系统均采用2000年国家大地坐标系统。

2000年国家大地坐标系统是地心坐标系统，其原点为包括海洋和大气的整个地球的质量中心。2000年国家大地坐标系统采用的地球椭球参数如下：长半轴 $a=6\,378\,137\text{m}$，扁率的倒数 $f^{-1}=298.257\,222\,101$，地心引力常数 $\text{GM}=3.986\,004\,418\times10^{14}\,\text{m}^3/\text{s}^2$，地球自转角速度 $\omega=7.292\,115\times10^{-5}\,\text{rad/s}$。

2.6 时间系统

空间物体和目标的状态有空间属性，同时也有时间属性。对时间属性进行描述，就需要一个时间系统。除世界时之外，历书时、原子时、协调世界时和GPS时系统都是现在常用的时间系统,并且它们之间具有一定的关系。

2.6.1 世界时系统

时间一般用周期性运动作为测量的基准。为保证时间具有一定的精确度,要求这种周期性运动必须是均匀的和连续的。地球的自转运动在一定精度范围内是非常稳定的,具有连续和均匀的特点,并且与人类的生活和工作活动密切相关,所以自然把地球自转作为时间基准,称为**世界时**(Universal Time, UT)。它是格林尼治平时[①](Greenwich Mean Time, GMT)的现代延伸。GMT 是格林尼治子午线处的平太阳时(mean solar time),有时把它当作协调世界时(Universal Time Coordinated, UTC)的同义词。

世界时是以本初子午线的平子夜起算的平太阳时,又称格林尼治平时。各地的地方平时与世界时之差等于该地的地理经度。1960 年以前,世界时曾作为基本时间计量系统被广泛应用。后来世界时先后被历书时和原子时所取代,但在日常生活、天文导航、大地测量和宇宙飞行等方面仍属必需。同时,世界时反映地球自转速率的变化,是地球自转参数之一,仍为天文学和地球物理学的基本资料。

世界时有多个版本,例如:

(1) UT0:通过观察星体的周日运动或银河系外的无线电源来确定的世界时,也可以通过观察月球和人造地球卫星来确定。但是极运动的影响导致地球上地理位置的变化,对于相同的运动,不同的观察将产生不同的 UT0 值。因此严格地说,它不是世界性的。

(2) UT1:是世界时的主要形式。通过对原始观察值 UT0 进行校正计算,消除观察站经度的极运动效应。UT1 值在地球上任何地方都是相同的,与地球的真旋转角成比例。因为地球的旋转速度不是恒定的,UT1 每天要增加或减少 3ms 左右。UT1 是格林尼治天文台处的平太阳时。

(3) UT2:是 UT1 的平滑版本,过滤了周期性季节变化,但是现在很少使用。

(4) UTC:即协调世界时,是类似 UT1 的原子时间尺度。它是民用时(civil time)的国际标准,后面将详细介绍。

事实上,世界时的表示有些模糊,它有多个版本,最常用的是 UTC 和 UT1。地球自转的角度可用地方子午线相对于天球上的基本参考点的运动来度量。为了测量地球自转,人们在天球上选取了两个基本参考点:春分点和平太阳,由此确定的时间分别称为**恒星时**和**太阳时**。

1. 恒星时

恒星时(sidereal time)的参考点是春分点。由春分点的周日视运动所决定的时间称为**恒星日**。春分点连续两次经过本地子午圈的时间间隔为一个恒星日,含 24 个恒星小

---

① 又称为格林尼治标准时。

时。因此，恒星时在数值上等于春分点相对于本地子午圈的时角。并由此派生出时、分、秒等单位。由于恒星时是以春分点相对于本地子午圈时为原点计算的，同一瞬时不同测量站的恒星时各异，所以恒星时具有地方性，属于地方时，有时称为**地方恒星时**。恒星时的定义是一个地方的子午圈与天球的春分点之间的时角，因此地球上每个地方的恒星时都与它的经度有关。

天文学和大地测量学用恒星时标识天球子午圈值，由于借用了时间的计量单位，所以常被误解为是一种时间单位。恒星时是根据地球自转来计算的，它的基础是恒星日。由于地球环绕太阳的公转运动，恒星日比平太阳日（也就是日常生活中使用的日）短约1/365（对应约4min或1°），即一个恒星日为23h56min4.091s。天文学家利用恒星时在夜空中用望远镜跟踪某颗星体的方位。

由于岁差和章动的影响，春分点在天球上不是固定的，而是以18.6年的周期围绕着平均春分点摆动，因此有真春分点和平春分点之别。相应地，恒星时也有**真恒星时**和**平恒星时**之分。真恒星时是通过直接测量子午线与实际的春分点之间的时角获得的，平恒星时则忽略了地球的章动。真恒星时与平恒星时之间的差异最大可达0.4s左右。

一个地方的当地恒星时与格林尼治天文台的恒星时的差就是这个地方的经度。因此通过观测恒星时可以确定当地的经度（假如格林尼治天文台的恒星时已知）或者可以确定恒星时（假如当地的经度已知）。

2. 太阳时

利用太阳在天球上的视运动来确定时间基准，就是太阳时（solar time）。地球相对于太阳自转一周的时间称为**真太阳日**（true solar day）。由于地球绕太阳公转的轨道是椭圆的，使得太阳日不是很均匀，当地球接近太阳时速度会加快，到达近日点时的运动速度最快，远离近日点时又会减慢，到达远日点时的速度最慢，一年中最长和最短的太阳日相差51s，这样按照真太阳日来计算时间就很不准确。

于是天文学家就假想了一个太阳，其视运动速度是均匀的，为真太阳视运动的全年平均值，假想的太阳称为**平太阳**（mean sun）。地球相对于平太阳自转一周的时间称为**平太阳日**（mean solar day）。一个平太阳日等分为24个平太阳时，这就是日常生活中采用的计时单位：时。

2.6.2 历书时系统

历书时（Ephemeris Time，ET）是根据行星在太阳系中的运动所确定的时间。历书时是以太阳系内的天体公转运动为基础的时间系统，描述天体运动的动力学方程中作为时间自变量所体现的时间，或天体历表中应用的时间。它是由天体力学的定律确定的均匀时间。其规定1900年1月1日12时的回归年长度的1/31 556 925.9747为1历书秒。在该瞬间，历书时与世界时在数值上相同。历书时的测定精度较低。

1976年，国际天文联合会确认历书时的理论依据是非相对性的，因此从1984年起历书时由两个相对性的时间尺度——建立在力学时间尺度上的地球力学时（Terrestrial

Dynamical Time, TDT)和质心力学时(Barycentric Dynamical Time, BDT)所取代。为了实用的目的,历书秒的长度和 TDT 或 BDT 的秒完全一样。

2.6.3 原子时系统

由于地球自转的季节性变化以及其他不规则的变化,人们发现世界时并不是一个很严格均匀的时间系统。后来,人们发现物质内部原子运动的规律性非常稳定,从而研究出**原子时**(Atomic Time, AT),成为当代最理想的时间系统。

原子时系统是以物质的原子内部发射的电磁振荡频率为基准的时间计量系统。原子时的初始历元规定为 1958 年 1 月 1 日世界时 0 时,即规定在这一瞬间原子时时刻与世界时时刻重合。但事后发现,在该瞬间原子时与世界时的时刻之差为 0.0039s。这一差值就作为历史事实而保留下来。在确定原子时起点之后,由于地球自转速度不均匀,世界时与原子时之间的时差便逐年积累。其秒长定义为铯 133 原子基态的两个超精细能级间在零磁场下跃迁辐射 9 192 631 770 周所持续的时间。这是一种均匀的时间计量系统。

1967 年起,原子时取代历书时作为基本时间计量系统。第 13 届国际计量大会决定,把在海平面实现的上述原子时秒规定为国际单位制中的时间单位。原子时的秒长规定为国际单位制的时间单位,作为三大物理量的基本单位之一。原子时由原子钟的读数给出。

根据原子时秒的定义,任何原子钟在确定起始历元后,都可以提供原子时。由各实验室用足够精确的铯原子钟导出的原子时称为地方原子时。目前,全世界有 50 多个国家的 300 多个不同实验室分别建立了各自独立的地方原子时。国际计量局收集各国各实验室原子钟的比对和时号发播资料,进行综合处理,建立国际原子时(International Atomic Time,法语 Temps Atomique International,TAI)。国际原子时在 1977 年建立,通过 100 台原子钟比对求得。

TAI 是一种高精度原子协调世界时标准,是地球时(terrestrial time)的主要实现和协调世界时的基础。到 2020 年,TAI 超前 UTC 共 37s。1972 年年初时的初始差是 10s,到 2020 年增加了 27 闰秒。

2.6.4 协调世界时系统

在天文导航、空间分析器跟踪、大地和天文测量等应用中,当前仍然采用以地球自转为基础的世界时。但是由于地球自转速度变慢的趋势,近 20 年来,世界时每年比原子时约慢 1s,两者之差逐年积累。为了避免发播的原子时与世界时之间产生过大的偏差,从 1972 年起采用了以原子时秒长为基础,在时刻上尽量接近世界时的一种折中的时间系统,这种时间系统就称为**协调世界时**。

协调世界时的缩写为 UTC,这是为了适合多种语言。在英语中,协调世界时中 3 个字母的首字母是 CUT(Coordinated Universal Time),而法语的首字母是 TUC(Temps

Universel Coordonné)。因此,一种折中表示就是 UTC。另外,UTC 这种表示模式与 UT0、UT1 表示模式一致,附加的 C 表示 Coordinated。

协调世界时的秒长等于原子时的秒长,而采用闰秒(或跳秒)的办法,使协调世界时与世界时 UT1 的时刻相接近。当协调时与世界时的时刻差超过±0.9s 时,便在协调时中引入 1 闰秒(正或负)。闰秒一般在 12 月 31 日或 6 月 30 日加入,具体的日期由国际地球自转服务局确定并公告。

协调世界时与国际原子时之间的关系如下:

$$\mathrm{TAI}=\mathrm{UTC}+1\times n \tag{2.8}$$

其中 n 为调整参数,其值由 IERS 发布。目前几乎所有国家时号的发播都以 UTC 为基准。时号发播的同步精度约为±0.2ms。考虑到电离层折射的影响,在一个台站上接收世界各国的时号,其互差不超过±1ms。

非正式情况下,如果忽略 1s 的差异,**格林尼治平时**(GMT)可以看成与 UTC 或 UT1 等同。

UTC 系统被应用于许多 Internet 和 Web 的标准中,例如,网络时间协议(Internet 上计算设备的时钟同步)就是协调世界时在 Internet 中使用的一种方式。

世界时区(time zone)可以表示为 UTC 的正或负偏移。1972 年 1 月 1 日,世界各地区用 UTC 替代 GMT 作为主要参照时间尺度或民用时。

在军事中,协调世界时区会使用 Z 来表示。Z 在无线电中读作祖鲁(Zulu),协调世界时因此也称为祖鲁时间(Zulu time)。

地球上的一个时区内使用同一个时间定义。人们通过观察太阳的位置(时角)决定时间,这就使得不同经度的地方的时间(即地方时)有所不同。对全球划分时区,通过设立一个区域的标准时间解决了这个问题。

世界各个国家位于地球的不同位置上,因此不同国家的日出、日落时间必定有所偏差。这些偏差就是所谓的时差。

理论时区以被 15 整除的子午线为中心,向东西两侧延伸 7.5°,即每 15°划分一个时区,共划分 24 个时区,这是理论时区。理论时区的时间采用其中央经线(或标准经线)的地方时。所以每差一个时区,区时相差 1h,相差多少个时区,就相差多少小时。东边的时区比西边的时区时间来得早。时区用 UTC+n 或 UTC−n 表示,其中 n 为小时偏移量,中国位于+8 时区,也称为东 8 区。相邻两个时区的时间相差 1h。例如,我国东 8 区的时间总比泰国东 7 区的时间早 1h,而比日本东 9 区的时间晚 1h。因此,凡向西走,每过一个时区,就要把时间减 1h,把表向回拨 1h(例如 3 点拨到2 点);凡向东走,每过一个时区,就要把时间加 1h,表向前拨 1h(例如 3 点拨到 4 点)。

但是有的时区的形状并不规则,这是为了避开国界线,而且比较大的国家以国家内部行政分界线为时区界线,这是实际时区,即法定时区。所有的时区都相对于协调世界时设定。

为了解决日期紊乱问题,大体以 180°经线为日界线。理论上,这条子午线即**国际日期变更线**或国际换日线。由于这条子午线穿越陆地,而在陆地变更日期不便,故实际使用的国际日期变更线是一条基本上只经过海洋表面的折线。其北起北极,通过白令海峡、太平洋，直到南极，这样变更线不穿越任何国家。由东向西越过此线，日期需加1天[①]；由西向东越过此线，日期需减1天。例如，在2020年8月12日05:46由西向东航行跨过此线，此时的时间应变为2020年8月11日05:46，即在原日期的基础上减1天。

UTC是一种非连续时间尺度，因此不能计算两个UTC时间戳之间的精确时间间隔，除非查表得到在此间隔内发生了多少次闰秒。因此，如果科学应用需要长间隔(多年)的精确测量，那么多采用TAI。那些不能处理闰秒的系统通常也使用TAI。TAI固定的19s偏移给出GPS时。

2.6.5 GPS时系统

为了精密导航和测量的需要，全球定位系统建立了专用的时间系统，简称为GPST(GPS Time，GPS时)，它由GPS主控站，即美国海军天文台的原子钟控制。

许多时钟是与协调世界时(UTC)同步的。卫星上的原子钟设置为GPST。不同的是，GPST不为匹配地球旋转而进行校对，因此它不包含闰秒或其他校对数据。

GPST属于原子时系统，其秒长与原子时相同，但是与国际原子时具有不同的原点。GPST与TAI在任一瞬间均有一个常量偏差，它们的关系是

$$\mathrm{TAI}-\mathrm{GPST}=19\mathrm{s} \tag{2.9}$$

GPST与UTC规定在1980年1月6日0时相一致，其后随着时间的积累，两者之间的差别将表现为秒的整数倍。周期性校正时在星载钟上执行，用来校正相对论效应，使其与地面钟同步。

GPS导航消息包含GPST与UTC之间的差，2020年是18s。接收器从GPST中减去这个偏移，计算UTC和特定的时区值。新的GPS设备直到接收到UTC偏移消息后才能显示正确的UTC。GPS-UTC偏移字段为8b长，可以表示255闰秒。假设当前地球旋转的变化率为18个月引入1闰秒，那么该字段大约可以用到2300年。

与人们采用的阳历表示的年、月、日形式不同，GPS日期用周数和周秒数(seconds-into-week)表示。周数在C/A和P(Y)导航消息中用10b字段表示，因此每1024周(19.6年)就变为0。GPS的第0周起始于1980年1月6日0时0分0秒UTC(0时0分19秒TAI时间)。在1999年8月21日23时59分47秒UTC第一次变为0，即经历了一个周期。

表2.2列出北京时间(本地)2020年9月25日23时19分13秒对应的其他时间，表中第一行表示本地时间，9月25日是一年中的第269天，北京时间处于东8区，即UTC+8，北京时间超前UTC 8h，因此UTC时间是15:19:13，星期和一年中的天数不变。MJD表示简化儒略日(Modified Julian Day)，MJD为59117.63834，其中59117表示从0日开始过去了59 117天，小数部分是以UTC在当天逝去的秒数除以86 400得到的，0.638 34约为55 152.576s，是15h19min12.576s。2020年，GPS时间与UTC时间相差18s，因此其时间是15:19:31，其起始时间是1980年1月6日(星期日)，1024周为一个周期(cycle)，到现在总共经过了2124周。如果按周计算，就是2周期76周(即2124－1024×2)。

---

① 相差24h。

从星期日开始计算,到星期五已经过去了 5 天,因此,487 171s 等于 5×864 00+15×3600+19×60+31,为第 2124 周的星期日到 2020 年 9 月 25 日 23 时 19 分 13 秒这一时刻的秒数,TAI 时间比 GPS 时间超前 19s,因此其时间是 15:19:50,与 UTC 时间相差 37s,即添加了 37 个闰秒。

表 2.2 各种时间系统的对照

时间系统	时　间	星　期	日	附　注
本地	2020-09-25 23:19:13	Friday	Day 269	东 8 区
UTC	2020-09-25 15:19:13	Friday	Day 269	MJD 59117.63834
GPS	2020-09-25 15:19:31	Week 2124	487 171s	2 周期 76 周 5 天
TAI	2020-09-25 15:19:50	Friday	Day 269	37 闰秒

2.7 本章小结

3S 系统涉及空间信息的处理和管理。空间信息包括太空、大气层空间和地面空间信息。GPS 和遥感卫星的运动是在三维空间进行的,一般采用天球坐标系统比较方便;而地面及其近地空间物体及其运动与地球椭球的关系密切,因此使用大地坐标系统比较方便。因此,为了描述不同事物及其信息,就需要定义不同的坐标系统。为了理解坐标系统,首先需要建立地球空间模型和天球模型。

3S 系统的空间数据必须具有统一的地理坐标系统。本章详细阐述了有关地理坐标系统的知识。本章还介绍由不可展的曲面映射到平面的方法——地图投影及其分类和常用的投影系统及其坐标。

现代空间科技和信息技术紧密结合,测量精度极高。如卫星定轨、飞机和车辆导航定位、地球自转与公转等问题,不仅要求给出空间位置,而且应给出相应的时间。现代空间信息系统管理的信息应是包括时间在内的多维信息。时间包括时刻(绝对时间)与时间间隔(相对时间)两个概念。时间度量同样需要建立测量基准,包括时间尺度与原点。可作为时间基准的运动现象必须是周期性的,且其周期应有复现性和足够的稳定性。本章介绍了常用的世界时、历书时、原子时、协调世界时和 GPS 系统。

第3章 Chapter 3

地理空间数据

地理空间数据的描述
向量数据的概念
栅格数据的概念
点、线、面、拓扑关系及其栅格像元的概念
向量数据与栅格数据的特点

3.1 地理空间数据的描述

数字地图可以是向量形式或栅格形式的。可以通过几何要素来描述地理空间，或用遥感采集的栅格像元描述地理空间。地理空间要素具有空间特征、时间特征和属性特征。空间特征可以用向量模型或栅格模型来描述。

3.1.1 地图的概念

地图是一种地理信息的承载工具，是地理数据的抽象，是一块区域的可视化表示。地图是3S系统中地理数据与用户感知之间的一种界面元素。地理信息的浏览、查询和分析及其结果的显示都是通过地图界面表现的。地图是传递空间数据的位置和空间数据的分布模式的一种可视化形式。

大部分地图是三维空间的几何近似和静态二维表示，但是有些地图是动态的、可交互的、三维的。

按照功能分，地图可以分为**普通地图**和**专题地图**。普通地图用于通用目的。普通地图上显示多种空间要素，包括边界线、水文、交通、等高线、居民点和土地覆盖等。专题地图也称为特殊用途的地图，其主要目的是显示某一主题的分布模式，例如某省以县为统计单位的人口密度分布图。

一幅地图包括图名、地图主体、图例、指北针、比例尺、文字说明和图廓等要素。通过这些地图要素把空间信息传递给用户。图名蕴含了地图的主题。地图主体是地理数据在空间布局的图形化表示。通过图例将地图符号与空间数据联系起来，例如全国地图的图例中，用五角星表示首都，实心圆加外圆圈表示省级行政中心，两个同心圆圈表示地级行政中心。图廓是一幅地图的范围线。

地图比例尺指地图上的距离与地面距离的比例值，一般用 1∶n 表示。比例尺表示比例值，适合各种度量单位，度量单位可以是厘米，也可以是米。例如 1∶100 000，可以表示地图上 1cm 长度相当于实地 100 000cm，即 1000m，或地图上 1m 长度相当于实地 100 000m。用公式表示为

比例尺＝图上距离／实地距离

因此，根据地图上的比例尺，可以量算图上两地之间的实地距离；根据两地的实地距离和比例尺，可计算两地的图上距离；根据两地的图上距离和实地距离，可以计算比例尺。

根据地图的用途、所表示地区范围的大小、图幅的大小和表示内容的详略等不同情况，制图选用的比例尺有大有小。地图比例尺中的分子通常为 1；分母越大，比例尺就越小。通常，比例尺小于 1∶10 000 000 的地图称为小比例尺地图，比例尺为 1∶10 000 000～1∶100 000的地图称为中比例尺地图，比例尺大于 1∶100 000 的地图称为大比例尺地图。在同样图幅上，比例尺越大，地图所表示的范围越小，反映的内容越详细，精度越高；比例尺越小，地图所表示的范围越大，反映的内容越简略，精度越低。例如，在小比例尺地图上，一座城市可能表示为一个点，而同一个城市在大比例尺地图上却表示为一个面。再如，在大比例尺地图上蜿蜒的河流在小比例尺地图上变得相对平直。

严格地说，只有在表示小范围的大比例尺地图上，由于不考虑地球的曲率，全图比例尺才是一致的。通常绘注在地图上的比例尺称为**主比例尺**。在地图投影中确定地球椭球缩小的比率，用球体半径与地球半径的比值表示，在投影计算中应用主比例尺。由于地图投影必然产生变形，因此主比例尺只保持在某些点和线上，其他部分的比例尺则大于或小于主比例尺，故又称**局部比例尺**。

可以利用 GPS 和 RS 测量来提高空间数据的准确性，但是准确性与这些测量仪器的分辨率有关。例如，卫星遥感图像的空间分辨率可能是 1m 或 100m，GPS 的定位精度可以是 10m 或 100m。

定位准确性是指空间要素位置的准确性。拓扑准确性是指空间要素之间拓扑关系保持得如何。地图比例尺和数据输入过程在很大程度上决定了空间要素的定位准确性。拓扑准确性取决于数据输入、GIS 软件的查错能力和 GIS 数据制作者的排错能力。

以数字形式表示和存储的地图称为**数字地图**。与过去静态的纸质地图相比，现在的数字地图成了动态表达地理信息的一种主要手段。地理信息系统(GIS)的信息表示和表现基础是数字地图。通常人们看到的地图是以纸张、布或其他物体为载体的，地图内容绘制或印制在这些载体上；而数字地图是存储在计算机的硬盘、光盘和磁带等介质上的，地图内容通过数字数据来表示，用计算机软件来管理数字地图，实现数字地图的读取、显示、检索和分析。数字地图有时也称为电子地图。根据数据格式的不同，数字地图可分为向量型和栅格型两种。

把普通地图数字化并表示为数字地图后，可以方便地对普通地图的内容进行多种形式的要素组合、拼接，形成新的地图。地图根据应用需求来过滤信息，仅仅显示那些符合用途的信息。地图简化了数据，一些复杂数据和数据的内部结构被隐藏起来。地图为数

据增加了描述性内容，用标注(label)表示名称，用符号表示地理实体的类别(category)、类型(type)和其他信息[11]。

总的来说，作为地理信息的表达载体，地图具有以下功能[11]。

(1) 可以在地图某一位置上标识地理要素。例如，在地图的任何位置上标识对象的名字以及其他相关的属性信息。借助GPS数据可以在地图上标明你所处的位置，你就能看到自己在哪里、行进的速度和方向。

(2) 在地图上标识空间分布、关系和趋势。例如，人口统计学家可以比较过去和现在的城区地图及其人口分布密度；流行病学家通过把疾病暴发地点与周围环境因素相关联，找出可能的发病原因。

(3) 可以在地图上将不同来源的数据集成到同一地理参考坐标系中。例如，市政部门可以将街道分布图与基础设施布局图结合起来，以调整市政建筑布局；农业科学家可以把气象卫星影像图与农场和作物分布图结合起来，以提高作物产量。

(4) 可以在地图上通过数据的合并或叠加来分析空间问题。例如，政府部门可以通过合并多层数据找到合适的废弃物处理地点。

(5) 可以在地图上确定两地之间的最佳路径。例如，包裹速递公司能够找到最有效的运输路径，公共交通设计者也能设计出最优的公交路线。

(6) 可以在地图上对未来事件进行建模分析。例如，公共事业部门可以模拟新设施添加后会产生什么样的影响，是否需要进行系统升级；市政规划者也可以模拟一些严重的意外事故(如有毒物质泄漏等)，从而制订相应的疏散方案。

3.1.2 地理信息的表达

1. 地理实体的描述

要完整地描述地理实体，需要用空间特征和属性特征进行描述；如果要描述地理实体的变化，则还需记录地理实体在某一个时间的状态。地理实体在地图中通过地理要素来表达。因此一般认为，描述地理要素需要用到3个基本特征：

(1) **空间特征**。又称为位置和布局特征，表示地理要素的地理位置、空间布局和分布。空间特征可以用几何、坐标和栅格数据表示。

(2) **属性特征**。表示地理要素的属性，例如目标类型、数量和名称等。

(3) **时间特征**。指地理要素随时间的变化特征。

这3个特征可以通过标识符进行关联。我们用**地理空间数据**(geospatial data)描述地理要素，因此地理空间数据具有空间特征、属性特征和时间特征。地理空间数据又称为**地理参照数据**，描述和表示地理要素的位置及特征[12]。

相对于时间来说，空间特征和属性特征常常呈相互独立的变化，即在不同的时间，空间位置不变，但是属性类型可能已经发生变化，或者相反。许多地理空间数据在一定时间范围内是缓慢变化的，例如一定地理范围的高程数据。如果忽略时间特征，地理空间数据包含空间特征和属性特征。另外，有些数据时刻在变，例如天气和气温、移动的车辆等。因此需要根据具体的应用需求来描述和表达地理信息。

有些属性是自然属性或环境属性，有些属性是社会属性、经济属性和军事属性。有些属性变化快，有些属性变化慢。有些属性用于标识位置或实体(例如街道、建筑物和山头的名字)，有些属性表达某个位置的特性(例如高程或温度)，有些属性表达类别(例如土地类别和道路类别)。对于这些属性，有一种典型的分类：标称属性、序数属性、区间属性和比率属性，将在第7章详细介绍。这里为了便于理解，先采用ArcGIS的属性分类方法，从数据类型的角度把属性分为如下类型[11]：

(1) **描述性字符串**。给出地理要素的名称或者描述要素的种类、状况或类型。

(2) **编码值**。表示某一类型的要素，例如草地、林地和水域等。它可以用数值或缩略字符串表示。有时同一个要素在不同的时间具有不同的编码，如上行和下行的火车。

(3) **离散数值**。表示一些可数的要素，如公路上的车道数。

(4) **实数值**。表示一些连续的、可量测或计算的数据，如距离、面积或流量。

(5) **对象标识符**。该属性很少显示出来，有些属性存储在外部数据库中，用对象标识符作为键值可以访问这些属性。

2. 离散和连续要素

描述地理实体和现象的地理要素可以是离散的或连续的。**离散要素**是在空间上有明确边界的一组对象，因此又称为离散对象，例如汽车、建筑物、湖泊和桥梁等。离散要素的特点是可数性，例如，可以统计一个单位的车辆数或一个城市的桥梁数。可以用点、线、面要素来表达离散要素。

显然，离散要素不能表达连续变化的地理现象。这就需要用能够表示连续场的连续要素来表达。**连续要素**表达连续的观测值，由一系列沿地表连续变化的变量组成，其值定义在任何可能的位置上。显然，卫星图像是一种连续要素，像元对应于地面的电磁辐射或反射值。另外，还有其他的连续要素，例如，高程要素是按栅格采样得到的地表相应点的高度数据；人口密度要素表示单位面积的人口数①；土地类型也可以用连续要素表示，这时用土地类型编码值表示不规则多边形区域。连续要素也可以表示沿着线(而不是面)连续变化的测量值，例如道路的交通流量或河流的流量，它们可以按照单位距离进行统计，用相应的值表示。

3. 向量和栅格数据

离散要素和连续要素是用于表示地理实体和地理现象的方式。但是，这些要素在计算机中如何表示呢？向量(vector)数据模型和栅格(raster)数据模型是计算机描述地理空间要素的两种基本模型。

在**向量数据模型**中，地理要素的形状和位置是由一组坐标对确定的。一般把地理要素分为点、线、面3种类型。点类似于像元，但不占有面积，其余两种均由一系列内部相关联的坐标形成。

在**栅格数据模型**中，整个地理空间被规则地分为一个个小块(通常为正方形)，用像

---

① 当我们的观察细致到具体的人时，场就不存在了。

元表示。地理实体的位置由占据小块的横排与竖列的位置决定，小块的位置则由其横排与竖列的数码决定，每个地理实体的形态由栅格或网格中的一组点构成。这种数据结构可以用于描述遥感图像。

3.2 节和 3.3 节将分别详细介绍向量数据模型和栅格数据模型。

4. 地图对地理数据的分层表达

为了清晰地表达地理数据，通常把地理数据抽象为不同的图层(layer)进行表现。图层是地图上地理数据表达的基本单元，是具有某种相同属性的地理现象的图形集合，是按制图规范表达的一组相关的地理数据，例如道路层、河流层和设施层等，如图 3.1 所示。也可以按照向量、栅格、TIN 表面图层来分类。

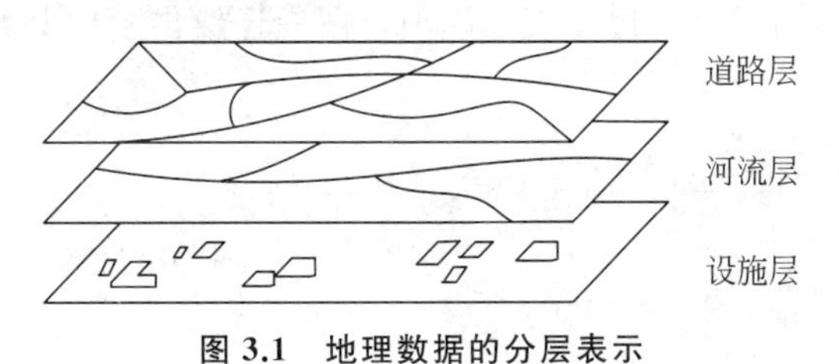

图 3.1　地理数据的分层表示

图层只是对一系列地理数据的引用，实质上它并不包含地理数据。这样做有以下好处[11]：

(1) 对于同一地理数据，可以按照不同的可视化属性或不同绘制方法创建不同的图层。

(2) 对地理数据进行编辑后，相应的图层在下次显示时也会相应地更新。

(3) 多个图层可以共享同一地理数据文件而不需要进行副本的复制。图层可以引用网络上任何位置的可访问数据。

可以把图层理解为地理数据的“地图视图”，能够指定绘图的方法、设置比例尺阈值、施加显示选择等。

对于同一地理数据集，可以创建多个图层，每一个图层表现其中一个属性值。例如，已经有湖南省人口、空气质量和平均寿命的数据库，可以在湖南省地图中用不同的图层分别显示湖南省各地区的人口数量、空气质量和平均寿命。

对于同一地理数据集，在创建图层时，可以在地图上交互选择要素或者使用 SQL 语法构建一个属性查询，只显示数据集中的部分数据。例如，数据集是欧洲国家，则可以选择只显示那些参加统一货币流通的国家。在图层中使用不同的选择方法，便可以在无须删除其他要素的前提下，绘制出自己感兴趣的要素。

可以使用任一地图比例尺来绘制地图，但某个图层只显示一定比例尺范围的地图。还可以为某一图层设置比例尺阈值，超过阈值后用另一个图层替换显示。

3.1.3 几何数据对地理空间的表达

地图是现实地理世界的可视化描述，它按照一定的比例、一定的测量原则有选择地将复杂的三维现实世界的某些要素投影到二维平面媒介上，并用符号将这些空间要素表现出来。地图上各种空间要素之间的关系，是按照地图投影的数学规则，使地表各点和地图平面上的相应各点保持一定的函数关系，从而在地图上准确地表达地表空间各要素的关系和分布规律，反映它们之间的方向、距离和面积。

在地图学上，把地理空间的实体分为**点**、**线**、**面** 3 种要素，分别用点状、线状和面状向量符号来表示。

图 3.2 是点、线、面向量数据表示地图要素的一个简单例子。图中用圆圈表示城市，用线表示河流或铁路，用闭合多边形表示湖泊。图中还给出了比例尺和图例。

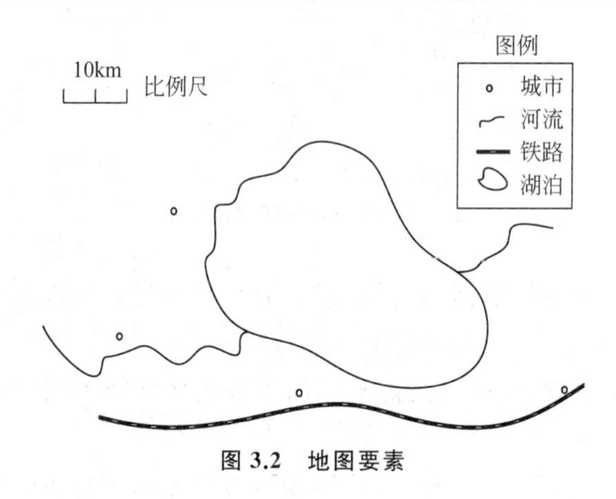

图 3.2 地图要素

对于非连续分布的面状要素的分布范围和质量特征，一般可以用面状符号表示。符号的轮廓线表示其分布位置和范围，轮廓线内的颜色和网纹或说明符号表示其质量特征。例如，土地利用图中描述的是一种非连续分布的面状事物，在地图上通常用地类界与底色表示森林、农作物和果林等土地利用情况。

对于连续分布的面状要素的数量特征及变化趋势，常常可以用一组线状符号表示，例如等值线，包括等温线、等降水量线、等深线、等高线和等电磁强度线等，其中等高线是GIS 系统中经常用到的一种表示方式。等值线的符号一般是细实线加数字注记，等值线的数值间隔一般是常数，这样，就可以根据等值线的疏密，判断制图对象的变化趋势或分布特征。等值线法适合表示地面或空间呈连续分布且逐渐变化的地理要素。

在 3.2 节中将详细讨论向量数据的性质。

3.1.4 遥感图像对地理空间的表达

遥感就是通过各种设备远距离获取指定目标区域信息的过程，其包括航空和航天遥感。

有两种类型的遥感方式：被动遥感和主动遥感。被动传感器检测被观察目标和周围区域发射或反射的自然辐射。反射太阳光是被动传感器采集的最常见的辐射源。通常采用的被动遥感传感器有胶片摄影机、红外传感器、CCD传感器和辐射计等。主动传感器发射能量，扫描目标区域，检测目标的反射或辐射。雷达是主动遥感的例子，可以获取目标的位置、高度、速度和方向。

通过遥感技术，可以采集广泛、危险或不可达区域的图像数据。在轨平台采集并传输不同电磁频谱的数据，结合空基和地基遥感数据分析，为用户提供大量的信息，用于监视各种自然现象及其变化趋势，以及事件发展和运动变化。其典型应用包括监视森林采伐情况、北极和南极区域冰川对气候变化的影响、海洋深度探测、自然资源管理、土地利用和保护、国家安全以及军事冲突边界区域的监视等。

卫星遥感可以覆盖全球每一个角落，对任何国家和地区都不存在由于自然或社会因素所造成的信息获取的空白地区。卫星遥感数据可以及时地提供广大地区的同一时相、同一波段、同一比例尺、同一精度的遥感信息。航空遥感可以快速获取小范围地区的详细资料。

遥感图像对地球空间信息的描述主要是通过栅格图像，即不同的颜色或灰度的像素矩阵来表示的。这是因为地物的结构、成分和分布等的不同，其反射光谱特性和发射光谱特性也各不相同，传感器记录的各种地物在某一波段的电磁辐射和反射能量也各不相同，反映在遥感图像上，则表现为不同的颜色或灰度信息。所以，通过遥感图像可以获取大量的空间地物的特征信息。通过如图3.3所示的遥感图像①，真实地获得某个城市区域的地理空间信息。

图3.3 遥感图像示例

需要说明的是，利用遥感图像通常可以获得多层面的信息，对遥感信息的提取一般需要具有专业知识的人员通过遥感解译才能完成。

遥感图像是栅格数据，其信息的基本单元是像素。像素矩阵表示为一幅图像。每个像素具有不同的值，反映出传感器对应波谱段电磁辐射的强度。每个像素对应遥感成像的一个小区域，反映遥感图像的分辨率。每个像素也对应地理空间的一个位置，具有空间参照坐标。在3.3节中将详细讨论这些性质。

① 来源于Google Map。

3.2 向量数据模型

向量数据模型用向量形式的几何形状表示地理要素。最基本的几何要素是点、线和多边形。向量数据模型可以表示几何要素的空间关系，称为拓扑关系。向量数据模型也可以不表示拓扑关系，这样的模型简单直观。不规则三角网模型是一种常用的向量数据模型。

3.2.1 地理要素的几何表示

地理要素通常用向量表示，并具有几何形状，即不同的地理要素用不同的几何形状表示。最基本的几何形状是点、线、面，它们分别表示点状要素、线状要素和面状要素。

1. 点

点(point)表达那些很小且不能用线或多边形来表示的地理要素。地面上真正的点要素很少，一般都占有一定的面积，只是大小不同。这里所谓的点要素，是指那些占有面积较小，不能按比例尺表示，又要定位的要素。因此，面状要素和点状要素的界限并不严格。例如居民点、钻井位置、电线杆或建筑物等，在大、中比例尺地图上被表示为面状地物，在小比例尺地图上则被表示为点状地物。点也可以用来表示那些没有面积属性的特定区域，如山峰等。

点要素可以用一对(x,y)坐标定位。点的维度为0，其几何特征只有位置值。点也称为结点(node)或折点(vertex)。点是空间上不可再分的地理要素，可以是具体的，也可以是抽象的，如地物点、区域内点(表示多边形的属性，存在多边形之内)、样本点、文本位置点(定位文本标注的位置)或线段网络的折点(多条线段或弧段的折点)等。例如，一种点要素的向量数据结构如下：

$$点要素(ID,(x,\ y))$$

在向量数据模型中，除点要素的(x,y)坐标外，还可以存储相关的**属性**，描述点要素的类型、制图符号、大小、方向和显示要求等。如果点是文本实体，记录的数据应包括字符大小、字体、排列方式、比例、方向以及与其他非图形属性的关联方式。

2. 线

线(line)用于表达那些长条形的、狭窄的、不能用多边形表示的地理要素，如街道、河流、溪流、交通线、航线和境界线等，或者是某些表面的切割线，如等高线等。当然，对于线状和面状实体的区分，也和地图的比例尺有很大的关系。例如河流，在小比例尺的地图上被表示成线状地物，而在大比例尺的地图上则被表示成面状地物。线的维度是1，典型地具有长度特征。线也称为边(edge)。

线要素可以定义为直线元素组成的各种线状要素，直线元素由两对以上的(x,y)坐标定义。最简单的线要素只存储它的起止点坐标。线的形态可以是平滑曲线或折线。

平滑曲线用数学方程拟合(例如样条函数)。因此,平滑曲线表现出来是弧线。多段线构成链(chain),链是 n 个**坐标对**的集合,这些坐标对可以描述任何连续而又复杂的线状要素。组成链的线元素越短,(x,y)坐标数量越多,就越逼近一条复杂线状要素。例如,一种线要素的向量数据结构如下:

线要素(ID,起始点,终止点)

线要素(ID,坐标对序列,…)

其中,ID(标识)是系统排列序号,可以标识线的类型;起始点和终止点可以用点号或直接用坐标表示。

线要素也可以具有相关的属性数据。例如,线要素输出时可能用实线或虚线描绘,这类信息属于符号信息,它说明线实体的输出方式。线要素并不是以虚线存储,只是显示时用虚线输出。与线关联的非几何属性可以直接存储于关系数据表,由 ID 关联查找。

3. 面

面状(area)分布的地理要素很多,例如对湖泊、岛屿和地块等一类现象的描述,在数据库中由一个封闭曲线加内点来表示。面要素分布方式有多种:有**连续分布**的,如气温、地形等;有**不连续分布**的,如行政区域、街区、森林、油田和农作物等。它们所具有的特征也不尽相同。有的是性质上的差别,如不同类型的土壤;有的是数量上的差异,如气温的高低等。因此,表示它们的方法也不相同。面的维度为 2,典型地具有面积和周长的特性。面由闭合的线组成,闭合线也称为多边形(polygon)。例如,一种面要素的向量数据结构如下:

面要素(ID,弧段 ID 序列,…)

面是描述地理空间特征的一类重要数据。在面要素中,具有名称属性和分类属性的多用多边形表示,如行政区、土地类型、植被分布等;具有标量[①]属性的有时也用等值线描述,如地形和降雨量等。

面用多边形表示,并进行向量编码,一方面表示位置,另一方面表示面的拓扑特征。基于多边形的运算比较复杂,因此多边形向量编码比点和线实体的向量编码要复杂得多。这些复杂性表现在以下几点:

(1) 组成地图的每个多边形应有唯一的形状、周长和面积,即地图上的多边形不可能有相同的形状和大小。

(2) 空间分析要求的数据结构应能够记录每个多边形的邻域关系,即面要素可以是单独的或与其他面要素共享边界。

(3) 地图上的多边形并不都是同一等级的多边形,而可能是多边形内嵌套小的多边形(次一级),例如湖中的岛屿。这种所谓"岛"或"洞"的结构是多边形关系中较难处理的问题。

---

① 标量指在坐标变换下不变的物理量,即只有数值大小而没有方向的量,如密度、温度、能量、距离等。

4. 其他要素

如果要描述三维空间中的现象与物体，就需要用体要素表示立体状实体。体要素具有长度、宽度、高度和体积等空间属性。

现实世界的各种现象比较复杂，往往由上述不同的空间要素组合而成，复杂实体由简单实体组合表达，即复杂空间要素由基本要素复合而成。

3.2.2 拓扑关系

1. 什么是拓扑

在3S信息系统中，为了有效地管理空间数据，不仅要存储空间要素的位置、形状和属性，还要存储反映要素之间相互关系的信息。这些关系就是拓扑关系。拓扑关系是**指图形在保持连续状态下变形，但图形关系不变的性质**。

拓扑学是几何学的分支，研究在拓扑变换下能够保持不变的几何属性，即拓扑属性。拓扑结构是明确定义空间关系的一种数学方法。例如橡皮圈，无论其如何拉伸，都是一个闭合圈，其拓扑性质不变，即几何对象在弯曲或拉伸等变换下仍保持不变。再如，多边形中有一点 A，那么 A 与多边形边界间的空间关系是不会改变的，尽管在拉伸时多边形的面积会发生变化，因此，多边形内的点具有拓扑属性，而面积不具备拓扑属性。其他拓扑属性的例子有一条弧段的端点、一个区域边界上的点、一个区域内部或外部的点；非拓扑属性的例子有两点的距离、区域的周长、从一个点指向另一个点的方向。

拓扑关系能清楚地反映实体之间的逻辑结构关系，它比几何关系具有更大的稳定性，不随地图投影而变化。存储拓扑关系会增加数据量。那么拓扑关系的作用是什么呢？空间数据的拓扑关系在空间信息的管理、利用和分析上具有重要的意义，其作用主要体现在以下两方面：

(1) 提高空间数据质量。用拓扑关系约束几何数据的关系，从而发现几何数据的错误。例如，用拓扑特性发现未正确闭合的多边形、未正确链接的线段。在最短路径分析中，如果本该链接的路径没有链接，那么最短路径的计算就与实际相差很大，造成重大失误。

(2) 辅助空间数据处理、查询和分析。根据拓扑关系，不需要利用坐标和距离就可以确定一种空间要素相对于另一种空间要素的空间位置关系。例如，利用拓扑特性，就可以得到某个方向的交通流量，因为拓扑信息中包含了线段的方向。拓扑数据中也包含了左多边形和右多边形信息，这有利于分析用户指定道路和方向的左右地域特性。例如，某条铁路通过哪些地区，某县与哪些县邻接，某高速公路连接哪些地区，供水管网系统中某段水管破裂时如何找到关闭它的阀门。

拓扑关系在地图上是通过图形来识别和解释的；而在计算机中，则必须按照拓扑结构加以定义和编码。

2. 拓扑关系

下面以图3.4为例说明拓扑关系的定义和编码。这是一个有向图，包括点和有向线(又称为弧段)，**弧段**相交处的点称为**结点**。图中，$a \sim e$ 为结点，表3.1列出了结点的坐标值；1～7为弧段，表3.2列出了弧段与对应的结点；$P_1 \sim P_4$ 为多边形(表示面要素)，表3.3列出了多边形与对应的弧段。P_0 表示地图区域外的多边形，称为外多边形或**全域多边形**。

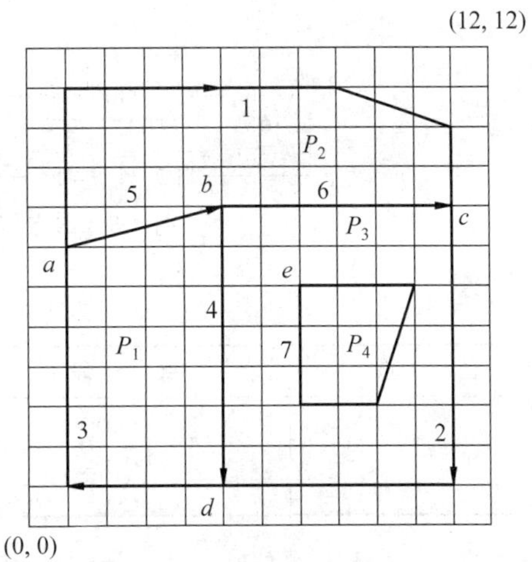

图3.4 空间数据的拓扑关系

下面介绍典型的3种拓扑关系：邻接关系、关联关系和包含关系。

(1) **邻接关系**。空间几何元素中同类元素之间的拓扑关系。例如，多边形 P_1 与 P_2、P_2 与 P_3、P_1 与 P_3 之间是邻接关系；结点之间 a 与 b、b 与 c、b 与 d 之间是邻接关系。

(2) **关联关系**。空间图形中不同几何元素之间的拓扑关系。例如结点 b 与弧段4，5，6关联；多边形 P_1 与弧段3，4，5关联。

(3) **包含关系**。空间图形中同类但不同级几何元素之间的拓扑关系。例如多边形 P_3 中包含有多边形 P_4。在表3.3中，多边形 P_3 的弧段表示为2，4，6，0，5，其中0用于区分外多边形和内多边形(弧段5表示 P_4)，表示 P_4 是 P_3 中的一个岛，具有包含关系。有的文献中区分包含关系和层次关系。包含关系指的是面与其他拓扑元素之间的关系。如果点、线、面在该面内，则称为被该面包含，例如某省包含的湖泊和河流等。层次关系指相同拓扑元素之间的等级关系，例如国家由省(自治区、直辖市)组成，省(自治区、直辖市)由市和县组成等。

表3.1 结点的坐标值

ID	坐标值
a	1，7
b	5，8
c	11，8
d	5，1
e	7，6

表3.2 弧段与对应的结点

弧段	始结点	终结点
1	a	c
2	c	d
3	d	a
4	b	d
5	a	b
6	b	c
7	e	e

表3.3 多边形与对应的弧段

多边形	弧段
P_1	3，4，5
P_2	1，5，6
P_3	2，4，6
P_4	7

要将结点、弧段和多边形之间的拓扑关系表达出来，可以建立4个关联，如图3.5所示。表3.4给出了结点-弧段关联。表3.5是表示结点与弧段关系的关联矩阵，矩阵中1表示弧段出该结点，−1表示弧段入该结点，0表示弧段与该结点无关联。弧段-结点关联已经由表3.2给出。弧段-多边形关联如表3.6所示，多边形-弧段关联已经在表3.3中

给出。

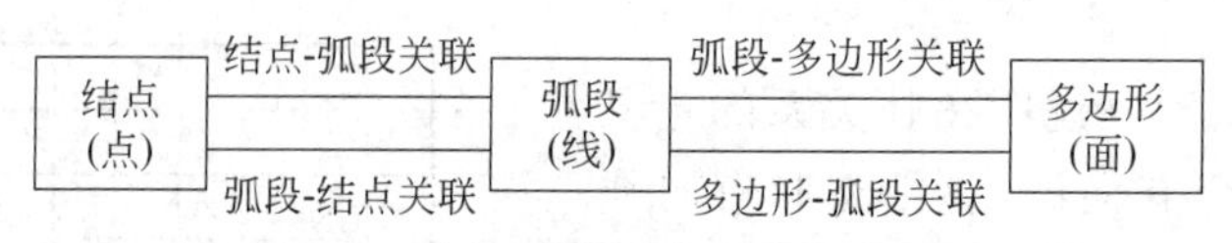

图 3.5 结点、弧段和多边形关联关系

表 3.4 结点-弧段关联

结点	弧段	结点	弧段
a	1,3,5	d	2,3,4
b	4,5,6	e	7
c	1,2,6		

表 3.5 结点-弧段关联矩阵

结点	弧段						
	1	2	3	4	5	6	7
a	1	0	−1	0	1	0	0
b	0	0	0	1	−1	1	0
c	−1	1	0	0	0	−1	0
d	0	−1	1	−1	0	0	0
e	0	0	0	0	0	0	1

表 3.6 弧段-多边形关联

弧段	左多边形	右多边形	弧段	左多边形	右多边形
1	P_0	P_2	5	P_2	P_1
2	P_0	P_3	6	P_2	P_3
3	P_0	P_1	7	P_3	P_4
4	P_3	P_1			

点、线、面基本几何数据之间的关系代表了空间要素之间的空间关系。从空间分析角度看,点、线、面两两之间存在的空间关系的物理意义如下:

(1) 点-点。点和点的关系主要有两点(通过某条线)是否相连,两点之间的距离是多少,如城市中某两个点之间可否有通路,距离是多少。

(2) 点-线。点和线的关系主要表现在点和线的关联关系上,如点是否位于线上,点与线的距离等。

(3) 点-面。点和面的关系主要表现在空间包含关系上,如某个仓库是否位于某个县内,或某个县共有多少个仓库。

(4) 线-线。线和线的关系主要表现在线与线是否邻接(或相交),例如一条河流和铁路相交,两条公路相交于某点。

(5) 线-面。线和面的关系表现为线是否通过面,或线是否包含在面之内,例如一个地区包含哪些铁路和高速公路。

(6) 面-面。面和面的关系主要表现为面的邻接和面的包含关系。

3.2.3 非拓扑关系

AutoCAD 也是管理图形数据的，其中图形交换文件(DXF)可以记录不同的线符号、颜色和文本，描述图层，但是不支持拓扑关系。在 GIS 发展初期，GIS 开发者为了把 GIS 从CAD 中分离出来而引入了拓扑关系。

从前面的叙述看，拓扑的价值在于提升数据编辑质量和空间分析能力。各种 GIS 开发出各种互不兼容(专用)的拓扑文件格式。但是并不是所有空间信息应用都要使用拓扑关系，因此非拓扑格式的文件仍然是一种重要的空间特征数据。例如，ArcGIS 中采用的非拓扑数据格式为 shapefile，点就用(x,y)表示，线用一组点表示，面(多边形)用封闭的一组线表示。相邻多边形存在共享边，可能有重复弧段，但是没有描述几何拓扑关系的数据。

因此，要不要拓扑关系取决于空间信息系统项目的目的。对于某些项目来说，拓扑功能并非是必要的；而对于另一些项目来说，拓扑功能是必需的。例如，要求发现和查找几何数据错误，确保线段的正确会合和多边形的正确闭合，就需要拓扑关系。对于需要拓扑关系的空间分析，也需要拓扑数据结构的支持。

那么，不含拓扑信息的空间特征数据的用途在哪里呢？非拓扑数据的优势如下：

(1) 表现速度快。因为非拓扑数据比拓扑数据简单，因此使用非拓扑数据能够比拓扑数据更快地在计算机屏幕上显示出来。

(2) 标准化。由于非拓扑数据格式简单，容易标准化，因此易于在不同空间信息系统中共享。而各公司有自己定义的拓扑数据结构，因此难以标准化，难以在不同系统中共享拓扑数据。

非拓扑数据与拓扑数据可以互相转换。非拓扑数据向拓扑数据转换，需要建立拓扑关系，可以去除重复的弧段；拓扑数据向非拓扑数据转换比较简单，但是如果拓扑存在错误，就会导致一些要素的丢失，例如一些连接错误的线段在转换过程中可能丢失。

3.2.4 不规则三角网

点、线、面是基本的几何元素。用基本的几何元素难以表示复杂的空间要素。把点、线、面组合，形成其他几何模型，就可以方便地表达复杂的空间要素。一种复合几何数据模型就是不规则三角网(Triangulated Irregular Network，TIN)。

1. 什么是 TIN

TIN 是一种用于表示**表面**(surface)的向量数据结构，例如表示陆地表面、海底等。它由不规则分布的结点和线组成，结点具有三维坐标(x, y, z)，以非重叠三角网形式排列，如图 3.6 所示。这里结点又称为顶点，每个三角形的坡度、坡向均一。TIN 通常从**数字高程模型**(Digital Elevation Model，DEM)的高程数据中导出。它克服了 DEM 高程矩阵中冗余数据的问题，能够更加有效地用于各类以**数字地面模型**(Digital Terrain Model，DTM)为基础的计算。

在地形绘制及其分析中，TIN 的优越之处是变化的分布点，TIN 通过算法确定最需

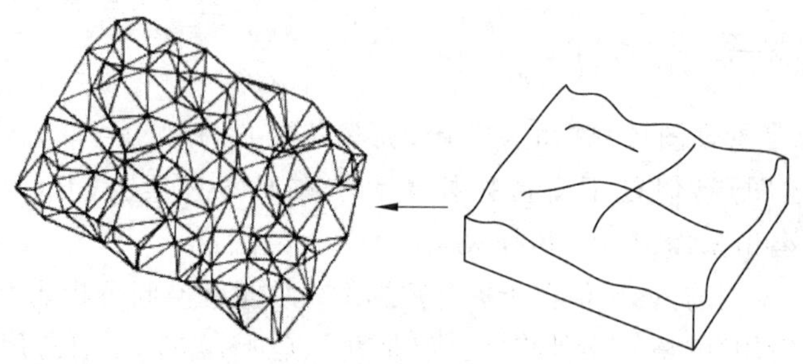

图 3.6　用 TIN 近似表示三维地形

要以哪些点精确表示地形，因此数据输入比规则分布的 DEM 更灵活，点更少，适合表示三维地形和三维地形可视化。在表面高度变化不大的地区，网点可以稀少一些；而在表面高度变化大的地区，需要增加网点密度。即 TIN 可根据地形的复杂程度确定采样点的密度和位置，表示地形特征点和线，从而减少地形较平坦地区的数据冗余。

TIN 表示法利用所有采样点取得的离散数据，按照优化组合的原则，把这些离散点连接成相互邻接的三角面。在连接时，尽可能地确保每个三角形都是锐角三角形或三边的长度近似相等。

2. TIN 的数据结构

通常，TIN 的三角网格是基于**德劳内**(Delaunay)**三角测量算法**得出的。德劳内(Boris Delaunay)于 1934 年提出了三角测量算法。但是在应用过程中要加以限制，选择一些点，例如河流、道路、湖泊、水库、山脊、谷底和顶峰作为显著变化点，以精确拟合地形。

在数学和计算几何上，对于平面上的点集合 P，在利用德劳内三角测量算法形成的任何三角关系中，三角形的外接圆中不包含任何 P 中的点，即三角形外接圆为空，如图 3.7 所示。如果是在三维空间中，外接圆用外接球代替。读者可以在 Internet 上获得德劳内三角测量算法及其源程序。

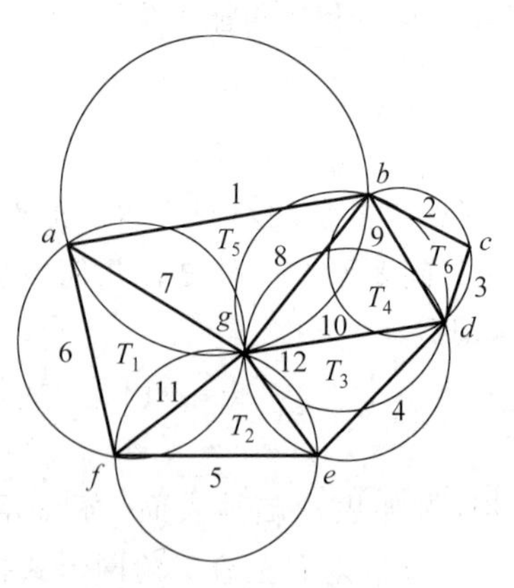

图 3.7　德劳内三角关系

形成三角关系时，尽量使得三角形的最小角最大化，避免小三角形。如果点集合都在同一条直线上，就不能产生德劳内三角形。如果 4 个点在同一个圆上，例如一个长方形的 4 个顶点，那么德劳内三角形不是唯一的。显然，有两种可能的方式分割长方形为两个三角形，它们都满足德劳内三角测量算法的条件。

在概念上，TIN 模型类似于多边形网络中的向量拓扑结构，只是在 TIN 中不必规定“岛”或“洞”的拓扑关系。表 3.7～表 3.9 给出了图 3.7 中 TIN 的一种数据结构表示。它不仅要存储每个结点的坐标和高程，还要存储三角形和结点及邻接三角形等关系。有许多种表达 TIN 拓扑结构的存储方式，一个简单的记录方式是：对于每一个三角形、边和结点都对应一个记录。每个结点包括 3 个坐标值的字段，分别存储x、y、z坐标，如表3.7所示。三角形的记录包括3个结点和相邻三角形，具有公共边的三角形被认为是相邻的，如表3.8所示。边的记录包括两个顶点和相邻三角形，如表3.9所示。

表3.7 结点坐标值

结 点	x	y	z	结 点	x	y	z
a	x_a	y_a	z_a	e	x_e	y_e	z_e
b	x_b	y_b	z_b	f	x_f	y_f	z_f
c	x_c	y_c	z_c	g	x_g	y_g	z_g
d	x_d	y_d	z_d				

表3.8 三角形的记录

三 角 形	结 点	相 邻	三 角 形	结 点	相 邻
T_1	a，g，f	T_5，T_2	T_4	b，g，d	T_3，T_5，T_6
T_2	f，g，e	T_1，T_3	T_5	a，b，g	T_4，T_1
T_3	g，d，e	T_2，T_4	T_6	b，c，d	T_4

表3.9 边的记录

边	结 点	相 邻	边	结 点	相 邻
1	a，b	T_5	7	a，g	T_1，T_5
2	b，c	T_6	8	b，g	T_4，T_5
3	c，d	T_6	9	b，d	T_6，T_4
4	d，e	T_3	10	g，d	T_3，T_4
5	e，f	T_2	11	g，f	T_1，T_2
6	f，a	T_1	12	g，e	T_3，T_2

这种拓扑网络结构的特点是：对于给定的一个三角形，查询其3个顶点高程和相邻三角形所用的时间是定长的，在沿直线计算地形剖面线时具有较高的效率。当然，可以在此结构的基础上增加其他变化，以提高某些特殊运算的效率，例如在结点的数据结构里增加其关联边的记录。

虽然TIN的坐标是三维数据(x，y，z)，但是也可以用于描述和分析水平(x和y平面)分布及其关系。

3.3 栅格数据模型

栅格数据用像元表示连续空间的空间要素，像元具有行列值(空间位置)和属性值。常用的栅格数据类型有数字高程数据、卫星影像、数字正射影像、扫描地图和采样格网等。通过链式编码、四叉树编码和其他压缩编码来表示栅格数据的结构。

3.3.1 地理要素的栅格表示

栅格数据模型(raster data model)用规则**像元**(cell)矩阵表示连续空间的空间要素。

栅格数据模型的基本数据单元称为像元，栅格数据结构就是像元矩阵，用每个像元的**行列号**确定位置，用每个像元的**值**表示空间要素的现象特征，如图 3.8 所示。

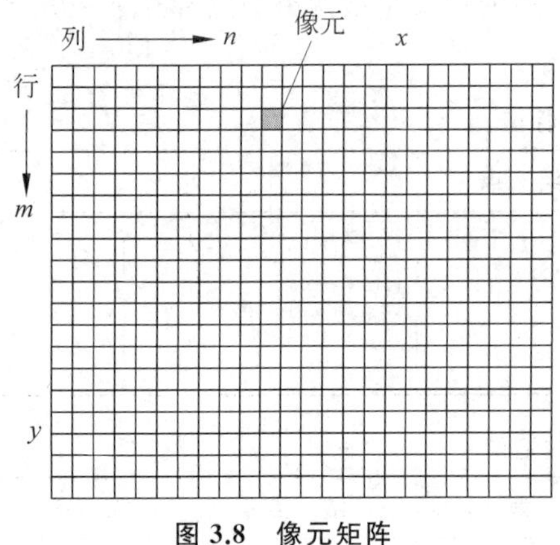

图 3.8 像元矩阵

向量数据模型是空间要素边界的建模，而栅格数据模型是空间格网像元的一致特性建模。栅格数据适合表示连续变化的空间要素和现象，包括降雪量、降雨量和地形高程等。

像元数据表示的是二维表面上的地理数据的离散化数值。在像元数据中，地表被分割为相互邻接、规则排列的地块，每个地块与一个像元相对应。因此，栅格数据的**比例尺**就是像元的大小与地表相应单元的大小之比。每个像元的属性是地表相应区域内地理数据的近似值。

像元矩阵由行列像元排列组成。起始坐标为像元矩阵的左上角。横坐标为 x，表示像元矩阵的列；纵坐标为 y，表示像元矩阵的行。如果设起始坐标值为 x_0 和 y_0，那么其空间坐标 x 和 y 为

$$x = x_0 + n\Delta x$$

$$y = y_0 + m\Delta y$$

式中：$m=0, 1, 2, \cdots, M-1$；$n=0, 1, 2, \cdots, N-1$；M 和 N 为垂直和水平方向的像元数。像元值用 $f(x, y)$ 表示。因此，栅格数据可用一个矩阵表示，即

$$\begin{bmatrix} f(0,0) & f(0,1) & \cdots & f(0,N-1) \\ f(1,0) & f(1,1) & \cdots & f(1,N-1) \\ \vdots & \vdots & \ddots & \vdots \\ f(M-1,0) & f(M-1,1) & \cdots & f(M-1,N-1) \end{bmatrix}$$

基本的点、线、面要素的向量表示和栅格表示的示例如图 3.9 所示。在栅格表示中：

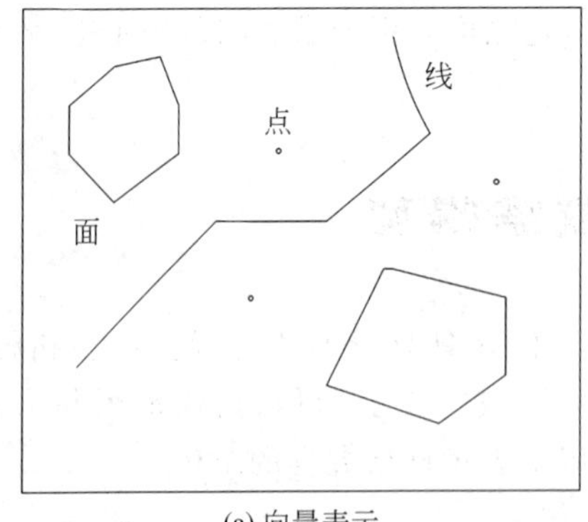

(a) 向量表示

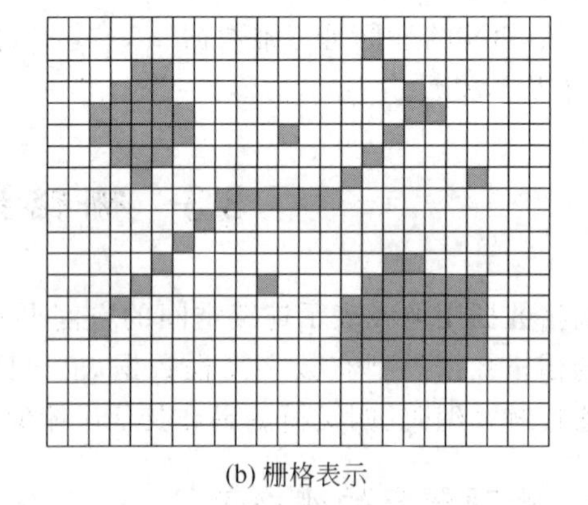

(b) 栅格表示

图 3.9 地理要素的表示

（1）点要素：表示为一个像元。

（2）线要素：表示为连接成串的沿线走向的相邻像元的集合。

（3）面要素：表示为聚集在一起的相邻像元的集合。

以上用栅格数据表示了地理空间现象要素的特性，现在需要对像元定位，将像元的位置与地理位置对应起来，这就是地理空间参照信息。有了地理空间参照信息，栅格数据就可以准确地匹配其他相关空间数据，例如把高程栅格数据叠加到地图上，把降雪分布叠加到某一地区，把电磁信号分布叠加到某个区域。经过与投影坐标系统匹配处理的栅格数据通常称为**地理参照栅格数据**[12]。

表示具有空间分布特征的地理要素，不论采用什么编码系统——向量还是栅格数据结构，都应在统一的坐标系统下，而坐标系统的确定实质是坐标系统原点和坐标轴的确定。

由于栅格编码一般用于特定区域，原点的选择常具有局部性质，但为了便于区域的拼接，栅格系统的坐标应与国家基本比例尺地形图一致，并分别采用其纵横坐标轴作为栅格系统的坐标轴。

坐标的确定与像元尺寸有关。像元大小的选择应能有效地逼近空间对象的分布特征，又能减小数据的冗余度。像元太大，忽略较小的图斑，有些信息会丢失。空间实体特征越复杂，像元尺寸就越小，分辨率越高，然而栅格数据量越大，按分辨率的平方指数增加，计算成本越高，处理速度越慢。如果系统采用的是30m分辨率的卫星图像，那么选择一个10m分辨率的DEM数据进行栅格化就没有必要。

在投影坐标系统中，坐标的起始位置为左下角，而栅格数据的起始位置为左上角。因此要把两者对应起来，就需要进行转换。在确定像元矩阵中的某个像元位置时，必须首先确定其某个角的坐标，例如左下角的坐标，如图3.10所示。

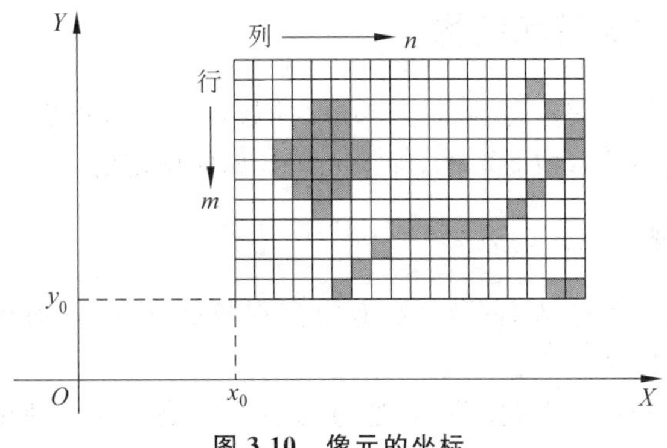

图3.10　像元的坐标

下面用一个例子来说明栅格数据的地理参照。设一个高程栅格数据为1000（行）×1200（列）；像元为正方形，边长10m。设该高程矩阵在通用横轴墨卡托（UTM）坐标系统中的左下角坐标为（488 965，3 430 122）。那么，其右上角的UTM坐标为（500 965，3 440 122），即

$$488\ 965 + 1200 \times 10 = 500\ 965$$

$$3\ 430\ 122 + 1000 \times 10 = 3\ 440\ 122$$

如果像元的行和列分别用 m 和 n 表示，其起始于栅格的左上角，那么其中任一像元的左下角坐标为

$$x = 488\ 965 + 10n, \quad n = 0,1,2,\cdots,1199$$

$$y = 3\ 430\ 122 + 10 \times (999 - m), \quad m = 0,1,2,\cdots,999$$

右上角坐标为

$$x = 488\ 965 + 10 \times (n + 1), \quad n = 0,1,2,\cdots,1199$$

$$y = 3\ 430\ 122 + 10 \times (1000 - m), \quad m = 0,1,2,\cdots,999$$

栅格数据的优势如下：

(1) 数据结构简单。用像元矩阵表示，像元用不同的数值表示。有时它与一个属性表关联起来。

(2) 适合密度统计和空间分析。

(3) 用一致的方式存储点、线、多边形和表面。

(4) 与向量数据比起来，能够执行更快速的复杂数据叠加。

(5) 用相同的基于像元的结构表示所有的要素类型，因此所有要素类型可以同等对待。这种一致的结构适合把各种地理要素结合在一个科学处理中。例如，可以把表面(高程)数据与面要素(如森林)、线要素(如河流和道路)和点要数(如井)以同样的分析方式结合起来，进行查询、重叠或表现。

(6) 用有损或无损压缩方式压缩数据集。

栅格数据的不足如下：

(1) 由于基于像元的要素表示，因此在空间表示中精度不高。

(2) 数据集的数据量较大。

3.3.2 栅格数据的类型和结构

用栅格数据模型可以表示各种传感器获取的数据。下面介绍常用的几种数据类型，并讨论这些数据是如何选取或获取的，即像元值是如何确定的。

1. 栅格数据类型

常用的栅格数据类型包括卫星影像、数字高程数据、数字正射影像、数字扫描地图、数字栅格图和采样数据网格等。

(1) 卫星影像：也称为卫星图像，是通过遥感手段获得的一种栅格数据。遥感传感器在某个特定的时间对一个地面区域的辐射和反射能量进行扫描采样，并按不同的波谱段获取，以数字形式记录像素值阵列。在第 5 章将详细介绍遥感图像的概念及其处理方法。

(2) 数字高程数据：数字高程模型(DEM)由等间隔海拔高程数据的排列组成，是一定范围内规则格网点的平面坐标(x, y)及其高程(z)的数据集，它主要描述区域地貌形态的空间分布。DEM 是以点为基础的，可以将海拔高程点置于像元中心，把 DEM 数据表示为栅格数据。从 DEM 数据也可以生成 TIN 数据。DEM 数据可以通过遥感或地面

测量方式获取。

(3) 数字正射影像(Digital Orthophoto Quadrangle, DOQ):是一种航空摄影照片或其他遥感成像数据制作而成的数字化影像,由照相机镜头倾斜和地形起伏引起的位移已经被消除(采用摄影测量学的校正技术)。数字正射影像是基于地理坐标系的,具有经纬度信息,并且可以与地形图和其他图配准。DOQ有单色和彩色影像之分,其中单色影像类似单波段卫星影像,彩色影像是多波段卫星影像。

(4) 数字扫描地图:通过扫描仪对地图或其他图件的扫描,可把纸质地图转换为数字栅格形式的数据。例如,扫描仪扫描专题图的图像数据,得到每个像元的行、列、颜色(灰度),定义颜色与属性对应表,用属性代替相应颜色,根据每个像元的行、列和属性,进行栅格编码并存储,即得到该专题图的栅格数据。如果采用二值扫描,得到的是二值地图图像。二值地图图像经过向量化,可以生成向量地图,实现栅格数据到向量数据的转换。

(5) 数字栅格图:运用向量数据栅格化技术,例如扫描的方法,把地图转换为数字图像,把向量数据转换为栅格数据,称为数字栅格图(Digital Raster Graphic, DRG),或称为数字栅格图形、数字栅格地图。这种情况通常是为了有利于某些空间操作,如叠加分析等,或者是为了更好地输出。

(6) 采样数据网格:又称为网格化专题数据,即用网格(grid)数据表示的专题信息。通过网格采样得到地理环境的属性值,适合表示连续现象,例如温度、降雨量和高程等。数据高程矩阵就是一种采样数据网格。这里单独列出这种数据类型,是因为一些GIS系统软件中特别提到这种类型的栅格数据。

2. 像元值的确定

每个像元有一个值,该值表示某空间位置处空间现象的特征。像元值的确定或获取有两种方式:

(1) 通过传感器采集。

(2) 通过测量和设置。

通过**传感器采集**的典型栅格数据就是卫星影像、航空摄影照片或数码照相机照片。对于卫星影像来说,像元称为**像素**。像元值也称为**光谱值**(或表示颜色),用于表示成像数据和摄影数据。卫星传感器采集数据时,可以是单波段或多波段的。在单波段采集中,一个像元对应一个值;在多波段情况下,一个像元将分别对不同的波段采集多个频谱值。遥感影像存在混合像元问题,如Landsat MSS卫星影像单个像元对应地表30m×30m的矩形区域,影像上记录的光谱数据是像元所对应的地表区域内所有地物类型的光谱辐射的总体效果。因此,分辨率越高,就能越准确地表示地物要素的特征。

通过**测量和设置**(实地测量或根据地图上的像元区域得到)的像元值又可以分为类别值、幅度值和距离值等[12]。**类别值**可能指的是土地类,例如,1代表城市用地,2代表高速公路,3代表森林等。**幅度值**可以表示重要性值、噪声污染度或降雨量。**距离值**可以表示高程(表示与海平面的距离)。高程可以转换为坡度或用于执行视线分析或分水岭分析。

像元值可以是正值或负值、整数或浮点数，甚至用 NODATA 值表示缺少数据。整数一般用于表示类别值。浮点数一般用于表示连续的数值数据。如果使用整数值，那么适合为栅格数据配置相应的**数值属性表**，该表中给出像元值对应的含义，例如像元值为 6 表示村庄实体，像元值为 9 表示河流实体，像元值为 7 表示树林实体。对于浮点数据值，在数值属性表中一般指定像元值的范围，而不是单个像元值，因为浮点数是连续的，数据值非常多，一个像元值对应一个特性是不现实的。

像元的大小可能是 10m×10m、30m×30m 或 50m×50m，因此一个像元内可能包含多种空间要素，而像元值常常只能用一个代码值表示。采用测量和设置方式的时候，如何确定一个像元值呢？当一个栅格单元内有多个可选属性值时，如图 3.11 所示，要按以下准则来确定栅格的像元值。

(1) **中心归属法**：每个像元的值由该栅格的中心点所在的面域的地物类型或现象特性来确定。例如，在图 3.11(a)中，中心点落在代码为 B 的地物范围内，按中心归属法的规则，像元值可据此确定为 B。

(2) **长度占优法**：每个像元的值由该栅格中线段最长的地物类型或现象特性来确定。例如，在图 3.11(b)中，像元值可据此确定为 2。

(3) **面积占优法**：像元值由该栅格中单元面积最大的地物类型或现象特性来确定。例如，在图 3.11 (a)中，像元值可据此确定为 C。面积占优法常用于分类较细、地物类别斑块较小的情况。

(4) **重要性法**：根据一个像元内不同地物的重要性，选取最重要的地物的类型作为栅格单元的属性值。这种方法适用于具有特殊意义而面积较小的地物类型或现象特性，特别是点、线状地理要素，如城镇、交通枢纽、交通线和河流水系等。例如，在图 3.11(c)中，D 代表草地，3 代表铁路，铁路要素比草地要素重要，因此像元值可据此确定为 3。

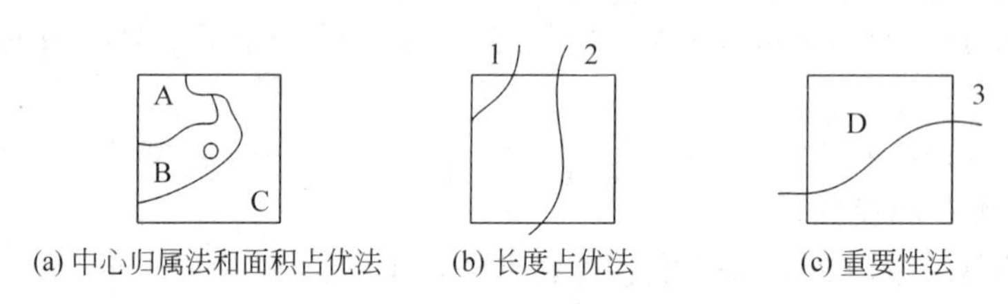

(a) 中心归属法和面积占优法　(b) 长度占优法　(c) 重要性法

图 3.11 栅格代码的确定

3. 栅格数据的结构

上面介绍了单个像元值是如何被确定的。单个像元值确定后，像元矩阵就构成了栅格数据文件，如图 3.8 中所示，每个栅格作为一个像元，大小均匀、紧密相邻，并由行和列号标识其位置，每个像元有一个像元值，表示像元覆盖区域的地物要素或现象特征。这种栅格结构是最简单、直观的空间数据结构，又称为网格结构或像素结构。

具体的矩阵构成根据栅格数据的特点不同又分为以下的结构方式：

(1) **单平面结构**：用于一个像元只有一个值的情况。像元值按行和列排列，构成一个像元矩阵平面。

(2) **多平面结构**：用于一个像元有多个值的情况。按平面的方式依次排列。例如多光谱卫星影像数据按光谱序列一个平面接一个平面地存储，一个平面表示一个波段的数据。

（3）**行交替结构**：用于一个像元有多个值的情况。按行交替的方式排列。例如多光谱卫星影像数据按光谱序列一行接一行交替地存储，一行表示一个波段的数据，下一行表示另一个波段的数据，如此循环反复，直到把多个波段的栅格阵列全部表示完毕。

（4）**像元交替结构**：用于一个像元有多个值的情况。按像元交替的方式排列。例如多光谱卫星影像数据按光谱序列一个像元接一个像元交替地存储，一个像元表示一个波段的数据，下一像元表示另一个波段的数据，如此循环反复，直到把多个波段的栅格阵列全部表示完毕。

图3.12给出了栅格数据结构。这种数据结构也称为**逐个像元编码**或**直接栅格编码**，即像元按行和列逐个取值编码，每个行列位置上都有值，而不是非线性的数据组织方式。数字高程模型和卫星影像都采用这种结构方式。

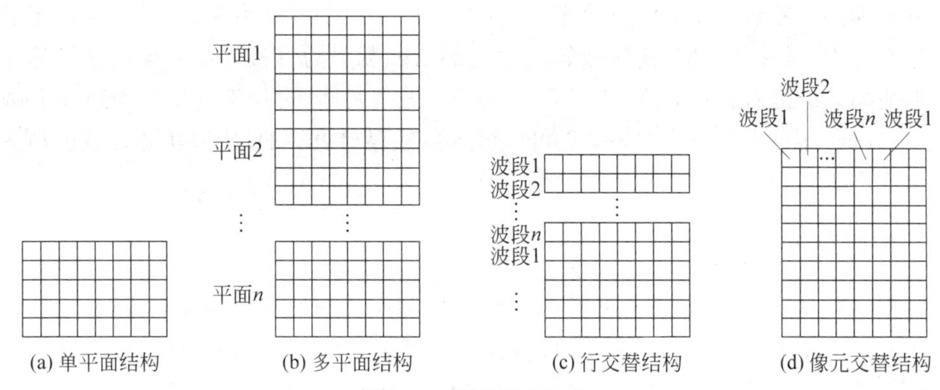

图3.12 栅格数据结构

在栅格结构中，像元的一般形式为矩形方块，特殊的情况下也可以是三角形、菱形或六边形等。

3.3.3 栅格数据的编码

栅格数据的编码主要起到检索、操纵和压缩的作用。

1. 链式编码

链式编码又称弗里曼(Freeman)链码或边界链码。它由某一原始点和一系列在8个基本方向上确定的单位向量链构成。8个基本方向(顺时针)为东、东南、南、西南、西、西北、北、东北，分别用数字0,1,2,3,4,5,6,7表示，如图3.13所示。

图3.14给出链式编码的例子。对于图中左边的线状物，选择的起始点坐标(以左上角为起始点)为(2, 3)[①]，那么线的编码为2,3,2,3,2,1,1。其中前两个数字2和3表示

① 以(行，列)方式表示，以左上角为起点，坐标为(1, 1)。

线状物起点的坐标，从第三个数字起表示单位向量的前进方向。对于图 3.14 中右边的多边形，假设起始点坐标为(4,6)，那么按顺时针方向的编码为 4,6,7,0,1,2,2,3,5,5,6。

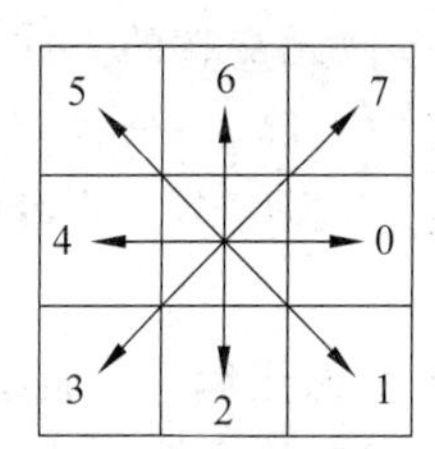

图 3.13 一个像元的 8 个基本方向

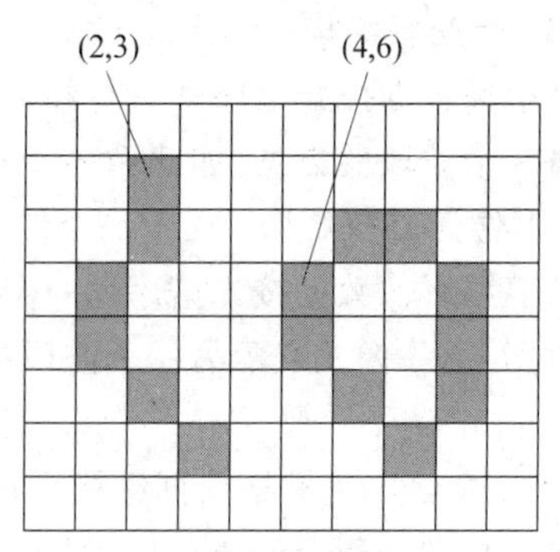

图 3.14 链式编码例子

链式编码有效地压缩了栅格数据，尤其对多边形的表示最为显著，链式编码还有一定的运算能力，对计算长度、面积或转折方向的凸凹度更为方便。链式编码比较适于存储图形数据。但是对叠置运算（如组合、相交等）很难实施，对局部的修改将改变整体结构，效率较低，而且由于链式编码是以每个区域单独存储边界的，所以相邻区域的边界重复存储而产生冗余。

2. 游程编码

游程编码（Run-Length Encoding，RLE）是一种简单的数据压缩编码方法，也是栅格数据压缩的重要编码方法。对于一幅栅格图，尤其是表示地图的栅格图，通常在行或列方向相邻的若干点具有相同的像元值（称为游程），因而可采用某种方法压缩重复的记录内容。有两种游程编码方法：

(1) 在栅格数据阵列的各行或列像元值发生变化时，逐个记录该像元值及相同值重复的个数，从而可在平面内实现数据的压缩。

(2) 在逐行逐列记录像元值时，仅记录发生变化的位置和相应的像元值。

图 3.15 所示的栅格数据按游程编码方法(1)编码如下：

第 1 行 10*a*

第 2 行 2*a*，1*b*，7*a*

第 3 行 2*a*，1*b*，3*a*，2*c*，2*a*

第 4 行 1*a*，1*b*，3*a*，4*c*，1*a*

第 5 行 5*a*，4*c*，1*a*

第 6 行 6*a*，3*c*，1*a*

第 7 行 7*a*，1*c*，2*a*

第 8 行 10*a*

a	*a*	*a*	*a*	*a*	*a*	*a*	*a*	*a*	*a*
a	*a*	*b*	*a*	*a*	*a*	*a*	*a*	*a*	*a*
a	*a*	*b*	*a*	*a*	*a*	*c*	*c*	*a*	*a*
a	*b*	*a*	*a*	*a*	*c*	*c*	*c*	*c*	*a*
a	*a*	*a*	*a*	*a*	*c*	*c*	*c*	*c*	*a*
a	*a*	*a*	*a*	*a*	*a*	*c*	*c*	*c*	*a*
a	*a*	*a*	*a*	*a*	*a*	*a*	*c*	*a*	*a*
a	*a*	*a*	*a*	*a*	*a*	*a*	*a*	*a*	*a*

图 3.15 游程编码的例子

在这个例子中，用两个数值记录重复像元值及其重复的个数，例如，10*a* 表示 10 个重复的 *a* 像元。80 个栅格像元值经过游程编码后用了 48 个数值就完整地表示出来，达到了压缩的目的。注意,游程编码适合像元值中游程数量长的栅格数据,否则压缩效果不好,有时反而增加数据量。例如在上述编码中,第3、4行并没有起到压缩的作用。

游程编码的编码和解码算法都比较简单,占用的计算资源少。游程编码还易于执行检索、叠加和合并等操作,在栅格单元分得更细时,数据的相关性更强,压缩效率更高,因此数据量并没有明显增加。

游程编码考虑的是一维数据的情况,其实栅格是二维的,在二维空间上存在许多相同像元值的块。能不能采用类似游程编码的思想对这些块进行编码,即把游程编码扩展到二维空间?如果采用正方形区域作为记录单元,那么这里的关键是如何对正方形区域编码。一种编码方法是:记录正方形栅格区域的左上角坐标(初始位置)、正方形的边长(半径)和重复的像元值。这种编码也称为**块式编码**。注意到,这里的块式编码与图像压缩的分块编码是不同的。块式编码在图像合并、插入和面积计算等方面功能较强。当地理数据相关性强时,压缩效率相当高;但地理数据相关性差时,块式编码的效果较差。而且块式编码的运算能力较弱。因此块式编码很少应用,因为大部分实际的栅格数据不适合采用块式编码。

3. 四叉树编码

四叉树(quadtree)又称为四元树,是一种树形数据结构,其每一个中间结点可以有4个子结点。四叉树常应用于二维空间数据的分析与分类,将数据区分成为4个象限,数据范围可以是方形、矩形或其他任意形状。这种数据结构是由 Raphael Finkel 和 J. L. Bentley 在1974年提出的,类似的数据分割结构方法也称为 Q-tree。

有多种类型的四叉树,例如区域四叉树、点四叉树和边四叉树等,这里主要介绍适合栅格数据编码的四叉树。四叉树的基本思想是首先把一幅栅格图等分成4个子区域,如果检查到某个子区域的所有像元都含有相同的像元值,那么这个子区域就不再往下分割;否则,把这个区域再分割成4个子区域。这样递归地分割,直至每个子块都只含有相同的像元值为止,如图3.16所示。

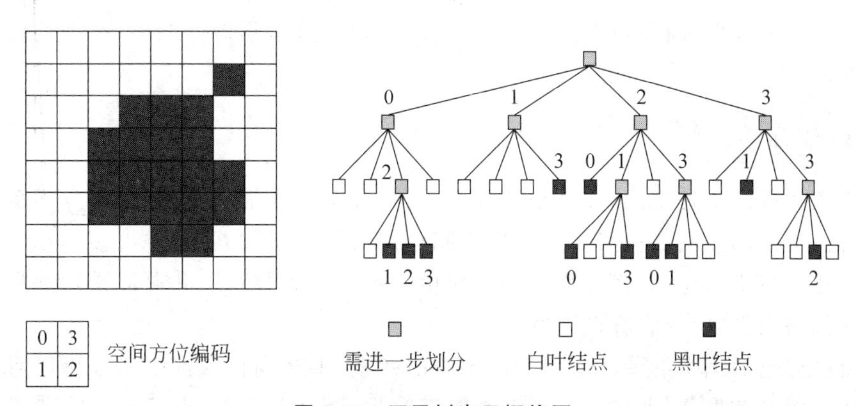

图3.16 四叉树表示栅格图

图中是一种简单的情况,像元值为白或黑。8×8分为4个4×4区域,这4个区域都不是全白或全黑,因此需要再分。注意,从左到右形成子结点是按空间方位编码的:

(1) 左上角(西北)区域编码为0。

(2) 左下角(西南)区域编码为1。

(3) 右下角(东南)区域编码为2。

(4) 右上角(东北)区域编码为3。

以图3.16左上角区域为例说明编码过程。左上角4×4区域只有右下角区域需要进一步分割,分为2×2区域,这个区域包括4个像元,最后形成4个叶结点,其中1个是白结点,3个是黑结点。如果对栅格图中黑色像元进行编码(假设黑色像元代表空间要素),那么左上角(西北)4×4区域子树的编码为021, 022, 023,分别表示3个黑色叶结点的编码,一位数字表示一个层次的四分编码。例如,在021编码中,0表示第1级分区中左上角区域编码,2表示第2级分区中右下角区域编码,1表示第3级分区后左下角区域编码。根据这个编码原理,图3.16的四叉树编码为

(021, 022, 023),(13),(20,210,213,230,231),(31,332)

四叉树编码结构具有以下特点:

(1) 存储空间小。因为是对区域块进行编码,不是单个像元,如果有较大的区域都具有相同的像元值,就可以用一个编码值表示,因此节省了存储空间。

(2) 运算速度快。由于四叉树分割了空间区域,便于快速定位空间数据,因此四叉树编码也广泛用于空间检索和索引,例如Google Map采用四叉树方式构建地图区域的快速索引。

(3) 栅格阵列各部分的分辨率可变。不需要表示许多细节的地方分级较少,因而分辨率低;边界复杂的地方分级较多,分辨率高。因而,在减少数据量的基础上满足了数据精度要求。

四叉树编码对结构单调的图形区域比较适合,压缩效果好;但对具有复杂结构的图形区域,压缩效率会受到很大影响。

对于二维数据空间,用四叉树就可以有效地实现编码。但是在三维数据空间中,例如考虑空间目标随时间变化,或考虑三维坐标空间,应该如何编码呢?一种表达三维数据空间的编码是在四叉树基础上发展起来的八叉树。这里不做介绍,感兴趣的读者请参考其他文献。

4. TIFF压缩文件

对于大幅面的地理空间,用栅格数据表示,其数据量非常大,尤其是高分辨率的遥感影像数据。但是用栅格数据表示的地理空间存在大量的空间冗余,即许多的相邻像元值是缓慢变化的或不变化的(例如用某种像元值表示一片森林),因此可以采用数据压缩的方法压缩栅格数据,以节省存储空间。

如果把栅格数据中的像元对应于图像中的像素,那么栅格数据结构就可以看成图像数据结构。图像数据不同于常规的数值数字数据,其压缩可以采用无损或有损压缩方法。经过无损压缩(lossless compression)的栅格数据可以无失真地恢复,不丢失任何信息;而有损压缩(lossy compression)是在压缩阶段进行量化,把无限值域转化为有限值域,损失了一定的信息量,但是可以显著压缩数据。如果信息损失不显著影响影像数据

的视觉感知，不影响应用效果，并且能够显著减少数据量，即是可行的。

TIFF 数据格式常用于栅格数据，例如用于数字栅格图(DRG)和数字正射影像(DOQ)数据的存储和分发。TIFF 表示标签图像文件格式(Tagged Image File Format)，主要用来存储包括照片和艺术图在内的图像文件。它最初由 Aldus 公司开发，在业界得到了广泛的支持，应用于桌面印刷和页面排版、扫描、传真、文字处理和光学字符识别等。从 Aldus 公司获得了 PageMaker 印刷应用程序的 Adobe 公司现在控制着 TIFF 规范。

TIFF 是一个灵活的、适应性强的文件格式。在文件标头中使用标签，能够在一个文件中处理多幅图像和数据。标签还能够标明图像的大小，定义图像数据是如何排列的，是否使用了各种各样的图像压缩选项。例如，TIFF 可以包含 JPEG 编码(有损压缩)和游程编码(无损压缩)数据。TIFF 文件也可以包含基于向量的剪贴图区域(例如剪贴图构成主体图像的轮廓)。使用无损压缩格式存储图像的能力使 TIFF 文件成为图像存档的一种有效方法。这样，TIFF 文件可以在编辑后重新存储而不会有压缩损失，这一点是与 JPEG 不同的。另外，TIFF 文件还可以包括多层或者多页数据，有利于存储地理空间栅格数据。由于标签扩展繁多，为了保持兼容性，现在大量使用的 TIFF 文件和应用都是 32 位 CMYK[①] 或 24 位 RGB 非压缩图像。

TIFF 6.0 中包含了样本格式(SampleFormat)标签，可以处理高级像素数据类型，例如每通道多于 8b 的整数值图像和浮点值图像。这个特性有利于表示和存储高精度的科学栅格数据，例如高精度 CCD 摄像机采集的数据，每个感光元件的样本值达到 16b 的分辨率。

5. JPEG 和 JPEG 2000

JPEG 是联合图片专家组(Joint Photographic Experts Group)制定的针对照片图像的有损图像压缩标准。其在 1992 年发布了 JPEG 标准，1994 年获得了 ISO 109918-1 的认定。

JPEG 应用广泛，适合压缩、存储和传输自然图像，但是不适用于线条图和文字图像，因为它的压缩方法用在这些图形的形态上，其失真效果会强化。GIF 格式适合线条图的压缩，但是其每一像素只有 8 位，只能表示 256 种颜色，不适合全彩色照片。

JPEG 压缩编码方法首先把图像的 RGB 空间转换到 YUV 空间，这是因为人的视觉感知对亮度(Y)分量比色差(UV)分量更敏感，在接下去的子采样中，UV 分量可以少采样，从而在编码前就减少了大量的数据量。然后，把图像分割为 8×8 的子块，进行离散余弦变换(Discrete Cosine Transform, DCT)。对 DCT 系数进行量化后，最后用熵编码完成压缩。JPEG 是一种灵活的压缩方法，具有调节图像质量的功能，允许用不同的压缩比对图像进行压缩，支持多种压缩级别，压缩比通常为 10∶1～40∶1。压缩比越大，品质就越差；压缩比越小，品质就越好。由于采用分块的 DCT，压缩恢复的图像会出现块斑现象，细节丢失，可能会影响栅格数据(例如遥感影像)的使用。

---

① CMYK 代表青色(Cyan, C)、品红色(Magenta, M)、黄色(Yellow, Y)、黑色(Black, K)，是一种用于印刷的色彩模型。

JPEG 2000作为新一代JPEG标准，其压缩比高于JPEG约30%，同时支持有损和无损压缩。JPEG 2000是基于小波变换的图像压缩标准。

JPEG 2000有多种新特性。它考虑到网络传输，具有渐进传输功能，即先传输图像的轮廓，然后逐步传输数据，不断提高图像质量，让图像由模糊到清晰显示。JPEG 2000支持“感兴趣区域”特性，可以任意指定图像上感兴趣区域的压缩质量，还可以选择指定的区域先解压缩。例如，用户对图像中的一个区域感兴趣，对这些区域采用低压缩比，因此图像质量高，而在感兴趣区域之外采用高压缩比，在保证不丢失重要信息的同时，又能有效地压缩数据量。

由于采用小波变换，在有损压缩的情况下，JPEG 2000没有JPEG压缩中的马赛克失真问题。JPEG 2000的失真主要是模糊失真。模糊失真的主要原因是在编码过程中对高频量有一定程度的丢弃。传统的JPEG压缩也存在模糊失真的问题。

在低压缩比情形下（如压缩比小于10∶1），JPEG 2000图像的效果与JPEG图像质量相差不大。JPEG 2000在压缩比较高的情形下，优势才开始明显。整体来说，和传统的JPEG相比，JPEG 2000的压缩性能可以提高20%以上。一般在压缩比达到100∶1的情形下，采用JPEG压缩的图像已经严重失真并开始难以识别了，但JPEG 2000的图像仍可识别。

JPEG 2000在无损压缩下仍然能有比较好的压缩比，因此JPEG 2000在图像品质要求比较高的栅格数据压缩中得到应用。事实上，在JPEG 2000设计时就考虑到遥感影像中的应用。

6. MrSID压缩编码

其他图像压缩技术在栅格数据的应用中普遍存在以下的问题：无损压缩技术的压缩比小，大文件的压缩处理慢，海量数据在网上传输占用大量的带宽；有损压缩技术影响压缩质量；不适合压缩超过50MB的图像文件，这时就不得不对整幅图像进行分块，用相对较小的多个文件来存储，这给图像的解压、显示和定位带来了极大的不便。MrSID压缩技术就是为解决以上问题而设计的，它可以为大规模栅格图像数据库提供无缝的数据整体性，即时得到压缩后的影像，更加方便易用。

多分辨率无缝图像数据库（Multi-resolution Seamless Image Database，MrSID）是一种图像压缩、解压、存储和访问技术，文件格式的扩展名为sid。MrSID最初由美国Los Alamos国家实验室开发，后来由LizardTech公司继续研发，特别为地理参照栅格图形数据（例如数字正射影像）而设计。它利用离散小波变换对图像进行压缩、拼接和镶嵌，通过局部转换，使得图像内部任何一部分都具有一致的分辨率和良好的图像质量。

MrSID技术采用无损小波压缩产生一个初始图像，然后由编码器把图像划分为缩放级别、子带、子块和位平面。完成初始编码后，可以进一步采取优化方法。

MrSID的压缩比高。无损压缩可以达到2∶1的压缩比。灰度图像的压缩比为15∶1～20∶1，全彩色图像的压缩比可以达到30∶1～50∶1，压缩后视觉质量没有可感知的损失。压缩比可调，可以把压缩的图像设置成完全无损至适度有损。它可以用于压缩非常大的图像，可压缩的图像大小取决于计算机可寻址的存储器大小。可以将多幅图像压缩为一个文件，建立大型的图像数据库。

因为 MrSID 文件包含多级尺度和多级质量的图像，因此非常适合在 Web 上传输。只需要把用户请求的缩放比例和图像区域发送给浏览器，系统采用选择性的解压技术，能够解压用户需要浏览的整个压缩图像的一部分，解压速度快，可以快速打开和浏览大的图像，实现即时、无缝、多分辨率的大量图像浏览，无须分块处理，使得导航、绘制和观看的速度非常快。

由于以上特点，MrSID 适用于地图绘制、地理信息系统、遥感影像、档案管理、医学图像处理、电子游戏、印刷出版和基于 Internet 的图像发布等领域。

LizardTech 公司开发了 MrSID 的浏览器、Internet 服务器和浏览器、ESRI ArcView MrSID 图像浏览扩展件和 Photoshop 插件等产品。Microsoft 公司新建的 TerraServer 站点（http://www.terraserver.com）就采用 MrSID 图像压缩技术。

7. 各种栅格编码的特点

由于栅格结构对地表的量化，在计算面积、长度、距离和形状等空间指标时，若栅格尺寸较大，则会造成较大的误差。这种误差不仅有形态上的畸变，还可能包括属性方面的偏差。

逼近原始精度的方法是缩小单个栅格单元的面积，即增加栅格单元的总数，行列数也相应地增加。这样每个栅格单元可代表更为精细的地面矩形单元，混合单元减少。混合类别和混合的面积都显著减小，可以提高量算的精度，接近真实的形态，表现更细小的地物类型。

然而增加栅格个数、提高数据精度的同时也带来了一个严重的问题，那就是数据量的大幅度增加，数据冗余严重。为了解决这个问题，就需要对栅格数据进行有效的编码和压缩处理。

以上各种栅格编码具有不同的特点：

（1）直接的栅格像元矩阵编码直观简单，但数据存在大量冗余。

（2）链式编码对边界的运算方便，并具有一定的压缩效果，但是区域运算较困难。

（3）游程编码适合大量相同像元值的数据结构，具有一定的压缩效率，编码解码较容易实现，但局限在一维空间上处理数据。

（4）四叉树编码运算速度快，存储空间小，分辨率可变，压缩效率高，但其转换具有不确定性，难以形成统一算法。

（5）TIFF 是一种文件格式，其中可以表示各种编码的栅格数据，在 GIS 和 RS 系统中，主要用于表示无损压缩的栅格数据。

（6）JPEG 是一种有损压缩技术，采用分块的 DCT，缺点是在高压缩比的情况下会产生块效应。JPEG 2000 采用小波变换，其设计考虑到遥感影像的应用，压缩可以从无损到有损调整，并具有渐进编码、感兴趣区域编码和部分解码等特性，适合网络传输。

（7）MrSID 是专门为 GIS 和 RS 系统中大幅面栅格数据压缩、浏览、存储、传输和访问而设计的编码方法，虽然也采用小波变换技术，但是具有大幅面压缩、部分解码、多尺度分层组织和无缝访问以及浏览的功能，这些专业功能是特别为 GIS 和 RS 系统而设计的。

3.4 向量数据与栅格数据的集成

向量结构和栅格结构是表示地理信息的两种不同的方法。栅格数据结构类型具有"属性明显、位置隐含"的特点,它易于实现,且操作简单,有利于基于栅格的空间信息模型的分析。例如在给定区域内计算多边形面积、线密度时,采用栅格数据结构计算简便,而采用向量数据结构就比较麻烦。但栅格数据表达精度不高,数据存储量大,处理效率较低。例如,要提高一倍的表达精度(栅格单元尺寸减小一半),数据量就需增加 4 倍,同时也增加了数据的冗余度。

因此,对于基于栅格数据结构的应用来说,需要根据应用项目的自身特点及其精度要求来恰当地平衡栅格数据的表达精度和计算效率。遥感影像本身就是以像素为单位的栅格数据结构,所以可以直接把遥感影像应用于栅格数据结构的地理信息系统中,也就是说栅格数据结构比较容易和遥感影像相结合。

向量数据结构类型具有"位置明显、属性隐含"的特点,它操作起来比较复杂,许多分析操作(如叠置分析等)用向量数据结构难于实现。但它的数据表达精度较高,数据存储量小,输出线条图形美观,且计算效率较高。表 3.10 给出了两种数据结构的对比。

表 3.10　向量数据结构和栅格数据结构的对比

对 比 内 容	向量数据结构	栅格数据结构
数据量	小	大
图形精度	高	低
图形运算	复杂、高效	简单、低效
输出表示	抽象	直观
拓扑和网络分析	容易实现	不易实现

向量数据与栅格数据都表示地理空间要素,但是它们在表示空间要素方面具有不同的优势。根据向量数据和栅格数据的特点,两者可以集成使用,在 3S 系统中发挥不同的作用。下面是几种集成应用方式:

(1) 互相转换。向量数据和栅格数据可以互相转换,向量数据可以转换为栅格数据,栅格数据也可以转换为向量数据。在 3.5 节将详细介绍这些转换。转换意味着一种数据类型可以作为另一种数据类型使用,例如栅格数据(扫描的地图)经过向量化转换为向量数据,实现半自动化空间要素数据的采集。

(2) 信息互补。可以将某个地区的地图向量数据及其地理坐标作为该地区卫星影像的参照,指定相应的控制点。

(3) 信息增强。用栅格数据表示地理空间环境,增强空间信息的表现效果。栅格数据具有更逼真的视觉效果,因此适合作为地理空间的背景。例如,用卫星影像、数字正射影像、数字栅格图作为背景图,将道路、建筑物、站点叠加显示在上面,以达到逼真显示的效果。

(4) 信息关联。可以将向量空间要素与栅格图像关联起来,关联的一种方式是链接。例如,把体育场的照片链接到城市地图中的体育场位置,用户点击地图时就可以看到体育场实际的样子。

(5) 信息提取。基于向量数据模型和栅格数据模型的关联可以实现信息提取,例如,从数字高程模型中提取等高线、河流、坡度和坡向等地形特征,以向量数据方式保存和应用。光谱卫星影像中包含度量光谱信息,经过处理和提取,可以获得植被、积雪冰冻和水域等数据,用向量图层表示和存储起来。

3.5 向量数据与栅格数据的转换

在应用需要的时候,向量数据与栅格数据可以互相转换。栅格数据转换为向量数据称为向量化,向量数据转换为栅格数据称为栅格化。在转换过程中,关键是实现点、线、面要素的互相转换。

3.5.1 向量数据向栅格数据的转换

栅格数据与向量数据各具特点与适用性,为了在一个系统中可以兼容这两种数据,以便进一步的分析处理,常常需要实现这两种数据结构的转换。

许多数据,如行政边界、交通干线和土地类型等,都是用向量数据表示的。然而,向量数据直接用于多种数据的复合分析和处理是很不方便的,特别是不同数据要在位置上一一配准,寻找交点并进行分析是很困难的。相比之下,利用栅格数据进行处理则容易得多。加之许多空间数据常常是从遥感影像中获得的,这些数据是栅格数据,因此在将向量数据与之叠置进行复合分析时,一般首先需要把向量数据转换为栅格数据。

向量数据的基本坐标是直角坐标(x, y),其坐标原点一般取图的左下角。栅格数据的基本坐标是行和列(m,n),$m=1,2,\cdots,M$,$n=1,2,\cdots,N$,其坐标原点一般取图的左上角。两种数据变换时,令直角坐标x和y分别与行m和列n平行。由于向量数据的基本要素是点、线、面,因而只要实现点、线、面的转换,向量数据的转换问题基本上都可以得到解决。

向量数据到栅格数据的转换又称为**栅格化**(rasterization),其主要的3个步骤如下:

(1) 确定像元大小,构建栅格空间,覆盖向量数据的表示空间。

(2) 计算向量点、线、多边形与栅格像元相交的点,确定这些像元的行列值,用向量数据的属性值设置相应的像元属性值。

(3) 如果是面域的转换,还需要对多边形包围的空间进行面域属性的填充。

1. 点的转换

点的转换非常简单,点落在哪个栅格像元中就属于哪个栅格像元。如图3.17所示,其行、列坐标m、n可由下式求出:

$$m=1+\mathrm{Int}\left(\frac{y_{\max}-y}{\Delta y}\right)$$

$$n = 1 + \mathrm{Int}\left(\frac{x - x_{\min}}{\Delta x}\right) \tag{3.1}$$

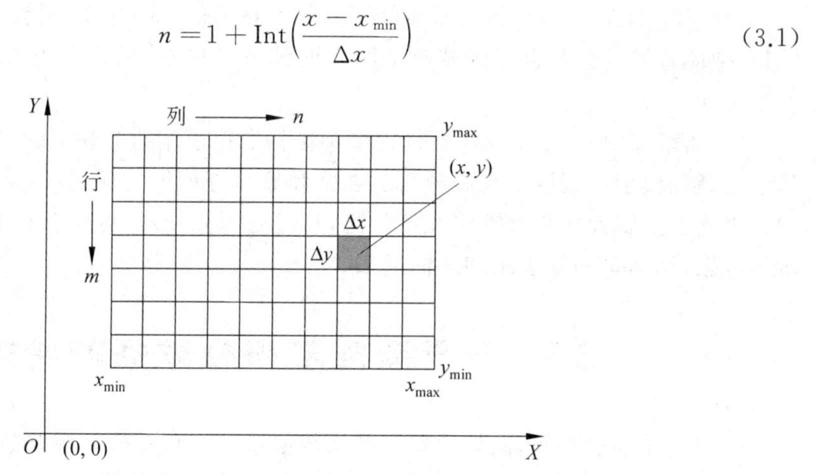

图 3.17 坐标关系及点的转换

其中，x 和 y 为向量点的坐标，Δx 和 Δy 分别表示一个像元的宽和高，$x_{\min}$和 $x_{\max}$表示全图 X 坐标的最小值和最大值，$y_{\min}$和 $y_{\max}$表示全图 Y 坐标的最小值和最大值。

2. 线的转换

曲线在数字化时输入多个点，形成折线，由于点多而密集，折线在视觉上就形成曲线。因为相邻两点之间是直线，所以只要知道将直线转换为栅格像元的方法，曲线和多边形边的转换就可以完成。

假定一条直线的两个端点之间经过若干像元。两个端点坐标为(x_1, y_1)和(x_2, y_2)，现在的问题是确定直线经过的中间像元。方法是从某个端点开始，逐行转换并确定两个端点之间的像元，即确定每一行中心线与直线相交的点坐标 y 值。例如在图 3.18 中，用式(3.1)先求出两个端点所在行数分别为 6 和 1，然后需要确定直线经过的 5、4、3、2 行中的像元，因为行数已知，主要计算列数。计算时，先求出第 5 行中心线与直线交点的 x 值，然后根据 Δx 和 $x_{\max}$求出这一点的 n 值(列值)。用同样方法可以计算第 4、3、2 行的 n 值。

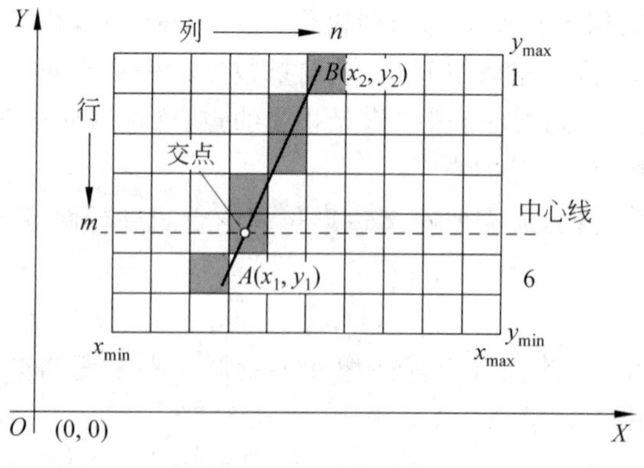

图 3.18 线的转换

也可以用逐列计算的方法获得直线上每一像元的行值。用直线的属性值(特征值)填充这些像元,完成向量直线到栅格像元的转换。对于曲线或多边形边上的每条直线作连续运算,可以完成曲线或多边形边的转换。

3. 面的转换

基于线要素的转换可以用于多边形要素的转换。多边形是由多条线段组成的,但是这种转换只是把线段的属性赋予相应的像元,而并不是面的属性。如何实现面的栅格化呢?要解决的问题就是如何把多边形围绕的像元都赋予对应的面属性值。采用多边形填充的方法可以解决这个问题。这是计算机图形学中的一个基本问题。

图 3.19 中有一个闭合多边形,现在要做的就是填充该多边形,把多边形围绕的像元值设置为面属性值。这里的关键是如何判断哪些像元是多边形内的像元,哪些是多边形外的像元。

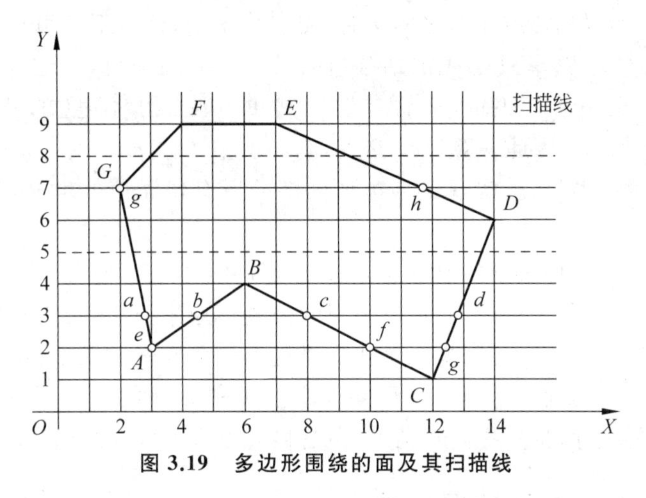

图 3.19　多边形围绕的面及其扫描线

下面介绍一种常用的基于线扫描的填充方法,即按顺序一行一行扫描多边形区域,计算扫描线与多边形的相交区间,判断哪些区间属于多边形内,哪些属于多边形外,再用面属性值填充多边形内区间的像元值,即完成填充工作。前面已经介绍了如何把点和线段转换为像元和像元组,因此只要知道哪些线段在多边形内,就可以用线的栅格化方法把一行中属于多边形内的线段栅格化。因此,这里的关键是如何判断哪些区间位于多边形内。

以横向线扫描为例。在图 3.19 中,扫描线 3 与多边形相交于 a、b、c、d 4 个点,其中线段 ab 和 cd 位于多边形内,bc 位于多边形外。因此,填充的一条规则就是:对于扫描线交点序列,依次取出一对交点(例如 ab 对或 cd 对),对这些对交点之间的像元进行填充。

如果扫描线正好通过一个顶点会出现什么情况?例如在图 3.19 中,扫描线 2 与多边形的交点为 e、f、g,其中 e 交点就是顶点 A。如果按照上面的规则,ef 线段之间的像元将被填充,但是这个区间的像元是位于多边形外部的,不需要填充。因此,在多边形顶点处的扫描线交点需要特别处理。对于交点 e 的情况,如果设其为两个重叠的交点,就可以解决这个问题。

把与顶点相交的点都算为两个交点就可以完全解决问题吗？扫描线 7 与多边形相交于 g 和 h，其中与顶点 G 相交于 g 点。如果 g 点算两个交点，那么 gh 区间内的像元就不会被填充，而这个区间的像素位于多边形内部，是需要填充的。

为了正确地进行交点取舍，必须对上述两种情况区别对待。对于第一种情况，扫描线交于一个顶点，而共享顶点的两条边在扫描线的同一边。这时，交点算零个或两个，取决于该点是多边形的局部最高点还是局部最低点。对于第二种情况，共享顶点的两条边分别落在扫描线的两边，这时交点算作一个。具体实现时，只需检查共享顶点的两条边的另外两个端点的 y 值。按这两个 y 值中大于共享顶点 y 值的个数是 0、1、2 来决定是取零个、一个或两个交点。

例如，扫描线 1 交于顶点 C，由于共享该顶点的两条边的另外两个端点均高于扫描线，故取交点为两个，这使得 C 点的像元用多边形属性设置。而在 B 处，由于 A 和 C 均在扫描线 4 下方，所以扫描线 4 与之相交时，交点算零个，该点不予填充。扫描线 2 与多边形的交点为 e、f、g，共享顶点 A 的两条边的另外两个端点均高于扫描线，因此该交点取两个，该点被填充。对于扫描线 7 的交点 g，其共享顶点的两条边的另外两个端点大于扫描线 y 值的个数为 1，因此 e 算一个交点，它与交点 h 构成一对，gh 之间的像元被填充。如此逐行扫描并填充，就实现了多边形内部的所有像元值的填充，完成了面要素的栅格化。

向量数据转换成栅格数据的原理与方法比较简单，但由于向量数据的记录方式各不相同，也会产生一些问题。例如，多边形之间的公共边原来只有一条交界线，转变成栅格后成为有一定宽度的界线。特别是几条线交叉处，一个栅格像元中包括几种类别，转换时只能用其中的一种类别作为交叉点所在像元的类别，这种误差应在允许的范围以内。而减小栅格像元的尺寸，虽然提高了精度，但是显著提高了数据的冗余度。

3.5.2 栅格数据向向量数据的转换

纸质地图是 3S 系统的一种重要的地图数据来源。要把纸质地图输入计算机，就要用扫描仪对纸质地图进行扫描，得到地图的数字图像，然后通过向量化软件对图像形式的地图进行向量化，加入向量形式的数据库。另外，为了将栅格数据分析的结果通过向量绘图装置输出，或者为了数据压缩的需要将大量的面状栅格数据转换为由少量数据表示的多边形边界，也需要将栅格数据向量化。把栅格数据转换为向量数据的过程就称为**向量化**(vectorization)。

与栅格化不同的是，向量化的方法各异，有许多种算法，每种算法给出不同的结果，这是因为向量的表示比像素更抽象。无论是扫描得到的图像还是其他方式得到的栅格数据，都是由像元阵列组成的。下面以数字化地图为例，介绍对数字化地图中的图形要素(例如点、线、多边形)进行转换的过程。具体转换的步骤如下(如图 3.20 所示)：

(1) 二值化。

(2) 细化。

(3) 跟踪。

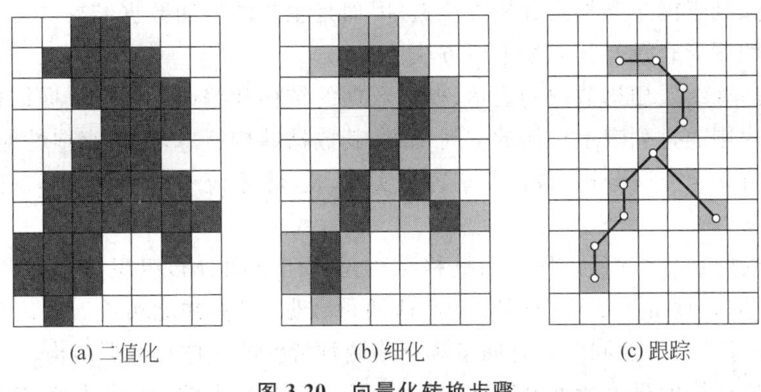

图 3.20 向量化转换步骤

地图扫描后产生的栅格数据，其像元值由 8b 灰度值表示，取值为 0～255，代表 256 级灰阶。把灰度像元值转换为二值像元值的过程就称为**二值化**。为了将 256 级灰阶压缩到 2 级灰阶，即 0 和 1 两级，首先要在最大与最小灰阶之间定义一个阈值。设阈值为 T，则灰阶值大于或等于 T 的像元，其值转换为 1，否则转换为 0，这样就能得到一幅二值图。

扫描仪的分辨率比较高，一条线扫描数字化后，线段将具有一定的宽度。例如，扫描分辨率达到 0.0125mm，如果是 0.1mm 的线条，扫描后其横断面平均有 8 个像元。**细化**是消除线段横断面栅格数的差异，使得每一条线只保留代表其轴线位置的单个栅格的宽度。

细化方法有许多，其中一种为剥皮法，其实质是从曲线的边缘开始，每次剥掉等于一个栅格宽的一层，直到最后留下彼此连通的由单个栅格点组成的图形。因为一条线在不同位置可能有不同的宽度，故在剥皮过程中必须注意一个条件，即不允许剥去会导致曲线不连通的栅格。

跟踪的目的是将细化处理后的栅格数据整理为从结点出发的线段或闭合的线条，并以向量形式存储特征栅格点中心的坐标。跟踪时，从图幅西北角开始，按顺时针或逆时针方向，从起始点开始，对 8 个邻域进行搜索，依次跟踪相邻点。并记录结点坐标，然后搜索闭合曲线，直到完成全部栅格数据的向量化，写入向量数据库。

3.6 本章小结

本章介绍了地理空间数据及其表示和描述的方法。首先介绍了地理空间实体和要素的概念、地理要素需要描述的内容、要素的空间特征和要素间的空间关系。地理要素具有空间、属性和时间 3 种特征，其中空间特征是地理要素所特有的。此外，拓扑关系对空间查询和分析具有重要意义。

地理空间要素常用向量数据和栅格数据来描述和表示。向量数据结构是最常见的图形数据结构，是一种面向目标的数据组织方式。向量方法强调离散现象的存在，将线离散为一串采样点的坐标串，面状区域由边界线确定。由于向量数据结构具有结构紧凑、冗余度低、利于网络和检索分析等优点,因而是主要的空间数据结构之一。本章介绍了向量数据的图形表示及其向量编码方法。

本章随后介绍了栅格数据的表示、栅格数据的结构和编码。栅格数据结构通过空间点的密集而规则的排列表示整体的空间现象,其数据结构简单,定位存取性能好,可以与向量数据进行联合空间分析,数据共享容易实现,是 3S 系统中一种重要的空间数据结构形式。

向量是面向目标组织数据的,而栅格结构是面向空间分布组织数据的,它们各具优势,适用面不同。现有系统可以同时支持这两种数据结构,并能实现二者之间的相互转换,为此需要寻求一种能同时具有向量和栅格两种特性的一体化数据结构。

栅格数据结构的显著特点是属性明显、定位隐含。每个像元的属性就是像元值。如果有附加的数值属性表,那么其属性的确定还需要查找这个表,通过表来确定一个像元值对应的属性,即像元值直接记录属性的指针或属性本身。像元所在位置则根据行列号转换为相应的坐标给出,也就是说,定位是根据像元在栅格数据集中的位置得到的。由于栅格数据结构是按一定的规则排列的,其表示的空间要素和现象的位置隐含在栅格文件的存储结构中,可以根据其在文件中的记录位置得到每个像元的行列位置,且行列坐标可以转换为其他坐标系统的坐标。

第 4 章 Chapter 4

遥感技术

遥感技术的基本概念和理论
电磁波与遥感技术的物理学基础
遥感传感器及其成像特性
遥感平台与遥感卫星

4.1 遥感技术基础

人类在认识世界和改造世界的过程中,及时准确地获取外部世界的信息是很重要的。通过遥感技术的帮助,人类能够实时地感知大范围内环境的丰富信息,从而实现认识世界的目的。遥感技术的物理基础是:自然世界中每一个物体都在不停地吸收和发射电磁能量,不同物体发射的电磁能量不同,电磁特性也不同。遥感技术通过专用设备探测物体发射的电磁能量,通过分析这些电磁能量的特性,实现远距离辨识物体,达到环境感知的目的。

现代遥感技术是在 20 世纪 60 年代兴起并迅速发展起来的,它是在航空摄影测量的基础上,随着空间技术、计算机技术等当代科技的迅速发展,并在地学、生物学等学科发展的需要推动下形成的一门新兴技术学科。

本章主要介绍遥感技术的基础理论和知识,包括遥感技术基础、遥感技术的物理学基础、遥感传感器的基本知识和类型以及遥感平台与遥感卫星的介绍等。

4.1.1 遥感技术的基本概念

1. 遥感技术的基本定义

从字面直接理解,凡是各种非直接接触的、远距离探测目标的技术都可以称为**遥感(remote sensing)技术**,这是一种广义的遥感技术概念。在广义遥感技术系统中,对目标信息进行感知的手段除了利用电磁波之外,也可以利用声波、引力波和地震波等。而狭义的遥感技术把感知手段限制为电磁波,其定义是:在远距离平台上,利用可见光、红外或微波等遥感传感器,通过摄影和扫描等各种方式,接收来自各类目标的电磁波信息,并对这些信息进行加工处理,从而识别目标性质和运动状态的综合技术。在本书的讨论中,将遥感技术限制为狭义范畴,只讨论基于电磁波的遥感技术。

与遥感技术相对应的是**遥测**(telemetering)与**遥控**(remote control 或 telecontrol)技术。遥测技术是对被测量对象的参数进行远距离测量的一种技术,一般需要有传感器或者测量设备与被测量对象直接连接,再通过通信设备的传输实现远距离的参数测量。遥控技术是通过通信媒体对远距离被控对象进行控制的技术。

2. 遥感技术的发展简史

人类凭借眼、耳、鼻等器官可以获取环境信息,完成辨认外部环境中物体的属性和位置分布的任务,但是人类的感知范围和灵敏度受到很大限制。人类很早就在想方设法突破自身感知能力的限制。中国古代神话中的"千里眼""顺风耳"可以看成这种意识的流露。遥感技术的发展动力就起源于人类这种对探索世界能力的不懈追求。

按照时间顺序和发展阶段,遥感技术的发展历史可以大致分为 3 个时期。

1) 遥感的萌芽时期

1610 年意大利科学家伽利略研制的望远镜及其对月球的首次观测,以及 1794 年气球首次升空侦察,均可视为遥感的最初尝试和实践。1839 年法国人达格雷和尼普斯发表了第一张摄影照片,标志着摄影术的诞生和遥感成果的首次展示。摄影设备的出现是遥感技术发展的重要里程碑,对高质量摄影设备的研究也成为遥感技术发展的中心环节。1858 年,法国人图纳利恩(Felix Tournachon)用系留气球上的照相机在空中拍摄了巴黎附近的一个小村庄的照片。此后各国都开始研究将摄影设备安装在不同的空中平台上,有的利用鸽子,更多的人利用气球或风筝。1903 年,美国的莱特兄弟发明了飞机,为航空摄影的发展提供了稳定可靠的空中平台,莱特兄弟中的威尔伯·莱特第一个在飞机上进行了拍摄,他于 1908 年在法国的勒芒和 1909 年在意大利的森特利亚斯分别进行了航空拍摄[13]。在第一次进行航空摄影以后,1913 年,开普顿·塔迪沃发表论文首次描述了用飞机摄影绘制地图的问题。

2) 遥感的初级发展时期

在第一次世界大战中,安装在飞机上或者由飞行员手持的照相机为军事应用提供了很有价值的大面积区域的航空影像。军事上的需求使得航空摄影得到迅速的发展,并逐渐形成了独立的航空摄影测量学的学科体系。其应用成果在战后进一步扩大到森林、土地利用调查及地质勘探等方面。随着航空摄影测量学的发展及其应用领域的扩展,特别是第二次世界大战爆发后军事上的需要,以及科学技术的不断进展,使彩色摄影、红外摄影、雷达技术、多光谱摄影和扫描技术相继问世,传感器的研制得到迅速的发展,遥感探测手段取得了显著的进步。从而突破了航空摄影测量只记录可见光谱段的局限,向紫外和红外扩展,并扩大到微波。同时,运载工具以及判读成图设备等也都得到相应的完善和发展。随着科学技术的飞跃发展,遥感迎来了一个全新的现代遥感的发展时期。

3) 现代遥感发展时期

1957 年 10 月 4 日,苏联发射了人类第一颗人造地球卫星,标志着遥感新时期的开始。遥感作为专有名词首先是由美国海军科学研究部的布鲁依特于 1960 年提出的,1962 年在由美国密歇根大学等组织发起的环境科学讨论会上正式被采用,此后"遥感"这一术语得到科学技术界的普遍认同和接受，而被广泛运用，也标志着现代遥感学科的正式确立。

1959年，苏联宇宙飞船"月球3号"拍摄了第一批月球照片。20世纪60年代初人类第一次实现了从太空观察地球的壮举，并取得了第一批从太空拍摄的地球图像。这些图像大大地开阔了人们的视野，引起了广泛关注。随着新型传感器的研制成功和应用以及信息传输与处理技术的发展，美国在一系列试验的基础上，于1972年7月23日发射了用于探测地球资源和环境的地球资源技术卫星ERTS-1(后更名为Landsat-1)，为航天遥感的发展及广泛应用开创了新局面。

卫星遥感把遥感技术推向了全面发展和广泛应用的崭新阶段，从1972年第一颗地球资源卫星发射升空以来。美国、法国、苏联以及后来的俄罗斯、欧洲航天局、日本、印度和中国等都相继发射了众多对地观测卫星，通过不同高度的卫星，不间断地获得地球上的各种信息。现代遥感充分发挥了航空遥感和航天遥感的各自优势，并融合为一个整体，构成了现代遥感技术系统，为进一步认识和研究地球以及合理开发地球资源和保护地球环境提供了强有力的现代化手段。卫星遥感的传感器已能全面覆盖大气窗口的所有部分，实现了光学遥感、热红外遥感到微波遥感的全面发展，拓展和丰富了人类的感知能力。计算机技术的发展使遥感数据的分析处理技术进入了半自动化和智能化，改变了过去仅依靠人和光学设备进行目视解译的状况。遥感应用领域大为拓展，从传统的军事侦察和测绘发展到林业、地质、农业和土地利用、气象、环境和工程选址等各领域。

当前，就遥感的总体发展而言，美国在运载工具、传感器技术、遥感图像处理、基础理论及应用等遥感各个领域均处于领先地位，体现了遥感技术发展的水平。苏联也曾是遥感技术的超级大国，尤其在其运载工具的发射能力以及遥感资料的数量及应用上都具有一定的优势。此外，西欧各国、加拿大和日本等也都在积极地发展各自的空间技术，研制和发射自己的卫星系统，例如法国的SPOT卫星系列、日本的JERS和MOS系列卫星等。许多发展中国家对遥感技术的发展也极为重视，纷纷将其列入国家发展规划中，大力发展本国的遥感基础研究和应用，如中国、巴西、泰国、印度、埃及和墨西哥等，都已建立起专业化的研究应用中心和管理机构，形成了一定规模的专业化遥感技术队伍，取得了一批较高水平的成果，显示出第三世界国家在遥感发展方面的实力及其应用上的巨大潜力[14]。近年来，随着无人机技术和传感器小型化技术不断取得新的突破，无人机遥感系统呈现井喷式发展模式，它具有成本低、灵活机动、实时性强、可扩展性大和云下高分辨率成像等突出特点。无人机系统种类繁多，在尺寸、重量、航程、飞行高度、飞行速度等方面都有较大差异，既有如美国的全球鹰和中国的翼龙-Ⅱ等大型无人机系统，也有美国研制的重量不到0.6kg的Nano-Hyperspec系统。无人机系统也可以挂装几乎所有种类的主动和被动遥感载荷。微软公司的UFO相机一次飞行可获取全色、彩色、近红外以及倾斜影像数据。展望未来，无人机群的协同应用、机上数据的实时云端处理、物联网的融入等都将使无人机遥感迎来更大的发展机遇。

纵观遥感技术的发展历程，当前遥感技术仍处于从试验阶段向生产型和商业化过渡的阶段，在实时监测处理能力、观测精度及定量化水平、遥感信息机理以及应用模型建立等方面仍不能满足或不能完全满足实际应用要求。因此，今后遥感技术将进入一个更为艰巨的发展时期，为此需要各个学科领域的科技人员协同努力，深入研究和实践，共同促进遥感技术的更大发展。

3. 我国遥感事业发展简史

我国的遥感事业在20世纪70年代末80年代初已经形成规模，基本上与我国国民经济的改革开放同步发展。在很短的时间内，我国的遥感事业从小到大，从遥感技术的引进、跟踪和吸收到现在的技术和人才输出，实现了跨越式发展，在国际的大舞台上占据了一席之地，发挥着重要的作用[15]。

20世纪50年代，我国就组织了专业飞行队伍，开展了航空摄影和应用工作。20世纪50年代初期，林业部首先在我国东北的大兴安岭地区开展了航空摄影的林业调查，探索利用各种树木在航空照片上的灰度差异判别森林类型，取得了较好的成效。此后，一些地质科研单位在利用航空照片进行地质要素测量的基础上，开展了不同岩性地质体的航空影像灰度分析，大大提高了地质普查填图的水平及速度，并将航空摄影地质调查方法列入地质填图技术规范[16]。20世纪60年代，我国航空摄影工作已初具规模，完成了我国大部分地区的航空摄影测量工作，应用范围不断扩展。有关院校设立了航空摄影专业或课程，培养了一批专业人才，专业队伍得到巩固和发展，为我国遥感事业的发展打下了基础。

20世纪70年代，随着国际上空间技术和遥感技术的发展，我国的遥感事业迎来了快速发展时期。1970年4月24日，我国成功地发射了第一颗人造地球卫星"东方红一号"。1975年11月26日，中国首次发射并回收了返回式遥感卫星，使中国成为世界上第三个掌握卫星返回技术的国家。1976—1984年，我国相继研制发射了5颗返回式卫星，其试验和回收均获得成功。

根据我国早期遥感事业的发展状况，1978年开展了由16个部委所属的68个单位700余人参与的腾冲航空遥感综合试验。试验集我国当时最新研制的航空遥感探测器及航空胶片于一体，结合生物学和地学各个专业学科领域开展了系统的航空遥感试验。试验检验了航空遥感仪器的性能，获得了大量高质量的国产彩色红外、黑白、全色红外航空影像及多波段航空扫描图像数据，取得了一批多学科、高水平的遥感应用研究成果。腾冲航空遥感综合试验历时3年，共完成了71个专题，取得了121项科研成果。通过腾冲航空遥感综合试验，展示了我国早期遥感的研究水平，推动了国民经济各个部门遥感事业的发展，开拓了遥感系统应用研究的领域，培训了大量遥感科技骨干队伍，奠定了我国遥感事业的基础[16]。

随着美国陆地卫星图像以及数字图像处理系统等遥感资料和设备的引进，特别是我国经济建设的发展需要，20世纪80年代遥感事业在我国空前地活跃起来。在腾冲航空遥感综合试验的基础上，陆续开展了大量的遥感试验，包括津渤环境遥感试验、北京航空遥感试验、重庆航空遥感综合试验、南京资源环境综合试验、安徽国土资源综合试验、上海综合遥感调查、山西农业遥感试验、洪水监测与灾情评估遥感试验、黄土高原水土流失及风沙遥感试验等。

在此期间，我国遥感技术的发展也十分迅速，不仅可以直接接收和处理卫星提供的遥感信息,而且具有航空航天遥感信息采集的能力,能够自行设计并制造像航空摄影机、全景摄影机、红外线扫描仪、多光谱扫描仪和合成孔径侧视雷达等多种用途的航空航天遥感仪器和用于地物波谱测定的仪器。我国还自行设计并研制了多种遥感信息处理系统,如假彩色合成仪、密度分割仪、TJ-82图像计算机处理系统和微机图像处理系统等。

随着高分辨率成像技术和卫星组网观测技术的发展,陆续出现了一些拥有中高空间分辨率的地球静止轨道卫星和具有高空间分辨率的小卫星星座,如我国2015年年底发射的"高分四号"(GF-4)静止轨道卫星,空间分辨率为50m;预计2030年实现138颗小卫星组网的"吉林一号"后续卫星星座,空间分辨率为1.12m,届时将具备对全球任意点10min以内重访观测。

经过中国遥感技术人员的努力,我国在遥感传感器、遥感平台、遥感卫星以及遥感信息处理系统等领域取得重大进步,特别是数项大型综合遥感试验和遥感工程的完成,使我国遥感事业得到长足的发展,大大缩短了与世界先进水平的差距,有些项目已进入世界先进水平行列。

4. 遥感技术的主要特点

遥感技术主要有以下4个特点。

1) 感知范围大,具有综合、宏观的特点

遥感从高空平台上以俯视的角度获取监视场景图像,比在地面上观察视场范围大得多,同时不会被地形地物阻隔,监视场景中各种地物目标一览无余,为人们研究地面各种自然、社会现象及其分布规律提供了便利的条件。

例如,一张比例尺为1∶35 000的23cm×23cm航空相片可展示出地面60余平方千米范围的地面景观实况。卫星图像的感测范围更大,一幅陆地卫星(Landsat)TM图像可反映出185km×185km范围的地物景观,覆盖面积达到34 225km^2。通过遥感图像的镶嵌技术还可将地理空间连续的多幅遥感图像拼接起来,获得更大范围内的总览图像,对于中国全境来说,只需要500余张陆地卫星图像就可拼接成全国卫星影像图。因此,遥感技术为宏观研究各种现象及其相互关系,诸如区域地质构造和全球环境等问题,提供了有利条件。

2) 信息量大,具有手段多、技术先进的特点

遥感不仅能获得地物可见光波段的信息,而且可以获得紫外、红外和微波等波段的信息。不同波段的电磁波反映了地物目标不同方面的特性,这样使得利用遥感获得的信息量远远超过了利用传统方法获得的信息量,扩大了人们的观测范围和感知领域,加深了对事物和现象特性的认识。

不同波段的电磁波具有一些适合特定应用的优良特性,如微波具有穿透云层、冰层和植被的能力,红外线则能探测地表温度的变化等。这些特性使得遥感系统能够实现多方位和全天候地监视和观测地物目标。

3) 获取信息快,更新周期短,具有动态监测能力

遥感通常为瞬时成像,可获得同一时刻大面积区域内的景观实况,实时性好。通过对不同时刻获得的遥感数据进行对比分析,可以掌握地物动态变化的情况,为环境监测

以及研究分析地物发展演化规律提供了基础。

例如,陆地卫星每隔16天就可对地球表面成像一遍,气象卫星甚至可每天覆盖地球一遍,地球同步卫星可以实现对特定区域的实时观测。因此,遥感技术可及时发现病虫害、洪水、污染、火山喷发和地震等自然灾害发生的前兆,为灾情预报和抗灾救灾工作提供可靠的科学依据和资料。

4) 用途广,效益高

遥感已广泛应用于农业、林业、地质矿产、水文、气象、地理、测绘、海洋研究、军事侦察及环境监测等领域。随着遥感技术与其他学科的结合,遥感的应用领域在不断扩展。遥感成果获取的快捷以及它所显示出的效益也是传统方法不可比拟的。遥感正以其强大的生命力展现出广阔的发展前景。

4.1.2 遥感技术系统

1. 遥感过程

遥感过程是指遥感信息的获取、传输、处理、分析判读和应用的全过程。一个完整的遥感过程如图4.1所示,包括以下基本过程[17]。

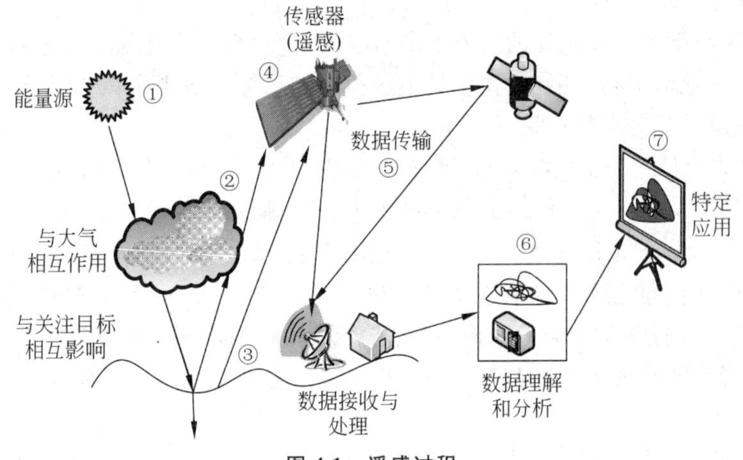

图4.1 遥感过程

1) 能量源为遥感目标提供电磁能量

对于遥感过程来说,必须存在一个能量源,照射在关注目标上,为目标提供电磁能量。对于地球上的物体来说,太阳是最重要的能量源。而在某些特殊场合,可能需要采取主动的方式向关注目标发射电磁波。

2) 电磁能量传输过程中电磁波与大气的相互作用

当电磁能量从能量源传输到关注目标以及从关注目标再到达传感器的这两个过程中,大气会与电磁波相互作用,使得电磁波发生衰减、折射等变化,也可能带来其他干扰能量,对遥感过程造成影响。电磁波与大气的相互作用发生在两个过程中:一是电磁能量从能量源到达关注目标的过程;二是关注目标辐射出的电磁能量通过大气到达遥感传感器的过程。

3）关注目标与电磁波的相互影响

关注目标的信息是以其发射的电磁波表示的。发射电磁波的特性取决于两个因素：一个是目标本身的电磁属性；另一个是入射电磁波的特性。

4）传感器接收关注目标发射的电磁能量

在遥感过程中，需要有一个传感器收集并记录从关注目标发射的电磁能量，这个传感器与关注目标之间距离较远，不是直接连接的，所以需要传感器足够灵敏，能够记录远距离的关注目标的能量变化。需要注意的是，传感器接收到的不仅是关注目标发出的电磁能量，还可能是其他干扰能量。

5）对传感器输出数据的传输、接收与处理

传感器记录的电磁能量信息一般以电子形式传输到地面接收站，在那里这些信息以遥感图像的形式存储下来。

6）对遥感数据的理解和分析

遥感数据以各种形式被理解和判读，并提取出其中与关注目标有关的信息。

7）基于遥感数据的各种应用

利用得到的关注目标的信息完成特定的应用，包括更好地了解关注目标、发现新信息或者解决某个实际问题。

从图4.1可以看出，在完整的遥感过程中涉及的要素非常多，包括太阳等能量源的性质、大气在遥感过程中的影响、地物目标的电磁特性和环境因素、遥感平台与遥感传感器的类型与性能、遥感图像处理和判读与识别工具、人类视觉认知特性及领域知识等。

2. 遥感数据获取中的主要影响因素

在遥感过程中，遥感数据处于中心位置，遥感系统的中心任务是有效采集和高效利用遥感数据。在遥感数据的获取过程中，影响因素很多，其中主要的因素包括以下5个。

1）能量源

需要有能量源供给电磁能量，关注目标才有可能向外发射电磁波，从而被遥感系统感知。对于地球上的关注目标而言，能量源主要有两个：一个是太阳；另一个是地物目标本身的热辐射。

2）地物的电磁波谱特性

特定地物目标的电磁波谱特性具有一定规律性，不同地物目标的电磁波谱特性不同，这也是遥感技术能够识别和分辨地物目标的基础。

3）大气影响

电磁辐射在能量源、地物目标以及遥感传感器之间的传输过程中，都要经过大气环境，大气的物理成分对电磁辐射不可避免地带来了影响，这些影响最后反映在形成的遥感数据上，一般会对地物目标的真实信息产生干扰和污染。

4）遥感平台

遥感传感器安装在遥感平台上。遥感平台的特性，如遥感平台的高度、轨迹、姿态和运动速度等，实际上决定了遥感传感器与地物目标之间的时空关系，这些关系对遥感数据的形成以及质量都会造成影响。

5）传感器性能

传感器性能决定了能够接收和记录地物目标的电磁波谱的范围和灵敏度，是决定遥感数据质量的关键因素之一。

3. 遥感技术系统

遥感过程的实现和遥感数据的获得依赖于**遥感技术系统**的建设。遥感技术系统不是一个单独的计算机系统，而是一个从特性试验、数据获取、信息处理到领域应用的完整的系统工程和技术体系。遥感技术系统是建立在空间技术、电子技术、计算机技术以及生物学、地学等现代科学技术的基础上的，是完成遥感过程的有力技术保证。

遥感技术系统主要包括以下 4 部分。

1）遥感试验

遥感试验的主要工作是对地物电磁辐射特性以及信息的获取、传输及处理分析等技术手段的试验研究。

遥感试验是整个遥感技术系统的基础。遥感探测前需要遥感试验提供地物的光谱特性，以便选择传感器的类型和工作波段。遥感探测中对遥感数据的初步处理也需要遥感试验提供各种校正需要的信息和数据。在获得遥感数据之后，遥感试验也可为判读应用提供基础。遥感试验在整个遥感过程中起着承上启下的重要作用。

2）遥感数据获取

遥感数据获取是遥感技术系统的中心工作，遥感工作平台与遥感传感器是遥感信息获取的物质基础，遥感数据的获取是通过安装在遥感平台上的遥感传感器实现的。

不同高度的遥感平台根据需要可单独使用，也可配合使用，组成多层次立体观测系统。而遥感传感器作为信息获取的核心部件，理论上可以对整个电磁波波段进行遥感，但是由于受到大气环境和技术水平的限制，目前只能在有限的几个波段上进行。在这些遥感波段上，地物目标固有的电磁波特性还受到太阳及大气等环境条件的影响，因此还需进行校正处理，才能得到可以进一步利用的遥感数据。

3）遥感信息处理

遥感信息处理是指对传感器获得的遥感数据进行加工处理，获取遥感数据中包含的地物目标信息的技术。遥感数据一般以图像的形式出现，故遥感信息处理也称为遥感图像处理。

遥感信息处理的主要处理功能如下：

（1）消除各种辐射畸变和几何畸变，使经过处理后的图像能更真实地代表原地物。

（2）利用增强技术突出地物的某些特征，使之易于区分和判读。

（3）对地理空间连续的多幅遥感图像进行拼接，获得更大范围的遥感图像。

（4）对遥感图像进行判读，获得图像内地物目标的信息。

（5）分析、理解和识别遥感图像，提取可用性更高的信息。

4）遥感信息应用

遥感信息应用是遥感的最终目的。遥感信息应用根据应用目标的需要，选择适宜的遥感技术系统获取遥感数据，采用合适的处理手段获得遥感信息，以此为基础构造遥感信息应用的完整系统，以取得较好的社会效益和经济效益。

4.1.3 遥感技术的分类和应用

1. 遥感技术的分类

按照不同的分类标准，遥感技术可以划分为不同类别。比较常见的几种分类方式如下。

1）按遥感电磁辐射源的类型分类

按照遥感过程中的电磁辐射源类型可以把遥感技术分为以下两类：

(1) 主动遥感。由遥感探测器主动向地物目标发射电磁能量，并接收地物目标反射的电磁能量作为遥感传感器接收和记录的能量来源。

(2) 被动遥感。遥感系统不会主动发出电磁辐射能量，而是接收地物目标自身热辐射和反射自然辐射源（主要是太阳）的电磁能量作为遥感传感器输入能量。

2）按遥感工作的高度分类

按照遥感工作的高度可以把遥感技术分为以下3类：

(1) 航天遥感。又称太空遥感（space remote sensing），泛指以各种太空飞行器为平台的遥感技术系统，以人造地球卫星为主体，包括载人飞船、航天飞机和太空站，有时也把各种行星探测器包括在内。卫星遥感（satellite remote sensing）为航天遥感的组成部分，以人造地球卫星作为遥感平台，主要利用卫星对地球和低层大气进行光学和电子观测。

(2) 航空遥感。泛指从飞机、飞艇或气球等空中平台对地观测的遥感技术。

(3) 地面遥感。主要指以高塔、车、船为平台的遥感技术，地物波谱仪或传感器安装在这些地面平台上，进行各种地物波谱测量。

3）按传感器工作的电磁波波段分类

按照遥感传感器所用电磁波波段可以把遥感技术分为以下3类：

(1) 可见光/近红外遥感。主要指利用可见光（$0.4 \sim 0.7\mu m$）和近红外（$0.7 \sim 2.5\mu m$）波段的遥感技术。可见光是人眼直接可见的波段；近红外波段虽然不能直接被人眼看见，但是能够被特定遥感传感器接收。这两个波段的辐射来源都是太阳，反映地物对太阳辐射的反射特性。通过不同地物反射率的差异，就可以辨别出有关地物的信息。

(2) 热红外遥感。通过红外热敏感元件探测物体自身的热辐射能量，并形成地物目标的辐射温度或热场图像。热红外遥感的工作波段集中在$8 \sim 14\mu m$范围。地物在常温下热辐射的绝大部分能量位于此波段。在此波段，地物的热辐射能量大于太阳的反射能量。热红外遥感的优势在于具有昼夜工作的能力。

(3) 微波遥感。利用波长$1 \sim 1000mm$的电磁波完成遥感功能。通过接收地面物体发射的微波辐射能量，或接收遥感设备本身发出的微波的反射信号，对地物目标进行探测、识别和分析。微波遥感的优点在于能够全天候工作，同时对云层、地表植被、松散沙层和干燥冰雪具有一定的穿透能力。

4）按遥感数据的类型分类

按遥感数据的类型可以把遥感技术分为以下两类：

（1）成像遥感。传感器接收和记录的电磁能量信息最后以图像形式保存。

（2）非成像遥感。传感器接收和记录的电磁能量信息不以图像形式保存。

5）按遥感应用的地理范围分类

按照遥感应用的地理范围可以把遥感技术分为以下3类：

（1）全球遥感。全面系统地研究全球性资源与环境问题的遥感技术的统称。

（2）区域遥感。以区域资源开发和环境保护为目的的遥感技术，它通常按行政区划（国家、省、市等）、自然区划（如流域）或经济区划进行。

（3）城市遥感。以城市环境和生态作为主要调查研究对象的遥感技术。

其他的分类还有很多，如按照应用领域可以分为资源遥感、环境遥感、农业遥感、林业遥感、渔业遥感、地质遥感、气象遥感、灾害遥感和军事遥感等，在每一个应用领域还可以进一步细分为不同的应用专题。

2. 遥感技术的主要应用

现在遥感技术已经深入应用到人类的工作和生活中，在很多领域中发挥着越来越重要的作用。下面介绍遥感技术的典型应用。

1）在海洋研究领域的应用

在海洋研究的很多领域都要依赖和应用气象卫星提供的海洋遥感资料。海洋研究学者可以从连续的气象卫星红外和可见光遥感图像中区分出不同温度的水团、水流的位置、范围、界线和移动情况并计算出移动速度，从而获得水团、涡漩的分布和洋流变动等信息。这些信息对于海洋研究起着非常重要的作用，它不仅能确保航海安全，还可以节省燃料。例如船只在海冰区航行时，利用卫星遥感图像可实时选择破冰船航线，使得破冰船能够选择冰缝或冰层薄弱的地带行驶，保证航行安全。

此外，遥感在海洋资源的开发与利用、海洋环境污染监测、海岸带和海岛调查以及渔业等方面也已取得了成功的应用。

2）在气象和气候研究领域的应用

在天气分析和气象预报中，卫星遥感资料促进了世界范围的大气温度探测，使天气分析和气象预报工作更为准确。在气象卫星云图上可以根据云的大小、亮度、边界形状、纹理、水平结构和垂直结构等识别各种云系的分布，从而推断出锋面、气旋、台风和冰雹等的存在和位置，对各种大尺度和中小尺度的天气现象进行成功的定位、跟踪及预报。

在气候以及气候变迁研究中，根据近年的研究表明，对大气长期天气过程和气候变动的影响因素主要包括太阳活动、地表面对大气的影响以及海洋对大气的影响等。这些因素以及大气、气候的变化数据都可以通过卫星获取，例如气象卫星上有仪器可以直接取得大气中二氧化碳等成分含量的数据。

3）在林业领域的应用

林业资源分布广，面积辽阔，属于再生性生物资源。应用遥感技术可编制大面积的森林分布图，测量林地面积，调查森林蓄积和其他野生资源的数量，对宜林荒山荒地进行立体调查，绘制林地立体图、土地利用现状图和土地潜力图等。通过对森林变化的动态监测，可及时对林业生产的各个环节——采种、育苗、造林、采伐、更新和林产品运输等工作起指导作用。

我国利用遥感技术进行森林资源调查和经营管理已经发展了很长时间。从20世纪20年代开始就尝试使用航空目视调查；到了20世纪40年代利用航空照片进行森林区域划分，结合地面调查进行森林资源勘测；在20世纪50年代中发展了利用航空拍摄照片的分层抽样调查；20世纪60年代以后，由于引进大量新设备和先进技术，如红外彩色摄影、多光谱摄影、遥感图像增强技术和计算机技术等，使得遥感技术在林业领域中形成了多层次、多模式的应用体系。在"七五""八五"期间，我国已成功地利用陆地卫星数据对"三北"防护林地区进行了全面的遥感综合调查，并对其植被的动态变化及其产生的生态效益做了综合评价，为国家制订长远发展计划奠定了科学的基础。

4）在地质领域的应用

遥感技术在地质工作中正发挥着日益重要的作用，目前已成为地质调查和环境资源勘察与监测的重要技术手段。其应用范围已由区域地质、矿产勘察、水文地质、工程地质和环境地质扩大到农业地质、旅游地质、国土资源、土地利用、城市综合调查和环境监测等许多领域。

在区域地质调查工作中，以遥感方法为主制图，通过大面积多图联测，不仅节约经费，而且能提高工效。在矿产勘察工作中，利用遥感卫星数据，经计算机拼接处理，制作成卫星影像图，通过遥感图像数据收集、数据预处理、信息提取、遥感异常圈定和遥感地质编图等处理步骤，实现矿场资源预测评价[18]。在油气勘探中，利用卫星遥感资料解译选定的地质构造，经野外调查和验证，常可获得油气资源可能存在的靶区。

5）在农业领域的应用

现代遥感技术的多波段性和多时相性十分有利于以绿色植物为主体的资源观测研究，使得遥感技术已经应用在农业的很多领域上。

在土地资源调查中，国际上于20世纪50年代就开始大量地使用航空拍摄照片进行以土地为主体的土地资源调查工作，20世纪70年代开始利用卫星影像对原来缺乏资料的发展中国家进行了中比例尺制图。对土地资源的监测除实地进行定位观测外，还可用不同时期的同一幅影像进行影像叠加和对比，来准确地看出土地资源的变化情况，特别是一些交通不便或面积较大的地区，只有卫星遥感技术发展以后，才有可能实现真正的及时监测。又如在农作物估产中，对于大面积农作物可以利用卫星影像进行生态分区，在各个生态区根据历史产量建立各种产量模拟公式，并根据当年的气候条件进行校正，以实现农作物产量的估计。随着高分辨率遥感卫星和人工智能技术的发展，遥感技术已经能够支撑树种识别、植物健康状况监测、森林病虫害检测、森林火灾检测预警等方向的研究。

6）在军事领域的应用

遥感技术可为军事任务提供全面、及时和准确的战场信息，在现代军事作战中军事侦察、战场监视与精确制导已完全离不开遥感技术。

在军事侦察中，可以通过摄影、红外、多波段、雷达、电视和激光等多种遥感技术，获取敌国的军事政治情况、武装力量和军事经济潜力，以及军队的编成、态势、状况、行动性质与企图、战区地形和其他情报，对加快获取情报的速度，提高情报的可靠性和效率都有重要作用。在战场监视中，可以用遥感成像等手段对敌空、太空、地面、地下区域、特定地点和人员等实施有计划的观察。在精确制导武器的末制导阶段，常利用目标的反射或辐射特征测量其位置或相对位置参数，以实现武器的实时定位和轨迹修正，达到精确打击的目的。

7）在自然灾害监测上的应用

我国是一个自然灾害种类繁多、发生频繁和危害严重的国家，能否对这些灾害做出快速反应对于防灾救灾决策的制定极为关键。应用遥感技术可以对重大自然灾害进行监视和预测，遥感作为信息源始终贯穿于地震监测预报、震害防御、地震应急、地震救灾与重建的全过程[19]，为政府和有关部门提供及时、准确和可靠的信息，为防灾、减灾和救灾提供充分的科学依据。

目前我国已建立了重大自然灾害的历史数据库和背景数据库，从全国范围的角度宏观地研究了自然灾害的危险程度分区和成灾规律，研究了详细的监测评价技术方法与应对措施，建立了相应的遥感信息系统，实现了对经常性和突发性自然灾害的监测评价功能。

4.1.4 遥感技术的展望

随着遥感技术的发展，获取地球环境信息的手段越来越多，获取的信息也越来越丰富。为了充分利用这些信息，建立全面收集、整理、检索和管理这些信息的空间数据库和管理系统，研究遥感信息自动分析机理，研制定量分析模型及实用的地学模型，进行多种信息源的信息融合与综合分析等，构成了当前遥感发展的前沿研究课题。当今的遥感已不单纯是一门信息获取和分析的技术手段，它与地理信息系统、全球定位系统、各种地面观测技术和信息分析技术等结合起来，正在形成一门崭新的地球信息科学，为促进人类新的决策、管理和发展模式起着积极的推动作用。

当前遥感技术发展的特点主要表现为以下 4 方面。

1. 新一代传感器的研制，以获得分辨率更高、质量更好的遥感图像

随着遥感应用的广泛和深入，对遥感图像和数据的质量提出了更高的要求，其空间分辨率、光谱分辨率及时相分辨率的指标均有待进一步提高。2001 年卫星遥感的空间分辨率已经从 IkonosⅡ的 1m 进一步提高到 Quickbird（快鸟）的 0.62m，高光谱分辨率已达到 5～6nm，时间分辨率的提高主要依赖于小卫星技术的发展，通过合理分布的小卫星星座和传感器的大角度倾斜可以以 1～3 天的周期获得感兴趣地区的遥感影像[20]。2016 年发射的美国 WorldView-4 卫星能够提供 0.3m 分辨率的高清晰地面图像。近年来，随着我国空间技术的快速发展，特别是高分辨率对地观测系统重大专项的实施，我国的卫星遥感技术也迈入了亚米级时代，“高分 2 号”卫星（GF-2）全色谱段星下点空间分辨率达到 0.8m。

当前，星载主动式（微波）遥感技术，如成像雷达和激光雷达等的发展使探测手段更

趋多样化。合成孔径雷达具有全天候和高空间分辨率等特点。目前已有几颗卫星装备了单波段、单极化的合成孔径雷达。1995年11月4日加拿大发射的Radarsat(雷达卫星)就具有多模式的工作能力,能够改变空间分辨率、入射角、成像宽度和侧视方向等工作参数。1995年美国航天飞机两次飞行试验了多波段、多极化合成孔径雷达。我国2016年发射的"高分3号"卫星有12种工作模式,是世界上工作模式最多的合成孔径雷达遥感卫星。不论是精细条带、超精细条带工作模式,还是窄幅、宽幅扫描模式,抑或全球观测模式等,它样样精通。多种模式融合设计,使该卫星既拥有大视野,又能聚焦辨认特定地点的小细节,既能看到目标在何处,又能精确测量它的尺寸。

获取多种信息,适应遥感不同应用的需要,是传感器研制方面的又一动向和进展。一颗卫星装备多种遥感器,既有高空间、光谱分辨率、窄成像带的遥感器以适合小范围详细研究,又有中低空间、光谱分辨率、宽成像带的遥感器以适合宏观快速监测,二者综合起来,服务不同的需求目的。

总之,不断提高传感器的功能和性能指标,开拓新的工作波段,研制新型传感器,提高获取信息的精度和质量,将是今后遥感技术发展的一个长期任务和发展方向。

2. 遥感信息的处理走向定量化和智能化

遥感技术的目的是获得有关地物目标的几何与物理特性,所以需要全定量化遥感方法进行反演。几何方程是显式表示的数学方程,而物理方程一直是隐式的。随着对成像机理、地物波谱反射特征、大气模型、气溶胶研究的深入和数据的积累,以及多角度、多传感器、高光谱及雷达卫星遥感技术的成熟,相信在21世纪,全定量化遥感方法将逐步走向实用,遥感基础理论研究将走上新的台阶。

从遥感数据中自动提取地物目标,解决它的属性和语义是摄影测量与遥感的中心任务之一。地物目标的自动识别技术主要集中在影像融合技术上,基于统计和基于结构的目标识别与分类,处理的对象包括高分辨率影像和高光谱影像。随着遥感数据量的增大、数据融合和信息融合技术的成熟以及定量化遥感处理方法的发展,对遥感数据的处理方式会越来越自动化和智能化。

3. 遥感应用不断深化

在遥感应用的深度和广度不断扩展的情况下,微波遥感应用领域的开拓、遥感应用成套技术的发展以及地球系统的全球综合研究等成为当前遥感发展的又一方向。具体表现为:从单一信息源(或单一传感器)的信息(或数据)分析向多种信息源的信息(包括非遥感信息)复合及综合分析应用发展,从静态分析研究向多时相的动态研究以及预测预报方向发展,从定性判读、制图向定量分析发展,从对地球局部地区及其各组成部分的专题研究向地球系统的全球综合研究方向发展。

4. 地理信息系统的发展与支持是遥感发展的又一进展和动向

由遥感技术获取的丰富的地理信息依赖地理信息系统加以科学的管理,遥感的应用也依赖地理信息系统提供多种信息源(包括非遥感信息)进行信息融合和综合分析,以提高遥感识别分类的精度，遥感图像的定量分析同样需要地理信息系统提供应用模型，以及其他智能信息分析工具的支持等。因此，在社会日益对遥感应用提出更高要求的现实情况下，需要充分利用遥感及非遥感手段获得的丰富的地理信息，从而促成和推动地理信息系统的发展以及遥感与地理信息系统的结合。

4.2 电磁波与遥感技术的物理学基础

遥感技术的基础是电磁辐射理论。每个物体都向外发射电磁波，同时不同物体具有不同的电磁辐射特性，遥感技术才有可能探测、识别和研究远距离的物体。遥感的物理学基础涉及面广，在这里只讨论遥感技术中与电磁波相关的物理学基础知识，包括电磁理论基础、太阳辐射与大气对遥感的影响以及地物目标的光谱特性等。

4.2.1 电磁理论基础

1. 电磁波

光波、热辐射、微波和无线电波等都是由振荡源发出的电磁振荡在空间的传播，称为电磁波。在电磁波里，振荡的是空间电场和磁场。根据麦克斯韦电磁场理论，空间任何一处只要存在着电场，也就存在着能量，变化的电场能够在它的周围空间激起磁场，而变化的磁场又会在它的周围感应出变化的电场。这样交替变化的电场和磁场相互激发并向外传播，形成了电磁波。电磁波是横波，如图 4.2 所示，电场向量 $\boldsymbol{E}$ 和磁场向量 $\boldsymbol{B}$ 互相垂直，并且都垂直于电磁波传播方向 X。电磁能量随着电磁波传播的传递过程称为电磁辐射。

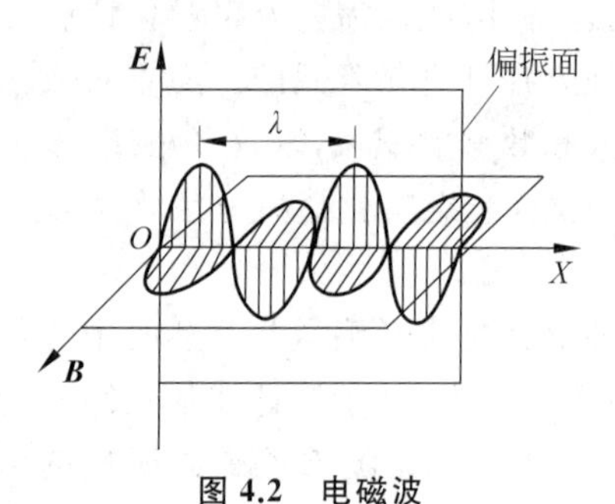

图 4.2　电磁波

单一波长的电磁波函数表达式为

$$\psi = A\sin[(\omega t - kx) + \varphi] \tag{4.1}$$

其中，A 是振幅，$(\omega t - kx)+\varphi$ 是相位，φ 是初始位相，$\omega = 2\pi/T$ 是圆频率，$k = 2\pi/\lambda$ 是圆波数（λ 是波长），t 表示时间，x 表示距离。真实世界中的电磁波一般是多种波长混合而成的。

电磁波具有波粒二象性。电磁辐射的波动性主要表现在传播过程中，在电磁波传输过程中，会发生干涉、衍射、偏振和色散等各种波动现象。电磁辐射的粒子性主要表现为：与物体相互作用时，按照粒子理论的观点，电磁波可看成由密集的光子微粒组成的，电磁辐射实质上是光子流的有规律运动，电磁波的整体性质是光子流的宏观统计平均状态。一个光子的能量为

$$Q = hv \tag{4.2}$$

其中，Q 是光子的能量，单位为焦耳(J)；h 为普朗克常数，等于 $6.626\times10^{-34}\,\text{J}\cdot\text{s}$；$v$ 为电磁波频率，单位为赫兹(Hz)。

从式(4.2)可以看出，光子的能量与其波长成反比，波长越长，能量值越小。在遥感系

统中，探测较长波长的电磁波比较困难。

2. 电磁波谱

实验证明，无线电波（包括微波）、红外线、可见光、紫外线、X 射线和 γ 射线等都是电磁波，只是波源不同，波长也不同。将各种电磁波按照在真空中的波长长短次序依次排列制成的图表叫作电磁波谱，如图 4.3 所示。

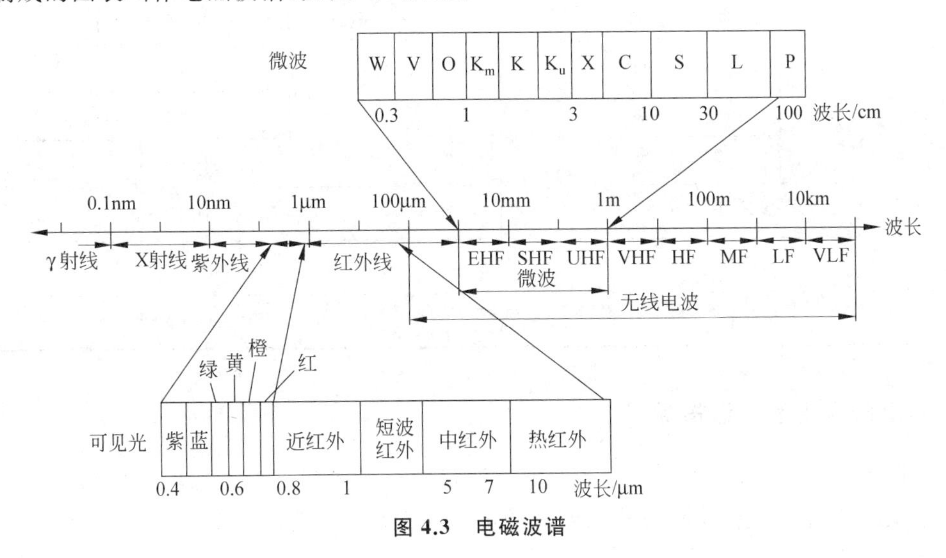

图 4.3　电磁波谱

在电磁波谱中，按照波长从长到短的次序依次为无线电波、红外线、可见光、紫外线、X 射线和 γ 射线，具体波长范围如表 4.1 所示。整个电磁波谱形成了一个完整、连续的波谱分布图。各种电磁波的波长之所以不同，是由于产生电磁波的波源不同。无线电波是由电磁振荡发射的；微波是利用谐振腔及波导管激励与传输，通过微波天线向空间发射的；红外辐射是由于分子的振动和转动能级跃迁产生的；可见光与近紫外辐射是由于原子、分子中的外层电子跃迁产生的；紫外线、X 射线和 γ 射线是由于内层电子的跃迁和原子核内状态的变化产生的。

表 4.1　电磁波谱表

波　段		波　长	
无线电波	长波	大于 3000m	
	中波和短波	10～3000m	
	超短波	1～10m	
	微波	1mm～1m	
红外波段	超远红外	0.76～1000μm	15～1000μm
	远红外		6～15μm
	中红外		3～6μm
	近红外		0.76～3μm

续表

波段		波长	
可见光	红	0.38～0.76μm	0.62～0.76μm
	橙		0.59～0.62μm
	黄		0.56～0.59μm
	绿		0.50～0.56μm
	青		0.47～0.50μm
	蓝		0.43～0.47μm
	紫		0.38～0.43μm
紫外线		10^{-3}～3.8×10^{-1}μm	
X射线		10^{-6}～10^{-3}μm	
γ射线		小于10^{-6}μm	

3. 电磁辐射的度量指标

在遥感系统中,遥感传感器记录的电磁波辐射定量数据反映了地物目标的信息。为了测量从地物目标反射或辐射的电磁波的能量,定义了电磁辐射度量的一些定量指标,如表4.2所示。

表4.2 电磁辐射度量指标

物理量	文字描述	单位	计算公式	备注
辐射能Q	以辐射形式发射、传输或接收的能量	焦耳(J)		
辐射通量Φ	单位时间内通过一个任意面的辐射能量	瓦特(W)	$\Phi=\frac{dQ}{dt}$	辐射通量是波长的函数,总辐射通量是各波段辐射通量之和或辐射通量的积分值
辐射通量密度w	通过单位面积的辐射通量	瓦特/平方米(W/m^2)	$w=\frac{d\Phi}{dS}$	辐射通量密度分别用辐射出射度和辐照度表示
辐射强度I	点辐射源在单位立体角内发出的辐射通量	瓦特/球面度(W/sr)	$I=\frac{d\Phi}{d\omega}$	立体角是辐射能向空间发射、传输或被某一表面接受时的发射或汇聚角度
辐射度(辐射亮度)L	扩展源表面法线方向单位面积、单位立体角的辐射通量	瓦特/(球面度·平方米) $W/(sr\cdot m^2)$	$L=\frac{d\Phi}{d\omega\cdot dS}$	

4. 黑体辐射

任何物体都具有不断反射、吸收和发射电磁波的性质。物体辐射的电磁波在各个波段是不同的，在谱分布上呈现一定的规律性，这种谱分布规律与物体本身的特性及其温度有关，因而被称为热辐射。为了研究不依赖于物质本身特性的热辐射规律，物理学家定义了一种理想物体——黑体，以此作为热辐射研究的标准物体。

绝对黑体是假想的理想辐射体，它能全部吸收并重新辐射出射向它的全部能量。绝对黑体是最好的吸收体，同时也是最好的发射体。普朗克定律给出了黑体辐射的具体谱分布规律。

普朗克定律：在一定温度下，单位面积的黑体在单位时间、单位立体角和单位波长间隔内辐射出的能量为

$$M_{\lambda}(\lambda,T)=\frac{2\pi hc^{2}}{\lambda^{5}}\cdot\frac{1}{e^{\frac{hc}{\lambda KT}}-1} \tag{4.3}$$

其中，$M_{\lambda}(\lambda,T)$为波长为λ时的辐射功率密度，单位为W/m^{3}；λ为波长，单位为m；T是黑体绝对温度，单位为K；c为真空中的光速，为3×10^{8}m/s；k为玻尔兹曼常数，为1.38×10^{-23}W·s/K；h为普朗克常数，为6.626×10^{-34}J·s。

由普朗克公式计算不同温度的黑体在不同波长下的辐射功率密度，可以得到黑体波谱辐射曲线，如图4.4所示。

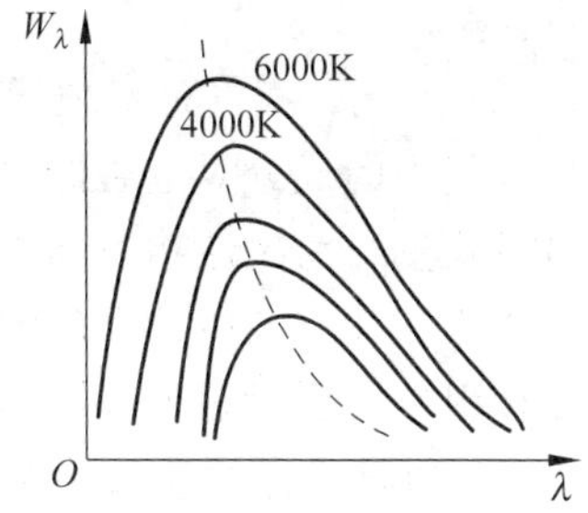

图4.4 黑体波谱辐射曲线

从图4.4可以看出，黑体的辐射通量密度随波长连续变化，每条温度的曲线只有一个最大值。温度越高，所有波长的辐射通量密度越大。不同温度的曲线之间彼此不相交，这就表明不同温度的黑体在任何波段处的辐射通量密度都是不同的。

在一定温度下，黑体的辐射通量密度存在一个极值，这个极值的位置与温度有关，对普朗克公式微分并求极值，可得到维恩位移定律：

$$\lambda_{\max}T=b \tag{4.4}$$

其中b为常数，等于2.898×10^{-3}m·K。

维恩位移定律说明黑体的辐射通量密度极值对应的波长与温度成反比。当绝对黑体的温度升高时，辐射通量密度极值对应的波长向短波方向移动。如果辐射最大值落在可见光波段，则辐射通量密度极值波长对应的颜色由红外到红色再逐渐变蓝变紫。蓝色火焰比红色火焰温度高就是这个道理。同理，当金属体(例如铁片)被加热时也可以观察到这一现象，当物体变得越来越热时，它开始发光并且颜色也向波长变短的方向变化——从深红到橙、黄最后到白色。

如果把$M_{\lambda}(\lambda,T)$对所有波长积分，同时也对各个辐射方向积分，那么可得到斯特番-玻尔兹曼定律：

$$W_{0}=\int_{0}^{\infty}\frac{2\pi hc^{2}}{\lambda^{5}}\cdot\frac{1}{e^{\frac{ch}{\lambda kT}}-1}d\lambda=\sigma T^{4} \tag{4.5}$$

$$\Delta W=4\sigma T^{3}\Delta T$$

其中，σ为斯特番-玻尔兹曼常数，等于5.67×10^{-8}W·m^{-2}·K^{-4}。

该定律揭示了绝对黑体总辐射能量随温度变化的定量关系，黑体发出的全部能量是

随着温度的4次方变化的,黑体微小的温度差异就会引起辐射能量的明显变化。

黑体是假设的理想辐射体,真实世界中是不存在绝对黑体的,只能接近理想状态。黑色的烟煤、恒星(包括太阳)可以看成绝对黑体来近似处理。

4.2.2 遥感系统中电磁辐射能量的影响因素

按照图4.1所示,在遥感过程中,电磁能量从辐射源出发,通过大气传输,入射到地物目标上,与地物目标相互作用后,地物目标发射电磁能量,再通过大气传输到达遥感传感器。

在这个过程中,对电磁辐射能量的主要影响因素如下:

(1) 电磁辐射源。它决定了在遥感过程中整体能量的强度和分布特性。在被动遥感系统中,电磁辐射能量来源于自然辐射源,主要是太阳,所以被动遥感系统的设计要考虑太阳辐射源的性质,从遥感平台到遥感传感器的研究都要适合太阳的电磁辐射能量的特点。

(2) 大气。大气是对地遥感系统中电磁能量的传输通道,电磁能量要在大气传输两次。大气中的成分对电磁能量传输具有各种衰减和干扰作用,使得最后到达遥感传感器的电磁能量与反映地物目标真实信息的电磁能量存在一定差异。所以在遥感系统的设计中要考虑什么波段的电磁波最容易穿透大气而不会被大气衰减和污染,同时在遥感数据处理中也需要考虑大气影响。大气对遥感的影响及对策贯穿于整个遥感技术系统中。

(3) 地物目标的波谱特性。不同地物目标的电磁特性不同,当电磁能量入射到不同的地物目标上,与地物目标的相互作用也有区别,同时地物目标自身也具有发射电磁能量的特性。这些特性综合起来使得各种地物目标的电磁波谱特性存在差异,这也是遥感系统的物理学基础。对地物目标波谱特性的认识是有效利用遥感数据的基础,也是设计高效遥感系统的依据。

下面将详细讨论遥感过程中影响电磁能量的几个主要因素,包括太阳辐射、大气以及地物的波谱特性。

4.2.3 太阳辐射对遥感的影响

1. 太阳辐射

被动遥感的辐射源主要来自与人类最密切相关的两个星球,即太阳和地球,其中太阳是最主要的辐射源。在太阳系空间中,布满了从太阳发射的电磁波辐射,地球上的一切生命过程以及大多数的地理过程,基本的能量均来源于太阳辐射。在电磁辐射特性上,太阳可以看成温度约为5800K的绝对黑体。太阳的电磁辐射能量在各波段的分布不同,如图4.5所示,其中太阳的电磁辐射能量以太阳辐照度来表示。太阳电磁辐射能量主要集中在波长较短的部分。

从图4.5可以看出,地球的大气层对太阳辐射存在影响,大气层上界和海平面接收的太阳辐射特性存在较大的差异。表4.3显示了大气上界太阳辐射的光谱能量分布。在太阳辐射的光谱分布中,在从近紫外到中红外的区间内,太阳辐射相对来说最稳定,强度变

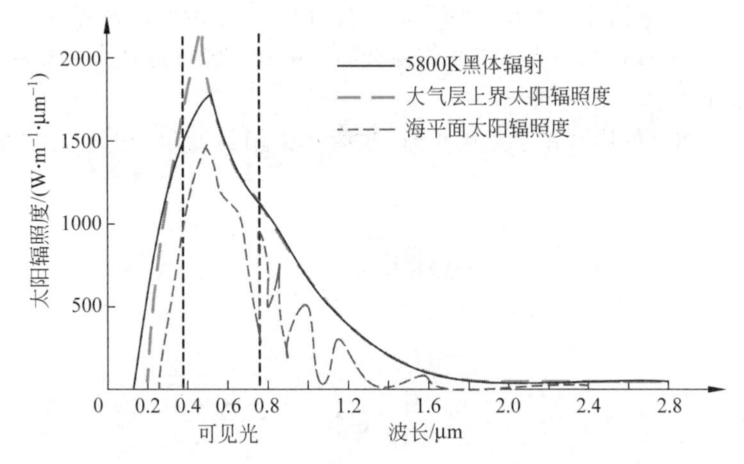

图 4.5 太阳电磁辐射能量在各波段的分布

化最小。因此被动遥感主要利用可见光和红外波段等稳定波段,而主动遥感则利用微波,使太阳活动对遥感系统的影响减至最小。

表 4.3 大气上界太阳辐射的光谱能量分布

光谱波段	波长/μm	能量百分比/%	光谱波段	波长/μm	能量百分比/%
紫外 A	0.28	0.5	叶绿光	0.57	4.4
紫外 B	0.32	1.0	黄光	0.59	2.9
紫外 C	0.40	6.5	橙光	0.61	2.8
紫外	0.44	5.2	红光	0.76	17.1
淡蓝光	0.48	6.4	红外 A	1.40	32.3
冰蓝光	0.49	1.5	红外 B	3.00	10.7
海绿光	0.54	7.5	红外 C	6.80	1.2

2. 太阳辐射对遥感的影响

1) 太阳常数

太阳常数(solar constant)指位于地球的大气层外,在距离太阳一个天文单位(天文单位指太阳到地球的平均距离,约等于 1.496 亿千米)处,与太阳光束方向垂直的单位面积上单位时间内接受的太阳总辐射能。太阳常数描述了到达大气层上界的总太阳能量值。由于太阳表面常有有黑子等太阳活动的缘故,太阳常数并不是固定不变的,一年当中的变化幅度在 1%左右。

长期以来,太阳常数被近似地认为是 1.9cal/(cm^3 · min),也有人取作为 2.0cal/(cm^2 · min)。在 20 世纪 50 年代全球范围内组织的国际地球物理年中,确定太阳常数等于 1.98cal/(cm^2 · min)。20 世纪 70 年代以来,通过火箭和高空气球的探测实验,将太阳常数订正为 1.94cal/(cm^2 · min)。

确定了太阳常数后,便不难推算出整个地球表面所截获的太阳辐射能总值。这个总值等于太阳常数与正对太阳时地球最大截面积的乘积。地球的最大截面积可以根据其半径计算出来,约为 1.3 亿平方千米,因此地球截获的太阳辐射能总值为 2.5×10^{18} cal/min。事实上，地球并非一个垂直于太阳射线的平面圆盘，而是一个旋转的椭球体，其实际表面积是该截面积的4倍，这样每平方厘米平均截获的太阳辐射能只能是太阳常数的1/4。

2）太阳高度角和太阳方位角

太阳辐射对遥感的影响在于太阳位置，主要用太阳高度角和太阳方位角来描述，如图4.6所示。

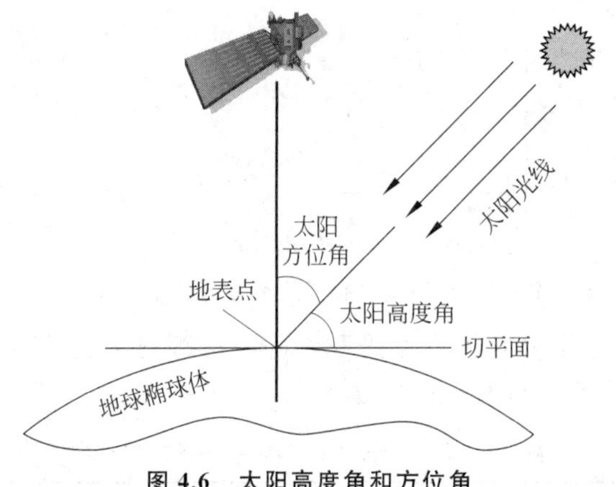

图4.6 太阳高度角和方位角

（1）太阳高度角(solar elevation angle)。对于地球上的某个地点，太阳高度角是指太阳光的入射方向和地平面之间的夹角。从专业上讲，太阳高度角是指某地太阳光线与该地的地表切线的夹角。太阳高度角是决定地球表面获得太阳辐射能数量的最重要的因素。

（2）太阳方位角(solar azimuth angle)。太阳方位角即太阳所在的方位，指太阳光线在地平面上的投影与当地子午线的夹角，可近似地看作竖立在地面上的直线在阳光下的阴影与正南方的夹角。太阳方位角以正南方向为零，向西逐渐变大，向东逐渐变小，直到在正北方合在±180°。

太阳高度角不同，太阳辐射经大气层的路径不同，而能量损失和路径密切相关。太阳方位角不同，太阳光线在地物表面的入射角不同，也引起地物反射能量的变化，最后都影响反射率的变化。

季节变化和地理纬度差异造成的太阳高度角和太阳方位角的变化不可避免。为了尽量减少太阳因素给遥感带来的不利影响，遥感卫星轨道大多设计为在每天的同一时间通过同一地方上空。

4.2.4 大气对遥感的影响

1. 大气影响

太阳辐射穿过地球大气照射到地面，经过地物目标反射后，再经过大气到达航空或航天遥感平台，被平台上的遥感传感器接收。这时传感器探测到的地表辐射强度与太阳辐射到达地球大气上空时的辐射强度相比已有了很大的变化，如图4.5中所示，海平面处的太阳辐照度曲线与大气层上界的曲线有很大不同。这种差异主要是由地球大气引起的,大气对电磁辐射具有折射、反射、吸收和散射作用。

1) 大气层次与成分

大气按照不同的方式可以分成不同的层次。按热力学垂直分布可以将大气分为以下5层:

(1) 对流层(troposphere)。对流层是大气的底层,其厚度随纬度和季节而变化。在赤道附近为17～18km,在中纬度地区为10～12km,在高纬度地区为8～9km。对流层夏季较厚,冬季较薄。在对流层中,因受地表的影响不同,又可分为3层。0.6～1.5km叫扰动层(或者叫摩擦层),1.5～2m叫贴地层,2m以上称自由大气。对流层平均温度为17～52℃。

(2) 平流层(stratosphere)。从对流层顶到约55km高度的大气层为平流层,这里气流呈水平运动,25km以下,温度随高度变化较小,气温趋于稳定,所以又称同温层;25km以上,温度随高度升高而升高。在高约10～60km范围内,有厚约20km的臭氧层,因臭氧具有吸收紫外线的能力,故使这里的平流层温度升高。平流层平均温度为－3℃。

(3) 中间层(mesosphere)。从平流层顶到85km高度称为中间层。这一层空气更为稀薄,温度随高度增加而降低。这里也是电离层的底部。这里平均温度为－93℃。

(4) 热层。从中间层顶到600km高度称为热层。热层顶部温度可达1000℃(太阳活动极大年可达2000℃)。电离层的中上部都在这里。这里平均温度为1727℃。

(5) 逃逸层(exosphere)。600km以上叫逃逸层,又称外大气层。它的边界可达6400km。温度可达数千摄氏度。

按电磁学垂直分布可以将大气分为以下3层:

(1) 中性层(neutral layer)。对流层和平流层里的空气分子基本没有电离,以分子状态存在,空气呈中性。

(2) 电离层(ionosphere)。在中间层和热层里,由于太阳紫外线强烈照射,气体分子中的电子挣脱了原子的束缚,形成了自由电子和离子,所以叫电离层。由于气体分子本身重量的不同以及受到紫外线不同强度的照射,电离层形成了4个具有不同电子密度和厚度的分层,每个分层的密度都是中间大两边小。

(3) 磁层(magnetosphere)。在逃逸层已经基本没有地球大气物质,只分布着地球磁场和被其捕获到的太阳风粒子,磁层的顶端可以看作地球大气层的边界,因为再向外已经是太阳与星际物质的范围了。

2) 大气的吸收作用

太阳辐射穿过大气层时,大气分子对电磁波的某些波段有吸收作用。吸收作用使辐射能量变成分子的内能,引起这些波段的太阳辐射强度衰减,严重影响传感器对电磁辐射的探测。吸收作用越强的波段,辐射强度衰减越大,甚至某些波段的电磁波完全不能通过大气,形成了电磁波的某些吸收带。

3) 大气的散射作用

电磁波在传播过程中遇到小微粒会使传播方向改变,并向各个方向散开,称为散射。散射现象的实质是电磁波传输中遇到大气微粒产生的一种衍射现象。散射使原传播方向上的辐射强度减弱，并增加了其他方向上的辐射强度。散射对遥感的影响主要体现在两方面：一方面是对地表地物而言的，地物除了太阳辐射的直接入射之外，还可能接收到因为大气的散射作用带来的辐射能量，使地物反射的辐射成分有所改变；另一方面的影响表现在传感器接收和记录电磁辐射时，除地物本身的反射能量之外，大气的散射能量也会进入遥感传感器，散射使得遥感传感器接收到的数据不能够准确反映地物的真实特性，同时增加了信号中的噪声成分，造成遥感图像的质量下降。

按照电磁波波长与大气微粒直径的相对关系，大气的散射现象可分为以下3种情况。

(1) 瑞利散射(Rayleigh scattering)。当大气中粒子的直径小于波长1/10或更小时发生的散射，由大气中的原子和分子，如氮、二氧化碳、臭氧和氧分子等引起。瑞利散射强度与波长的4次方成反比，如图4.7所示。

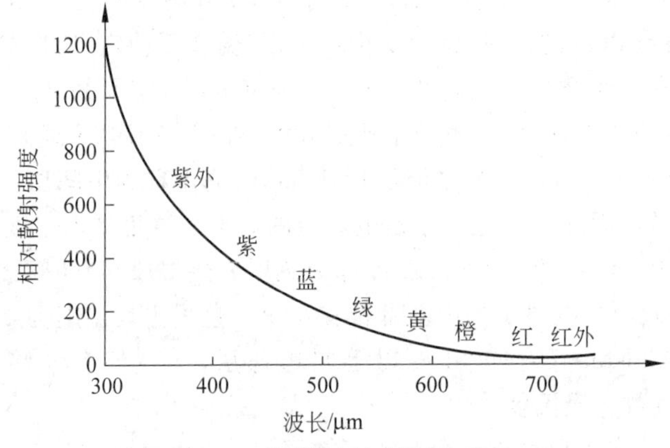

图4.7 瑞利散射与波长的关系

(2) 米氏散射(Mie scattering)。当大气中粒子的直径从大于波长1/10到与辐射波长相当时发生的散射，主要由大气中的烟、尘埃、小水滴及气溶胶等引起。米氏散射的散射强度与波长的二次方成反比，且散射光的前向散射比后向散射强度更高，方向性较明显，如图4.8所示。云、雾的粒子大小与红外线(0.76～15μm)的波长接近，所以云雾对红外线的散射主要是米氏散射。潮湿天气下，米氏散射影响较大。

(3) 无选择性散射(non-selective scattering)。当大气中粒子的直径大于波长时发生的散射。这种散射的特点是散射强度与波长无关，任何波长的散射强度都相同，因此称为无选择性散射，如图4.9所示。

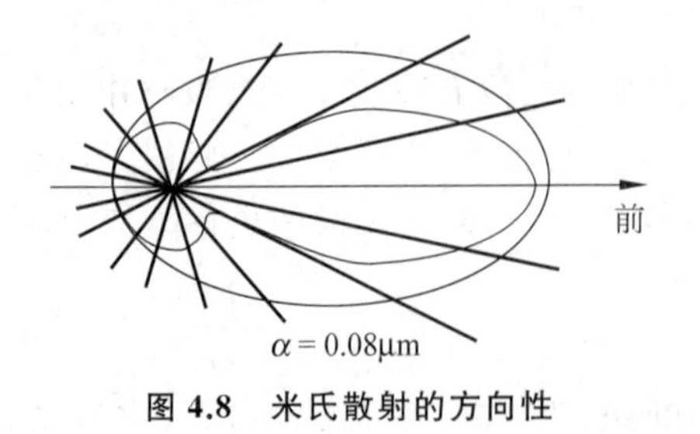

图4.8 米氏散射的方向性

图4.9 无选择性散射

太阳的电磁辐射几乎包括电磁辐射的各个波段，在大气状况相同时，会同时出现各种类型的散射。由于大气分子和原子引起的瑞利散射主要发生在可见光和近红外波段，当波长超过1μm后，瑞利散射的影响则大大减弱。而由于大气微粒引起的米氏散射对从近紫外到红外波段都有影响，当波长进入红外波段后，米氏散射的影响超过瑞利散射。大气云层中的小雨滴直径与大气中的其他微粒相比最大，对于可见光而言只有无选择性散射发生，云层越厚，对可见光的无选择性散射越强。对微波波段而言，由于微波波长比粒子的直径大很多，属于瑞利散射类型。由于散射强度与波长的4次方成反比，波长越长，散射强度越小，所以在这一条件下，微波可能有最小散射和最大透射，而具有穿云透雾的能力。

4）大气的折射作用

电磁波穿过大气时会发生折射现象。大气的折射率与大气密度直接相关。大气密度越大，折射率越大；空气越稀薄，折射率越小。由于电磁波在大气传播的过程中折射率的变化，使电磁波在大气中传播的轨迹是一条曲线，到达地面后，地面接收的电磁波方向与实际上太阳辐射的方向相比偏离了一个角度，如图4.10所示。在上稀下密的地球大气中，天体 S 发出的光因大气折射率的变化而逐渐弯曲，以致在 M 点的观测者看到天体在 S' 的方向。假如 z_0 为天体的真天顶距，z 为视天顶距，角度 $\rho=z_0-z$ 称为大气折射值。大气折射值与天顶距有关。当太阳垂直入射时，天顶距为0，折射值也为0；随着太阳天顶距的加大，大气折射值也随之增加。

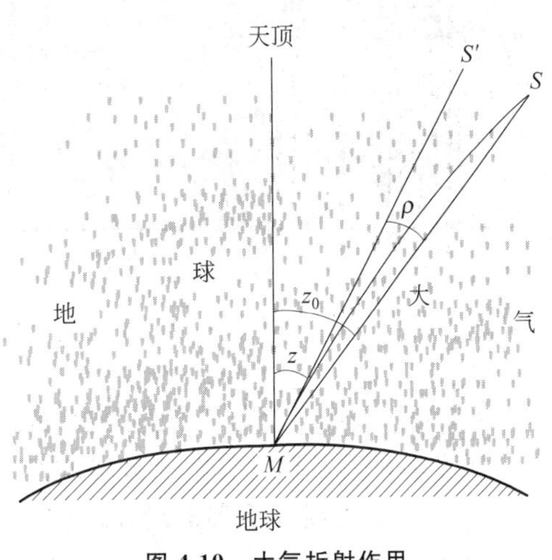

图4.10 大气折射作用

5）大气的反射作用

电磁波传播过程中通过两种介质的交界面时，还会出现反射现象。通过大气时，气体和尘埃的反射作用很小，反射现象主要发生在云层顶部，取决于云量和云雾，而且各个波段均受到不同程度的影响，严重地削弱了电磁波强度。因此，如果不是专门研究云层，则尽量选择无云的天气接收遥感信号，而不考虑大气的反射作用。

2. 大气透射分析及大气窗口

1）大气的透射分析

太阳的电磁辐射经过大气时，被云层或其他粒子反射回去的部分比例最大，就可见光和近红外而言，约占30%；其次为散射作用，约占22%；占第三位的是吸收作用，约占17%。这样，透过大气到达地面的能量仅占入射总能量的31%。实际上，除气象卫星必须探测云层外，大多数遥感被动传感器都选择在无云天气情况下使用，这时大气对太阳辐射的衰减影响就只需考虑散射和吸收两种作用了。

2）大气窗口

由于大气层的吸收、散射和反射作用，使得太阳辐射的各波段衰减的程度不同，因而各波段的透射率也各不相同。对遥感传感器而言，只有选择大气透过率高的工作波段，才能够有效地接收和记录地物目标的电磁辐射能量。在遥感技术中，把受到大气衰减作用较轻、透射率较高的波段叫大气窗口。主要的大气窗口光谱段如图 4.11 所示，包括以下光谱区间。

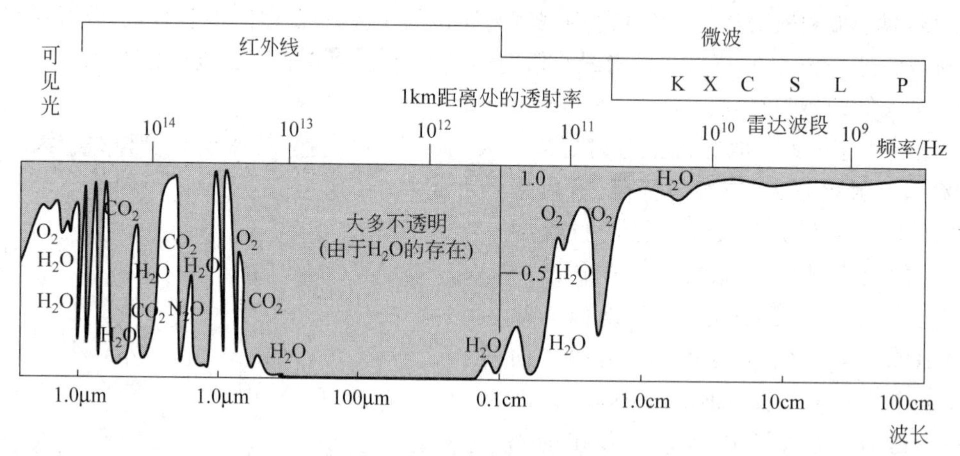

图 4.11 主要的大气窗口光谱段

(1) 0.3～1.3μm：为紫外、可见光和近红外波段。这一波段是摄影成像的最佳波段，也是许多卫星传感器扫描成像的常用波段。太阳辐射含有紫外线，通过大气层时，波长小于 0.3μm 的紫外线几乎都被吸收，只有 0.3～0.4μm 波长的紫外线部分能穿过大气层到达地面，且能量很少。紫外波段在遥感中的应用比其他波段晚，而且为避免大气对紫外线的吸收作用，紫外波段的探测高度控制在 2000m 以下，高空遥感一般不采用。目前紫外遥感主要用于探测碳酸盐岩分布，碳酸盐岩在 0.4μm 以下的短波区域对紫外线的反射比其他类型的岩石强。另外，水面漂浮的油膜对紫外线的反射比周围水面强，可用于海面石油污染的监测。可见光在整个电磁波谱中只占一个狭窄的区间，由红、橙、黄、绿、青、蓝、紫色光等多个波段组成。人眼对可见光能直接感觉，不仅对全色光，而且对不同颜色的单色光也都具有这种能力。可见光是遥感中最常用的波段，是鉴别物质特征的主要波段。

(2) 1.5～1.8μm 和 2.0～3.5μm：为近红外和中红外波段。近红外在性质上与可见光相似，主要是由地物目标表面反射太阳的红外辐射产生的，因此又称为反射红外。近红外波段在遥感技术中是常用波段，在白天日照条件好的时候扫描成像常用这些波段。

(3) 3.5～5.5μm 和 8～14μm：为中红外波段和远红外波段。中红外和远红外是产生热感的原因，所以又称为热红外。自然界中任何物体，当其温度高于绝对零度时，均能向外辐射红外线。物体在常温范围内发射红外线的波长多为 3～4μm，而 15μm 以上的超远红外线易被大气和水分子吸收，所以在遥感技术中主要利用 3～15μm 波段，集中在3～5μm 和8～14μm 波段。红外遥感采用热感应方式探测地物本身的辐射（如热污染、火山爆发、森林火灾等），所以不仅白天可以进行遥感工作，夜间也可以进行，实现全天时遥感。

(4) 0.8～2.5cm 至更长：为微波波段。微波波段按照波长可以进一步细分为毫米波、厘米波和分米波。由于微波的波长比可见光和红外线长，能穿透云雾而不受天气影响，可以进行全天候、全天时的遥感探测。另外，微波对某些物质具有一定的穿透能力，能直接透过植被、冰雪、土壤等表层覆盖物。因此，微波在遥感技术中是一个很有发展潜力的遥感波段。

4.2.5 地物目标的波谱特性

入射到地物目标表面的电磁波与物体之间的相互作用可以分为 3 种类型，分别为反射作用、吸收作用和透射作用。

如果总的入射电磁波能量为 E，被反射的能量为 E_ρ，被物体吸收的能量为 E_α，透射的能量为 E_τ，则

$$E = E_\rho + E_\tau + E_\alpha \tag{4.6}$$

相应地可以得到

$$\text{反射率 } \rho = \frac{E_\rho}{E}, \quad \text{透射率 } \tau = \frac{E_\tau}{E}, \quad \text{吸收率 } \alpha = \frac{E_\alpha}{E}$$

不同物体反射、透射、吸收、散射和发射电磁波的特性是不同的，具有特定的变化规律，这种地物波谱随波长而变的特性叫作**地物波谱特性**。地物波谱特性是遥感识别地物的基础。

一般而言，绝大多数物体对可见光都不具备透射能力，而有些物体，如水，对一定波长的电磁波透射能力较强，特别是对 0.45～0.56μm 的蓝绿光波段，一般水体的透射深度可达 10～20m，清澈水体可达 100m 的深度。对于一般不能透过可见光的地面物体，波长 5cm 的电磁波却有透射能力。例如，超长波的透射能力就很强，可以透过地面岩石和土壤。

由于遥感传感器接收和记录的主要是地物本身发射的电磁波信号和地物反射太阳光的电磁波信号，因此以下主要讨论地物目标的发射与反射波谱特性。

1. 地物发射波谱特性

1) 地物波谱发射率

各种地物目标都具有发射电磁波的能力。由地表物体发射的电磁波一般称为地表热辐射。单位面积上地物发射的某一波长辐射通量密度 W'_λ 与同温度下黑体在同一波长上的辐射通量密度 W_λ 之比称为地物波谱发射率 ε_λ。

$$\varepsilon_\lambda = \frac{W'_\lambda}{W_\lambda} \tag{4.7}$$

地物波谱发射率存在一定规律，称为基尔霍夫定律。

在一定温度下，地物单位面积上的辐射通量 W 和吸收率 α 之比对于任何物体都是一个常数，并等于该温度下同面积黑体辐射通量 $W_{黑}$，即 $\frac{W}{\alpha} = W_{黑}$，而发射率 $\varepsilon = \frac{W}{W_{黑}}$，所以发射率 ε 等于吸收率 α。

基尔霍夫定律指出一个物体的波谱发射率等于它的波谱吸收率,好的吸收体是好的发射体,吸收热辐射能力强的物体其热发射能力也强。

按照发射率与波长的关系,可以把地物分为以下几种类型,如图4.12所示。

(1) **绝对黑体**:在任意波长波谱发射率均为常数,且为1。

(2) **灰体**:在任意波长波谱发射率均为常数,且小于1。

(3) **选择性辐射体**:波谱发射率小于1,且随波长变化。

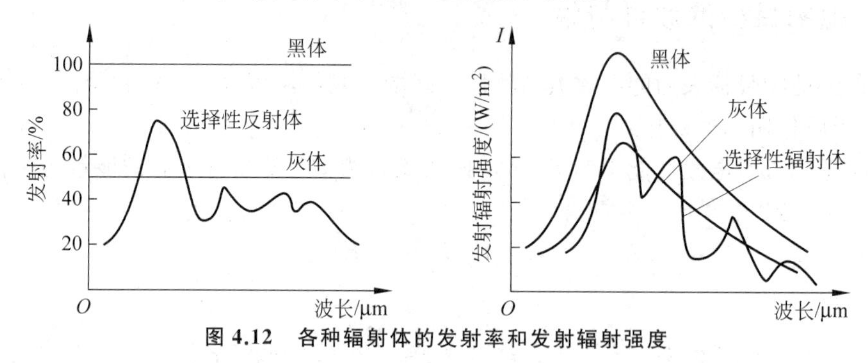

图4.12 各种辐射体的发射率和发射辐射强度

对于一般物体来说,其发射电磁波的能力与绝对黑体相比要弱一些。常温下部分地物的发射率如表4.4所示。

表4.4 常温下部分地物的发射率

地物名称	发射率	地物名称	发射率
人体皮肤	0.99	大理石	0.95
木板	0.98	玄武石	0.69
柏油路	0.93	花岗石	0.44
土路	0.83	石油	0.27
干沙	0.95	灌木	0.98
混凝土	0.90	麦地	0.93
水	0.96	稻田	0.89
石英	0.89	铝(光面)	0.04

2) 地物发射波谱曲线

影响地物发射率的主要因素包括温度、表面状态以及入射电磁波长。

在实际测量中常用红外辐射计来探测地表物体的温度。地物辐射温度 T_r 是衡量地物辐射特性的重要指标。地物辐射温度指物体的辐射功率等于某一黑体的辐射功率时该黑体的绝对温度。常温下地物的发射率用辐射计通过量测地物辐射温度 T_r 测定。T_r 与实际温度 T 和发射率 ε 之间存在如下关系:

$$T_r = \varepsilon^{\frac{1}{4}} T \tag{4.8}$$

在温度一定的情况下,地物的波谱发射率随波长变化。以波长为横轴,以发射率为纵轴,按照发射率和波长之间的关系绘成的曲线称为发射波谱特性曲线。发射率波谱特性曲线的形态特征可以反映地物本身的特性,特别是曲线形态特殊时可以用发射率曲线来识别地面物体。尤其是在夜间,太阳辐射消失后,地面发出的能量以发射光谱为主,探测其红外辐射及微波辐射并与同样温度条件下的发射率曲线比较，是识别地物的重要方法之一。

2. 地物反射波谱特征

1）地物反射

理想的电磁波反射分为两种情况：镜面反射和漫反射。当入射波和反射波在同一平面内，且入射角与反射角相等时，称为镜面反射。当反射波方向与入射波方向无关，且从任何角度观察反射面，其反射辐射亮度均为一个常数时，称为漫反射。现实生活中的反射大多数处于上述两种理想反射模型之间，通常称为实际物体反射，又称为方向反射。方向反射具有各向异性，即实际物体面在有入射波时各个方向都有反射能量，但大小不同。3 种反射形式如图 4.13 所示。

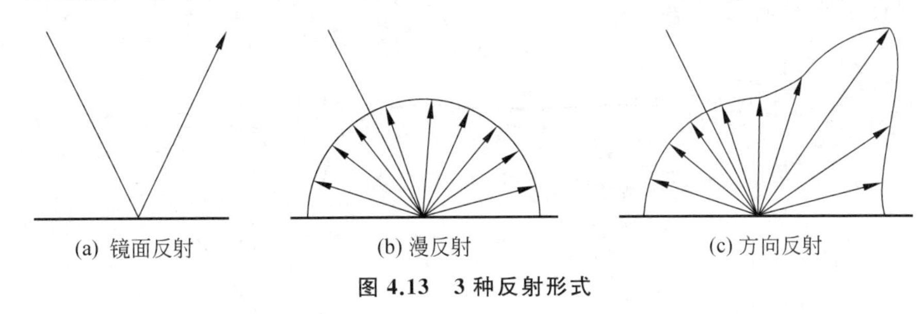

图 4.13　3 种反射形式

2）地物反射波谱曲线

地物反射率指反射能量与总入射能量的百分比。地物的反射波谱研究地面物体反射率随波长的变化规律，通常用二维空间内的曲线表示，称为地物反射曲线，横坐标表示波长 λ，纵坐标表示反射率 ρ。

影响地物反射光谱的主要因素如下：

- 地物电磁学性质。
- 地物表面粗糙度。
- 电磁波入射角。
- 环境因素（温度、湿度、紧密度和季节等）。

一般来说，地物反射率随波长的变化有规律可循，从而可以为遥感影像的判读提供依据。不同地物的反射波谱之间存在较大的差异。图 4.14 给出了 4 种地物的反射波谱曲线[21]。

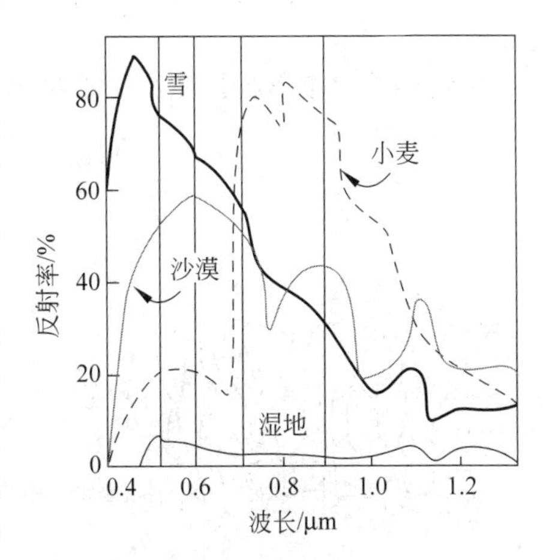

图 4.14　4 种地物的反射波谱

从图 4.14 可以看出，雪的反射光谱与太阳光谱最相似，在蓝光 0.49μm 附近有一个波峰，随着波长的增加，反射率逐渐降低。沙漠的反射率在橙光 0.6μm 附近有一个波峰，但在长波范围内比雪的反射率要高。湿地的反射率较低，色调暗灰。小麦的反射光谱与太阳的光谱有很大差别，在绿光处有一个反射波峰，在红外部分0.7～0.9μm附近有一个强峰值。

图 4.15 是新疆乌鲁木齐市附近地区主要地物的反射波谱曲线[22]。其中地物主要分为植物和非植物两类。植物光谱曲线主要表现在 0.4～1.0μm，这个波长区间内的共同特征是：在可见光波长内表现低反射率，呈现一个反射“低谷区”；在近红外光波长内表现高反射率，呈现一个反射“高原区”。同时可以发现，所有健康的绿色植物在绿色光波长区间(0.5～0.6μm)均有一个相对反射高峰值，这是由于植物色素对蓝和红光强烈吸收而反射绿色光所致，也是健康植物在人们的视觉上显示绿色的原因。非植物光谱曲线的总体特征比较单调，在 0.4～1.0μm 这个波长区间内没有明显的反射“低谷区”和“高原区”，大部分土壤反射曲线在这个波长区间内都呈现缓慢上升的特征。盐结壳和蒿属荒漠的反射曲线在可见光范围内十分相近，但在近红外波长区间二者就有所差异，盐结壳的反射曲线明显低于蒿属荒漠。

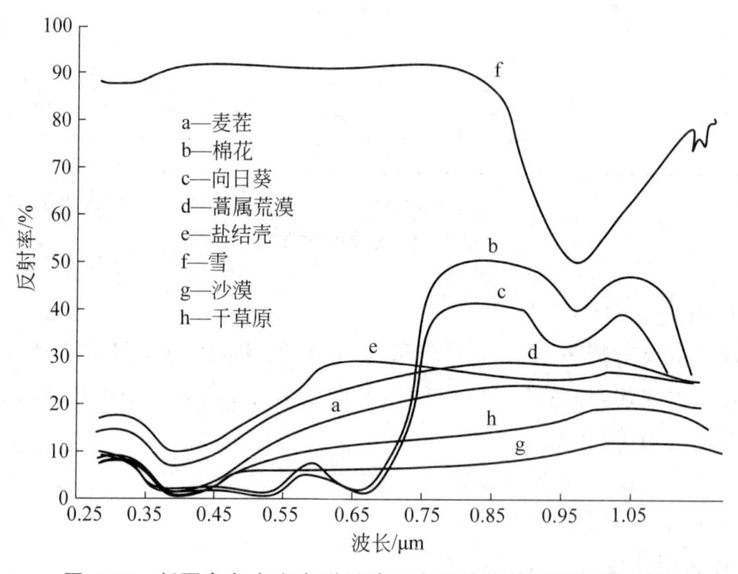

图 4.15 新疆乌鲁木齐市附近地区主要地物的反射波谱曲线

地物的反射波谱特性取决于地物固有的结构特点，对于不同波长的电磁波会产生有选择的反射，从而形成地物特有的反射特性。以绿色植物为例[21]，绿色植物的叶子由表皮、叶绿素颗粒组成的栅栏组织和多孔薄壁细胞组织构成，如图 4.16 所示。入射到叶子上的太阳辐射透过上表皮，蓝、红光辐射能被叶绿素吸收进行光合作用，绿光也吸收了一大部分，但仍反射一部分，所以叶子呈现绿色；而近红外线可以穿透叶绿素，被多孔薄壁细胞组织所反射，因此在近红外波段上形成强

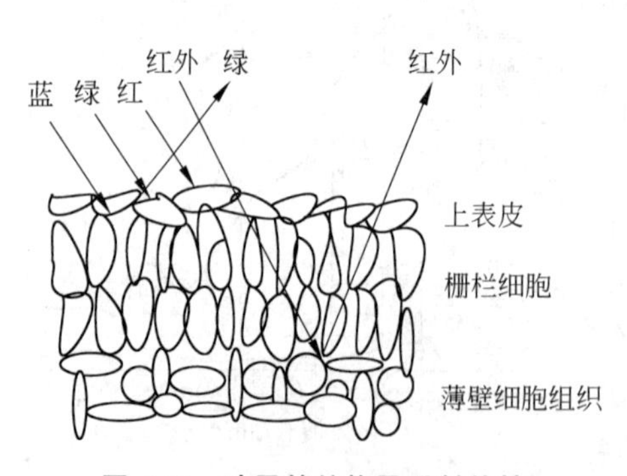

图 4.16 叶子的结构及反射特性

反射。

各类绿色植物具有很相似的反射波谱特性。如图 4.17 所示，在可见光波段 0.55μm（绿光）附近有反射率为 10%～20%的一个波峰，两侧 0.45μm（蓝光）和 0.67μm（红光）则有两个吸收带。这一特征是由于叶绿素的影响造成的，叶绿素对蓝光和红光吸收作用强，而对绿光反射作用强。0.7～0.78μm 区间是一个过渡波段，称为植被反射率“红边”，在这个波段范围内，植物叶绿素对近红外由强吸收作用变化为高反射作用。0.78～1.35μm 是近红外强反射平台，其波谱反射率取决于叶片内部结构，特别是叶肉与细胞间空隙的相对厚度。1.35～2.5μm 是叶片水分吸收主导的波段。由于水分在 1.45μm 及 1.94μm 的强吸收特性，在这个波段形成两个主要反射波峰位于 1.65μm 和 2.2μm 附近。

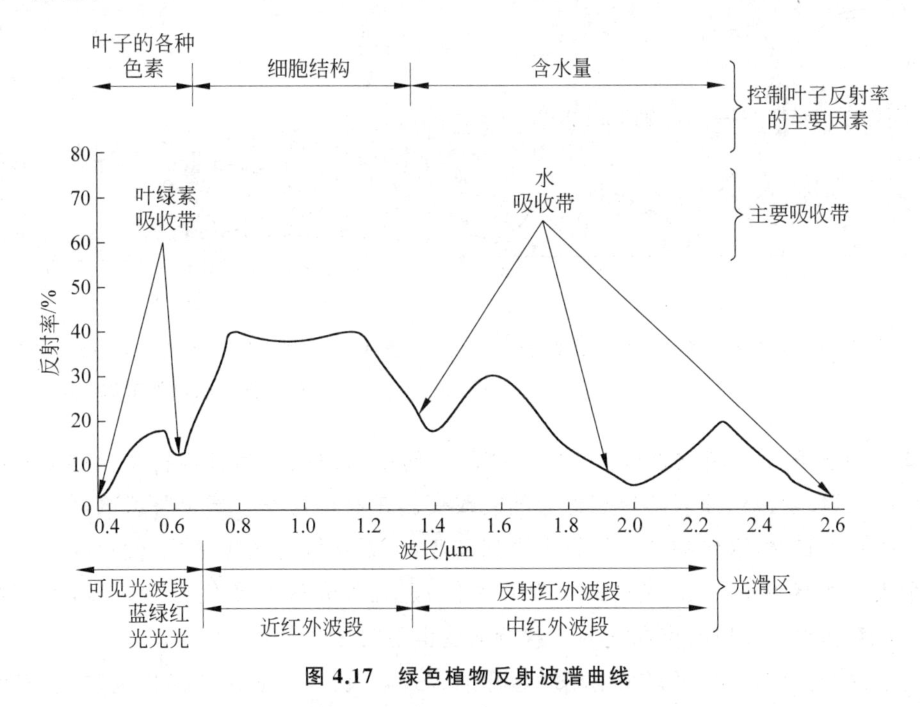

图 4.17 绿色植物反射波谱曲线

同一大类的地物由于其组成成分的差异，其反射波谱曲线也存在较大差异。例如不同类型的花岗石的反射波谱曲线如图 4.18 所示[23]。

有很多因素会引起反射率的变化，如太阳位置、传感器位置、地理位置、地形、季节、气候变化、地面湿度变化、地物本身的变异和大气状况等。这种同一地物因为处于不同状态而表现出不同波谱特性的现象称为同物异谱，例如图 4.19 所示的新雪和陈雪的反射波谱曲线等[21]。

相同的农作物（如春小麦）在花期、灌浆期、乳熟期、黄叶期的反射波谱曲线如图 4.20 所示。可以看出，花期的春小麦反射率明显高于灌浆期和乳熟期。而在黄叶期，由于不具备绿色植物特征，其反射波谱曲线近似一条斜线[21]。

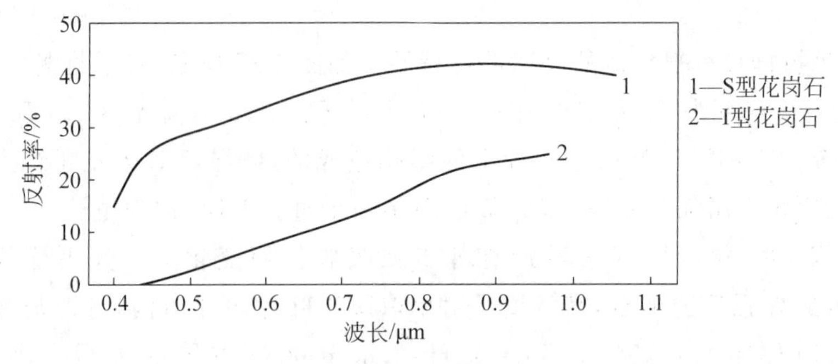

图 4.18 两类花岗石的反射波谱曲线

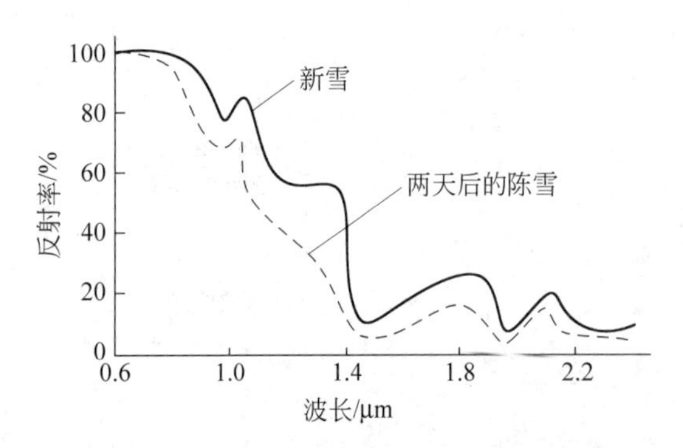

图 4.19 新雪和陈雪的反射波谱曲线

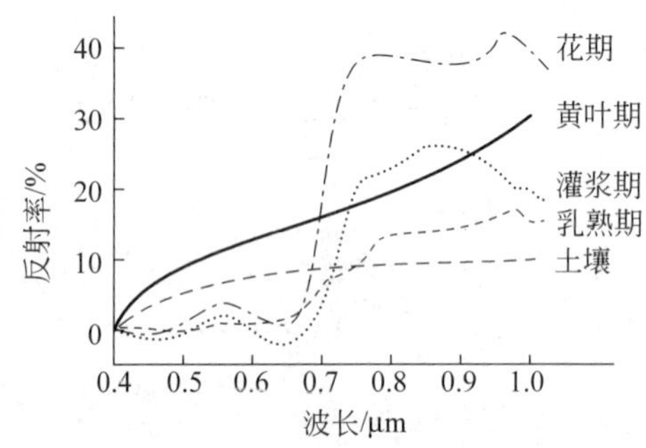

图 4.20 同一农作物(春小麦)在不同生长阶段的反射波谱曲线

图 4.21 显示了不同健康状态下农作物的反射波谱曲线。当农作物生长健康状况发生变化时,其反射波谱曲线的形态也会随之改变。在农作物发生病虫害或因缺乏营养和水分而生长不良时,农作物叶子的组织受到破坏,色素比例也发生变化,使得在可见光区的两个吸收谷不明显,在绿光处的反射峰变低,近红外光区的变化更为明显,峰值被削低,甚至消失,整个反射波谱曲线的波状特征变得不明显[24]。

对于同物异谱现象,可以采用相对定标的方式解决,首先确定典型地物的波谱特性,再将其他地物的光谱与之对比来做出判决,而不是直接采用绝对定标的方式,可以比较好地解决同一地物在不同状态下反射波谱曲线的变化问题。

与同物异谱现象相反的一种现象叫作同谱异物,指的是在某一谱段区,两个不同地物可能呈现相同的波谱特性。如图 4.22 所示,柑橘、番茄、玉米、棉花 4 种农作物的反射波谱曲线在 0.6～0.7μm 区间很相似。对于这种问题的解决思路是采用多波段的遥感方式,使得不同地物之间虽然在某波段表现出相似特性,但在另外的波段存在较大区别。例如,在图 4.22 中,4 种农作物在 0.75～2.5μm 波长区间的反射波谱曲线形状存在很大差别,比较容易辨识[21]。

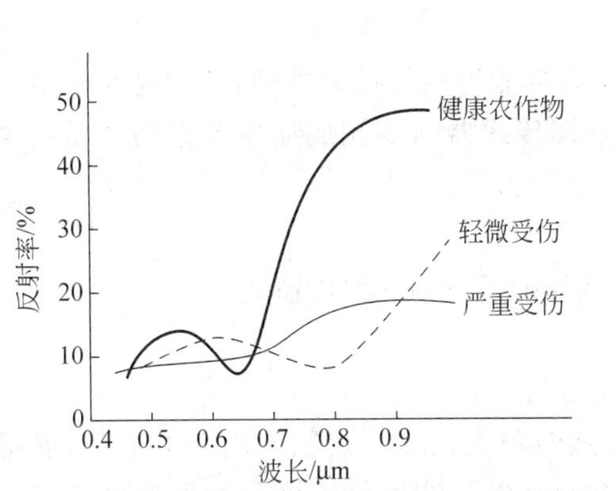

图 4.21 不同健康状态下农作物的反射波谱曲线

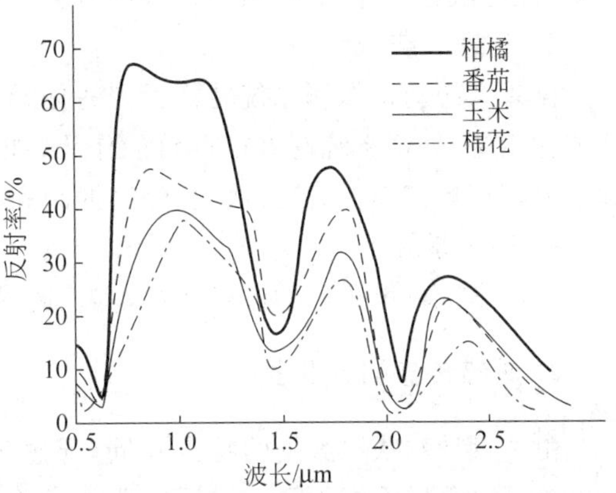

图 4.22 4种农作物的反射波谱曲线

4.3 遥感传感器

遥感传感器是远距离感测地物环境辐射或反射电磁波的仪器，是获取遥感数据的关键设备，其性能决定了遥感的能力。

4.3.1 遥感传感器的基本组成与种类

1. 遥感传感器的基本组成

无论哪一种遥感传感器，都由收集系统、探测系统、处理系统和输出系统4部分组成，如图4.23所示。

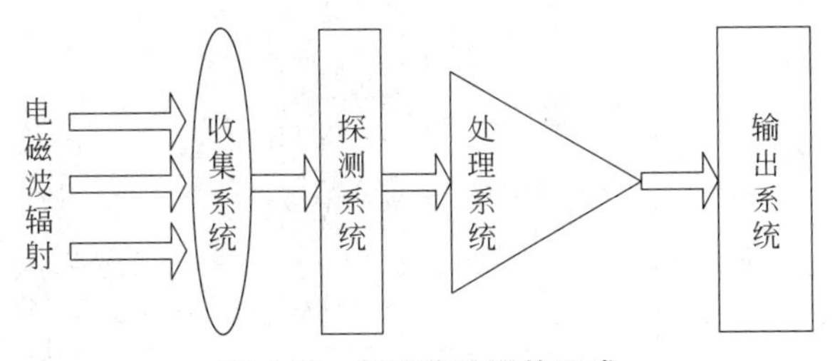

图 4.23 遥感传感器的组成

1）收集系统

收集系统的功能是接收地物目标发射的电磁波，使探测系统得到更多的电磁能量。按照遥感传感器工作波段的不同，使用的收集系统也不同。最常见的收集系统是透镜、反射镜或天线。在多波段遥感系统中，收集系统还要包括分波束的元件，如滤光片、棱镜和光栅等。

2）探测系统

探测系统将收集系统接收的辐射能量转换为化学能或电能，常用的探测元件有感光胶片、光电敏感元件、固体敏感元件和波导等。

3）处理系统

处理系统对由探测系统转换得到的化学能或电能等信号进行处理，特别是对于数字化成像系统，处理系统起着很重要的作用，能够在传感器前端完成遥感数据的质量增强和误差校正等工作，如信号放大、噪声抑制和校正变换等。

4）输出系统

输出系统输出获取的遥感数据，实现遥感数据的记录和远程传输。

2. 遥感传感器的种类

由于设计和获取数据的特点不同，遥感传感器种类繁多。按照不同分类标准，遥感传感器可以分成不同种类。按遥感器本身是否带有电磁波发射源可分为主动式（有源）遥感传感器和被动式（无源）遥感传感器两类。主动式遥感传感器向地物目标发射电子微波，然后收集地物目标反射的电磁波。主动式遥感传感器主要工作在紫外、可见光和红外等波段。遥感传感器的分类如图 4.24 所示。

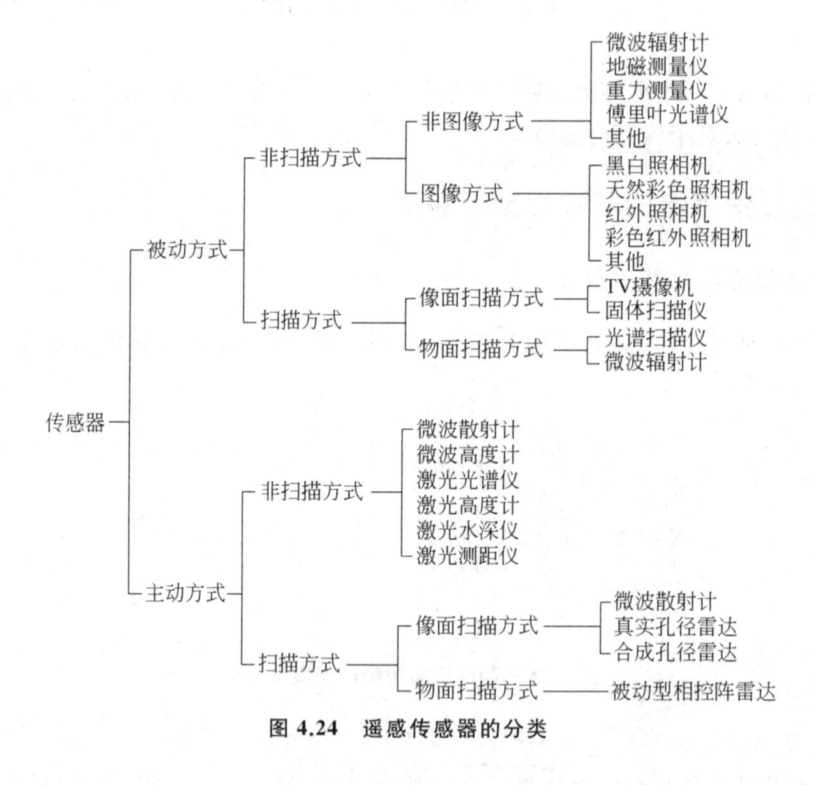

图 4.24　遥感传感器的分类

下面介绍最常用的摄影型遥感传感器、扫描型遥感传感器和微波遥感传感器。

4.3.2　摄影型遥感传感器

摄影型遥感传感器也称为摄影机，是最古老、最常用的遥感传感器，具有信息存储量大、空间分辨率高、几何保真度好和易于进行纠正处理的特点。传统摄影依靠光学镜头和放置在焦平面的感光胶片记录物体影像。数字摄影则通过放置在焦平面的光敏元件，经过光电转换，将接收到的电磁信号转换为数字信号，以记录物体的影像。

光学照相机是最早的一种遥感传感器，也是一种常见的遥感传感器。它的工作波段在近紫外到近红外（0.32～1.3μm）波段，对不同波段的感应取决于相机的分光单元和胶片类型，遥感图像的空间分辨率取决于光学系统的空间分辨率和胶片里所含银盐颗粒的大小。目前遥感技术常用的摄影型遥感传感器包括分幅式摄影机、缝隙式摄影机、全景摄影机和多光谱摄影机等。

1. 摄影机的投影方式

按照摄影机主光轴与地面的关系可以将投影方式分为垂直投影和倾斜投影两种，如图 4.25 所示。在垂直投影中，摄影机主光轴垂直于地面或偏离垂线 3°以内。如果摄影机主光轴偏离垂线 3°以上，则称为倾斜投影。

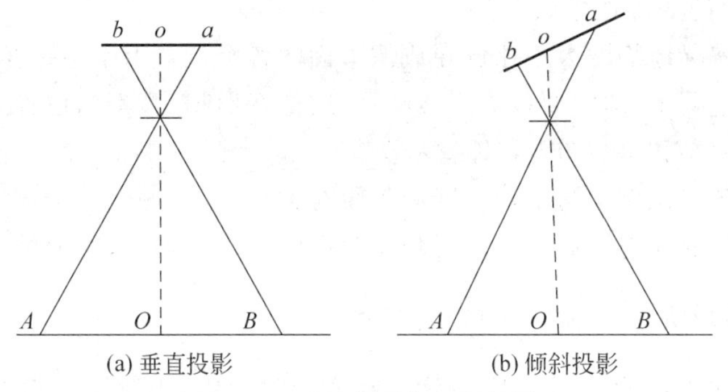

图 4.25　垂直投影与倾斜投影

理想的垂直投影中，地物影像可被看成相互平行的光线投影到与光线垂直的成像平面上，因此照片比例尺处处一致，而且与距离无关，如图 4.26(a)所示。而在一般情况下，摄影机采用中心投影方式，如图 4.26(b)所示，成像系统共用一个摄影中心和同一个成像平面，平面上各点的投影光线均通过一个固定点（投影中心或透视中心）投射到成像平面上，形成透视关系，因此也称为透视投影。

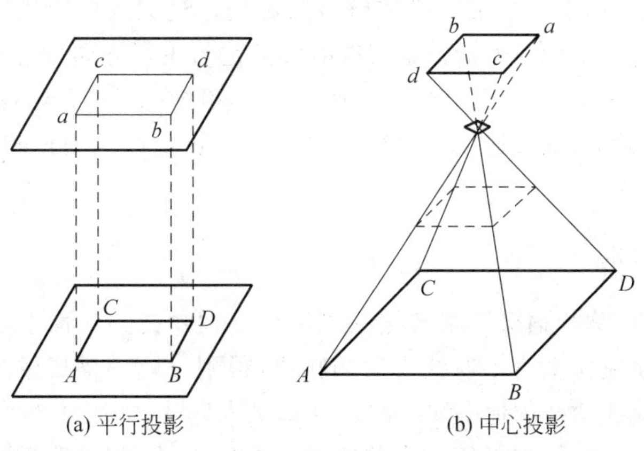

图 4.26　平行投影与中心投影

在中心投影方式中，不同状态和性质的地物成像特性不同。一些典型的成像特征如下：

(1) 点状地物成像仍然表现为点。

(2) 与成像平面平行的直线地物成像是直线。

(3) 如果地物与地面垂直，而且垂直于成像平面并且通过投影中心，则成像表现为一个点。

(4) 如果地物与地面垂直，并且其延长线不通过投影中心，地物投影仍为直线，成像直线的长度和变形情况取决于目标在成像平面中的位置。

(5) 曲线地物成像仍然是曲线。如果曲线在一个平面内，而该平面又通过投影中心，则成像为直线。

(6) 面状地物成像是其边界线投影的组合。

与平行投影不同，中心投影会引起地物影像的变形，造成遥感图像的几何失真。在中心投影中，主要的变形规律如下：

(1) 影像与实际地物的大小比例在成像平面的各个位置上是不一样的。

(2) 在成像过程中，地物离投影直线越远，成像变形越大，不同位置上变形方向不同。

(3) 成像的缩小和放大与投影距离有关。

(4) 影像的各点比例尺与平台高度和焦距有关。

(5) 起伏地形的像与平面上的位置相比较产生了位置移动，称为像点位移。

2. 分幅式摄影机

分幅式摄影机的结构如图 4.27 所示。在成像过程中，由物镜收集电磁波，聚集到感光胶片上。胶片上涂有感光物质卤化银，卤化银与电磁波发生光化学反应，分离出银离子，根据电磁能量的强弱，化学反应程度不同，从而达到记录信息的目的。这个过程叫作曝光，曝光后的胶片上只有一个潜像，须经冲洗处理后才能显示出影像。

分幅式摄影机可以用中心投影方式来描述其成像的几何构成。

3. 缝隙式摄影机

缝隙式摄影机也称推扫式摄影机或航带摄影机。缝隙式摄影机安装在飞机或卫星等运动平台上，在每一个瞬间通过摄影获取的影像是与飞行方向垂直且与缝隙等宽的一条线影像，如图 4.28 所示。在运动平台向前飞行时，摄影机拍摄的影像也连续变化，当摄影机内的胶片不断卷动，且其速度与地面在缝隙中的影像移动速度相同时，则可以得到连续的航带摄影照片。

4. 全景式摄影机

全景式摄影机也称扫描摄影机或摇头摄影机。在物镜的焦面上平行于飞行方向设置一条狭缝，并随物镜作垂直于航线方向的扫描，得到一幅扫描成像的图像。物镜摆动的幅面很大，能将航线两边的地平线内的影像都摄入底片，如图 4.29 所示。由于全景式摄影机的像距保持不变，而物距随扫描角的增大而增大，因此出现两边比例尺逐渐缩小

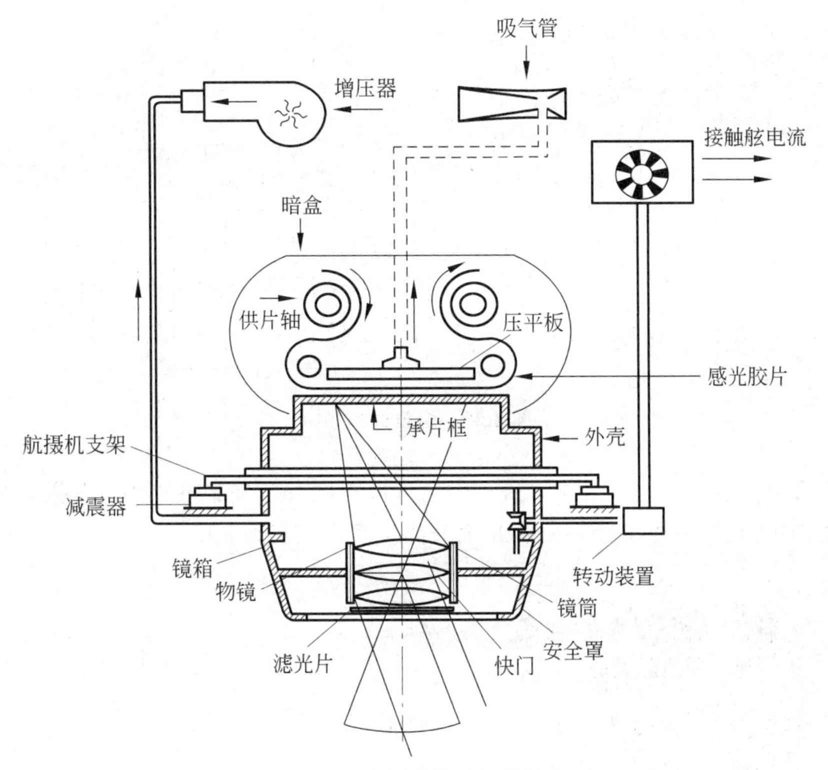

图 4.27 分幅式摄影机的结构

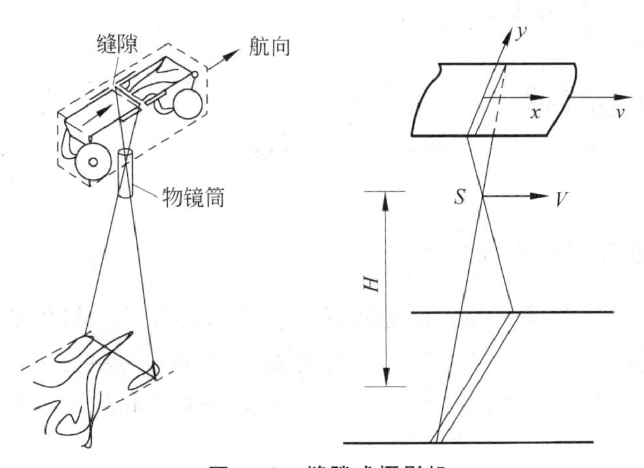

图 4.28 缝隙式摄影机

的现象,整个影像产生全景畸变。再加上扫描的同时飞机向前运动,以及扫描摆动的非线性等因素,使影像的畸变更为复杂。

5. 多光谱摄影机

多光谱摄影机可以在同一瞬间对同一地区获取多个波段的影像。多光谱摄影机充分利用了地物在不同光谱区有不同的反射特性这一性质,增加了观测地物的信息量,提

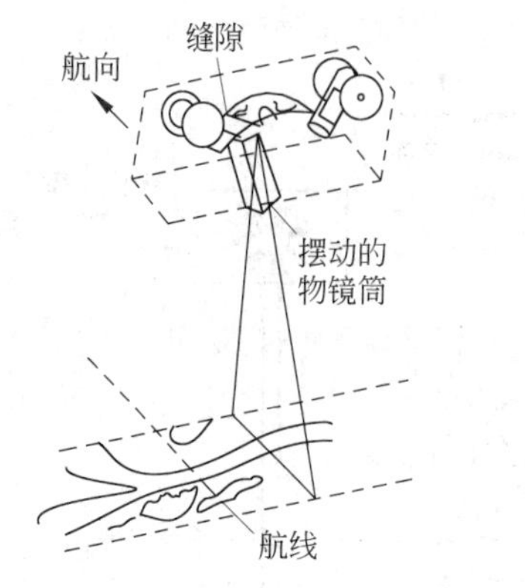

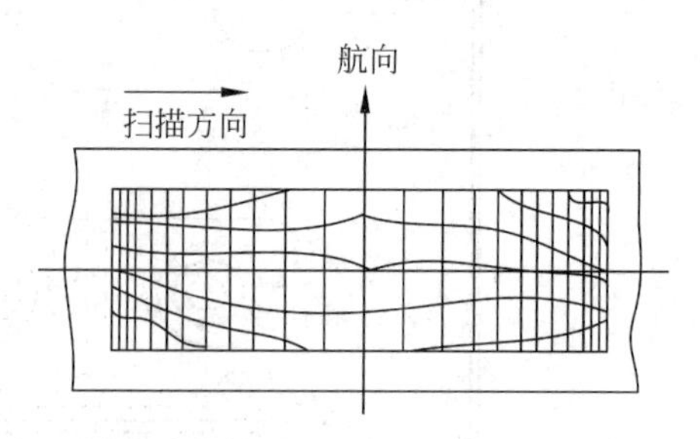

图 4.29　全景式摄影机

高了地物的识别能力，如图 4.30 所示。多光谱摄影机有 3 种基本类型：多摄影机型多光谱摄影机、多镜头型多光谱摄影机和光束分离型多光谱摄影机。

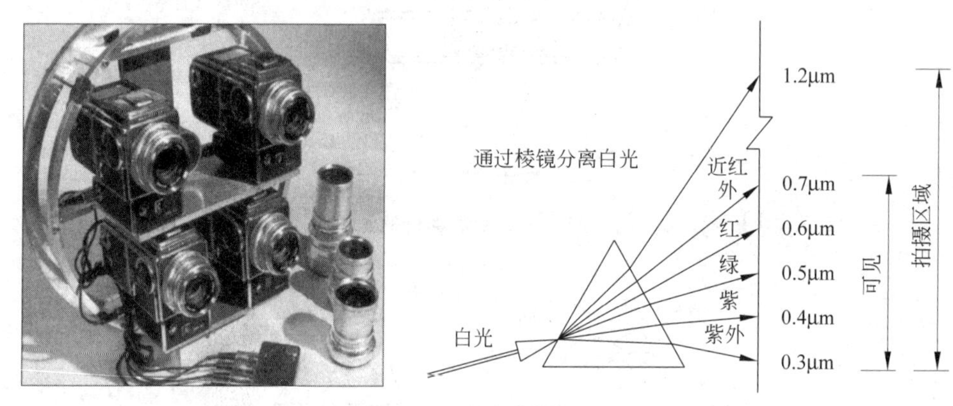

图 4.30　多光谱摄影机

6. 摄影型遥感传感器成像特点

通过摄影型遥感传感器获得的遥感影像也称为摄影照片。摄影照片的几何特点取决于遥感传感器的投影方式。摄影型遥感传感器的成像方式一般可以用中心投影或多中心投影描述。中心投影带来的几何畸变主要是由于地形起伏和投影面倾斜造成的像点位置的变化，叫作像点位移。

摄影照片的信息特点主要取决于成像系统中的探测系统的性能，即取决于遥感传感器将接收到的电磁能量转换为化学能或者电能的性能，主要描述指标包括探测范围、灵敏度和分辨率等。

（1）探测范围：遥感传感器能够接收的电磁能量的范围，包括最小能量和最大能量。

（2）灵敏度：遥感传感器成像过程中能够引起成像图像值变化的最小能量差异。

（3）分辨率：遥感传感器成像过程中能够分辨出的最小空间距离。

传统的摄影型遥感传感器采用摄影胶片，通过将电磁能量转换为化学能来实现遥感成像，而数字摄影型遥感传感器则采用 CCD 等光电转换器件实现遥感成像。

4.3.3 扫描型遥感传感器

与摄影型遥感传感器不同，扫描型遥感传感器依靠机械装置摆动或飞行器的飞行，利用探测元件和扫描镜以时序方式逐点、逐行地获取地物目标电磁辐射信息，并利用探测元件将接收到的电磁能量转换为电信号，从而形成地物的二维图像。扫描型遥感传感器属于被动式遥感传感器，在探测过程中不需要主动发射电磁能量。相对于摄影型遥感传感器，扫描型遥感传感器具有两个突出的优点：一是扩大了遥感传感器的探测波段范围，不局限在可见光和近红外波段；二是采用逐点和逐行的数据获取方式，有利于观测数据的存储与传输。

按照扫描方式可以将扫描型遥感传感器分为两大类：一类是线扫方式，在这种方式中，遥感传感器来回摆动，其摆动方向和平台运动方向垂直，在一次摆动过程中可以获得多行数据；另一类是推扫方式，不需要摆动扫描镜，而是利用遥感平台的运动获取沿运动轨道方向的连续图像带。

1. 光学-机械扫描仪

光学-机械扫描仪（optical-mechanical scanner）也称为掸扫式扫描仪（whiskbroom scanner），采用线扫方式，在成像器件的前方安装可转动的光学镜头，并依靠机械传动装置使镜头摆动，形成对地面目标的逐点、逐行扫描，如图 4.31 所示。光机扫描成像时，每一条扫描带都有一个投影中心，一幅图像由多条扫描带构成，因此遥感影像为多中心投影。每条扫描带上影像的几何特征服从中心投影规律。

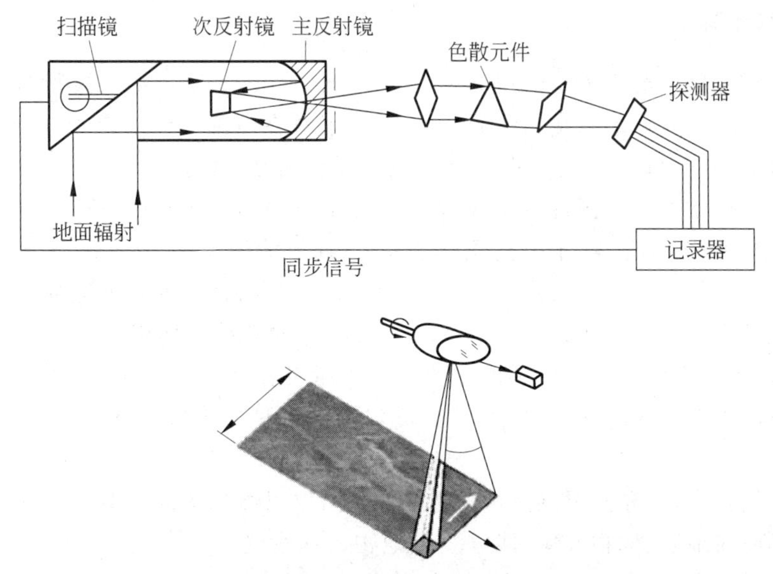

图 4.31 光学-机械扫描仪

光学-机械扫描仪的优点是能取得较宽的观测幅度，采光部分的视角小，波长间的位置偏差小，分辨率高，在信噪比方面较推扫式扫描仪高。但是光学-机械扫描仪也存在一些问题，因为镜头摆动机械装置的存在，使得系统会受到机械磨损的影响，同时也增加了系统的质量、体积和功耗，使得遥感传感器的小型化和模块化受到影响，限制了其应用范围。

在光学-机械扫描仪获得的影像中，每条扫描带上影像宽度与图像地面分辨率分别受到总视场和瞬时视场的影响。总视场是遥感传感器能够受光的范围，决定成像宽度；瞬时视场决定了每像素的视场。一般来说，瞬间视场对应的地面分辨单元是一个正方形，该正方形是瞬时视场对应的地表面积。

2. 推扫式扫描仪

推扫式扫描仪(pushbroom scanner)采用线阵(或面阵)探测器作为感光元件。线阵探测器在垂直于飞行方向上排列，如图 4.32 所示。当飞行器向前飞行时，线阵探测器就像扫地一样实现带状扫描，这就是推扫式扫描得名的原因。

与光学-机械扫描仪相比，推扫式扫描仪代表了更为先进的遥感传感器扫描方式。它具有感受波谱范围宽、元件接受光照时间长、无机械运动部件、系统可靠性高、噪声低、畸变小、体积小、重量轻、动耗小、寿命长等一系列优点。但由于它使用了多个感光元件把光同时转换成电信号，因此当感光元件间存在灵敏度差时，往往会产生带状噪声。

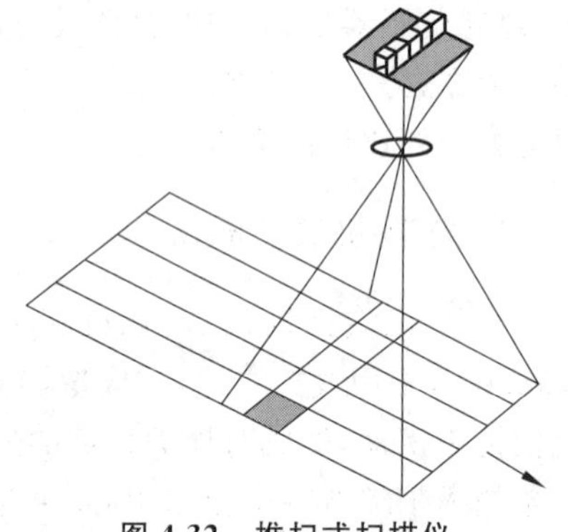
图 4.32　推扫式扫描仪

3. 成像光谱仪

高光谱遥感是高光谱分辨率遥感(hyper-spectral remote sensing)的简称，是指利用很多很窄的电磁波段获取感兴趣物体的有关数据，能够在电磁波谱的紫外、可见光、近红外和中红外波段内获取许多非常窄且光谱连续的遥感图像数据技术。

高光谱遥感中的核心部件就是成像光谱仪(imaging spectrometer)。成像光谱仪把可见光和红外波谱分割成几十个到几百个波段(通常波段宽度小于 10nm)，为每个观测点提供数十至数百个窄波段的光谱信息，观测点的光谱特性值随着波段数的增加而越来越接近连续波谱曲线。成像光谱仪将视域中观测到的各种地物以完整的光谱曲线记录下来，这是高光谱遥感与常规遥感的主要区别。后者称为宽波段遥感，波段宽一般大于 50nm，波段在波谱上不连续，并且不完全覆盖整个可见光至红外光($0.4\sim2.4\mu m$)光谱范围。

在成像过程中，高光谱遥感技术利用成像光谱仪以纳米级的光谱分辨率在几十或几百个波段同时对地表、地物成像，能够获得地物的连续光谱信息，实现地物空间信息、辐射信息和光谱信息的同步获取，因而在相关领域具有巨大的应用价值和广阔的发展前景。高光谱遥感并不是数据量的简单增加，而是信息量的增加，信息量可以增加到十倍至数百倍。高光谱遥感的出现使本来在宽波段遥感中不可探测的物质能够被探测。由于成像光谱系统获得的连续波段宽度一般在10nm以内，因此这种数据能以足够的光谱分辨率区分出那些具有诊断性光谱特征的地表物质。

1）面阵探测器加推扫式扫描仪的成像光谱仪

面阵探测器加推扫式扫描仪的成像光谱仪利用线阵探测器进行扫描，利用色散元件将收集到的光谱信息分散成若干波段后，分别成像于面阵的不同行，如图4.33(a)所示。这种仪器利用色散元件和面阵探测器完成光谱扫描，利用线阵探测器及其沿轨道方向的运动完成空间扫描。空间扫描的空间分辨率较高，主要应用于航天遥感。

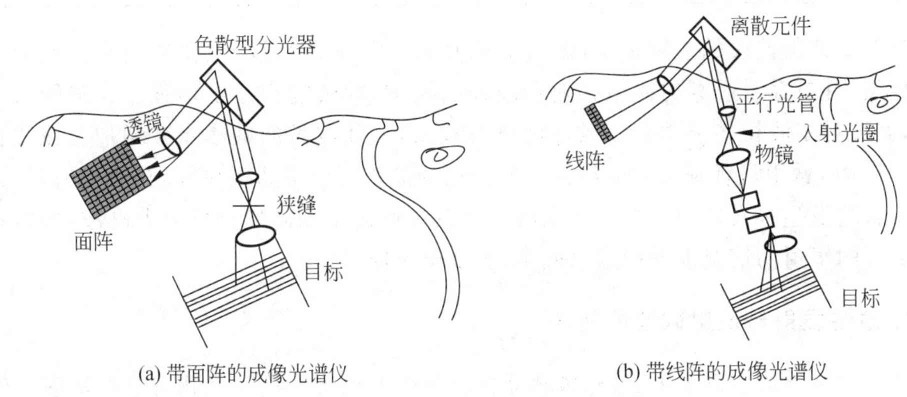

(a) 带面阵的成像光谱仪　　(b) 带线阵的成像光谱仪

图4.33　成像光谱仪

2）线阵探测器加光学-机械扫描仪的成像光谱仪

线阵探测器加光学-机械扫描仪的成像光谱仪利用点探测器收集光谱信息，利用色散元件将光谱信息分成不同的波段，分别成像于线阵探测器的不同元件上，如图4.33(b)所示。这种仪器通过点扫描镜在垂直于轨道方向的面内摆动以及沿轨道方向的运动完成空间扫描，利用线阵探测器完成光谱扫描。空间扫描通过扫描镜摆动完成，总视场大(可达90°)；像素配准好，不同波段在任何时候都同时对准同一像素；对像素摄像时间短，进一步提高光谱分辨率和辐射灵敏度较困难；光谱覆盖范围宽(从可见光直到热红外波段)。这种成像光谱仪适用于航空遥感。

4.3.4　微波遥感传感器

在电磁波谱中，波长在1mm～1m的波段称为微波。微波与地物相互作用，使得地物发射或者反射微波辐射，微波遥感就是利用微波遥感传感器获取来自目标地物发射或反射的微波辐射，并进行分析处理与应用的技术。微波遥感分为被动与主动两种方式。在被动微波遥感方式中，遥感系统不发射微波，只是接收地物目标发射的电磁辐射，典型的遥感传感器是微波辐射计。而在主动微波遥感中，遥感系统发射微波，并接收从地物反射的电磁波，主动微波遥感系统以成像雷达为代表。

一般的微波遥感波段划分如表4.5所示，其中地球资源应用中的常见波段包括X波段、C波段和L波段。

表 4.5　微波遥感波段划分

波段名称	频率区间/GHz	波段名称	频率区间/GHz
P	0.225～0.39	K	10.9～36
L	0.39～1.55	Q	36～46
S	1.55～4.2	V	46～56
C	4.2～5.75	W	56～100
X	5.75～10.9		

相对于其他波段的遥感系统，微波遥感具有一些优良特性，主要体现在微波的穿透能力更强，具有穿云透雾的能力。随着波长的增加，穿透能力还会增强。在晴朗天气状况下，大气对于波长小于 30mm 的微波略有衰减，且随波长的减小衰减增加。在波长小于 10mm 时，暴雨呈现强反射的特性。而较长的波长可以穿透得更深，在植被冠层、树干以及土壤间发生多次散射。主动式微波遥感系统通过主动向地物发射电磁波，可以在夜晚缺少太阳辐射的情况下进行遥感成像，实现全天候工作。

1. 地物发射与反射微波的特点

在被动微波遥感系统中，遥感传感器接收的微波信号取决于地物自身的辐射特性以及环境的辐射特性，如图 4.34 所示。

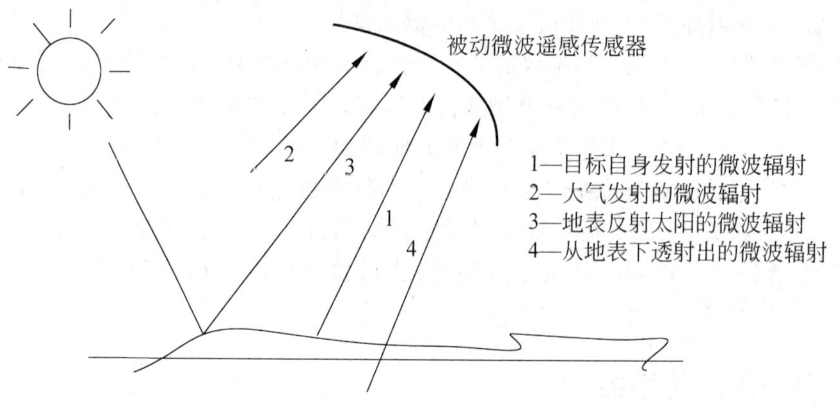

图 4.34　被动微波遥感传感器接收的微波信号的组成

地物的微波辐射波长范围为 0.15～30cm，频率范围为 1～200GHz。地物的微波辐射来源较多，而且每个来源的能量都比较微弱，所以需要很大面积的地表才能够提供足够多的能量，使得形成的遥感图像细节较少。不同地物的微波发射率差别往往比红外波段发射率差别大，例如海水的微波发射率一般为 0.4，陆地的微波发射率为 0.8，这种差异性有利于依据微波辐射鉴别不同地物。

在主动微波遥感系统中，遥感传感器接收的微波信号主要来源于地物对遥感传感器发射的微波的反射作用。在主动发射的微波到达地物时，地物与微波之间的相互作用主要包括散射、镜面反射以及角反射等过程，如图 4.35 所示。

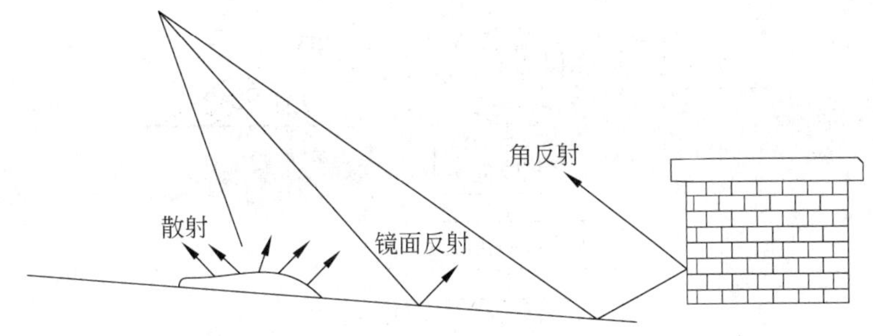

图 4.35 地物对微波的反射作用

在地物对微波的反射作用中，镜面反射的微波能量不会进入微波遥感传感器，进入雷达天线的能量包括目标散射和角反射的电磁波。

在地物目标表面较粗糙时，入射到地物的电磁波会产生散射作用，顺着电磁波入射方向的散射分量称为前向分量，逆着电磁波入射方向的散射分量称为背向分量。电磁波的散射作用受到很多因素影响，包括电磁波属性（如波长、入射角和极化等）以及地物属性（如成分、表面粗糙程度和地物介电常数等）。

2. 非成像微波遥感传感器

常见的微波遥感传感器包括以下 6 种：微波散射计、雷达高度计、无线电地下探测器、微波成像雷达、微波辐射计和测试雷达。其中只有微波辐射计和测试雷达属于成像遥感传感器，而其他 4 种属于非成像遥感传感器。

1）微波散射计

微波散射计的原理和常规雷达基本相同，只要能精确测量目标信号强度的雷达，都可以称为散射计。微波散射计的功能是测量地物表面的散射或反射特性，测量目标的散射特性随雷达波束入射角变化的规律，也可以用于研究极化和波长变化对目标散射特性的影响。

微波散射计的组成如图 4.36 所示，主要包括发射机、接收机、天线以及检波器和积分器[25]。

2）雷达高度计

雷达高度计测量地物目标的高度。其工作原理是，按照定时系统的指令，发射机发出调制射频波速，由天线发射到地物目标，然后再由天线收集地物目标反射或散射的电磁能量，通过计算确定往返双程传播的时延，从而测量出目标距离，再利用平台的姿态和高度的修正参数，就可以得到测量目标的高度信息了。

雷达高度计的组成如图 4.37 所示[25]。

3）无线电地下探测器

无线电地下探测器是利用波长较长的电磁波具有的穿透特性，测量地下层及其分界的微波遥感传感器。通过接收设备接收电磁波穿透地物表面后的反射能量，从而实现地下探测的目的。

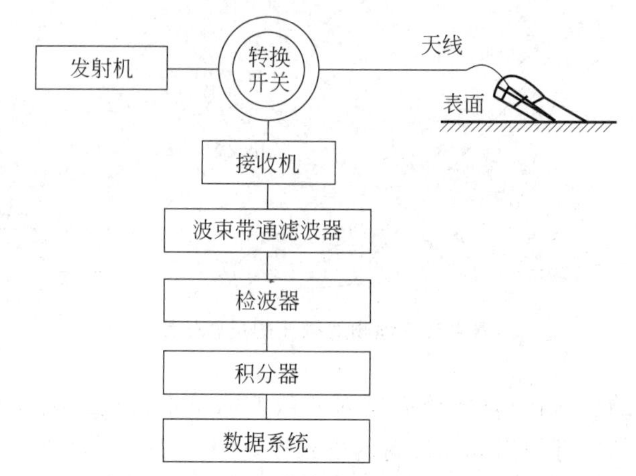

图 4.36 微波散射计的组成

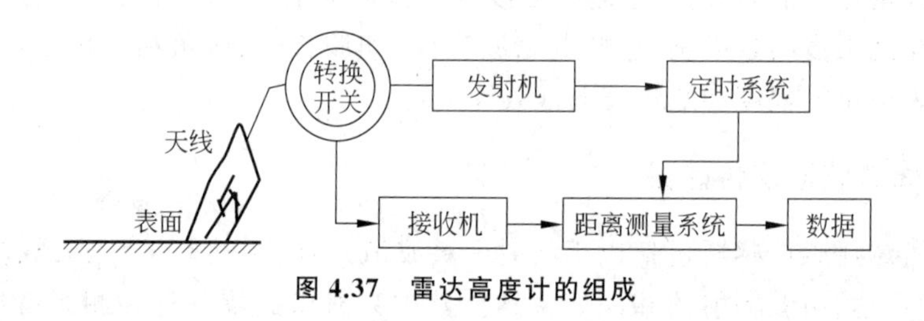

图 4.37 雷达高度计的组成

3. 微波辐射计

微波辐射计主要用于探测地物目标的亮度温度并生成亮度温度图像。微波辐射计是一种无源微波测量装置，它本身不发射微波信号，只是被动地接收目标及环境发射的随机噪声，接收到的辐射能量主要来自地面物体的发射辐射和反射辐射。由于地面物体都具有发射微波的能力，其发射强度与自身的亮度温度有关。通过扫描接收这些信号并换算成对应的亮度温度图，对地面物体状况的探测很有意义。

将微波辐射计安装在地面平台上时，它可以记录一个观测单元的亮度温度；如果安装在飞行器上，则可以记录沿着飞行方向的一条亮度温度曲线；而如果进一步将辐射计的接收天线设计成扫描方式，就可以扫描一个区域的亮度温度数据[25]。

微波辐射计工作波长较长，具有一定的穿透能力，不依赖于环境光照条件，对地物的介电常数敏感，适合探测地物含水量或其金属成分；采用被动遥感的方式，不主动发射电磁信号，对其他遥感传感器无干扰，同时体积、功耗和重量等指标较低，比较适合安装在空间遥感平台，特别是卫星等平台上。

微波辐射计在过去几十年中分别在海洋、陆地及大气遥感中取得巨大成就。与可见光相比，微波辐射成像系统的空间分辨率较低，但可提供与可见光不同的信息，与可见光遥感器互补。典型的单通道微波辐射计原理如图 4.38 所示[26]。

传统的微波辐射计有一个严重的缺陷，就是通过其获得的遥感数据空间分辨率较

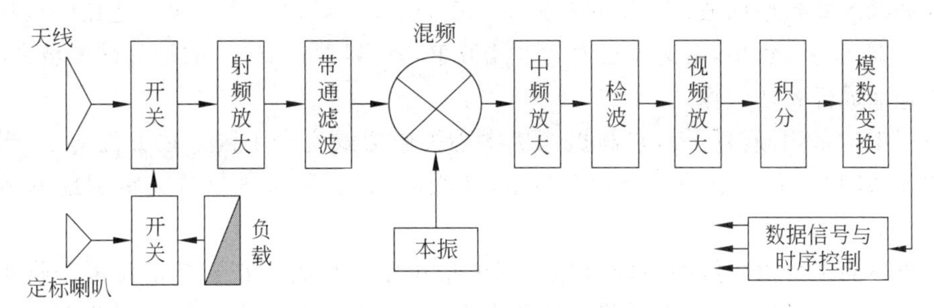

图 4.38 单通道微波辐射计原理

低。特别是应用于星载平台时，由于卫星载荷的限制，不能简单地通过增大微波辐射计天线孔径尺寸来提高分辨率，同时空间分辨率和温度分辨率之间的矛盾也限制了微波辐射计空间分辨率的提高。空间分辨率低已经成为被动微波遥感应用发展的主要制约因素，提高空间分辨率也成为被动微波遥感技术研究和发展的主要方向之一。

4. 微波成像雷达

成像雷达的组成如图 4.39 所示。

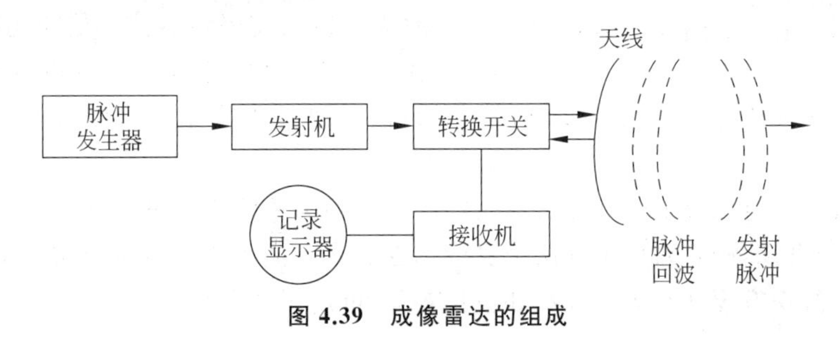

图 4.39 成像雷达的组成

成像雷达的工作分为发射与接收两个过程。在发射过程中，脉冲发生器产生微波脉冲，再由发射机经过转换开关，通过方向天线将微波脉冲聚焦成电磁波束，照射到地物目标上。在接收过程中，天线接收到返回的脉冲信号，由接收机进行转换，并进行记录或者显示。

1）侧视雷达

成像雷达一般采用倾斜投影的方式成像，也称为侧视雷达。侧视雷达的成像过程如图 4.40 所示，将飞行方向称为方位向，垂直于飞行方向的方向称为距离向。在飞行过程中，雷达在距离向上发射一个电磁波束，这个波束在方位向上狭窄，而在距离向上比较宽，覆盖了地面一条垂直于航线的狭长区域。在这个狭长区域内的地物反射雷达发射的电磁波，形成回波，按照地物和雷达距离的不同，回波被雷达接收机接收的时间也不同。

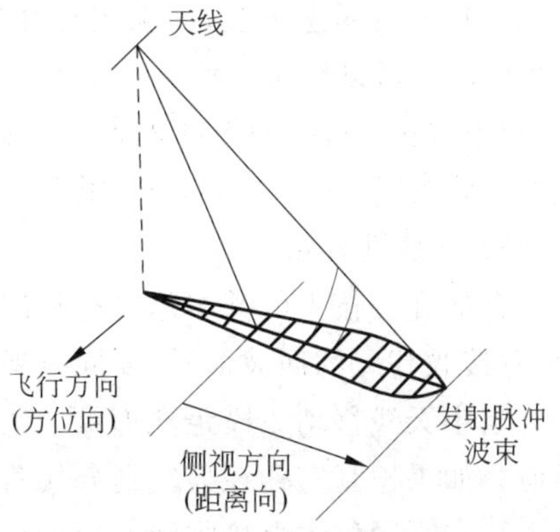

图 4.40 侧视雷达的成像过程

按照时间顺序将这些回波信号接收和记录下来，这些数据就记录了狭长地域内地物目标的图像。在飞行过程中，雷达连续发射电波波束，就可以得到连续的地面的回波图像，最终获得地面成像带的图像。

侧视雷达采用倾斜投影，它与摄像机中心投影方式完全不同。在方位向上，当照射波束向前移动时，雷达记录一个特征条带；在距离向上，雷达测量从飞机到地形目标的距离。

在距离向上可以分辨的地面目标之间的最小距离称为侧视雷达的距离分辨率。根据侧视雷达的成像原理，要区分邻近的两个目标，必须保证两个目标的回波在不同时间到达雷达天线，也就是要求两个目标的反射脉冲没有重叠。如果两个目标靠得较近，或脉冲比较长，则两个目标的反射脉冲就有可能重叠，在时间上同时到达天线，从而无法区分。距离分辨率与距离无关，取决于俯角和脉冲持续时间。俯角在接近垂直时，距离分辨率较差；而侧视时，距离分辨率较好，这也是成像雷达一般采用侧视的原因，如图 4.41 所示。如果要提高距离分辨率，在俯角一定的情况下，需要减小脉冲宽度。雷达波束脉冲宽度减小使得雷达信号信噪比降低，需要加大发射功率，这样会使得设备庞大，费用昂贵，在星载等航天平台上应用受到限制。目前一般采用脉冲压缩技术来提高距离分辨率。

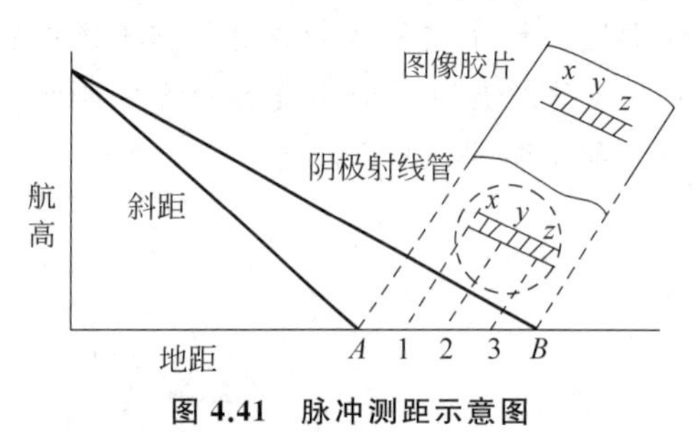

图 4.41 脉冲测距示意图

在方位向上，可以分辨的地面目标之间的最小距离称为方位分辨率。方位向上的两个目标要区分开来，则必须保证这两个目标不在同一个波束内。方位分辨率由波束宽度和距离决定，波束宽度又与天线大小和波长有关，可用下式表示：

$$R_w = \frac{\lambda}{d} R \tag{4.9}$$

其中，R_w 是方位分辨率，λ 是波长，d 是天线大小，R 是距离。

从式(4.9)可以看出，要提高方位分辨率，在工作波长和观测距离一定的情况下，必须采用大尺寸的雷达天线，即采用孔径比较大的雷达天线，这在飞机或卫星等空中平台上受到限制。所以目前的解决方法不是应用真实孔径侧视雷达，而是采用合成孔径侧视雷达，利用雷达与目标的相对运动把尺寸较小的真实天线孔径用数据处理的方法合成一个较大的等效天线孔径的雷达，合成孔径雷达是对真实孔径雷达的技术创新的产物。

2）合成孔径雷达

合成孔径技术的基本思想是利用一个小天线沿直线移动，在每个位置上发射电磁波束，并接收相应的回波信号，要同时保存接收信号的振幅和相位。

当小天线移动一段距离 L 后，存储的信号和长度为 L 的天线线阵单元接收的信号类似。如果把真实孔径天线划分成若干小单元，每个单元接收回波信号的过程与合成孔径天线在不同位置上接收回波的过程十分类似，如图 4.42 所示。其中，L 为小孔径雷达的运动距离，D 为真实孔径雷达的长度。其中的区别在于合成孔径天线接收的回波信号不是在同一时刻得到的，在这个过程中，目标与天线之间的距离发生变化，使得回波信号的强度和相位也发生变化，这样形成的接收数据不能够像真实孔径雷达图像那样能看到实际的地面图像，而是一个相干图像，需要对结果处理后才能够恢复成地面的实际图像。

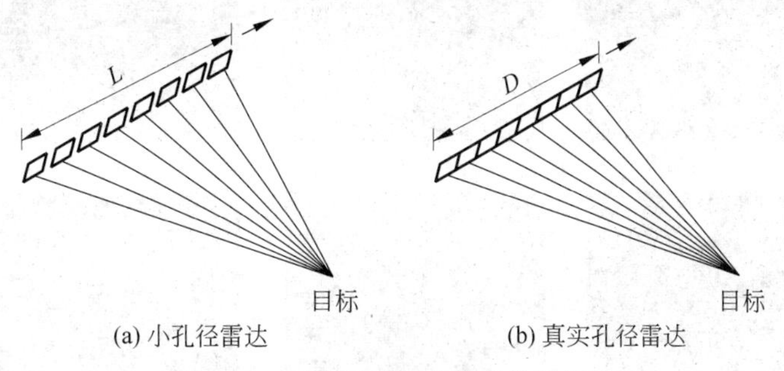

(a) 小孔径雷达　(b) 真实孔径雷达

图 4.42　两种天线接收信号的相似性

4.3.5　遥感图像的性能指标和遥感传感器特性

1. 遥感图像的性能指标

遥感图像的特征表现在多方面，衡量指标也有很多，其中最重要的指标是分辨率。分辨率是评价遥感数据质量的重要指标，包括多种意义上的分辨率。

1）空间分辨率

空间分辨率表示遥感图像上最小单元所表示的地物实际尺寸，是用来表征图像分辨地面目标细节能力的指标。对于数字化的遥感图像而言，空间分辨率一般用像素大小描述。像素是将地面信息离散化而形成的网格单元，是数字遥感图像的基本单元。一个像素表示的实际地面尺寸越小，空间分辨率越高。图 4.43 显示了不同空间分辨率的遥感图像。

总的来说，可见光的空间分辨率最高，热红外次之，微波波段最低。在相同波长和孔径条件下，遥感平台的高度越高，空间分辨率越低。

2）波谱分辨率

波谱分辨率指的是遥感传感器在接收目标光谱信号时能分辨的最小波长间隔，间隔越小，分辨率越高。不同波谱分辨率的传感器对同一地物的探测效果有很大区别。波谱分辨率越高，越容易显示出地物在某些特定波段的特征，从而比较容易地辨识出地物目标。对于成像光谱仪，在可见光到红外波段范围内被分割成几百个狭窄的波段，具有很高的波谱分辨率，从其近似连续的波谱曲线上可以分辨出地物波谱特性的微小差异，有利于识别目标。遥感图像的波谱分辨率取决于传感器选择的波段数、波长及波段宽度。

3）辐射分辨率

辐射分辨率指遥感传感器接收信号时能分辨的最小辐射能量差。辐射分辨率取决于遥感传感器能感知的辐射能量范围和对接收辐射能量的量化等级。假设遥感传感器能够感知的辐射能量为$[R_{\min}, R_{\max}]$，量化等级为 D，则辐射分辨率 R_L 可以表示为

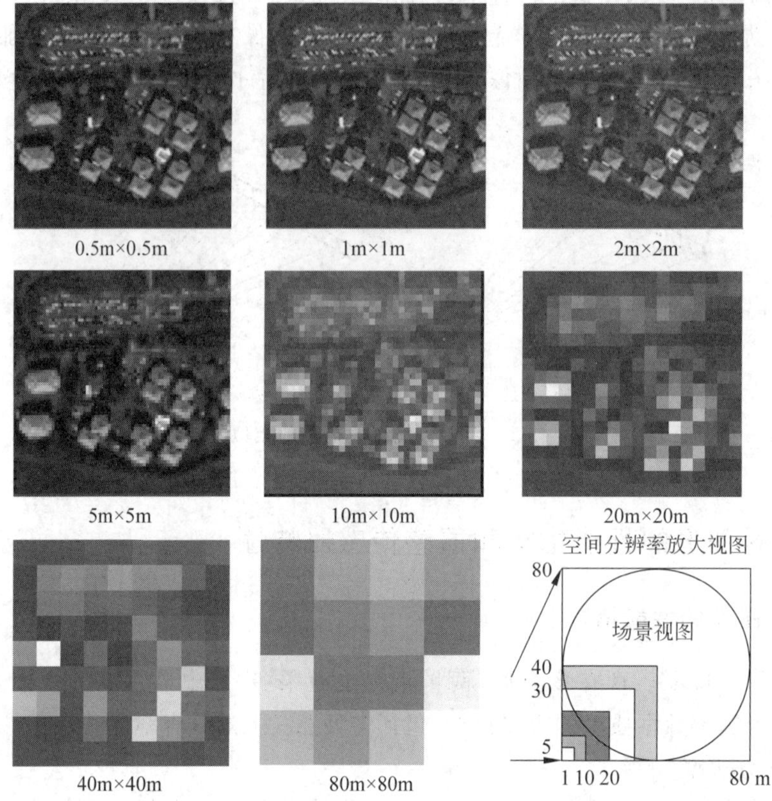

图 4.43 不同空间分辨率的遥感图像

$$R_L = \frac{R_{\max} - R_{\min}}{D} \tag{4.10}$$

辐射分辨率在遥感图像上表现为表示每一像素所占用的二进制位数，如 6b、8b、12b 等。量化等级为 N 位的传感器可以分辨 2^N 个等级强度差异。

对于热红外遥感传感器，分辨地表热辐射（温度）最小差异的能力称为温度分辨率。温度分辨率与探测器的响应率和遥感传感器系统内的噪声有直接关系，一般为等效噪声温度的 2～6 倍。为了获得较好的温度鉴别力，红外系统的噪声等效温度限制为 0.1～0.5K，而使系统的温度分辨率为 0.2～3.0K。

4）时间分辨率

时间分辨率指对同一目标进行重复探测时相邻两次探测的时间间隔，也称为重访周期。对同一目标的重复观测能提供地物动态变化的信息，可用来对地物的变化进行监测，也可以为某些专题的精确分类提供附加信息。

时间分辨率在动态观测中是一个很重要的指标，不同的遥感任务对于时间分辨率的要求不同。在城市变化和土地利用情况监视等应用中，时间分辨率多以年为单位；在农作物长势监测、产量估计等应用中，多以日或者旬为单位；在天气预报、灾害监测等应用中，对时间分辨率的要求较高，需要以小时为单位；在某些军事应用中，对时间分辨率的要求更高，甚至要达到实时的要求。

2. 遥感传感器特性

遥感传感器特性决定遥感图像的特征。传感器收集与记录地球表面观测目标的反射和辐射能量。遥感传感器的以下特性影响遥感图像。

(1) 遥感传感器系统的空间分辨率受遥感传感器收集系统的分辨率、探测元件的分辨率和灵敏度等多种因素的制约。在使用扫描仪探测地面目标时,遥感传感器探测阵列单元的尺寸决定了遥感图像的空间分辨率。在扫描成像过程中,载着地物信息的电磁波通过大气层进入遥感传感器,遥感传感器内部的探测单元阵列对地物分布进行成像。此时的图像空间分辨率是指遥感传感器中探测阵列能作为两个清晰的实体记录下来的两个目标间的最小距离,它可以采用图像视觉清晰度来衡量。

(2) 遥感传感器探测元件的辐射灵敏度和有效量化级决定了遥感图像的辐射分辨率。辐射分辨率取决于遥感传感器探测元件接收电磁辐射信号时能分辨出的最小辐射能量差异。

(3) 在遥感传感器设计中,与波谱分辨率有关的因素包括:使用多少波谱波段;如何确定所用波段在总光谱范围中的位置;如何确定所用的各个波段的波谱带宽度。随着制造遥感传感器的工艺技术水平的进步,遥感传感器使用的波谱波段正在迅速增加。对于高光谱遥感来说,不同波段之间的相关系数将随着波长间隔距离的增加而单调地减少。确定一个波段在总光谱范围中的位置,需要考虑使用该波段对地观测的特点,根据地物反射或辐射特性来选择最佳位置。如探测地物自身热辐射,应在8～12μm 波长范围内选择最佳位置,而探测森林火灾等则应在3～5μm 波长范围内选择最佳位置,才能取得较好效果。此外,确定一个波段位置,还要考虑波段与波段之间的平衡分布。作为一个通用遥感传感器,还需要考虑与已有遥感传感器兼容。

4.4 遥感平台

4.4.1 遥感平台的种类

遥感平台是指装载遥感传感器的运载工具。遥感平台按所在高度不同可分为地面平台、航空平台和航天平台3种。

1. 地面平台

三脚架、遥感塔、遥感车和遥感船等与地面接触的平台称为地面平台或近地平台。在地面平台上,可以通过地物光谱仪或辐射计对地面进行近距离遥感,完成各种地物的波谱特性试验研究和拍摄地物细节影像。

常见的地面平台有以下几种:

(1) 三脚架。高度为0.75～2.0m。用于测定各种地物的波谱特性和进行地面摄影。

(2) 遥感塔。固定地面上的遥感平台,包括遥感铁塔(高度为30～400m)和遥感吊车(高度为5～50m),用于测定固定目标和进行动态监测。

(3) 遥感车与遥感船。可以用于测定地物波谱特性，获取地面图像。遥感船可以对海底进行遥感。

2. 航空平台

航空平台对应的运载工具为航空器，包括飞机和气球。按照飞行高度，可以分为低空平台、中空平台和高空平台。

(1) 低空平台。高度在2000m以内，处于大气层的对流层下层。

(2) 中空平台。高度为2000～6000m，处于对流层中层。

(3) 高空平台。高度在12 000m的对流层以上。军用高空侦察机和大型无人飞机高度为20 000～30 000m。

(4) 气球。气球的高度可以根据遥感任务的不同而改变。凡是发放到对流层中的气球称为低空气球，而发放到平流层中的气球称为高空气球，可上升到12～40km的高空，填补了高空飞机升不到、低轨卫星降不到的高度空白。

3. 航天平台

航天平台对应的运载工具为航天器，高度在150km以上，主要包括人造卫星、宇宙飞船、火箭、空间轨道站和航天飞机等。目前遥感技术中使用最多的是遥感卫星。

按照从高到低的次序，常见的航天平台有地球静止轨道卫星(如气象卫星，高度在36 000km左右)、地球观测卫星轨道(如Landsat SPOT卫星，高度为700～900km)、航天飞机和天空实验室轨道(高度为240～350km)、军事侦察卫星(高度为150～300km)。

常见的遥感平台的特性如表4.6所示。

表4.6 常见的遥感平台的特性

遥感平台	高度	用途	备注
静止卫星	36 000km	定点地球观测	气象卫星(GMS等)
圆轨道卫星(地球观测卫星)	500～1000km	定期地球观测	Landsat SPOT、MOS等
航天飞机	240～350km	不定期地球观测、空间试验	
无线探空仪	100m～100km	各种调查(气象等)	
高高度喷气机	10 000～12 000m	侦察、大范围调查	
中低高度喷气机	500～8000m	各种调查、航空摄影测量	
飞艇	500～3000m	空中侦察、各种调查	
直升机	100～2000m	各种调查、摄影测量	
无线遥控飞机	500m以下	各种调查、摄影测量	飞机、直升机
牵引飞机	50～500m	各种调查、摄影测量	牵引滑翔机
系留气球	800m以下	各种调查	
索道	10～40m	遗址调查	
吊车	5～50m	近距离摄影测量	
地面测量车	0～30m	地面实况调查	车载升降台

遥感平台的选择依赖于遥感任务的要求。一个主要的考虑因素是对遥感图像空间分辨率的要求。在不同高度的遥感平台上，可以获得不同面积和不同分辨率的遥感图像

数据，在遥感应用中，这3类平台可以互为补充，相互配合使用。一般来说，近地遥感地面分辨率高，但观测范围小；航空遥感地面分辨率中等，观测范围较广；航天遥感地面分辨率低，但覆盖范围广。另一个重要的考虑因素则是大气对遥感的影响，不同高度平台上大气对遥感电磁辐射能量的影响是不同的。在某些特定任务中，可能只能够选择特定高度的遥感平台，如紫外遥感系统中，遥感平台的高度一般不超过2000m，以避开大气对紫外线的强烈吸收作用。

4.4.2 遥感卫星

卫星作为各类空间信息遥感传感器的主要搭载平台之一，其发展与应用一直是航天、军事、电子通信、空间探测、大地测量和遥感测量等领域所关注的重点。自从苏联于1957年成功发射第一颗人造地球卫星以来，迄今已有数千颗人造卫星曾在或正在空间轨道上运行。卫星平台在现代遥感技术中发挥着越来越重要的作用，各种地球资源卫星提供了越来越多的卫星遥感图像。相对于其他传感平台，卫星平台因为其所处高度和传感技术的发展，具有宏观性好、平均成本低、实时性好等优点。

1. 卫星轨道参数

遥感卫星在绕地球的轨道上运行，运行规律符合开普勒三大定律。

(1) 卫星运行的轨道是一个椭圆，地球位于该椭圆的一个焦点上。

(2) 卫星在椭圆轨道上运行时，卫星与地球的连线在相等的时间内扫过的面积相等。

(3) 卫星绕地球运转周期的平方和轨道的平均半径成正比。

根据开普勒定律，人造地球卫星在空间的位置可以用几个特定数据来确定，这些数据称为卫星轨道参数，这些参数决定了卫星遥感的工作方式和特点，其中的i、Ω、ω这3个参数如图4.44所示。在图4.44中，采用的是地心赤道坐标系，即以地心为坐标原点，X轴在赤道面内，指向春分点，Z轴垂直于赤道面，与地球自转角速度方向一致，Y轴与X轴和Z轴垂直构成右手坐标系统。

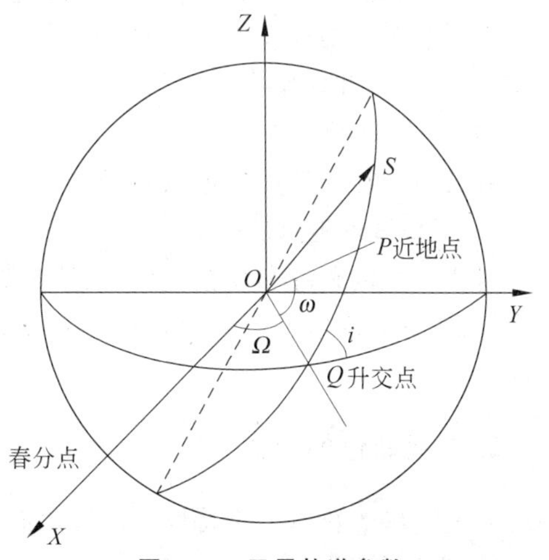

图 4.44 卫星轨道参数

描述卫星轨道需要如下6个参数。

1) 长半轴a与偏心率e

长半轴a为卫星轨道远地点到椭圆中心的距离，对应为椭圆轨道的长半径。长半轴决定卫星距地面的高度及轨道的大小。偏心率e是两个焦点之间的距离与椭圆长半轴之比，可以定义为

$$e=\frac{\sqrt{a^2-b^2}}{a} \tag{4.11}$$

其中，a为椭圆轨道长半轴，b为椭圆轨道短半轴。e决定轨道的形状。

对于大部分对地观测卫星，其轨道的 e 接近于 0，意味着卫星轨道接近正圆形，也意味着卫星近似匀速运行，卫星平台距地面高度变化不大，有利于控制曝光时间和获取全球范围内比例尺基本一致的遥感影像。

长半轴和偏心率两个参数确定卫星轨道高度。卫星轨道高度是指卫星在太空绕地球运行的轨道距地球表面的高度。由于卫星轨道大多数是近圆形轨道或椭圆形轨道，所以轨道高度一般指近地点高度和远地点高度的平均值。

按照轨道高度可将卫星分为低轨、中轨和高轨 3 类。

(1) 低轨卫星。轨道高度为 150～300km，可获得大比例尺、高分辨率遥感影像，但寿命短，一般只有几天到几周的工作时间。这类卫星通常用于军事侦察。

(2) 中轨卫星。轨道高度为 350～1500km。这类卫星寿命可达一年以上，适用于各种环境和资源遥感。

(3) 高轨卫星。轨道位于赤道上空约 35 860km 处。这类卫星沿赤道绕地球运行的周期约为 24h，与地球自转速度相同，称为地球同步卫星。其寿命长达数年。高轨卫星适用于地面动态监测，如实时监测火山、森林火灾和大面积洪水等。

与轨道高度相关的一个概念是卫星轨道周期 T，指卫星在轨道上绕地球运行一周需要的时间。卫星轨道周期长短与轨道高度有关，轨道长半轴越长，周期也越长。

2) 轨道面倾角 i 与升交点赤经 Ω

轨道面倾角 i 是地球赤道面与卫星轨道面间的夹角，用以确定卫星赤道面在太空的位置。当卫星绕地球转动的方向与地球自转方向一致(自西向东)时，轨道面倾角为 0°～90°；反之则为 90°～180°。当轨道面倾角为 0°时，卫星轨道面与赤道面重合，此时的轨道称为赤道轨道；当倾角约为 90°时，卫星轨道面与赤道面相互垂直，称为极地轨道。除上述两种轨道外的轨道均称为倾斜轨道。轨道面倾角的大小决定了卫星对地面观测的范围，轨道面倾角越接近 90°，卫星能观察到的区域越大。

卫星轨道与地球赤道面有两个交点：卫星由南向北飞行时与地球赤道面的交点称为升交点，卫星由北向南飞行时与地球赤道面的交点称为降交点。

3) 近地点角距 ω

升交点向径与轨道近地点向径之间的夹角称为近地点角距。

4) 卫星过近地点的时刻 t

对于卫星的跟踪和预报来说，上述参数中最重要的轨道参数是轨道面倾角 i 和升交点赤经 Ω，它们确定了卫星的轨道相对于地球的方位，但还必须知道椭圆轨道长半轴的方向。

2. 卫星轨道的种类

人造卫星的轨道由于特性不同可以有各种类型。

1) 地球同步轨道

运行周期长等于地球的自转周期(即 1 个恒星日＝23 时 56 分 4 秒)的轨道叫作地球同步轨道，其轨道高度为 35 786 103m。其中，当轨道面倾角 $i=0°$时，如果从地球上看卫星，卫星在赤道上的位置好像静止不动，这种轨道叫静止轨道。静止轨道能够长期观测特定的地区，并能将大范围的区域同时收入视野，因此被广泛应用于气象卫星和通信卫星中。

2）太阳同步轨道

太阳同步轨道是指卫星轨道的公转方向及其周期与地球公转方向及其周期相等的轨道。采用这种轨道，在圆轨道情况下卫星每天沿同一方向通过同一纬度地面点的时间相同，因此，太阳光的入射角几乎是固定的，这对于利用太阳光的被动式遥感器来说就具有了观测条件固定的优点。

3）回归轨道与准回归轨道

卫星一天绕地球若干圈，并不回到原来的轨道，每天都有推动，N 天之后又回到原来的轨道，即称为回归日数为 N 天的回归轨道；准回归轨道是指卫星绕地球 N 天后与原来的轨道偏差小于成像带宽度。这两种轨道的特点是能对地球表面特定地区进行重复观测，是遥感卫星常用的轨道。

3. 遥感卫星分类

按照不同的分类方法，遥感卫星可以分成不同的类别。根据卫星的用途及探测目标的不同，遥感卫星可以分为气象卫星、陆地资源卫星、海洋遥感卫星等。根据卫星的数据采集和传送方式的不同，遥感卫星也可分为数据传输型卫星和返回式遥感卫星。

1）气象卫星

气象卫星主要用于探测和监视全球大气、地面和海洋状况。它所获取的遥感数据可以用于绘制云图、冰雪覆盖图以及其他关于气象信息的遥感图像。其主要遥感传感器为可见光-红外扫描辐射计和甚高分辨率扫描辐射计等。通过气象卫星可以发现台风、旋风和飓风，确定云顶和地表温度。除气象应用外，气象卫星遥感数据还广泛应用于船舶航行、捕鱼、农作物长势监测、自然灾害监测和冰情预报等众多非气象领域。

气象卫星分为两种：一种是极轨气象卫星；另一种是静止轨道气象卫星。极轨气象卫星运行于 600～1400km 高度的太阳同步轨道，它以 1～4km 的分辨率沿飞行轨道对地面数千千米宽的条带进行扫描观测，每天可绕地球运行 14 圈，能够对全球任意地点观测两次。静止轨道气象卫星定位于赤道上空约 36 000km 的地球静止轨道的某一点，可对卫星下方 40％的地球表面进行连续观测。这对监视灾害性天气有很强的时效性，适用于地区性短期天气预报业务。其缺点是对于纬度大于 70°的高纬度地区的气象观测能力较差。这两种气象卫星的观测数据互为补充，各有所长。在国际气象卫星组织的协调下，美国、日本、俄罗斯、印度、欧洲和中国的气象卫星组成了全球气象卫星业务观测体系，实现了对全球气象状况的不间断观测，每天向全世界免费提供大量有价值的气象资料。

2）陆地资源卫星

陆地资源卫星是一种利用星载遥感传感器获取地球表面图像数据，从而进行资源调查的一种卫星。陆地资源卫星一般运行于地球上空 700～900km 的圆形太阳同步轨道，10～30 天可观测地球表面一遍。星上主要遥感传感器有可见光相机、多光谱扫描仪和红外相机等。现在地球上空运行着美国陆地卫星、法国斯波特卫星、印度遥感卫星和中巴资源卫星等多颗陆地资源卫星。陆地资源卫星遥感数据广泛应用于国土普查、地质调查、石油勘探、农业和林业普查与规划、工程选址与选线、海岸测绘、地形测绘以及灾害监测与灾情评估等众多领域,已经成为政府和企业迅速获取数据、制定合理政策和规划的重要技术支撑,并将在构筑数字地球、实现信息数字化等方面发挥重要作用。

3) 海洋遥感卫星

海洋遥感卫星是一种探测海洋表面状况、监测海洋动态变化的遥感卫星。在卫星上一般装载合成孔径雷达、雷达高度计、微波辐射计和红外辐射计等遥感传感器。它可以根据需要获取海洋波浪高度、长度和波谱、海洋风速和风向、海洋温度、海流、环流、海貌和全球水准面等海洋数据。海洋遥感卫星能够提供全球海洋连续的、全面的、同步的观测数据,这是其他任何观测手段都不可能实现的。海洋遥感卫星的出现和实际应用使海洋研究有了突飞猛进的发展,并诞生了一门新的海洋研究学科——卫星海洋学。

4.4.3 常用遥感卫星

1960 年 4 月 1 日,世界上第一颗遥感卫星——美国的泰罗斯 1 号气象卫星发射成功,揭开了人类利用卫星进行对地观测的序幕。迄今为止,美国、苏联及后来的俄罗斯、日本、欧空局、中国、法国和印度等和许多空间组织发射了多颗遥感卫星,获取了大量地球表面及空间环境的探测数据,为人类探测和合理开发利用地球资源、监测全球天气变化、提供气象服务、监测灾害和灾情评估以及灾后救援和重建等提供了及时、准确和全面的科学依据。

1. 陆地卫星

美国于 1972 年 7 月 23 日发射了世界上第一颗真正意义上的地球观测卫星,原名为地球资源技术卫星(Earth Resource Technology Satellite,ERTS),1975 年更名为陆地卫星(Landsat),它以出色的观测能力推动了卫星遥感的飞跃发展。从 1972 年 7 月 23 日以来,已发射 8 颗 Landsat(第 6 颗发射失败)。Landsat 1 到 Landsat 4 均相继失效;Landsat 5 于 2013 年 6 月退役;Landsat 7 于 1999 年 4 月 15 日发射升空;Landsat 8 于 2013 年 2 月 11 日发射升空,经过 100 天测试运行后开始获取影像。Landsat 系列卫星主要性能参数如表 4.7 所示。

表 4.7 Landsat 系列卫星主要性能参数

性能参数	Landsat 1	Landsat 2	Landsat 3	Landsat 4	Landsat 5	Landsat 6	Landsat 7	Landsat 8
发射时间	1972.7.23	1975.1.22	1978.3.5	1982.7.16	1984.3.1	1993.10.5	1999.4.15	2013.2.11
卫星高度/km	920	920	920	705	705	发射失败	705	705
半主轴/km	7285.438	7285.989	7285.776	7083.465	7285.438	7285.438		
倾角/°	99.125	99.125	99.125	98.22	98.22	98.2	98.2	98.2(轻微右倾)

续表

性能参数	Landsat 1	Landsat 2	Landsat 3	Landsat 4	Landsat 5	Landsat 6	Landsat 7	Landsat 8
经过赤道的时间	8:50am	9:03am	6:31am	9:45am	9:30am	10:00am	10:00am	10:00am ±15min
覆盖周期/天	18	18	18	16	16	16	16	16
成像幅宽或幅面尺寸	185km	185km	185km	185km	185km	185km	185km×170km	185km×185km
波段数	4	4	4	7	7	8	8	11
星载遥感传感器	MSS	MSS	MSS	MSS、TM	MSS、TM	ETM	ETM+	OLI、TIRS
运行情况	1978年退役	1976年失灵,1980年修复,1982年退役	1983年退役	2001年6月15日TM遥感传感器失效,退役	2013年6月退役	发射失败	正常运行至今(有条带)	正常运行至今

前3颗卫星的轨道是近圆形太阳同步轨道,高度约为915km,运行周期为103min,每天绕地球14圈,每18天覆盖全球一次,星载的遥感传感器有:①3台独立的返束光导摄像机(RBV),分3个波段同步成像,地面分辨率为80m;②多波段扫描仪(MSS),在绿光、红光和近红外的4个波段工作,地面分辨率也为80m。

Landsat 4和Landsat 5进入高约705km的近圆形太阳同步轨道,每一圈运行的时间约为99min,每16天覆盖全球一次,第17天返回同一地点的上空。卫星上除了带有与前3颗卫星基本相同的MSS外,还带有一台专题成像仪(TM),它可在包括可见光、近红外和热红外在内的7个波段工作,MSS的IFOV为80m;TM的IFOV除6波段为120m以外,其他都为30m。

Landsat 7是美国的陆地卫星计划的第七颗卫星,于1999年4月15日在加利福尼亚范登堡空军基地用Delta Ⅱ火箭发射。卫星携带增强型专题制图仪(Enhanced Thematic Mapper ,ETM+)传感器。自2003年6月以来,该传感器已采集并传输了扫描线校正器(SLC)故障导致的数据间隙数据。在数据产品方面,Landsat 7与Landsat 5最主要的差别有:增加了分辨率为15m的全色波段(PAN波段);波段6的数据分低增益和高增益数据,分辨率从120m提高到60m。此外,在增加了两个校准灯之外,还增加了一个全孔径太阳校准器(FASC)和一个部分孔径太阳校准器(PASC)。

Landsat 8是美国陆地卫星计划的第八颗卫星,于2013年2月11日在加利福尼亚范登堡空军基地用Atlas-Ⅴ火箭发射成功,最初称为陆地卫星数据连续性任务(Landsat Data Continuity Mission,LDCM)。Landsat 8上携带陆地成像仪(Operational Land Imager,OLI)和热红外传感器(Thermal Infrared Sensor,TIRS),OLI包括9个波段,空间分辨率为30m,其中包括一个15m的全色波段,成像宽幅为185km×185km;TIRS包括两个单独的热红外波段,分辨率为100m。

MSS和TM的数据是以景为单元构成的,每景约相当地面上185km×170km的面积，各景的位置根据卫星轨道确定的轨道号和中心纬度确定的行号确定。Landsat 的数据通常用计算机兼容磁带(CCT)提供给用户。Landsat 的数据现在被世界上十几个地面站所接收，主要应用于陆地的资源探测和环境监测，是世界上目前利用最为广泛的地球观测数据。

2. 斯波特卫星

斯波特(SPOT)卫星是法国研制并发射的陆地资源卫星。自 1986 年 2 月 22 日第一颗 SPOT 卫星发射以来，SPOT 系列卫星已经发射了 7 颗，其中 3 号卫星于 1996 年 11 月失效，1 号卫星也在 2003 年 9 月被关闭。目前，SPOT 系列卫星在轨运行的是 2、4、5、6 和 7 号卫星。

SPOT 系列卫星主要性能参数如表 4.8 所示。

表 4.8 SPOT 系列卫星主要性能参数

性能参数	1、2、3 号卫星	4 号卫星	5 号卫星
发射时间	SPOT-1：1986 年 2 月 22 日 SPOT-2：1990 年 1 月 22 日 SPOT-3：1993 年 9 月 26 日	1998 年 4 月 24 日	2002 年 5 月 4 日
轨道	太阳同步	太阳同步	太阳同步
降交点时间	10：30am	10：30am	10：30am
轨道高度(赤道)/km	822	822	822
轨道倾角/°	98.7	98.7	98.7
姿态控制	指向地球	指向地球	指向地球和偏航轴控制(用以补偿地球自转的影响)
轨道周期/(分/圈)	101.4	101.4	101.4
轨道重复周期/天	26	26	26
波段范围/μm	PA：0.50～0.73 B1：0.50～0.59 B2：0.61～0.68 B3：0.78～0.89	M：0.61～0.68 B1：0.50～0.59 B2：0.61～0.68 B3：0.78～0.89 SWIR：1.58～1.75	PA：0.48～1.71 B1：0.50～0.59 B2：0.61～0.68 B3：0.78～0.89 SWIR：1.58～1.75
空间分辨率(星下点)/m	PA：10 B1、B2、B3：20	M：10 B1、B2、B3：20 SWIR：20	PA：2.5 或 5 B1、B2、B3：10 SWIR：20
侧视角度/°	±27	±27	±27
成像幅宽(星下点)/km	60	60	60

续表

性能参数	1、2、3号卫星	4号卫星	5号卫星
总重量/kg	1800	2760	3000
尺寸/m	2×2×4.5	2×2×5.6	3.1×3.1×5.7
太阳能电池板功率/W	1100	2100	2400
星上存储容量	两个60Gb的记录仪(每个记录仪可以存放280景影像,影像数据文件的平均大小为36MB)	两个120Gb的记录仪以及一个9Gb的固态存储器(每个记录仪可以存放560景影像,固态存储器可以存放40景影像,影像数据文件的平均大小为36MB)	90Gb固态存储器(约存放210景影像,影像文件的平均大小为114MB)
星载数据处理能力	可同时获取2景影像,然后向地面站传输或者采用1.3倍的压缩比(DPCM,只对全色影像)进行压缩后在星上存储	可同时获取2景影像,然后向地面站传输或者采用1.3倍的压缩比(DPCM)进行压缩后在星上存储	可同时获取5景影像,其中2景可以实时向地面站传输,另外3景采用2.6倍的压缩比(DCT)进行压缩后在星上存储
数据传输率/(Mb/s)	50	50	2×50

SPOT系列卫星采用高度为830km、轨道倾角为98.7°的太阳同步准回归轨道,通过赤道时刻为地方时上午10:30,回归天数为26天。多颗SPOT卫星在同一轨道上运行,形成卫星星座,结合卫星遥感传感器的倾斜观测能力,可以提供高性能的对地观测能力。在只有一颗SPOT卫星运行时,平均3天可以重复观测到同一地区;而在目前采用的2、4和5号卫星星座中,可实现每天对同一地区的重复观测。

早期的1、2和3号卫星,其HRV传感器全色波段(PA)的空间分辨率为10m,多光谱有3个波段(B1、B2和B3),分别对应绿光、红光和近红外波段,空间分辨率为20m。4号卫星的HRVIR传感器保留了前3颗卫星的波段设置,另外增加了短波红外波段(SWIR),并将其第2个波段用作单色模式(M),空间分辨率仍为10m,多光谱波段(包括短波红外波段)的空间分辨率仍为20m,以保持与前3颗卫星的数据连续性。5号卫星的HRG传感器又恢复使用全色波段,同时在空间分辨能力方面做了较大的改进,其全色波段的分辨率提高到5m,并可通过地面系统的特殊处理生成2.5m分辨率的数据。另外,除短波红外波段的空间分辨率仍保持在20m的水平,其余多光谱波段的空间分辨率则提高到10m,从而大大增强了对地面目标的识别能力。

1、2、3和4号卫星都采取了侧视成像方式,以提高对地观测的灵活性,同时缩短重复观测的周期。在此模式下,可在不同轨道上对同一地区以不同的侧视角进行观测,从而形成立体像对,立体像对面积为60km×60km(星下点)。在5号卫星上,除保留上述能力外,特别增加了两台高分辨率立体成像仪(HRS),分别沿轨道方向向前和向后观测,以形成沿轨道方向的立体成像,能同时获取120km宽的全色和多光谱影像,极大地增强了立体观测能力。

2012年9月9日发射的6号卫星和2014年6月30日发射的7号卫星共同组网，星座运行。60km×60km大幅宽拍摄影像数据，单颗卫星可实现3天以内全球任意地点重访。双星大大提高了拍摄效率，同时6号和7号卫星具有较高的1.5m分辨率和先进的卫星系统设计及机动能力，可满足大面积连续更新监测应用。

SPOT卫星的观测数据的应用目的与Landsat卫星相同，以陆地为主，但由于它的分辨率高，也用于地图制作，通过立体观测和高程测量，可以制作较大比例尺(如1∶50 000)的地形图。通过全色波段与其他数据的复合可制作高分辨率的卫星影像，可以代替航空照片。

在第一颗SPOT卫星发射15年后，鉴于空间对地观测技术的发展和国际遥感数据市场需求的变化，法国和欧盟其他国家开始研制下一代高分辨率光学遥感卫星，即Pleiades卫星计划。法国和意大利于2001年签署了空间对地观测卫星系统发展计划，由法国国家空间技术研究中心负责研制Pleiades卫星，并把它作为SPOT系列卫星的后续计划。Pleiades卫星由Pleiades-1和Pleiades-2组成。首颗Pleiades-1卫星已于2011年12月17日成功发射，它具有50cm的超高空间分辨率，并且幅宽达到了20km×20km。Pleiades-2于2012年12月1日成功发射并已成功获取第一幅影像。

3. 诺阿卫星

诺阿(NOAA)是美国国家海洋大气局的系列极轨气象观测卫星。美国NOAA卫星从1970年12月发射第一颗以来，近50年连续发射了19颗。NOAA卫星共经历了5代，目前使用较多的为第五代NOAA卫星，包括NOAA-15到NOAA-19。

NOAA卫星的轨道是接近正圆的太阳同步轨道，轨道高度为870km及833km，轨道倾角为98.9°和98.7°，周期为101.4min。

NOAA卫星的应用目的是日常的气象业务，平时有两颗卫星在运行。由于一颗卫星每天至少可以对地面同一地区进行两次观测，所以两颗卫星就可以进行4次以上的观测。

NOAA卫星上携带的探测仪器主要有高级甚高分辨率辐射计(AVHRR/2)和泰罗斯垂直分布探测仪(TOVS)。AVHRR/2是以观测云的分布和地表(主要是海域)的温度分布等为目的的遥感传感器，TOVS是测量大气温度的垂直分布的多通道分光计，由高分辨率红外垂直探测仪(HIRS/2)、平流层垂直探测仪(SSU)和微波垂直探测仪(MSU)组成。AVHRR/2数据还可以用于非气象的遥感，其主要特点是宏观、快速、廉价，在农业、海洋、地质、环境和灾害等方面都有独特的应用价值。

4. 中巴"资源一号"卫星

中巴地球资源卫星(CBERS)项目是中国和巴西两国政府的合作项目。该项目下的卫星是由中国空间技术研究院和巴西空间技术研究院联合研制(以中方为主，占70%的份额)的传输型可见光地球陆地遥感卫星。自1999年10月14日起，中巴"资源一号"卫星成功发射了01星、02星、02B星(均已退役)、02C星和04星5颗卫星，获取了大量的观测数据，并广泛应用于中巴两国国民经济建设的许多领域。

“资源一号”01/02星采用高度约778km的太阳同步回归轨道，倾角为98.5°，偏心率为1.1×10^{-3}，设计在轨寿命为2年。

“资源一号”02B星在保留01/02星原有20m CCD相机和250m宽视场相机并保持数据连续性的基础上，增加了分辨率为2.3m的全色推扫高分辨率相机，使图像分辨率提高了近一个量级。

“资源一号”02C星是一颗填补中国高分辨率遥感数据空白的卫星，由中国空间技术研究院负责研制生产。卫星重约2100kg，设计寿命为3年，装有全色多光谱相机和全色高分辨率相机，主要任务是获取全色和多光谱图像数据。

2014年12月7日上午11点26分，我国在太原卫星发射中心用长征四号乙运载火箭成功将中巴地球资源卫星04星准确送入预定轨道，这是长征系列运载火箭的第200次发射，标志着我国成为世界上第三个航天发射达到200次的国家。2014年12月9日，中国国家航天局对外公布了中巴地球资源卫星04星成功获取的首批影像图。该批影像图像清晰，色彩丰富，质量优良，达到设计要求，这是04星取得的重大阶段性成果。

5. 高分辨率遥感卫星

高分辨率遥感卫星作为提供高质量地理信息的采集系统，能够带来巨大的军事和经济效益，尤其是在国防领域，高分辨率遥感卫星可以成为进行全球范围战场监视、侦察和测绘的基本设施，是确保战争信息优势的关键。进入21世纪以来，全球多个国家竞相研究开发高分辨率遥感卫星及其应用技术。目前在轨运行的各种高分辨率遥感卫星有十多颗，未来几年内计划发射的卫星也有数十颗，一些中小国家或地区，如韩国、中国台湾省、以色列等，已拥有或计划发射高分辨率遥感卫星。

第一颗商业高分辨率遥感卫星是1999年美国太空成像公司发射的IKONOS卫星。目前美国在高分辨率遥感卫星产业中处于世界领先的地位，有多颗卫星的在轨运行分辨率在1m以上，其中最具代表性的3颗卫星分别是IKONOS(1m)、ORBVIEW-3(1m)和QuickBird-2(0.61m)。这3颗高分辨率遥感卫星的主要参数如表4.9所示。

表4.9 美国高分辨率遥感卫星的主要参数

卫　星	IKONOS	QuickBird-2	ORBVIBW-3
发射日期	1999年9月24日	2001年10月18日	2003年6月26日
轨道高度/km	681	450	470
轨道倾角/°	98(太阳同步轨道)	97(太阳同步轨道)	97(太阳同步轨道)
重访周期/天	3	1～3	3
扫描宽度/km	11.3	16.5	8
空间分辨率/m	全色：0.82 多光谱：3.2	全色：0.61 多光谱：2.44	全色：1 多光谱：4

续表

卫　星	IKONOS	QuickBird-2	ORBVIBW-3
光谱范围/nm	全色：450～900 蓝：450～520 绿：510～600 红：630～7000 近红外：760～850	全色：450～900 蓝：450～520 绿：520～600 红：630～690 近红外：760～900	全色：450～900 蓝：450～520 绿：520～600 红：625～695 近红外：760～900

2003年，美国发布了新政策，明确将高分辨率遥感卫星影像纳入国家影像体系之中，明文规定政府各部门要充分利用商业高分辨率遥感卫星影像资源。美国国家地理空间情报局（NGA）在2003—2004年制订了商业高分辨率遥感卫星的发展计划，称为NextView计划，投资数十亿美元（包括购买影像的投资）研发下一代高分辨率遥感卫星，保障美国高分辨率商业图像运营商的发展，资助它们建造分辨率更高（0.25～0.5m分辨率）的新一代卫星，使新的商用系统首先保证满足美国情报和军事测绘的需求。该计划的有关合同分别发包给两家公司：一家是GeoEye公司（GeoEye系列卫星）；另一家是数字地球（DigitalGlobe）公司（WorldView系列卫星）。GeoEye-1卫星于2008年9月6日成功发射，已开始正常工作。其采集影像的分辨率为：全色（黑白）0.41m，多光谱1.65m。WorldView-1卫星于2007年9月发射，空间分辨率达到了0.5m。目前后续的计划正在进行中。

近年来，我国周边国家积极发展高分辨率遥感卫星技术，提高卫星的侦察能力。日本已建成第一代军用侦察卫星星座——情报搜集卫星（IGS）系统，成为世界上少数几个拥有军事侦察卫星的国家之一，未来IGS系列卫星体系将扩充至10颗或更多。印度不断提升民用遥感卫星性能，加快国家预警与反应系统的构建步伐。韩国制订了长远规划，逐步实施本国的侦察卫星计划。我国周边国家的主要卫星如表4.10所示。

表4.10　我国周边国家的主要卫星[2]

国　家	卫星系统	卫星类型	地面分辨率/m	未来改进
日本	光学5号/6号	光学侦察卫星	0.4/0.3	2020年发射日本第四代光学侦察卫星，分辨率高于0.3m
	雷达5号/6号	雷达侦察卫星	1	
印度	TES	技术试验卫星	1	2019年发射雷达成像卫星RISAT-2B，分辨率为1m
	Cartosat-3	遥感卫星（光学）	0.25	
韩国	阿里郎-5	合成孔径雷达卫星	1	阿里郎卫星规划7颗，未来计划发射阿里郎-6、阿里郎-7

4.5 本章小结

本章着重介绍了遥感系统的基本技术，包括遥感技术的基础知识、遥感技术的物理基础、遥感平台和常用遥感卫星，以及常用遥感传感器与其成像特点。

遥感系统接收来自地物的电磁波信息，并对这些信息进行加工处理，从而能够识别地面物质的性质和运动状态。现代遥感技术从航空摄影技术开始萌芽，随着航天和卫星技术的进步而快速发展。遥感技术因为具有感测范围大、获取信息迅速和信息量大等优点，目前已经应用在农业、林业、地质矿产、水文、气象、地理、测绘、海洋研究、军事侦察及环境监测等领域，应用领域还在不断扩展。

遥感技术是建立在物体电磁波辐射理论基础上的。每种物体都能够向外辐射电磁波，而且不同物体有各自的电磁辐射特性，这样应用遥感技术才可以探测和研究远距离的物体。最主要的自然辐射源是太阳。太阳辐射在从近紫外到中红外这一波段区间内能量最集中，而且相对来说最稳定，太阳强度变化最小。太阳辐射经过地球大气照射到地面，经过地面物体反射又返回，再经过大气到达遥感传感器。这时遥感传感器探测到的地表辐射强度与太阳辐射到达地球大气上空时的辐射强度相比已有了很大的变化，大气对电磁辐射具有折射、反射、吸收和散射作用。地物的电磁波响应特性随电磁波长而变化的规律称为地物波谱。地物波谱是电磁辐射与地物相互作用的结果。不同的物质反射、透射、吸收、散射和发射电磁波的能量是不同的，它们都具有本身特有的变化规律，表现为地物波谱随波长而变的特性，这些特性称为地物波谱特性。地物的波谱特性是遥感识别地物的基础。

遥感平台是指装载遥感传感器的运载工具。遥感平台按高度及载体的不同可分为地面平台、航空平台和航天平台3种。随着遥感技术的发展，越来越多的遥感图像依赖于各种地球资源卫星提供。常用的遥感卫星包括美国的陆地卫星(Landsat)、法国的斯波特卫星(SPOT)和美国的诺阿卫星(NOAA)。

遥感传感器是远距离感测地物环境辐射或反射电磁波的仪器，是获取遥感数据的关键设备，其性能决定了遥感的能力。遥感传感器由收集系统、探测系统、处理系统和输出系统4部分组成。常用的遥感传感器包括以下几类：

(1) 摄影型遥感传感器。通过成像设备获取物体影像，直接在感光胶片上曝光成像，普遍具有空间分辨率高的优点。用于遥感的摄影型传感器有以下几种类型：分幅式摄影机、全景摄影机、多光谱摄影机等。

(2) 扫描型遥感传感器。将收集到的电磁波能量通过仪器内的光敏或热敏元件(探测器)转变成电能后再记录下来。其优点有二：一是扩大了探测的波段范围；二是便于数据的存储与传输。

(3) 微波遥感传感器。通过微波与地物相互作用，利用微波遥感传感器获取来自目标地物发射或反射的微波辐射，并进行处理分析与应用，得到地物的图像。微波遥感传感器穿透性较好，可以全天候工作，并具有某些独特的探测能力(如海洋参数、土壤水分和地下测量)。

遥感图像的特征表现在多方面，最具实用意义的是分辨率，包括空间分辨率、波谱分辨率、辐射分辨率、时间分辨率和温度分辨率。

第5章

遥感图像处理技术

遥感图像基础
遥感图像的校正与增强技术
遥感图像的镶嵌与配准技术
遥感图像融合技术
遥感图像目视解译与分类技术

5.1 遥感图像基础

地物目标反射或发射的电磁波经过大气到达遥感传感器，这些包含地物目标信息的电磁能量被遥感传感器接收和记录下来，形成遥感数据。在大部分遥感系统中，遥感数据以图像的形式记录下来。遥感图像的有效利用是遥感系统效能的决定性因素之一，是遥感技术中的重点研究领域。遥感传感器获得的原始图像通常需要进一步处理，其目的是对遥感图像进行加工和改造，使之有利于遥感图像的分析与判读。用于该目的的技术称为**遥感图像处理**。遥感图像处理包括各种针对不同目的和任务的处理操作，如图像数字化与量化、图像校正、图像增强、图像分类和图像融合等。

需要注意的是遥感图像处理技术与通用图像处理技术之间的关系。遥感图像处理是以通用图像处理技术为基础的，通用图像处理的很多方法和手段都可以直接用于遥感图像处理任务中。但是遥感图像处理也有其特殊性，属于特定应用领域的专门处理技术，需要结合遥感任务的应用目的和具体特性来研究。与通用图像处理技术相比较，遥感图像处理在很大程度上依赖于对遥感地物特性和信息的先验知识。

5.1.1 遥感图像的数据表示

遥感图像可以表示为定义在二维空间坐标上的函数：$y=f(x,y)$，函数值表示在空间坐标位置上遥感传感器接收的电磁能量，或者说图像强度。对于多光谱图像，可用下标 l 来区分其光谱特性，写成 $f_l(x,y)$；对同一地区在不同时间获取的图像，则可用下标 t 来区分其时间特性 $f_t(x,y)$。

从空间坐标和函数值的连续性出发，可以把遥感图像分成光学图像（连续图像）和数字图像两种类型。

1. 光学图像

采用传统胶卷相机拍摄的遥感图像是光学图像,如常规胶片或透明正片、负片等。光学图像空间坐标是连续变化的,而函数值可以看成连续的光能量函数记录,随坐标(x,y)而变化。

2. 数字图像

光学图像因为其自变量和函数值是连续的,不适合计算机处理,所以在现代遥感技术中,一般将光学图像转化为数字图像进行处理。数字图像是一个定义在二维离散坐标上的离散函数,相对于光学图像,它在空间坐标(x,y)和函数值上都已离散化:

$$\begin{aligned} x &= x_0 + m\Delta x \\ y &= y_0 + m\Delta y \end{aligned} \tag{5.1}$$

其中 Δx 和 Δy 为离散化的坐标间隔,同时 $f(x,y)$也为离散值。

数字图像可用一个矩阵表示:

$$\begin{bmatrix} f(0,0) & f(0,1) & \cdots & f(0,n-1) \\ f(1,0) & f(1,1) & \cdots & f(1,n-1) \\ \vdots & \vdots & \ddots & \vdots \\ f(m-1,0) & f(m-1,1) & \cdots & f(m-1,n-1) \end{bmatrix} \tag{5.2}$$

矩阵中每个元素称为像素。

3. 光学图像与数字图像的相互转换

1) 光学图像转换为数字图像

光学图像转换为数字图像实际上是图像数字化的过程,不仅在空间坐标上要离散化,并且在函数幅值上也要离散化。

图像数字化分为两个步骤:一是空间坐标上的离散化,称为采样;二是函数幅值上的离散化,称为量化。采样从本质上来说,是利用二维周期采样序列从连续信号中抽取一系列离散值,得到离散坐标上的信号值。一般情况下,二维周期采样是通过二维正交的采样结构来实现的。

设 x、y 方向的取样间隔分别为 Δx、Δy,则取样位置分别为

$$x = m\Delta x, \quad y = n\Delta y \quad (m,n = 0, \pm 1, \pm 2, \cdots) \tag{5.3}$$

则取样周期函数为

$$\delta(x,y) = \sum_{m=-\infty}^{+\infty} \sum_{n=-\infty}^{+\infty} \delta(x - m\Delta x, y - n\Delta y) \tag{5.4}$$

则采样输出图像为

$$s(m,n) = f(x,y)\delta(x,y) \tag{5.5}$$

量化是指用有限个状态表示连续采样值的过程。如果每个采样值单独量化,则称为标量量化;如果一组采样值同时量化,用有限个状态表示,则称为向量量化。

标量量化器 $Q(\cdot)$ 如下所示：

$$Q(s)=r_i,\quad s\in(d_{i-1},d_i],\quad i=1,2,\cdots,L \tag{5.6}$$

其中，L 表示量化状态数。式(5.6)表示：如果连续采样值 s 处于 $(d_{i-1},d_i]$ 区间，量化器输出对应的量化状态值 r_i。

2）数字图像转换为光学图像

数字图像转换为光学图像实际上是采样过程的逆过程，将空间离散信号变成空间连续信号。数字图像转换为光学图像一般有两种方式。一种是通过显示终端输出，这些设备包括显示器、电子束或激光束成像记录仪等。这些设备输出光学图像的基本原理是：通过数模转换设备将数字信号以模拟方式表现，例如显示器就是将数字信号以蓝、绿、红三色的不同强度通过电子束打在荧光屏上，3 个颜色的综合就显示出该像元应有的颜色。电子束或激光束成像记录仪的工作原理与显示器相似。另一种是通过照相或打印的方式输出，例如早期的遥感图像处理设备中包含的屏幕照相设备和目前的彩色喷墨打印机。

5.1.2 遥感图像处理的涵盖范围与分类

1. 遥感图像处理的涵盖范围

遥感图像处理包括多种多样的处理任务，常见的处理任务包括以下几项。

1）遥感图像校正

遥感图像校正是指纠正变形的图像数据或低质量的图像数据，从而更加真实地反映其情景。图像校正主要包括辐射校正与几何校正两种。

2）遥感图像增强

遥感图像增强是通过增加图像中各某些特征在外观上的反差来提高图像的目视解译性能，主要包括对比度变换、空间滤波、彩色变换、图像运算和多光谱变换等。图像校正是通过消除伴随观测而产生的误差与畸变，使遥感观测数据更接近真实值，而图像增强的重点是使分析者能从视觉上便于识别图像内容。

3）遥感图像镶嵌

遥感图像镶嵌是将两幅或多幅数字图像（它们有可能是在不同的摄影条件下获取的）拼接在一起，构成一幅更大范围的遥感图像。

4）遥感图像融合

遥感图像融合是将多源遥感数据在统一的地理坐标系中采用一定算法生成一组新的信息或合成图像的过程。遥感图像融合将多种遥感平台的数据、多时相遥感数据以及遥感数据与非遥感数据的信息进行组合匹配、信息补充，融合后的数据更有利于综合分析。

5）遥感图像自动判读

遥感图像自动判读是根据遥感图像数据特征的差异和变化，通过计算机处理，自动输出地物目标的识别分类结果。它是计算机模式识别技术在遥感领域的具体应用，可提高从遥感数据中提取信息的速度与客观性。自动判读的方法主要包括监督分类法和非监督分类法。

2. 遥感图像处理方法的分类

遥感图像处理可以采用光学方法和数字方法。

1）遥感图像光学处理方法

遥感图像光学处理方法是针对光学图像，依靠光学仪器或电子光学仪器，用光学方法进行图像处理，实现处理目的。遥感图像光学处理精度高，反映目标地物真实，图像目视效果好，是遥感图像处理的重要方法之一。

2）遥感图像数字处理方法

随着计算机技术的发展，数字处理技术已经越来越多地应用于遥感图像处理中。在光学图像转换为数字图像之后，或者通过遥感传感器直接获得数字遥感图像之后，就可以利用计算机对遥感图像数据进行处理，这种处理技术称为遥感图像数字处理方法。数字处理方法操作简单，能够很容易地构建满足特定处理任务要求的遥感图像处理系统，同时随着计算机硬件和软件技术的发展，处理效率越来越高，可以准确地提取所需的遥感信息，同时还可以和其他计算机系统（如地理信息系统和 GPS 系统）无缝集成，形成 3S 技术的综合应用。目前来说，遥感图像的数字处理方法已经逐步取代光学处理方法，成为遥感图像处理的主流技术手段。

3. 遥感图像光学处理方法简介

下面简要说明遥感图像光学处理的几个方法。

1）加色法彩色合成

加色法彩色合成是根据加色法原理制作成各种合成仪器，选用不同波段的正片或负片组合进行彩色合成。根据仪器类别可以将加色法彩色合成方法分为以下两种。

（1）合成仪法。是将不同波段的黑白透明片分别放入有红、绿、蓝滤光片的光学投影通道中精确配准和重叠，生成彩色影像的过程。该方法采用的合成仪有两类：一类是单纯光学合成系统；另一类是计算机控制的屏幕合成系统，两者原理相同。

（2）分层曝光法。指利用彩色胶片的 3 层乳剂，使每一层乳剂依次曝光的方法。采用的仪器为单通道投影仪或放大机。每次放入一个波段的透明片，依次使用红、绿、蓝滤光片，分 3 次或更多次对胶片或相纸曝光，使感红层、感绿层和感蓝层依次感光。最后冲洗成彩色片。这一技术的关键是保证多次曝光时多张黑白透明片的影像位置完全重合。3 个滤色片要使遥感图像在色度图上组成的颜色三角形最大，以便合成后的色调丰富。

2）减色法彩色合成

减色法彩色合成根据减色法原理，利用白光经过多种乳剂或染料以及滤色片、透明片等材质反射或透射出来的光线合成彩色。该方法根据不同的工艺和技术可以分为染印法和印刷法。染印法是一种使用浮雕片、接收纸和冲显染印药制作影色合成影像的方法。浮雕片是一种特制的感光胶片，经曝光和暗室处理后能吸附酸性颜料。接收纸是一种不感光的特殊纸张，能吸收浮雕片上的酸性颜料。染印法合成是把 3 种浮雕片上的染料先后转印到不透明的接收纸上，或分别转印在3张透明胶片上再重叠起来阅读。印刷法是利用普通胶印设备，直接使用不同波段的遥感底片和黄、品红、青3种油墨，经分色、加网和制版，套印成彩色合成图像。该方法工序简单，可大量生产。

3）掩膜处理

掩膜处理指对于几何位置完全配准的原片，利用感光条件和摄影处理的差别制成不同密度、不同反差的正片或负片(称为模片)，通过它们的各种不同叠加方案改变原有影像的显示效果，使信息增强的方法。这种处理方法不能增加原片记录的信息，但可以将原先分辨不清或不够突出的目标突出出来，把不必要的信息弱化，以达到增强主体的目的。具体方法有改变对比度、显示动态变化、比值影像、边缘突出雕刻、密度分层和专题抽取等。

4）光学信息处理

利用光学信息处理系统，即一系列光学透镜按一定规律构成的系统，可以实现对输入数据的并行线性变换，适用于二维影像处理。在遥感图像光学处理中主要研究相干光学的处理过程，较多地应用干涉和衍射知识。

5.1.3 遥感图像数字处理的基础知识

1. 颜色的描述与颜色立体

遥感图像像素颜色一般采用明度、色调和饱和度3个指标来描述。色调是颜色的基本特征或表现，是颜色彼此相互区分的特性，如红色和绿色。色调由混合光中起主导作用的波长决定。各种颜色依据它在心理上的相似程度排列，可构成一个环形，称为色环。在色环上，相邻两种不同波长的颜色混合，都会产生位于两者中间的另一种颜色。例如红与黄混合会产生橙色。饱和度描述了颜色的纯度，在一个颜色中，起主导作用的波长越强，表现出的色调越纯，也就是该颜色的饱和度越大。明度指构成该颜色的全部光波的总强度，反映了人眼对光源或物体明亮程度的感觉。物体反射率越高，明度就越大。白色明度最大，当其明度减弱时，表现出一系列灰色，最终达到黑色。

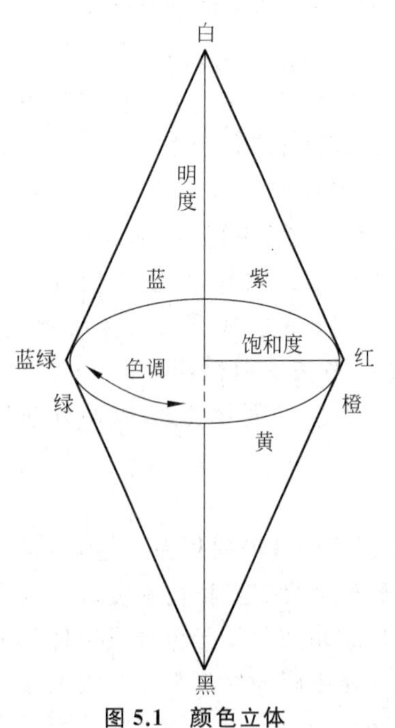

图5.1 颜色立体

颜色也可以采用颜色立体来描述，如图5.1所示。在颜色立体中，中间的垂直轴代表明度，中间水平面的圆周代表色调，圆周上的半径大小代表饱和度。

2. 颜色对比与亮度对比

在图像中，相邻区域上不同颜色之间的相互影响叫颜色对比。两种颜色相互影响的结果，使每种颜色会向另一种颜色的补色变化。在两种颜色的边界，颜色对比现象更为明显。

与颜色对比相关的是亮度对比，亮度对比描述了图像中的关注对象相对于背景的明亮程度。可以用式(5.7)描述：

$$C=\frac{|L_{对象}-L_{背景}|}{L_{背景}} \tag{5.7}$$

改变亮度对比，可以改变图像的视觉效果。

3. 数字图像的直方图

数字图像的直方图是以像素为单位，表示图像中各亮度值(或亮度值区间)上像素出现频率的分布图。在直方图中，横轴是像素亮度值等级，纵轴是对应像素亮度值等级上的像素个数或者出现频率。

通过直方图可以直观地了解图像的亮度值分布范围、峰值的位置以及亮度值分布的离散程度。直方图的曲线可以反映图像的质量差异。一般来说，直方图表现为正态分布时，图像反差适中，亮度分布均匀，层次丰富，图像质量高；而图像直方图表现为偏态分布时，图像偏亮或偏暗，层次少，质量较低。如图5.2所示，不同视觉质量的图像的直方图也表现不同。

4. 数字图像的变换分析

在数字图像处理中，常常将图像从一种表示域转换到另一种表示域，利用这种表示域的特性来处理或分析图像。这种转换不仅可减少计算量，而且在很多时候会使得图像的某些特征或者信息更加突出，更加有利于处理，能够获得更有效的处理结果。这种图像在表示域之间的转换过程称为图像变换分析。遥感影像处理中的图像变换不仅是数值层面上的转换，每一种转换都有其物理层面上的特定的意义。遥感图像处理中的常见

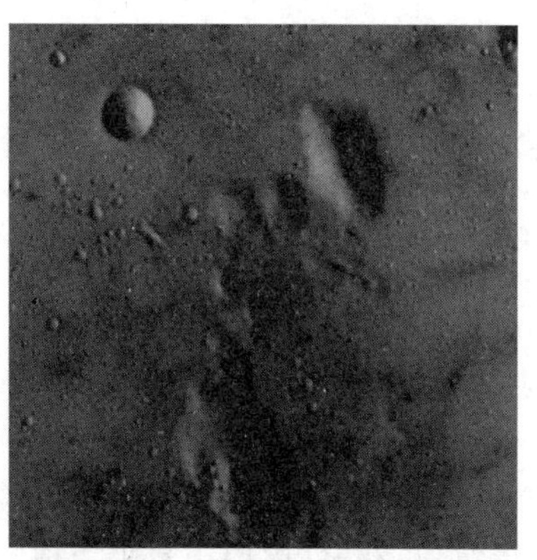

(a) 主体在灰度级低端，图像较暗，对比度小，细节不明显

(b) 主体在灰度级高端，图像较亮，对比度小，细节不明显

图 5.2　不同视觉质量的图像的直方图

(c) 主体在集中在灰度级两端，图像对比鲜明，但细节不明显

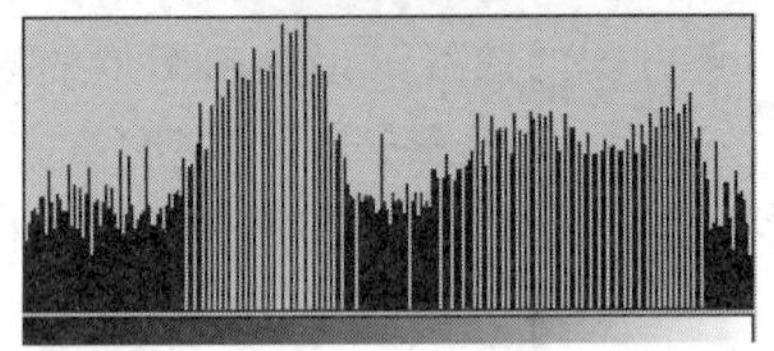

(d) 灰度分布均匀，图像清晰，细节丰富

图 5.2 （续）

图像变换方法有傅里叶变换、离散余弦变换、K-L 变换、K-T 变换和小波变换等。

1）傅里叶变换和离散余弦变换

傅里叶变换是图像处理中最常用的变换之一，是进行图像处理和分析的有力工具。傅里叶变换是一种纯频域分析，它可将一般函数 $f(x)$ 表示为一簇标准基函数的加权求和，具体定义如下。

一维傅里叶变换：

$$F(\omega)=\int_{-\infty}^{+\infty} f(t)\mathrm{e}^{-\mathrm{j}2\pi\omega t}\,\mathrm{d}t \tag{5.8}$$

一维傅里叶逆变换：

$$f(t)=\int_{-\infty}^{+\infty} F(\omega)\mathrm{e}^{\mathrm{j}2\pi\omega t}\,\mathrm{d}\omega \tag{5.9}$$

图像的频率是表征图像中灰度变化剧烈程度的指标，是灰度在平面空间上的梯度。例如，大面积的沙漠在图像中是一片灰度变化缓慢的区域，对应的频率值很低；而地表属性变化剧烈的边缘区域在图像中是一片灰度变化剧烈的区域，对应的频率值较高。从纯粹的数学意义上看，傅里叶变换是将一个函数转换为一系列周期函数来处理的。从物理效果看，傅里叶变换是将图像从空间域转换到频率域，其逆变换是将图像从频率域转换到空间域。

傅里叶变换涉及复数运算，在实际应用中受到限制。在很多应用中，采用离散余弦变换(DCT)变换来代替傅里叶变换，具体的变换公式如下。

DCT 变换公式：

$$F(u)=\sqrt{\frac{2}{N}}C(u)\sum_{i=0}^{N-1} f(i)\cos\frac{(2i+1)u\pi}{2N} \tag{5.10}$$

DCT 逆变换公式：

$$f(i)=\sqrt{\frac{2}{N}}\sum_{u=0}^{N-1}C(u)F(u)\cos\frac{(2i+1)u\pi}{2N} \tag{5.11}$$

其中，

$$C(n)=\begin{cases}\dfrac{1}{\sqrt{2}}, & n=0\\ 1, & n>0\end{cases}$$

2) K-L 变换

K-L 变换又称作主成分分析(Principal Component Analysis，PCA)。遥感多光谱影像波段多，一些波段的遥感数据之间有不同程度的相关性(光谱反射的相关性，以及地形、遥感器波段间的重叠)，造成了数据冗余。K-L 变换的作用就是保留主要信息，降低数据量，从而达到增强或提取某些有用的信息的目的。

K-L 变换公式为

$$g=A(\boldsymbol{X}-m_f) \tag{5.12}$$

其中，$\boldsymbol{X}=(X_1,X_2,\cdots,X_N)^{\mathrm{T}}$ 为 N 维随机向量，$m_f=E\{\boldsymbol{X}\}$。$\boldsymbol{e}_i$ 和 λ_i 分别是 C_f 的特征向量和特征值，其中 $i=1,2,\cdots,N^2$，假设 $\lambda_1>\lambda_2>\cdots>\lambda_{N^2}$，则

$$\boldsymbol{A}=\begin{bmatrix}\boldsymbol{e}_1^{\mathrm{T}}\\ \boldsymbol{e}_2^{\mathrm{T}}\\ \vdots\\ \boldsymbol{e}_{N^2}^{\mathrm{T}}\end{bmatrix}=\begin{bmatrix}e_{11} & e_{12} & \cdots & e_{1N^2}\\ e_{21} & e_{22} & \cdots & e_{2N^2}\\ \vdots & \vdots & \ddots & \vdots\\ e_{N^21} & e_{N^22} & \cdots & e_{N^2N^2}\end{bmatrix}$$

从几何意义来看，变换后的主分量空间坐标系与变换前的多光谱空间坐标系相比旋转了一个角度，而且新的坐标系的坐标轴一定指向数据信息量较大的方向。如图 5.3 所示，以二维空间为例，假定某图像像元的分布为椭圆状，那么经过旋转后新坐标系的坐标轴一定分别沿椭圆的长半轴和短半轴方向，椭圆的长半轴即主分量，因为长半轴这一方向信息量最大。

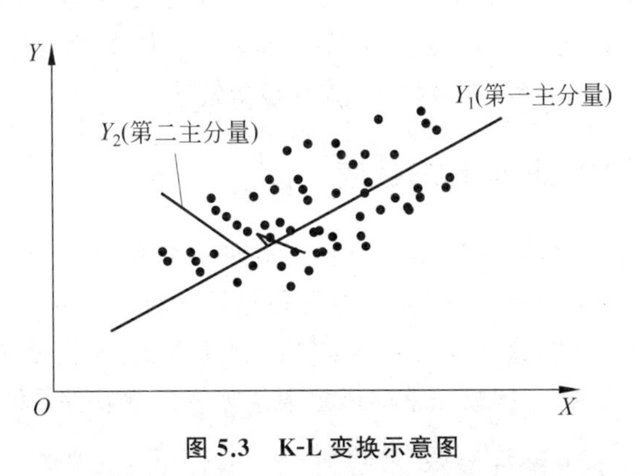

图 5.3 K-L 变换示意图

基于上述特点，在遥感数据处理时常常用 K-L 变换进行数据分析前的预处理，可以实现数据压缩和图像增强的效果。在遥感图像分类中，常常利用主成分分析算法来消除

特征向量中各特征之间的相关性,并进行特征选择。

3）K-T 变换

K-T 变换是一种线性变换,它使坐标空间发生旋转,但旋转后的坐标轴不是指向主分量的方向,而是指向另外的方向,这些方向与地面景物有密切的关系,特别是与植物生长过程和土壤有关。这种变换既可以实现信息压缩,又可以帮助解译分析农业特征,因此有很大的实际应用意义。K-T 变换遵循一般线性变换的形式。目前对 K-T 变换的研究主要集中在 MSS 与 TM 两种遥感数据的应用分析方面。TM 数据经 K-T 变换后的景观意义可通过图 5.4 形象地说明。绿度与亮度组成的平面为植被视面,湿度与亮度组成的平面为土壤视面,绿度与湿度组成的平面为过渡区视面,它们不同程度地反映了作物生长过程中植被与土壤的变化信息。

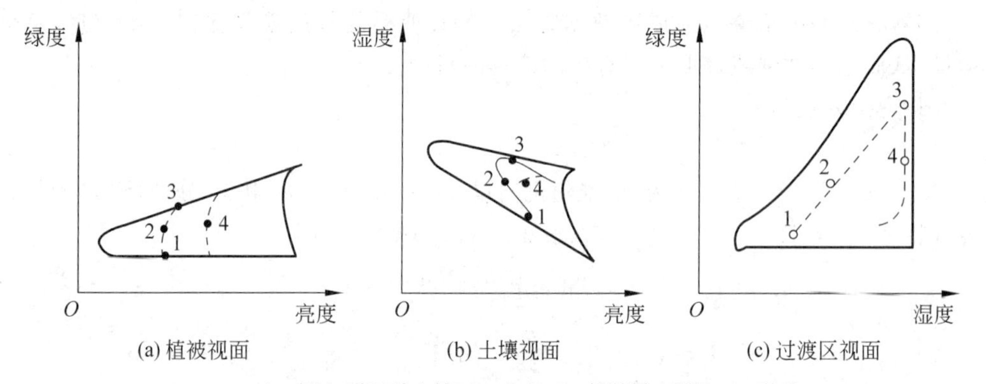

(a) 植被视面　(b) 土壤视面　(c) 过渡区视面

1— 裸土(种子破土前); 2—生长; 3—植被最大覆盖; 4—衰老

图 5.4　K-T 变换的景观意义

4）小波变换

小波变换是当前应用数学和工程学科中迅速发展的新领域。与傅里叶变换相比,小波变换是时间(空间)频率的局部化分析,它通过伸缩平移运算对信号(函数)逐步进行多尺度细化,最终达到高频处时间细分、低频处频率细分的效果,能自动适应时频信号分析的要求,从而可聚焦到信号的任意细节,解决了傅里叶变换中的问题,成为继傅里叶变换以来在科学方法上的重大突破,又被称为"数学显微镜"[27]。

5.1.4　遥感图像数字处理系统组成

一个完整的遥感图像数字处理系统应包括硬件和软件两部分。硬件是指进行遥感图像数字处理所必须具备的硬件设备,这些设备包括各种电子部件、光学部件和机械部件。软件是指为完成遥感图像处理任务所编制的程序系统,这套处理程序在硬件的支持下运行于特定的操作系统上,构成完整的遥感图像数字处理软件系统。

1. 遥感图像数字处理硬件系统

遥感图像数字处理硬件系统主要由输入设备、输出设备、计算设备、存储设备以及系统操作台等几部分组成。随着计算机硬件技术的快速发展,一些原来独立的设备也集成起来，成为电子计算机的一个组成部分，所以硬件系统的组成结构划分也变得模糊起来。但是从功能上来说，一个完整的遥感图像数字处理硬件系统应该包括以下几部分。

1）输入设备

输入设备完成将遥感数据输入计算机的功能。常见的输入设备有磁带机、磁盘机、胶片扫描仪、析像器和数字化仪等。根据遥感数据类型的不同，输入设备也不相同。磁带机和磁盘机直接将存储在磁带、磁盘或光盘上的数字遥感图像输入计算机。胶片扫描仪和析像器主要将光学遥感图像转换成数字遥感图像，然后输入计算机进行处理。胶片扫描仪、析像器及数字化仪将模拟的遥感数据转换为数字形式。

2）输出设备

遥感图像数字处理系统处理后的结果数据要显示或者保存到输出设备中。常见输出设备有磁带机、磁盘机、彩色显示器、绘图仪和打印机等。磁带机和磁盘机将处理结果以数字形式存储在磁带、磁盘上。彩色显示器、绘图仪和打印机完成数字图像向光学图像的转换，处理结果以光学图像形式直观地表现出来，同时显示器还作为人机交互的接口设备实现人对计算机遥感图像处理的控制。

3）计算设备

计算设备是遥感图像处理系统的“心脏”，完成遥感数据的处理任务。计算性能的高低决定了处理的速度及效果。

在遥感图像数字处理任务中，计算设备的应用也随着电子计算机的发展而发展。在20世纪70年代以前，遥感图像数字处理一般是在已有的大型计算机上配备必要的输入输出设备，利用图像处理软件来完成图像处理与分析功能。到了20世纪80年代初期，除了主机之外，还配备了专用的图像处理机，将许多图像处理算法固化以加速遥感图像数字处理。在20世纪90年代初，遥感图像数字处理系统主机绝大多数采用32位的超小型机，处理速度进一步提高。而到了现在，遥感图像数字处理系统按照处理规模的大小采用不同类型的计算机。一方面，计算机朝着巨型化发展，如各种超级计算机，这些计算机也被气象、地质等部门用于图像处理和分析；另一方面，体积越来越小、功能越来越强的微型计算机也得到了迅猛发展，基于微型计算机的遥感图像数字处理系统也越来越普遍。

遥感图像数字处理系统主机的选择主要根据处理的规模来定。对于数据量特别大、处理速度要求很高的情况，应选择大型甚至巨型计算机；而对于一般的用户而言，现在的微机足以满足通常的遥感图像数字处理的要求。

2. 遥感数字图像处理软件系统

遥感图像数字处理软件系统是运行在操作系统上的应用软件系统。各种遥感图像数字处理软件的功能有比较大的区别，但是都包含一些共同的基本功能。区别在于，不同的系统实现方式各异，功能的多少也存在差异。

1）遥感图像数字处理软件系统的基本功能

不管是什么遥感图像数字处理软件系统，都应该具有一些基本的遥感图像处理功能，主要包括以下功能：

（1）图像文件管理功能。主要包括各种格式的遥感图像的输入、输出、存储以及文件管理等功能。

（2）图像增强处理功能。包括影像增强、图像滤波、纹理分析及目标检测等功能。

（3）图像校正功能。包括辐射校正和几何校正。

（4）多影像处理功能。包括图像配准、图像镶嵌以及多遥感图像的信息融合等功能。

（5）图像运算功能。包括逻辑运算、逻辑比较运算、代数运算和图像变换等功能。

（6）图像信息获取。包括图像直方图统计、多波段图像的相关系数矩阵、协方差矩阵、特征值和特征向量的计算、图像分类的特征统计、多波段图像的信息量及最佳波段组合分析等。

（7）图像分类功能。包括分类前的样本分析和处理、非监督分类方法（如 ISODATA 聚类法、k-均值聚类法）、监督分类方法（如最大似然法、最小距离法）、分类后处理（如类别合并、类别统计、面积统计和边缘跟踪）等。

（8）遥感专题图制作功能。包括黑白正射影像图、彩色正射影像图、基于影像的线绘图、真实感三维景观图和其他类型的遥感专题图（如土地利用分类图、植被分布图、洪水淹没状况图和水土保持状况图等）。

（9）其他功能。如与 GIS 系统的接口、GIS 数据的输入及输出、栅格图与向量图的转换、GIS 图形层数据与影像的叠加等。

2）主要商业遥感图像数字处理软件

ERDAS IMAGINE 是美国 EROAS 公司开发的专业遥感图像数字处理与地理信息系统软件。ERDAS IMAGINE 是以模块化的方式提供给用户的，用户可根据自己的应用要求和资金情况合理选择不同功能模块及其不同组合，对系统进行剪裁，充分利用软硬件资源，并最大限度地满足专业应用要求。ERDAS IMAGINE 分为 3 种产品架构，分别为 IMAGINE Essentials、IMAGINE Advantage 和 IMAGINE Professional。

PCI 是加拿大 PCI 公司开发的用于图像处理、几何图像、GIS、雷达数据分析以及资源管理和环境监测的软件系统。PCI 拥有比较齐全的功能模块，常规处理模块包括几何校正、大气校正、多光谱分析、高光谱分析、摄影测量、雷达成像系统、雷达分析、极化雷达分析、干涉雷达分析、地形地貌分析、向量应用、神经网络生成、区域分析、GIS 连接、正射影像图生成及 DEM 提取（航片、光学卫星、雷达卫星）和三维图像生成等。

除了上面介绍的两大遥感图像数字处理软件之外，国外其他主流的软件还包括美国 Research System 公司开发的 ENVI 和澳大利亚 Earth Resource Mapping 公司开发的 ER Mapper 等。

国产遥感图像数字处理软件近年来也得到了很大的发展。例如北京航天宏图信息技术股份有限公司开发的遥感图像处理软件 PIE，它提供了面向多源、多载荷（光学、微波、高光谱、LIDAR、UAV）的遥感图像处理、辅助解译及信息提取功能，采用多核、多 CPU 并行计算技术，大幅提高了软件运行效率，能更好地适应大数据量的处理需要。目前，PIE 已经开发了第六代版本，被广泛应用于气象、海洋、水利、农业、林业、国土、减灾、环保等多个领域，是一套高度自动化、简单易用的遥感工程化应用平台。

其他比较突出的国产软件还包括中国地质大学开发的 MapGIS 中的遥感图像处理

模块,北京大学 CityStar 中的遥感图像处理模块和原武汉测绘科技大学开发的 GeoStar 中的 GeoImager。总体而言,国内遥感图像数字处理软件的开发起步较晚,在功能设计上处于逐步完善的阶段,相信突破遥感应用的“最后一公里”挑战指日可待。

5.2 遥感图像校正技术

在遥感图像的获取过程中,有时会因为外界环境影响遥感传感器接收到的地物目标发射的电磁辐射,使得最后得到的遥感图像不能完全真实地反映地物目标信息,造成遥感图像的畸变。这些畸变主要有两种:一种畸变称为辐射畸变,影响遥感图像的像素值,使得遥感图像的像素值不是地物真实特性的反映,而混入了其他干扰因素的影响;另一种畸变是几何畸变,使得成像后的遥感图像的相对位置发生变化,不能够真实反映地物目标的准确空间位置关系。遥感图像校正技术就是针对这两种畸变,采用图像处理的方法消除遥感图像成像过程中因为外界干扰带来的影响。遥感图像校正技术可以分为**辐射校正**和**几何校正**两种。

5.2.1 遥感图像的辐射校正

电磁波穿过大气层时受到散射及折射、阳光照射地面角度的变化、云霾等引起的辐射衰减的影响;此外,遥感传感器还会因为自身缺陷和故障(如敏感元件的偏置及增益变化、光学镜头的挡光效应等)引起图像灰度失真。这些因素使得遥感传感器接收到的电磁波能量与目标本身辐射的能量不一致,在图像上的表现主要是灰度失真、疵点、离散的灰点、条状和环状干扰或亮度边缘值段缺失等亮度失真。这些失真对遥感图像的使用和理解造成影响,必须加以校正或消除。

1. 辐射误差

从遥感成像的过程可以看出,遥感传感器接收的电磁波能量包含 3 部分:

(1) 太阳经大气衰减后照射到地面,经地面目标反射后,又经大气第二次衰减进入遥感传感器的能量。

(2) 地面本身辐射的能量经大气后进入遥感传感器的能量。

(3) 大气散射、反射和辐射的能量。

同时遥感传感器输出的能量还与遥感传感器本身的器件性能(如光谱响应系数)有关。

因此遥感图像的辐射误差主要包括以下 3 种:

(1) 遥感传感器本身的性能引起的辐射误差。

(2) 地形影响和光照条件的变化引起的辐射误差。

(3) 大气的散射和吸收引起的辐射误差。

遥感图像的辐射校正需要针对上述辐射误差因素做出相应的校正处理。

2. 遥感传感器本身的性能引起的辐射误差校正

由于制造工艺的限制，遥感传感器的性能，主要是遥感传感器的光谱响应系数，对遥感传感器的能量输出有直接影响。遥感传感器校正主要是校正由遥感传感器灵敏特性变化引起的辐射失真，包括光学系统的特性变化引起的失真和光电转换系统特性变化引起的失真。这些方面的辐射失真校正一般可以在地面站利用专门的处理系统来完成。

在扫描型遥感传感器中，电磁波能量在遥感传感器系统能量转换过程中会产生辐射误差。由于能量转换系统的灵敏度特性有很好的重复性，可以在地面定期测量其特性，根据测量值对其进行辐射误差校正。而在摄影型遥感传感器中，由于光学镜头的非均匀性，成像时图像边缘会比中间部分暗。这种误差可以通过测定镜头边缘与中心的角度加以改正。

3. 太阳高度角和地形影响引起的辐射误差校正

太阳高度角引起的辐射误差校正是将太阳光线倾斜照射时获取的图像校正为太阳光垂直照射时获取的图像，因此在进行辐射误差校正时，需要知道成像时刻的太阳高度角。太阳高度角可以根据成像时刻的时间、季节和地理位置确定。太阳高度角的校正是通过调整一幅图像内的平均灰度来实现的。

由于太阳高度角的影响，在图像上会产生阴影现象，阴影会覆盖阴坡地物，对图像的定量分析和自动识别产生影响。一般情况下阴影是难以消除的，但对多光谱图像可以用两个波段图像的比值产生一个新图像以消除地形的影响。在多光谱图像上，产生阴影区的图像亮度值是无阴影时的亮度值和阴影亮度值之和，通过两个波段的比值可以基本消除阴影。

具有地形坡度的地面对进入遥感传感器的太阳光线的辐射亮度有影响。若处在坡度为α 的倾斜面上的地物图像为 $g(x,y)$，则校正后的图像 $f(x,y)$为

$$f(x,y)=\frac{g(x,y)}{\cos\alpha} \tag{5.13}$$

地形坡度引起的辐射亮度误差校正需要知道成像地区的数字地面模型，校正较为麻烦。一般情况下对地形坡度引起的误差不做校正。在多光谱图像上，也可以用比值图像消除其影响。

4. 大气校正

地物反射太阳光与地物发射电磁波在到达遥感传感器之前，需要经历一个在大气中传输的过程。进入大气的太阳辐射会发生反射、折射、吸收、散射和透射，其中对图像像素值影响较大的是大气的吸收和散射作用。这些影响不仅使得地物辐射电磁波能量衰减，而且大气散射的部分辐射还会进入遥感传感器，直接叠加在目标地物的辐射能量上，成为目标地物的噪声，降低了图像的质量。这种因为大气散射带来的辐射能量也称为程辐射。因此遥感传感器接收的电磁波辐射能量除了地物本身的电磁波能量以外，还包括由于大气影响带来的散射波的反射能量。消除大气的影响是非常重要的，在图像匹配和变化检测中尤为重要。消除大气影响的校正过程称为大气校正。

大气校正的方法有3种，分别是基于理论模型的方法、野外波谱测试法以及波段间的数据分析方法。

1）基于理论模型的方法

基于理论模型的方法首先需要建立大气辐射传输方程，从而建立大气校正模型，完成大气校正的工作。利用大气辐射传输方程建立大气校正模型在理论上是可行的。但是在实际应用中，如果要实现精确的大气校正，必须找到每个波段像元亮度值和地物反射率的关系。这需要知道遥感成像时刻大气中气溶胶的密度、水汽的浓度等参数。在现实中，一般很难得到这些数据，需要通过专门的观测准确地测量这些数据，因此这种方法的应用受到一定限制。

2）野外波谱测试法

野外波谱测试法的原理是：在遥感传感器进行测量时，在地面同一地点用相同的仪器同步地测量各种地物的反射率，利用实测的反射率数据对图像亮度进行回归分析，求出大气散射量，用图像亮度减去大气散射量，达到大气散射校正的目的，这种方法由于实际操作上的困难，一般也很少使用。

野外波谱测试法的具体操作步骤如下。在遥感成像的同时，同步获取成像目标的反射率，或通过预先设置已知反射率的目标，把地面实况数据与遥感传感器的输出数据进行比较，来消除大气的影响。

利用地面测定的结果对图像亮度进行回归分析，其回归方程为

$$L = a + bR \tag{5.14}$$

其中，a 为常数，b 为回归系数。设 $bR = L_a$，则

$$L = a + L_a \tag{5.15}$$

其中，L_a 为地面实测值，该值未受大气影响；L 为卫星观测值；a 为大气影响因子。由此可以得到大气影响因子：

$$a = L - L_a$$

大气校正公式为

$$L_G = L - a \tag{5.16}$$

将图像中的每一像元亮度值均减去 a，即可获得成像地区大气校正后的图像。

3）波段间的数据分析方法

对大气散射进行校正处理时用得最多而且最简单的方法是波段间的数据分析方法。其基本假设是大气散射的选择性，即大气散射对短波与长波的影响不一样。在存在多波段遥感图像时，利用多波段遥感图像的信息互补来进行大气校正。具体采用以下两种方法。

（1）直方图校正方法。

直方图校正方法也称暗物体法（dark-object method）。其基本假设是：如果观测区域内存在辐射亮度或反射亮度为0的地区（如平静、清洁的水面或地形阴影区），那么形成的任一波段遥感图像对应区域的亮度值都应为0。但是事实上因为大气散射带来的影响使得这些区域的像素值并不等于0，所以可以认为遥感图像上的亮度最小值对应这一地区大气影响的程辐射值。

校正时，将每一波段中每个像素的亮度值都减去本波段的亮度最小值，使图像亮度动态范围得到改善，对比度增强，从而提高图像质量，如图 5.5 所示。

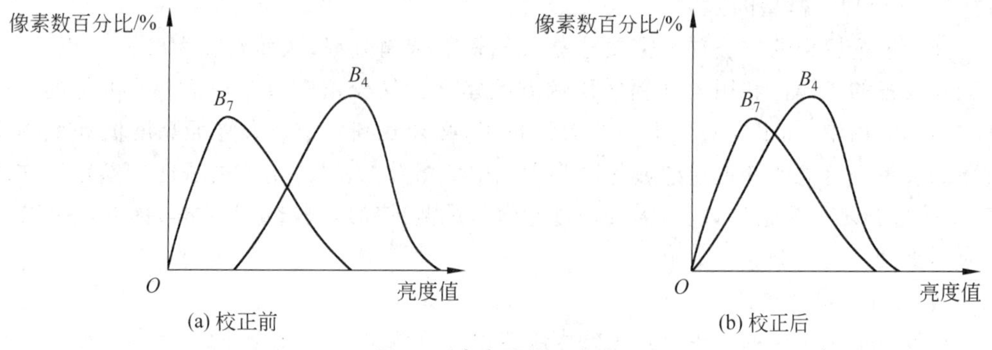

图 5.5 直方图校正方法

（2）回归分析法。

回归分析法是在不受大气影响的波段（如 TM5 或 TM7）和待校正的某一波段的图像中选择一系列目标，将每个目标的两个待比较的波段灰度值提取出来进行回归分析，建立线性回归方程，从而完成大气校正的任务。

回归分析法可以表述为：假设某波段 a 存在以程辐射为主的大气影响，且亮度值最小，接近 0，现需找到波段 b 对应的亮度最小值。为此，分别以 a、b 波段的像素亮度值为坐标，建立二维光谱空间，两个波段中的对应像素在坐标系内用一个点表示。由于 a、b 波段之间的相关性，通过回归分析在众多点中可以找到一条直线，与波段 b 的亮度值 L_b 轴相交，如图 5.6 所示，α 即波段 b 对应的亮度最小值。

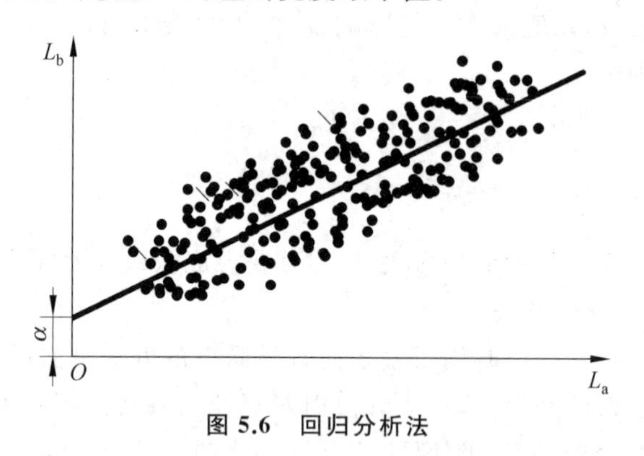

图 5.6 回归分析法

5.2.2 遥感图像的几何校正

几何畸变指遥感图像在几何位置上发生变化，产生诸如行列不均匀、像素大小与地面大小对应不准确、地物形状不规则变化等变形。几何畸变是遥感图像平移、缩放、旋转、偏扭和弯曲等作用的综合结果。

1. 几何畸变

引起遥感图像发生几何畸变的原因有很多,其中涉及的主要因素如下。

1）遥感平台的运行姿态

遥感平台的高度变化、速度变化、姿态变化(包括俯仰变化和翻滚变化)以及偏航变化都会引起遥感图像的几何畸变,如图 5.7 所示。其中,虚线和实线分别表示畸变前后的几何形状。

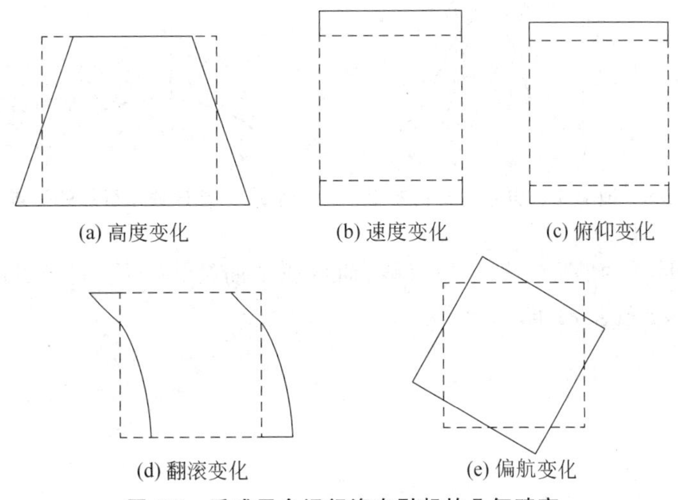

图 5.7　遥感平台运行姿态引起的几何畸变

2）地形起伏

在中心投影成像方式中,当地形存在起伏时,会产生局部像点的位移,使原来本应是地面点的信号被同一位置上某高点的信号代替。由于高差的原因,实际像点 P' 与像幅中心的距离相对于理想像点 P'_0 与像幅中心的距离移动了 Δr,如图 5.8 所示。

3）地球曲率

地球是椭球体,其表面为曲面,在中心投影成像方式中会带来两方面的几何畸变:一是像点位置移动,二是对应地面宽度不等。

图 5.9 说明了像点位置移动引起的畸变。由于地图投影平面为地球的切平面,而实际地球表面是曲面,使地面点 P_0 相对于投影平面点 P 有 Δh 的高差。

图 5.10 说明了对应地面宽度不等引起的畸变现象。遥感传感器通过扫描取得数据时,每次取样间隔是星下视场角的等分间隔。如果地面无弯曲,在地面瞬时视场宽度不大的情况下,L_1、L_2、L_3 的差别不大。由于地球表面曲率的存在,对应于地面的 P_1、P_2、P_3,显然,$P_3-P_1>L_3-L_1$,距离星下点越远,畸变越大,对应地面宽度越大。

4）大气折射

大气对辐射的传播产生折射。整个大气层不是一个均匀的介质,由于大气的密度从下到上越来越小,折射率不断变化,因此电磁波在大气层中传播时的折射率也随高度而

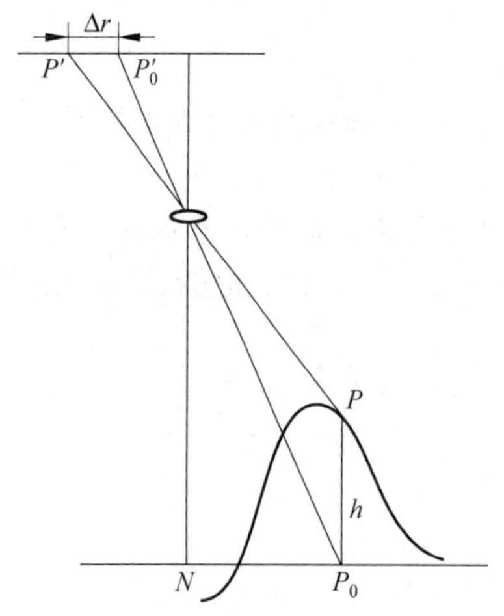

图 5.8 地形起伏引起的几何畸变

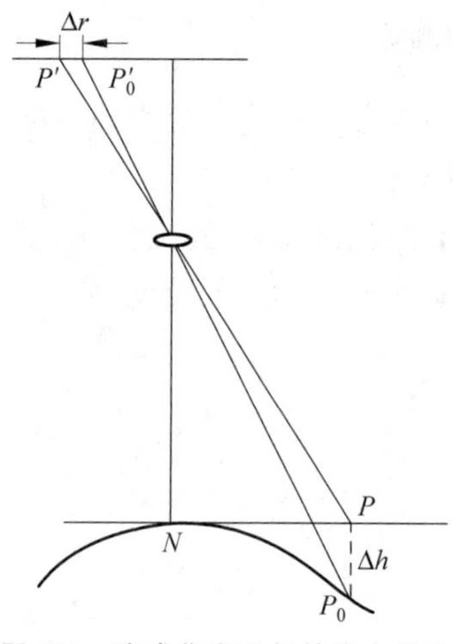

图 5.9 地球曲率引起的像点位移

变化，使电磁波传播的路径不是一条直线，而变成了曲线，从而引起像点的位移，这种像点位移就是大气折光差，如图 5.11 所示。

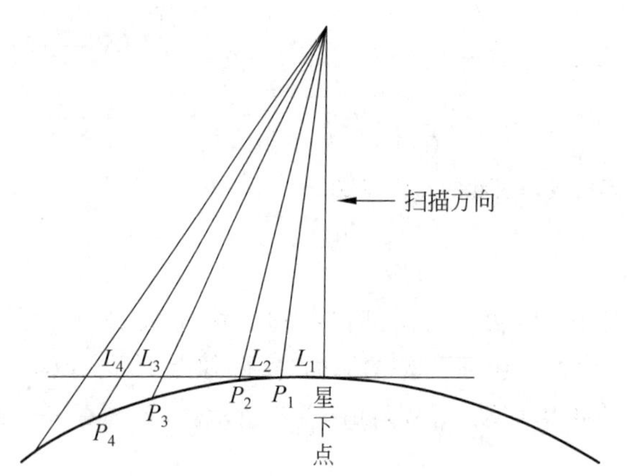

图 5.10 地球曲率引起的地面宽度不等

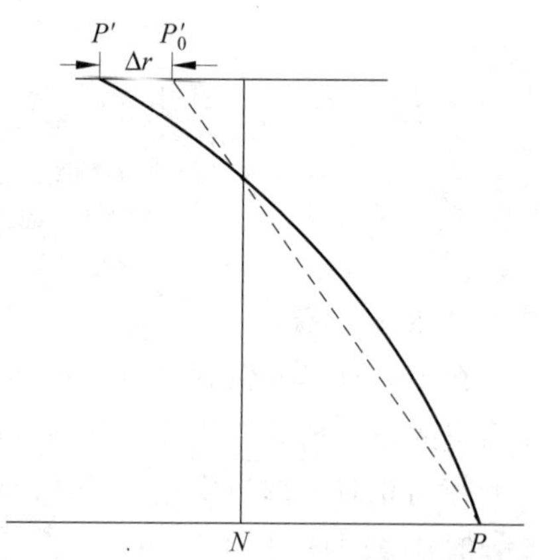

图 5.11 大气折射引起的像点位移

5）遥感传感器的内部畸变

遥感传感器的内部畸变是由遥感传感器结构引起的畸变，如遥感传感器扫描运动中的非直线性等。

2. 几何校正步骤

校正遥感图像成像过程中产生的各种几何畸变的过程称为几何校正。

几何校正包括**几何粗校正**和**几何精校正**两个步骤。几何粗校正是针对引起几何畸变的原因进行的，地面接收站在将图像提供给用户前，已按预设的处理方案与图像同时接收到的有关运行姿态、遥感传感器性能指标、大气状态和太阳高度角对图像的几何畸变进行了校正。这项工作一般在卫星资料处理中心完成，那里有专门进行系统几何校正的软件包。由于卫星上的仪器提供的处理功能一般来说满足不了几何校正所要求的精度，因此，为了使遥感图像的几何精度符合制图要求，还需利用地面控制点作进一步校正，称为几何精校正。几何精校正是利用地面控制点进行的几何校正方法。在将遥感图像交付最终用户使用前，通常需要进行几何精校正处理。

3. 几何精校正

理想情况下，遥感图像应该是由行列整齐的像素组成的，所有像素的间隔相等，但是由于几何畸变，使得实际遥感图像中像素间所对应的地面距离并不相等。校正后的图像也是由等间距的网格点组成的，且以地面为标准的均匀分布。所以几何精校正的基本思路是：把存在几何畸变的图像纠正成符合某种地图投影标准的图像，也就是要确定校正后图像的行列数值，然后对新图像中每一像素的亮度值进行重采样。

几何精校正的处理步骤如图 5.12 所示。

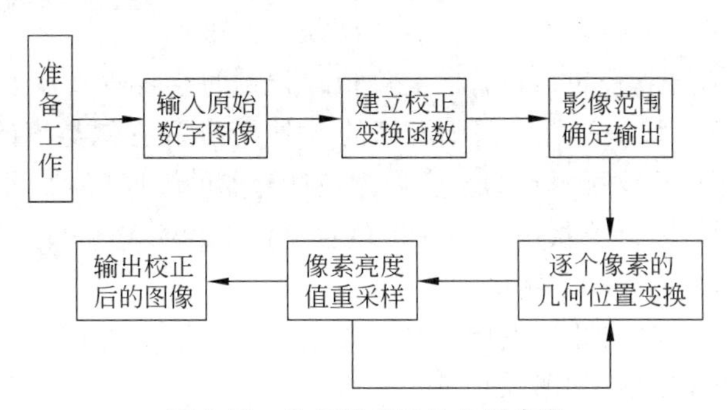

图 5.12 几何精校正的处理步骤

具体的步骤如下。

1）坐标变换

坐标变换的目的是计算校正后每一点在原图中对应的位置，找到变换前图像坐标(x,y)与变换后图像坐标(u,v)的对应关系。

坐标变换建立两幅图像像素之间的对应关系，可以记作

$$\begin{cases} x = f_x(u,v) \\ y = f_y(u,v) \end{cases} \tag{5.17}$$

通常把这种对应关系表示为二元 n 次多项式：

$$\begin{cases} x = \sum_{i=0}^{n} \sum_{j=0}^{n-i} a_{ij} u^i v^j \\ y = \sum_{i=0}^{n} \sum_{j=0}^{n-i} b_{ij} u^i v^j \end{cases} \quad (n = 1,2,3,\cdots) \tag{5.18}$$

在实际计算时，为了简化计算，采用二元二次模型将式(5.18)展开为

$$\begin{cases} x = a_{00} + a_{10}u + a_{01}v + a_{11}uv + a_{20}u^2 + a_{02}v^2 \\ y = b_{00} + b_{10}u + b_{01}v + b_{11}uv + b_{20}u^2 + b_{02}v^2 \end{cases} \tag{5.19}$$

从式(5.19)可以看出，为了通过(u,v)找到对应的(x,y)，必须确定式(5.19)中的 12

个系数。解决的方法是找到6个对应点，而且这6个点对应的(u,v)和(x,y)均为已知，从而建立方程组求解系数。这些已知坐标的对应点称为地面控制点(Ground Control Point,GCP)。但在实际应用中，6个GCP只是解线性方程所需的理论最低数，这样少的GCP使校正后的图像效果很差。因此，需要大大增加GCP的数量，以提高校正的精度。通常建议的GCP数量是这个最低理论数量的一倍以上。GCP增加后，计算12个系数的方法也将有所改变，需要采用最小二乘法，通过对GCP数据进行拟合来求系数。

坐标变换的精度与GCP的位置精度、分布、数量及纠正范围有关。GCP尽可能选择那些易分辨、易定位的特征点(如道路的交叉口、水库坝址和河流弯曲点等)。GCP的位置精度越高，则几何纠正的精度越高。GCP的数量不少于多项式的系数个数；适当增加GCP的个数，可以提高几何纠正的精度。GCP应尽可能在整幅图像内均匀分布，否则在GCP密集区精度较高，在GCP分布稀疏区则会出现较大误差。

2) 像素值确定

原来在整数位置上的像素在校正后在原图像中的坐标一般不在整数位置上，因而需要利用空间插值技术计算校正后位置的亮度值。常见的空间插值方法有以下3种。

(1) 最近邻采样。取被计算点周围相邻的4个点，比较它们与被计算点的距离，哪个点距离最近(最近邻)，就取哪个点的亮度作为被计算点的亮度值，如图5.13所示。

这种方法简单易用，计算量小。在几何位置上精度为±0.5个像素，但处理后图像的亮度具有不连续性，从而影响了精确度。

(2) 双线性内插。取被计算点周围的4个邻点，利用X方向和Y方向进行3次内插，得到被计算点的亮度值，如图5.14所示。

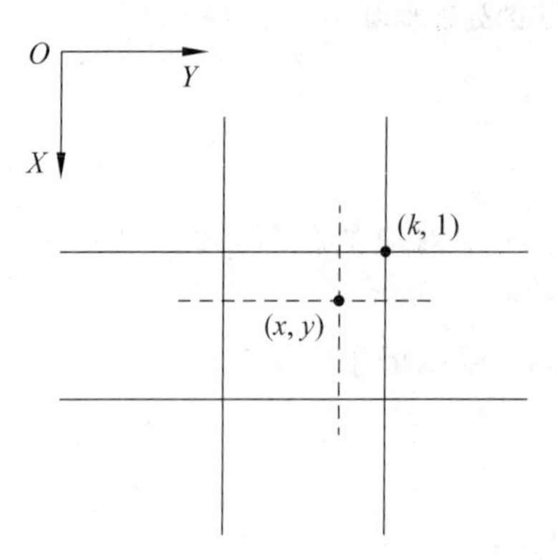

图5.13 最近邻采样

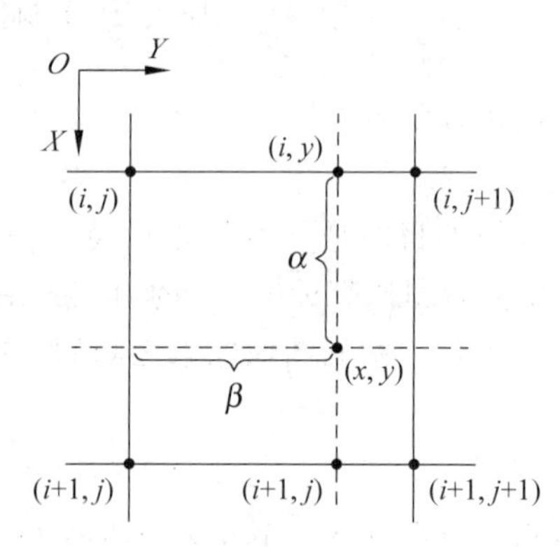

图5.14 双线性内插

插值公式如下：

$$f(x,y)=\alpha[\beta f(i+1,j+1)+(1-\beta)f(i+1,j)]+\\(1-\alpha)[\beta f(i,j+1)+(1-\beta)f(i,j)] \tag{5.20}$$

双线性内插方法与最近邻采样方法相比，计算量有所增加，但精度明显提高，特别是对亮度不连续现象或线状特征的块状化现象有明显改善。但双线性内插方法会对图像起到平滑作用，从而使对比度明显的分界线变得模糊。

(3) 双三次卷积内插。采用一元三次多项式来近似函数。从理论上讲，一元三次多项式函数是最佳的插值函数,它考虑到原始畸变图像空间中共轭点周围其他像素对共轭点灰度值都有各自的贡献,并认为这种贡献随着距离增加而减少。为了提高内插精度,双三次卷积内插方法采用共轭点周围相邻的16个点来计算灰度值,这种一元三次多项式内插过程实际上是一种卷积运算,故称为双三次卷积内插。该方法的优点是内插获得的图像质量好,细节表现更为清楚,但位置校正要求准确,对控制点选取的均匀性要求更高。其缺点是数据计算量大。

内插方法的选择除了考虑图像的显示要求及计算量以外,还要考虑内插结果对分类的影响,特别是当纹理信息为分类的主要信息时。研究表明,最近邻采样将严重改变原图像的纹理信息,因此,当纹理信息为分类主要信息时,不宜选用最近邻采样方法。双线性内插及双三次卷积内插将减小图像异质性,增大图像同质性。其中,双线性内插结果的变化更为明显,这种变化特性也是在分类时需要注意的。

5.3 遥感图像增强技术

遥感图像增强方法可以分为两类,分别是**空间域方法**和**变换域方法**。在空间域方法中,图像增强是直接在图像的空间域上进行的;而变换域方法则是先对图像进行变换,图像增强的操作在变换域空间上进行。空间域方法可以进一步分为基于像素和基于邻域的方法。所谓基于像素的方法(也叫点运算方法)是指在处理过程中,增强操作是在每个像素上单独进行的,与其他像素无关;而基于邻域的方法也叫模板增强方法,增强操作是在小的图像子集上进行的,这种方法利用了图像像素之间的空间相关性。

本节主要介绍图像增强的一些常见方法。

5.3.1 灰度修正

灰度修正是按照一定的规则,单独修正图像每一像素的灰度,属于基于像素的空间域增强方法。常用的灰度修正方法有对比度增强方法和直方图修正方法。

1. 对比度增强

对比度增强是通过对像素灰度的变换来改变图像的灰度范围。根据修正规则的不同,对比度增强可以扩展图像的灰度范围,也可以压缩图像的灰度范围,或者在某一灰度区间内扩展而在另一灰度区间内压缩。

对比度增强的公式如下:

$$g(x,y)=T[f(x,y)] \tag{5.21}$$

其中 T 表示对比度增强规则。

常见的对比度增强有以下几种形式。

(1) 线性变换,也称为直线变换。对比度增强函数表现为一段直线,这是最简单的情况;复杂的情况是对比度增强规则表现为数段直线段(即折线)的形式。

原始图像 $f(x,y)$ 的灰度范围为$[m,M]$,对比度增强后图像 $g(x,y)$ 的灰度范围为

$[n,N]$，则变换公式如下：

$$g(x,y)=\frac{N-n}{M-m}[f(x,y)-m]+n \tag{5.22}$$

变换前后图像灰度的变化情况由系数$\frac{N-n}{M-m}$决定：

如果$\frac{N-n}{M-m}>1$，则变换后图像灰度的动态范围将扩展。

如果$\frac{N-n}{M-m}<1$，则变换后图像灰度的动态范围将压缩。

如果$\frac{N-n}{M-m}=1$，则变换后图像灰度的动态范围既不扩展也不压缩，只是区间发生迁移。

(2) 折线变换。对比度增强函数由几条直线组成，每条直线的参数根据需要确定。

(3) 曲线变换。与线性变换不同，曲线变换的对比度增强函数不是直线，而是表现为曲线形式。常见的曲线变换对比度增强函数有平方、指数和对数变换，其中有实际应用意义的是对数变换形式的曲线变换。由对数函数的形式可以看出，对数变换扩展低灰度值区域，压缩高灰度值区域，这样经过增强后图像的低灰度值区域细节能更清晰。

对数变换公式为

$$g(x,y)=\log_2[f(x,y)+1] \tag{5.23}$$

2. 直方图修正

直方图是描述图像整体性质的重要方法和参数，它描述了图像中每个灰度级上出现的像素数，也可以说是每个灰度级出现的概率(其实是频率)。

直方图的定义如下：

假设图像大小为 $N\times N$，灰度级为 L，第 k 个灰度级对应的灰度为 r_k。如果灰度为 r_k 的像素点有 n_k 个，则第 k 个灰度级上的概率为

$$h_k=\frac{n_k}{N^2}\quad(k=0,1,\cdots,L) \tag{5.24}$$

将直方图用二维图表示，横轴表示灰度级，纵轴表示灰度级出现的概率，则图形由一系列垂直于横轴的线段组成，线段的横坐标为灰度级，线段长度反映了灰度级出现的概率。

直方图虽然不能反映图像的具体内容，但是它能够直观地反映图像的灰度整体性质，从直方图可以看出图像灰度整体分布的情况。如果图像整体偏暗，直方图表现为较低灰度级出现的概率较大，直方图的波峰(极大值区域)出现在较低灰度级区域；相反，如果图像整体偏亮，则直方图表现为较高灰度级出现的概率较大，波峰出现在较高灰度级区域。同样，如果图像对比度小，在直方图上则表现为较大值集中在一个很小的区域内；图像经过对比度增强后，直方图分布比较均匀。

直方图修正方法是从图像的直方图出发，按照一定规则对直方图进行修正，进而达到图像增强的目的。它与对比度增强方式一样都属于灰度修正方法。两者的差异之处

在于：对比度增强方法直接对单个像素进行灰度修改操作；而直方图修正则从直方图这个灰度整体性质出发，构造规则来修正直方图，从而达到修改像素灰度的目的。

最常见的直方图修正方法是直方图均化方法。其基本思路是：在图像直方图中，如果直方图幅值较大的部分集中在一个小区域内，而其他区域内直方图幅值都很小(也就是说，图像像素的灰度集中在一个较小的范围)，整体表现为剧烈的波峰和谷底形式，此时图像的对比度较小，质量较差。如果能够对直方图进行处理，使直方图比较平坦，这样图像像素的灰度分布较均匀，图像的对比度得到增强，就能够达到图像质量增强的目的。

设直方图变换公式为

$$g=T[f] \tag{5.25}$$

直方图变换后，图像 g 满足以下条件：

(1) g 对 f 是单调不减的。

(2) $0 \leqslant g \leqslant 1$。

(3) g 在[0,1]均匀分布。

满足上述条件的变换公式为

$$g=T[f]=\int_{0}^{f} P_{f}(\mu) \mathrm{d} \mu \tag{5.26}$$

对于数字图像，上面的连续变换公式需要做离散近似。

数字图像的直方图均化方法表述如下：

设图像大小为 $N \times N$，灰度级为 L，灰度级 r_k 的出现概率为 n_R，如果原始图像上像素(x,y)的灰度级为 r_k，则变换后其灰度级为

$$s_{k}=T[r_{k}]=\sum_{i=0}^{k} h_{i} \tag{5.27}$$

需要注意的是，式(5.27)得到的 s_k 可能不会正好等于灰度级，所以需要将其近似量化到最近的灰度级上。

直方图均化技术增强图像的本质在于，具有较多像素的灰度级经过均化后差值变大；具有较少像素的灰度级经过均化后被合并。一般来说，图像中背景区域和目标区域对应的灰度级占有较多像素，而边界和过渡区域对应的灰度级占有的像素较少。经过直方图均化后，背景区域和目标区域之间的对比度加大，而过渡区域会并入背景区域或者目标区域，这样使得边界更加陡峭，图像得到了增强。

5.3.2 去噪技术

在引起图像质量下降的各种原因中，噪声是一个不可忽视的重要因素，在图像处理的各种环境和阶段，噪声都是不可避免的。在不同的情况下，噪声的性质各不一样，有加性噪声和乘性噪声，有白噪声和色噪声等不同种类，其中最常见也是最简单的一种噪声是加性白噪声，其观测模型如下：

$$g(x,y)=f(x,y)+n(x,y) \tag{5.28}$$

其中 $n(x,y)$为高斯白噪声，$f(x,y)$为理想图像，$g(x,y)$是实际图像，即所谓观测图像。

去噪技术的目的就是去除或者减少图像中的噪声。在上面的观测模型下,去噪技术可以表述为一个信号估计的问题:已知观测图像 $g(x,y)$ 和一些关于理想图像和噪声的先验知识,要估计出理想图像 $f(x,y)$。

去噪技术大致可以分为3类:线性滤波器、非线性滤波器和自适应滤波器。常见的线性滤波器包括邻域平均滤波器和LMMSE滤波器。常见的非线性滤波器是中值滤波器及其他顺序统计滤波器。而自适应滤波器实际上是一种局部化的滤波方法,其参数由图像的局部性质决定,如自适应LMMSE滤波器和定向滤波器。

1. 邻域平均滤波器

邻域平均滤波器的思想很简单,对于待处理图像 $f(i,j)$,在每个像素点 (m,n),取其邻域 S(在邻域内含有 M 个像素点),取这 M 个像素点的平均值作为像素点 (m,n) 上的新灰度值:

$$\bar{f}(m,n)=\frac{1}{M}\sum_{(i,j)\in S}f(i,j) \tag{5.29}$$

邻域 S 的形状和大小根据具体图像和具体应用确定,可以取为矩形或其他形状。如果邻域取为3×3矩形窗,则邻域平均方法公式为

$$\bar{f}(m,n)=\frac{1}{9}\sum_{i=-1}^{1}\sum_{j=-1}^{1}f(m-i,n-j) \tag{5.30}$$

在加性噪声模型下,有

$$g(x,y)=f(x,y)+n(x,y) \tag{5.31}$$

经过邻域平均以后的新灰度值为

$$\bar{f}(x,y)=\frac{1}{M}\sum_{(i,j)\in S}g(i,j)=\frac{1}{M}\sum_{(i,j)\in S}f(i,j)+\frac{1}{M}\sum_{(i,j)\in S}n(i,j) \tag{5.32}$$

其中 M 是邻域中的像素数目。

从式(5.32)可以看出,处理后噪声均值不变,方差为原有噪声方差的 $\frac{1}{M}$,噪声强度变小了,邻域平均达到抑制了噪声的目的。但是邻域平均方法同时去掉了图像中含有的高频分量,平滑了原始图像,使图像的细节区域(如边界和纹理区域)变得模糊。

3×3的邻域平均滤波器的幅频响应如图5.15所示。

邻域平均滤波器不是很理想的低通滤波器,它有很多旁瓣会使高频分量泄漏,所以可以采用一些更加理想的低通滤波器进行去噪处理。

一种途径是在频域上进行处理,首先对图像进行傅里叶变换,从空间域变换到频域。在理想无噪声的情况下,零频率分量是图像的直流分量,对应图像的平均灰度,图像的平缓区域对应频域上的低频分量,而高频分量反映了图像的细节和边界。如果存在噪声,噪声的频谱中含有丰富的高频分量。所以一般可以认为有噪声图像的高频分量基本上是由噪声贡献的,这样采用低通滤波器就可以达到去噪的效果。

常见的高斯低通滤波器的幅频响应如图5.16所示。

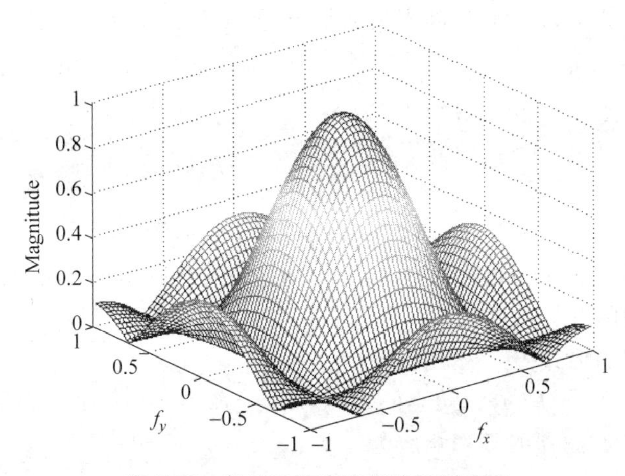

图 5.15 邻域平均滤波器的幅频响应

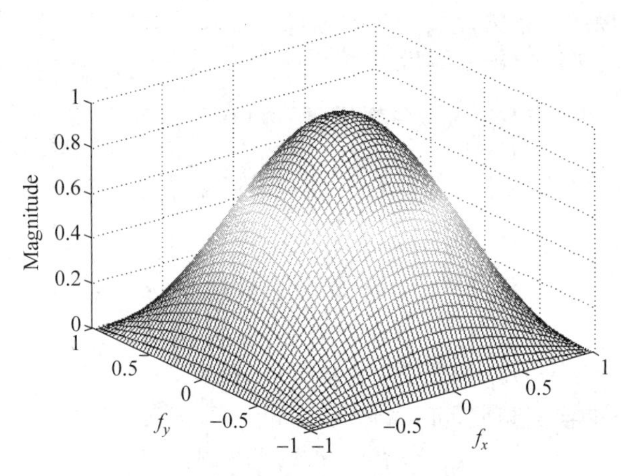

图 5.16 高斯低通滤波器的幅频响应

2. LMMSE 滤波器

LMMSE 滤波器在所有线性滤波器中具有最小均方误差。均方误差定义为

$$\mathrm{MSE}=E[(f-\hat{f})^2] \tag{5.33}$$

观测模型为

$$g(x,y)=f(x,y)+n(x,y) \tag{5.34}$$

假设理想图像 $f(x,y)$和噪声 $n(x,y)$都是广义平稳的，即其均值是常量，相关函数是平移不变的。因为任何非零均值在滤波前都可以消除，所以不失一般性，可以认为理想图像$f(x,y)$和噪声 $n(x,y)$均值都为零。

利用观测图像进行估计，公式为

$$\hat{f}(n_1,n_2)=\sum_{i_1=-\infty}^{\infty}\sum_{i_2=-\infty}^{\infty}h(i_1,i_2)g(n_1-i_1,n_2-i_2) \tag{5.35}$$

在这种估计公式下，使 MSE 准则函数最小，要满足正交性原理：

$$E\{[f(n_1,n_2)-\hat{f}(n_1,n_2)]g(k_1,k_2)\}=0, \forall(n_1,n_2)\&(k_1,k_2) \tag{5.36}$$

将式(5.35)带入式(5.36)，得到

$$\sum_{i_1}\sum_{i_2}h(i_1,i_2)R_{gg}(n_1-i_1-k_1,n_2-i_2-k_2)$$
$$=R_{fg}(n_1-k_1,n_2-k_2), \forall(n_1,n_2)\&(k_1,k_2) \tag{5.37}$$

这就是著名的 Wiener-Hopf 方程。其中，R_{gg} 是观测图像的自相关函数，而 R_{fg} 是理想图像和观测图像的互相关函数。

写成二维卷积的形式为

$$h(n_1,n_2)**R_{gg}(n_1,n_2)=R_{fg}(n_1,n_2) \tag{5.38}$$

这样得到 LMMSE 滤波器的频率响应为

$$H(f_1,f_2)=\frac{P_{fg}(f_1,f_2)}{P_{gg}(f_1,f_2)} \tag{5.39}$$

其中，P_{gg} 是观测图像的功率谱，P_{fg} 是理想图像和观测图像的互功率谱。

如果理想图像与噪声不相关，则有

$$\begin{aligned}R_{fg}(n_1,n_2)&=E\{f(i_1,i_2)g(i_1-n_1,i_2-n_2)\}\\&=E\{f(i_1,i_2)f(i_1-n_1,i_2-n_2)\}+\\&\quad E\{f(i_1,i_2)n(i_1-n_1,i_2-n_2)\}\\&=R_{ff}(n_1,n_2)\end{aligned} \tag{5.40}$$

$$\begin{aligned}R_{gg}(n_1,n_2)&=E\{[f(i_1,i_2)+n(i_1,i_2)][f(i_1-n_1,i_2-n_2)+\\&\quad n(i_1-n_1,i_2-n_2)]\}\\&=R_{ff}(n_1,n_2)+R_{nn}(n_1,n_2)\end{aligned} \tag{5.41}$$

式(5.40)或式(5.41)变换到频域，可以得到

$$P_{fg}(f_1,f_2)=P_{ff}(f_1,f_2) \tag{5.42}$$

$$P_{gg}(f_1,f_2)=P_{ff}(f_1,f_2)+P_{nn}(f_1,f_2) \tag{5.43}$$

此时的滤波器响应为

$$H(f_1,f_2)=\frac{P_{ff}(f_1,f_2)}{P_{ff}(f_1,f_2)+P_{nn}(f_1,f_2)} \tag{5.44}$$

可以看出此滤波器具有低通性质。在高频端，信号能量较小，噪声能量较大，滤波器频率响应近似为 0；而在低频端，噪声能量相对信号能量而言很小，此时滤波器频率响应近似为 1。

3. 中值滤波器

中值滤波器是一种简单、实用的非线性滤波器，计算简单，便于实现。与邻域平均滤波器比较，中值滤波器在滤除图像噪声的同时，能够较好地保留图像的细节和边界。

中值滤波器和邻域平均滤波器一样，在每个像素(m,n)上确定一个邻域 S 进行处理，滤波后像素新的灰度值为

$$f_m(m,n)=\underset{(i,j)\in S}{\mathrm{Med}}(f(i,j)) \tag{5.45}$$

其中 Med()为中值算子，表示取邻域 S 内所有像素灰度值排序之后的中间值。邻域的大小和形状由具体图像和具体应用决定，一般来说，领域取为矩形窗的形式。

一种改进的方法是加权中值滤波器，为区域内的每个像素值分配一个权重 ω_{ij}，通过将这个像素值复制 ω_{ij} 次来实现加权。加权中值滤波器的输出定义为

$$f_m(m,n)=\underset{(i,j)\in S}{\text{Med}}(\omega_{ij}f(i,j)) \tag{5.46}$$

4. 自适应 LMMSE 滤波器

线性滤波器都是基于图像广义平稳的假设，但是在实际应用中图像往往比较复杂，并不能满足这个假设，这使得线性滤波器对噪声滤除的能力有限。所以需要设计一种滤波器来适应复杂图像的情况。

首先提出一个空间变化的图像模型：图像的局部均值是随空间变化而变化的，在排除局部均值之后，剩余部分可以用一个白色高斯过程来模拟。

定义理想图像的残留为

$$r_f(n_1,n_2)=f(n_1,n_2)-\mu_f(n_1,n_2) \tag{5.47}$$

其中 $\mu_f(n_1,n_2)$表示理想图像的局部均值，它是随空间位置变化的。$r_f(n_1,n_2)$是一个白色高斯过程，所以其相关矩阵为

$$\boldsymbol{R}_{rr}(n_1,n_2)=\sigma_f^2(n_1,n_2)\delta(n_1,n_2) \tag{5.48}$$

是一个对角矩阵。

同样，观测图像的残留为

$$r_g(n_1,n_2)=g(n_1,n_2)-\mu_g(n_1,n_2) \tag{5.49}$$

其中 $\mu_g(n_1,n_2)$表示观测图像的局部均值。在加性白噪声的观测模型下，如果噪声均值为 0，则有

$$\mu_g(n_1,n_2)=\mu_f(n_1,n_2) \tag{5.50}$$

此时观测模型可以变化为

$$r_g(x,y)=r_f(x,y)+n(x,y) \tag{5.51}$$

在上述模型下应用 LMMSE 滤波器，得到

$$\hat{f}-\mu_f=\hat{r}_f=Hr_g=\boldsymbol{R}_{rr}[\boldsymbol{R}_{rr}+\boldsymbol{R}_{nn}]^{-1}(g-\mu_g) \tag{5.52}$$

由相关矩阵的对角性，估计公式为

$$\hat{f}(n_1,n_2)=\mu_g(n_1,n_2)+\frac{\sigma_f^2(n_1,n_2)}{\sigma_f^2(n_1,n_2)+\sigma_n^2}[g(n_1,n_2)-\mu_g(n_1,n_2)] \tag{5.53}$$

这是一个预测-校正结构的估计公式。

每个位置上均值和方差的估计是在一个 $M\times M$ 大小的矩形窗口 W 上利用局部采样均值和局部采样方差进行的，估计公式如下：

$$\mu_g=\mu_f=\sum_{(n_1,n_2)\in W}g(n_1,n_2) \tag{5.54}$$

$$\sigma_g^2=\sum_{(n_1,n_2)\in W}[g(n_1,n_2)-\mu_g(n_1,n_2)]^2 \tag{5.55}$$

$$\sigma_f^2=\max\{\sigma_g^2-\sigma_n^2,0\} \tag{5.56}$$

噪声方差 σ_n^2 可以由先验知识得到，也可以从观测图像估计。选择观测图像中的平坦区域，认为其灰度的变化只是由噪声引起的，通过估计区域内的局部方差来得到噪声方差的估计值。

σ_f^2 很小时，说明此位置上图像比较平坦，此时自适应滤波器第二项接近于0，滤波器近似为 $\hat{f}(n_1,n_2)=\mu_g(n_1,n_2)$，相当于一个直接平均滤波器。$\sigma_f^2$ 比 σ_n^2 大很多时，说明此位置上图像灰度变化比较剧烈，可能存在边界和纹理，滤波器近似为 $\hat{f}(n_1,n_2)=g(n_1,n_2)$，是一个直通滤波器，这样能够保留图像的边界和纹理等细节信息，但是边缘附近的噪声也被保留下来了。一个改进的方法就是定向滤波器。它沿着边缘的方向进行处理，可以有效地消除边缘附近的噪声。定向滤波器定义了5个滤波核，分别对应0°、45°、90°、135°方向边缘和无边缘，如图5.17所示。

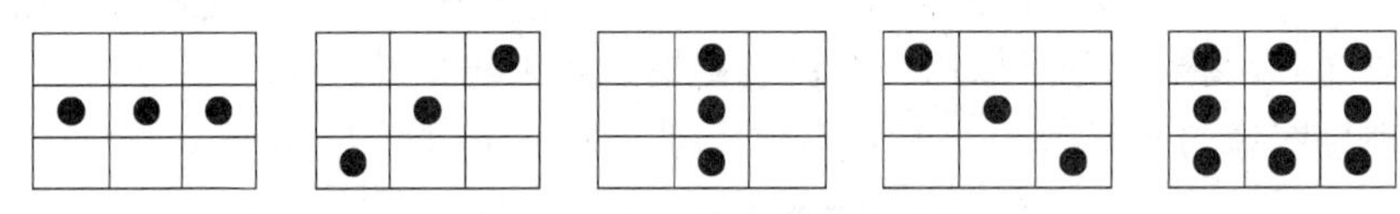

图5.17　定向滤波器的滤波核

有两种方法来利用这些滤波核进行去噪处理。

方法一是在每个方向上利用像素方差作为选择依据：

(1) 如果无边缘滤波核内计算出的方差大于一个设定阈值，则判定此像素上存在一个边缘。

(2) 具有最小方差的滤波核表示在此像素上最有可能的边缘方向。

(3) 在此滤波核内进行像素平均滤波，消除对应的边缘方向上的噪声。

方法二如下：

(1) 在5个滤波核内分别进行空间自适应滤波(如采用自适应LMMSE滤波器)。

(2) 将5个滤波的输出级联起来，输出最后的滤波结果。

5.3.3　锐化

锐化技术用于加强图像中的边界和细节，可以对模糊图像进行处理后得到较清晰的图像。

图像模糊的原因有很多，如聚焦不准、景物和摄像设备的相对运动都可以导致模糊。但从本质上来说，各种模糊过程都可以归结为求和、平均或积分操作的结果。所以图像锐化过程是模糊过程的逆运算，可以通过高通滤波或微分操作实现。

对于数字图像而言，与微分操作对应的运算是差分运算。x、y 方向上的一阶差分定义为

$$\Delta_x f(i,j)=f(i,j)-f(i-1,j) \tag{5.57}$$

$$\Delta_y f(i,j)=f(i,j)-f(i,j-1) \tag{5.58}$$

以上述差分算子为基础，构造用于图像锐化的算子。

其中一种锐化方法是以梯度模 $\left[\left(\frac{\partial f}{\partial x}\right)^2+\left(\frac{\partial f}{\partial y}\right)^2\right]^{\frac{1}{2}}$ 作为基本的锐化算子，可以构造以

下一些在梯度模的近似实现，作为离散图像的实际锐化算子。

(1) $|\Delta_x f(i,j)|+|\Delta_y f(i,j)|$

(2) $\mathrm{Max}\lfloor|\Delta_x f(i,j)|,|\Delta_y f(i,j)|\rfloor$

(3) Robert 算子为

$$\mathrm{Max}\lfloor| f(i,j)-f(i+1,j+1)|,| f(i+1,j)-f(i,j+1)|\rfloor \tag{5.59}$$

(4) Sobel 算子为

$$G[f(i,j)]=\{\boldsymbol{G}_x^2[f(i,j)]+\boldsymbol{G}_y^2[f(i,j)]\}^{\frac{1}{2}} \tag{5.60}$$

或者

$$G[f(i,j)]=|\boldsymbol{G}_x[f(i,j)]|+|\boldsymbol{G}_y[f(i,j)]|$$

其中：

$$\boldsymbol{G}_x=\begin{bmatrix}1 & 2 & 1\\0 & 0 & 0\\-1 & -2 & -1\end{bmatrix},\quad \boldsymbol{G}_y=\begin{bmatrix}1 & 0 & -1\\2 & 0 & -2\\1 & 0 & -1\end{bmatrix}$$

选择以上的锐化算子 G 对图像进行处理，就可以得到锐化图像。在具体应用中，可以对原图像中的每一像素点 (i,j)，令 $g(i,j)=G[f(i,j)]$，直接以锐化图像为输出结果图像。锐化算子会破坏图像平缓区域的性质。为了避免这个缺点，可以设置一个阈值，只有锐化结果（即图像在此点的梯度性质）大于这个阈值，才应用锐化算子对图像进行处理，否则保留原始图像的灰度值，即

$$g(i,j)=\begin{cases}T[f(i,j)], & G[f(i,j)]>T\\ f(i,j), & \text{其他}\end{cases} \tag{5.61}$$

其中，$T[f(i,j)]$为锐化处理算子，即阈值。

除了一维差分算子可以用来进行锐化操作以外，二阶差分模算子（拉氏算子）也可以用来进行锐化操作，拉氏算子定义为

$$\nabla^2 f(i,j)=\Delta_x^2 f(i,j)+\Delta_y^2 f(i,j) \tag{5.62}$$

其中二阶差分

$$\begin{aligned}\Delta_x^2 f(i,j)&=\Delta_x[\Delta_x f(i,j)]=\Delta_x[f(i+1,j)-f(i,j)]\\&=f(i+1,j)-2f(i,j)+f(i-1,j)\end{aligned} \tag{5.63}$$

$$\begin{aligned}\Delta_y^2 f(i,j)&=\Delta_y[\Delta_y f(i,j)]=\Delta_y[f(i,j+1)-f(i,j)]\\&=f(i,j+1)-2f(i,j)+f(i,j-1)\end{aligned} \tag{5.64}$$

模糊图像减去其拉氏算子结果，就可以得到锐化后的图像。

除了一、二阶差分算子作为锐化算子以外，还有一种很简单的方法：Wailis 算子可以用来锐化图像。

设原始图像为 $f(i,j)$，定义局部均值和局部方差分别为

$$\bar{f}(i,j)=\frac{1}{M}\sum_{(i,j)\in S} f(i,j) \tag{5.65}$$

$$\hat{\sigma}(i,j)=\frac{1}{M}\sum_{(i,j)\in S}[f(i,j)-\bar{f}(i,j)]^2 \tag{5.66}$$

其中，S 为像素 (i,j) 的邻域，M 为邻域中的像素数。

锐化处理后图像的期望均值为 m_S,期望方差为 σ_S,则像素(i,j)的锐化结果为

$$g(i,j)=[\alpha m_S+(1-\alpha)\bar{f}(i,j)]+[f(i,j)-\bar{f}(i,j)]\left[\frac{A\sigma_S}{A\hat{\sigma}(i,j)+\sigma_S}\right] \tag{5.67}$$

其中,A 是增益系数,α 是控制结果图像中边缘和背景组成的比例系数。

5.3.4 伪彩色和假彩色

人眼存在一种特性,即对灰度强度变化不如对色彩敏感。一般来说,人眼只能辨别出 20 多种黑白强度差异,却能够辨别出上千种颜色。所以在很多情况下,为了让人眼更清晰地辨别出图像细节,可以将图像灰度或灰度差异转换为色彩表现出来,这就是伪彩色和假彩色技术的由来。

伪彩色和假彩色两种技术都是按照一定规则将灰度信息或灰度差异信息转换为色彩信息。两者的不同之处在于:伪彩色技术是对黑白图像进行处理,将黑白图像变成彩色图像;而假彩色技术是对彩色图像进行操作,使图像的彩色信息产生变异。

在伪彩色技术中最常见的是变换法。利用三原色原理,对于像素点(x,y),由其灰度值决定其色度信息,定义色度和灰度的对应准则,得到 R、G、B 输出分别为

$$\begin{cases}R(x,y)=T_R[f(x,y)]\\G(x,y)=T_G[f(x,y)]\\B(x,y)=T_B[f(x,y)]\end{cases} \tag{5.68}$$

其中,$T_R[\cdot]$、$T_G[\cdot]$和 $T_B[\cdot]$分别是红、绿、蓝三原色的色度-灰度对应算子。

假彩色技术利用了色彩的变换方法,将原有的色度变换为其他色度,变换公式可以表示为

$$\begin{bmatrix}R'\\G'\\B'\end{bmatrix}=\begin{bmatrix}t_{11}&t_{12}&t_{13}\\t_{21}&t_{22}&t_{23}\\t_{31}&t_{32}&t_{33}\end{bmatrix}\begin{bmatrix}R\\G\\B\end{bmatrix} \tag{5.69}$$

5.4 遥感图像镶嵌技术

遥感图像镶嵌技术研究如何利用几幅小视角的图像拼接成一幅大视角的图像,以满足人们研究的需要。通过遥感图像镶嵌技术,可以将多幅相互间存在重叠部分的图像序列进行空间匹配对准,经重采样融合后形成一幅包含各幅图像信息的、宽视角场景的、完整的、高清晰的新图像。

5.4.1 遥感图像镶嵌技术处理流程

遥感图像镶嵌技术实际上是图像拼接技术在遥感图像领域的具体应用。遥感图像镶嵌技术处理流程可以分成 3 个主要步骤:图像预处理、图像配准和图像拼接。遥感图像镶嵌技术框图如图 5.18 所示。

图像预处理的目的是为下一步图像配准做准备,使得图像质量满足要求,主要包括

遥感图像的几何校正和遥感图像噪声的抑制等,使得参考图像和待拼接图像不存在明显的几何畸变,同时提高输入图像的质量,避免在质量不理想的情况下进行图像拼接造成的错误匹配。

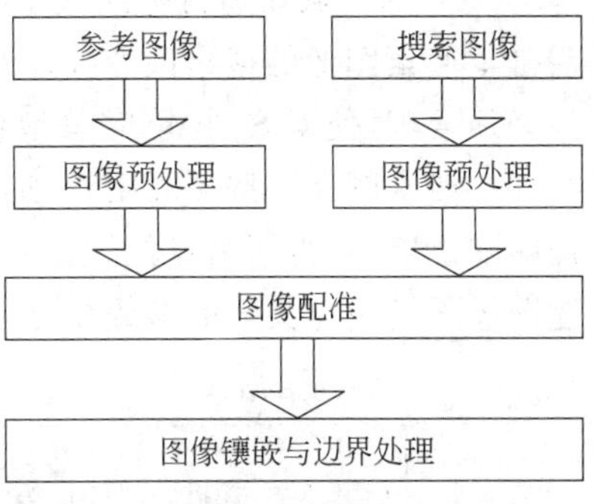

图 5.18 遥感图像镶嵌技术框图

图像配准主要指对参考图像和待拼接图像中的匹配信息进行提取,利用这些信息进行最佳搜索,完成图像之间重叠区域的对齐。图像配准的难点在于:待拼接的图像之间可能存在平移、旋转和缩放等多种变换,或者缺少匹配信息,如大面积的同色区域等各种影响匹配精度的情况。一个好的图像配准算法应该能够在各种情况下准确找到图像间的匹配信息,将图像对齐。

由于任何两幅空间相邻图像在采集条件上都不可能做到完全相同,因此,对于一些本应该相同的图像特性,如图像的光照特性等,在两幅图像中就不会表现得完全一样,这样会造成在从一幅图像过渡到另一幅图像的拼接缝上,由于图像中的某些特性发生了跃变而产生明显的视觉效果上的不自然。图像拼接是指在完成图像匹配以后,对多幅图像进行拼接,并对拼接的边界处进行处理,让拼接缝的跃变平滑过渡,使图像的视觉效果更自然。

5.4.2 遥感图像自动配准技术

图像拼接处理的核心是图像配准技术。图像配准技术是对不同遥感传感器或者不同时间、角度获得的两幅或多幅图像进行最佳匹配的处理过程。

图像配准可以用以下数学问题描述:

给定包含相同景物的两幅图像 I_1、I_2 和两幅图像间的相似性衡量函数 $S(I_1,I_2)$,通过寻找 I_1 和 I_2 中的同名点,建立两幅图像之间的对应关系,确定相应的几何变换 T,使得 $S(T(I_1),I_2)$达到最大值。

按照配准时使用的坐标系统,遥感图像配准方法可以分为两类。一类方法是基于图像空间位置坐标的邻近性对图像进行配准拼接,是从坐标系统的角度出发进行的配准拼接,是一种统一在地理空间坐标上的绝对配准方法。在这种方法中,要求获取的图像具有空间坐标信息,因而拼接处理的精度受到图像坐标系统的误差以及空间分辨率大小的影响,当图像几何定位精度不高时,处理效果较差。另一类方法是在不知道图像空间坐标的情况下,利用图像的相关性进行配准,实际上利用了同一地物在不同图像中的结构特征的相似性或者像素的相关性。这种配准方法是一种相对配准方法,坐标系统是任意的。

1. 图像配准技术的基本流程

在相对配准方法中,通常选择一幅图像作为配准的基准,称为参考图像,而其他待配准的图像称为搜索图像。图像配准的一般过程如下。首先在参考图像上选取以某点为中心的图像子块作为配准模板，如图5.19所示。在参考图像上选取以目标点为中心、大小为$M \times N$的区域作为目标区域T_1，并确保目标点(最好是明显地物点)在区域的中心。然后确定搜索图像的搜索区S_1，其大小为$J \times K$，显然$J>M$，$K>N$，S_1的位置和大小选择必须合理，使得S_1中能完整地包容一个模板T_1，然后将此模板或者基于模板构造的特征在搜索图像上按照规则移动，计算每个移动位置上的匹配衡量函数值，直到找到最佳匹配位置，获得同名点位置。在获得多个同名点的位置对应关系之后，就可以建立描述图像之间相互关系的参数模型，从而完成图像配准的任务。

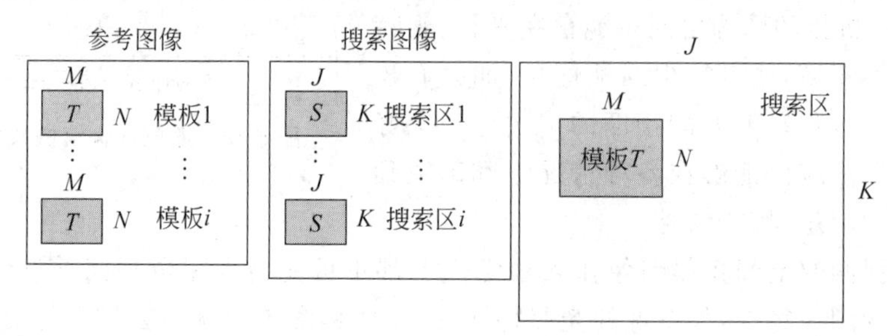

图5.19　同名点搜索过程

如果参考图像和搜索图像存在完全相同的区域，则配准是一个相对简单的工作。但是在实际情况中，两幅待配准的遥感图像往往是在不同条件下(如不同的成像系统、成像时间、位置和角度等)获取的，使得参考图像和搜索图像不可能完全相同，而只是在图像内容上相似，所以图像配准技术必须能有效地衡量图像之间的相似性。

图像配准技术中的几个关键要素如下：

(1) 特征空间。特征空间研究如何从图像中提取出特征集来衡量图像之间的相似性。特征一般利用那些反映图像内容的数学概念，如图像灰度、轮廓和纹理特征等，经常使用的特征集包括边缘、角点、特征点或者几何结构、句法描述等。

(2) 搜索空间。在特征集之间建立对应关系的可能变换集合，搜索空间反映了图像之间位置点的对应关系。常用的变换有平移变换、相似变换、仿射变换、投影变换和多项式变换。

(3) 搜索策略。用来选择可以计算的变换模型，以使得匹配在搜索过程中逐步达到精度要求。搜索策略可以看成一个最优化问题，利用最优化的方法来求解。

(4) 相似性度量方法。用来评估搜索空间中获得的输入与参考数据之间的匹配程度。常见的相似性度量方法有互相关函数、傅里叶相位相关函数、求像素绝对差的和、求Hausdorff距离等。

2. 图像配准技术的基本方法

按照配准利用的特征空间，图像配准方法可以分为3类：基于灰度信息的方法、基于变换域的方法以及基于图像特征的方法[28]。

1) 基于灰度信息的方法

基于灰度信息的方法不需要对图像进行复杂的预处理，而是直接利用图像本身具有的灰度统计信息来度量图像的相似程度。其主要特点是实现简单、精度高。但是该方法对目标的旋转、形变以及遮挡比较敏感，同时也对图像的灰度变化比较敏感，尤是非线性的光照变化将大大降低算法的性能，因此应用范围较窄，不能直接用于校正图像的非线性性变，在最优变换的搜索过程中往往需要巨大的运算量。

常见的基于灰度信息的相似性衡量准则如下。

(1) 相关系数测度。

相关系数是标准化的协方差函数，协方差函数值除以两个信号的方差即得到相关系数。对两个离散的数字图像，其灰度数据为 T 和 S，相关系数为

$$\rho(c,r)=\frac{\sum_{i=1}^{m}\sum_{j=1}^{n}(T_{i,j}-\overline{T})(S_{i+r,j+r}-\overline{S}_{c,r})}{\sqrt{\sum_{i=1}^{m}\sum_{j=1}^{n}(T_{i,j}-\overline{T})^2\sum_{i=1}^{m}\sum_{j=1}^{n}(S_{i+c,j+r}-\overline{S}_{c,r})^2}} \tag{5.70}$$

其中：

$$\overline{T}=\frac{1}{mn}\sum_{i=1}^{m}\sum_{j=1}^{n}T_{i,j}$$

$$\overline{S}=\frac{1}{mn}\sum_{i=1}^{m}\sum_{j=1}^{n}S_{i,j} \tag{5.71}$$

T 为目标区，是大小为 $m\times n$ 的图像；S 为搜索区，是大小也为 $m\times n$ 的图像；(i,j) 为目标区中的像元行列号；(c,r) 为搜索区中心的坐标，搜索区移动后 (c,r) 随之变化；ρ 为目标区 T 和搜索区 S 在 (c,r) 处的相关系数，当 T 在 S 中搜索完成后，ρ 最大者对应的 (c,r) 即 T 的中心点的同名点。

(2) 差分测度。

对离散的数字图像，差分测度采用如下公式：

$$S(c,r)=\sum_{i=1}^{m}\sum_{j=1}^{n}\mid T_{i,j}-S_{i+r,j+c}\mid \tag{5.72}$$

当 S 最小时，其对应的图像点为同名点。

(3) 相关函数测度。

对离散数字图像，相关函数测度采用如下公式：

$$R(c,r)=\frac{\sum_{i=1}^{m}\sum_{j=1}^{n}T_{i,j}S_{i+r,j+c}}{\left(\sum_{i=1}^{m}\sum_{j=1}^{n}T_{i,j}^2\sum_{i=1}^{m}\sum_{j=1}^{n}S_{i+r,j+c}^2\right)^{\frac{1}{2}}} \tag{5.73}$$

当 R 最大时，其对应的图像点为同名点。当找到足够数量的同名点后，就可以用多项式拟合法将一幅图像与另一幅图像配准。

2) 基于变换域的方法

基于变换域的配准方法是将图像从空间域转换到变换域进行处理，通过对变换系数的操作来完成配准。最常见的变换域方法是傅里叶变换。傅里叶变换有多种性质可用于图像配准。图像的旋转、平移、镜像和比例变换在傅里叶变换的频域中都有对应的形式，而且使用频域方法的好处是对噪声干扰有一定的抵抗能力。

利用傅里叶系数可以构造相位相关函数来衡量图像之间的相似性。对于两幅图像 t 和 s,相位相关函数具体计算公式如下:

$$S(t,s)=\frac{T(u,v)S^{*}(u,v)}{|T(u,v)S^{*}(u,v)|} \tag{5.74}$$

其中,$T(u,v)$和 $S(u,v)$分别是图像 t 和 s 的傅里叶变换,$S^{*}(u,v)$是 $S(u,v)$的共轭。

直接采用相位相关技术只能够衡量平移变换关系的图像,但是该技术通过扩展可以适用于图像间具有平移、旋转和缩放关系的配准问题。其基本原理是通过坐标变换在对数极坐标下使旋转和缩放转化为平移量。

3) 基于图像特征的方法

基于图像特征的方法是图像配准中最常见的方法,对于不同特性的图像,选择图像中容易提取并能够在一定程度上代表待配准图像间相似性的特征作为依据。基于图像特征的方法在图像配准方法中具有最强的适应性,而根据特征选择和特征匹配方法的不同而衍生的具体配准方法也是多种多样的。这些方法主要的共同之处是:首先对两幅图像的特征进行匹配,然后通过特征的匹配关系建立图像之间的配准映射变换。基于图像特征的配准方法的基本步骤如图 5.20 所示。

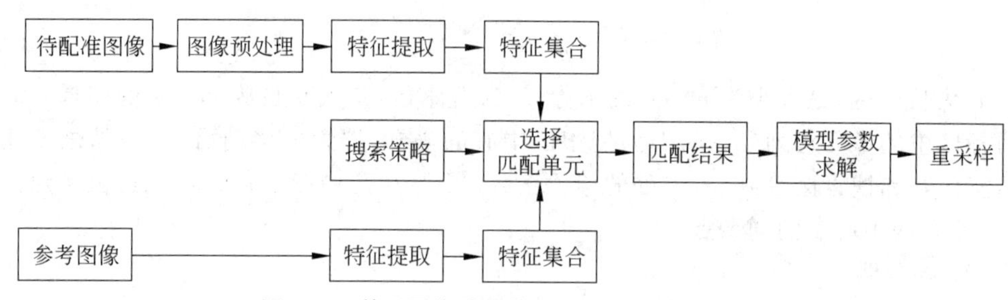

图 5.20 基于图像特征的配准方法的基本步骤

该方法包括以下 5 个主要步骤:

(1) 图像预处理。用来消除或减小图像之间的灰度偏差和几何变形,使图像配准过程能够顺利地进行。

(2) 特征提取。在参考图像与待配准图像上人工选择边界、线状物交叉点和区域轮廓线等明显的特征,或者利用特征提取算子自动提取特征,根据图像性质提取适用于图像配准的几何或灰度特征。

(3) 特征匹配。采用一定的匹配算法,实现两幅图像上对应的明显特征点的匹配,将匹配后的特征点作为控制点或同名点。控制点的选择应注意以下几方面:一是分布尽量均匀;二是在相应图像上有明显的识别标志;三是要有一定的数量特征。然后将从两幅准图像中提取的特征作一一对应,删除没有对应关系的特征。

(4) 空间变换。将匹配好的特征代入符合图像形变性质的图像变换函数(仿射、多项式等)以最终配准两幅图像。

(5) 重采样。通过灰度变换,对空间变换后的待配准图像的灰度值进行重新赋值。

5.4.3 数字遥感图像镶嵌中的拼接缝处理方法

在遥感图像镶嵌任务中,两幅图像之间肯定存在相互重叠的区域,才有可能实现图像的拼接。在具体处理中,通过图像配准建立两幅图像的对应关系,从而找到两幅图像的重合区域,这部分区域称为图像之间的拼接缝。拼接缝实际上是两幅遥感图像之间的过渡区域。由于获取条件的差异,不同遥感图像的特性,如图像像素灰度值,存在很大差异,使得拼接缝左右的遥感图像区域灰度呈现出比较强烈的变化,严重影响了镶嵌后遥感图像的视觉效果。所以需要采取一定的处理方法,使得到的大范围遥感图像视觉效果最佳。

一种拼接缝处理方法的步骤如下:

(1) 求出拼接缝左右图像平均亮度值 L_{ave} 和 R_{ave}。

(2) 对右图像,按式(5.75)改变整幅图像基色:

$$R' = R + (L_{ave} - R_{ave}) \tag{5.75}$$

其中,R 为右图像原始亮度值,R' 为右图像改变后的亮度值。

(3) 求出拼接缝中的极值,即 L_{max}、L_{min}、R'_{max}、R'_{min}。

(4) 对整幅右图像作反差拉伸:

$$R'' = AR' + B \tag{5.76}$$

其中:

$$A = \frac{L_{max} - L_{min}}{R'_{max} - R'_{max}}$$

$$B = -AR'_{max} + L_{min}$$

经过上述调整,两幅图像色调和反差已趋近,但仍有拼缝,必须进行边界线平滑,如图 5.21 所示。在边界线两边各选 n 个像元,这样平滑区有 $2n-1$ 个像元。

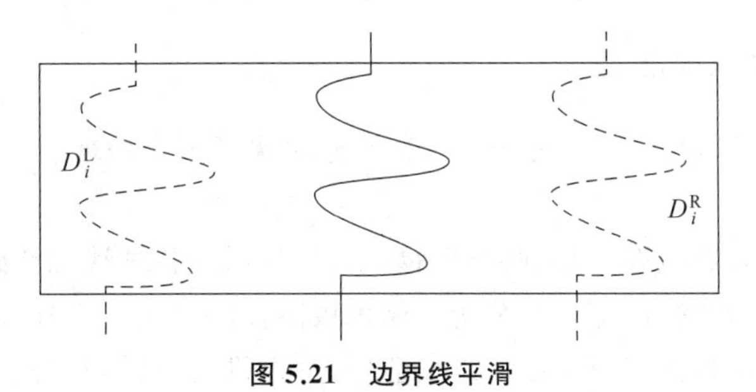

图 5.21 边界线平滑

每一行平滑后的亮度值 D_i 按下式计算:

$$D_i = \begin{cases} D_i^L, & i < j - \dfrac{s-1}{2} \\ D_i^R, & i > j + \dfrac{s-1}{2} \\ P_i^L D_i^L + P_i^R D_i^R, & j - \dfrac{s-1}{2} \leqslant i \leqslant j + \dfrac{s-1}{2} \end{cases} \tag{5.77}$$

其中，j 为边界点在图像中的像元号，i 为图像行号。D_i^{L} 和 D_i^{R} 是在 i 处左右图像像元的亮度值。

$$\begin{cases} P_i^{\mathrm{L}} = \dfrac{j - i + \dfrac{s+1}{2}}{s+1} \\ P_i^{\mathrm{R}} = \dfrac{\dfrac{s+1}{2} - j + i}{s+1} \end{cases} \tag{5.78}$$

5.5 遥感图像融合技术

遥感技术的发展为人们提供了丰富的多源遥感数据，这些来自不同遥感传感器的数据具有不同的时间、空间和光谱分辨率以及不同的极化方式。单一遥感传感器获取的图像信息量有限，往往难以满足应用需要。通过图像融合可以从不同的遥感图像中获得更多的有用信息，补充单一传感器的不足。狭义的遥感图像融合技术是指将多源遥感图像按照一定的算法，在规定的地理坐标系中生成新的图像的过程。而广义的遥感图像融合技术是指一种多层次、多方面的处理过程，在这个过程中对多种来源的遥感数据进行检测、关联、估计和组合，以达到精确的状态估计和身份估计以及完整、及时的态势评估和威胁评估，其目的是获取更高质量的信息，从而满足应用任务对精度的要求。遥感图像融合技术发挥了不同遥感数据源的优势，弥补了某种遥感数据的不足，提高了遥感数据的应用性，有利于综合分析和深入理解遥感数据。

5.5.1 遥感图像融合技术基础

1. 图像融合技术的层次

图像融合技术可以分为若干层次，一般可分为像素级图像融合、特征级图像融合和决策级图像融合。

像素级图像融合直接在采集到的原始数据层上进行，各种遥感传感器的原始测量数据未经预处理就进行数据的综合和分析。像素级图像融合属于一种低层次的融合思路。像素级图像融合要求保持尽可能多的现场数据，可提供其他融合层次不能提供的细微信息。但由于这种技术处理数据量大，导致处理时间长，处理代价高，实时性差。

特征级图像融合对来自遥感传感器的原始信息进行特征提取(如目标的边缘等)，然后对特征信息进行综合分析和处理。一般来说，提取的特征信息是像素信息的充分表示量或充分统计量，然后按特征信息对多种传感器数据进行分类、汇集和综合。特征级图像融合实现了可观的信息压缩，有利于实时处理，并且由于这种技术提取的特征直接与决策分析有关，因此融合结果能最大限度地给出决策分析所需的特征信息。

决策级图像融合是一种高层次融合，其结果为指挥控制决策提供依据，因此，决策级图像融合必须从具体决策问题的需求出发，充分利用特征级图像融合所提取的测量对象的各类特征信息，采用适当的融合技术来实现。决策级图像融合是三级融合的最终结果，是直接针对具体决策目标的，融合结果直接影响决策水平。

遥感图像融合的基本流程如图 5.22 所示。

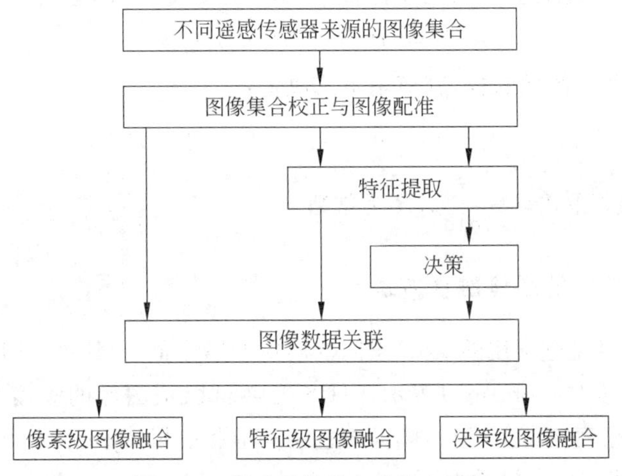

图 5.22 遥感图像融合的基本流程

2. 图像融合的关键技术

从图 5.22 可以看出，图像融合的关键技术主要包括图像配准、融合模型的建立与优化以及融合方法的选择。

1）图像配准

各类不同来源的遥感图像，因遥感平台高度、成像机理、观测角度和外界光照等的不同，其特性相差很大。在图像数据融合前，必须首先进行图像配准，校正各类遥感图像的几何畸变，实现空间配准，使得不同遥感图像中同一地物区域的坐标统一起来，才有可能实现信息的互补增强。

2）融合模型的建立与优化

只有充分认识研究对象的地学规律和信息特征，充分了解每种融合数据的特性空间、光谱、时间和辐射分辨率等及适用性、局限性，通过多源数据的相互补充，才能提供更多、更好的数据源。充分考虑到不同遥感数据的相关性以及数据融合中引起的噪声误差的增加，确定融合模型，提取有用信息，消除无用信息，实现融合后数据的互补与信息的增强。

3）融合方法的选择

根据图像融合的目的、数据源类型和特点，选择合适的图像融合方法。

下面主要介绍基于像素级的图像融合，主要介绍加权融合、基于 HIS 变换的图像融合、基于主成分变换的图像融合、比值变换融合和乘积变换融合。

5.5.2 像素级遥感图像融合方法

1. 加权融合方法

基于像素的加权融合方法对两幅图像 f_1 和 f_2 按式(5.79)进行：

$$f' = (P_1 f_1 + P_2 f_2) + B \tag{5.79}$$

其中 P_1 和 P_2 为两个图像的权，其值由下式决定：

$$P_1 = (1 - |r|)^{\frac{1}{2}}, \quad P_2 = 1 - P_1$$

r 为两幅图像的相关系数，$r = \dfrac{\sigma_{12}}{\sigma_1 \sigma_2}$；$B$ 为常数。

2. 基于 HIS 变换的图像融合方法

HIS 变换将图像处理常用的 RGB 空间变换到 HIS 空间。HIS 空间用亮度(Intensity)、色调(Hue)和饱和度(Saturation)表示。HIS 变换可以把图像的亮度、色调和饱和度分开，图像融合只在亮度通道上进行，图像的色调和饱和度保持不变。

基于 HIS 变换的融合过程如下：

(1) 对待融合的全色图像和多光谱图像进行几何配准，并对多光谱图像重采样，使其分辨率与全色分辨率相同。

(2) 将多光谱图像变换到 HIS 空间。

(3) 对全色图像 I′和 HIS 空间中的亮度分量 I 进行直方图匹配。

(4) 用全色图像 I′代替 HIS 空间的亮度分量，即 HIS→HI′S。

(5) 将 HI′S 逆变换到 RGB 空间，即得到融合图像。

通过变换、替代和逆变换获得的融合图像既具有全色图像高分辨率的优点，又保持了多光谱图像的色调和饱和度。

3. 基于主成分变换的图像融合方法(K-L 变换法)

基于主成分变换的遥感图像融合方法首先对多光谱图像的多个波段进行主分量变换，变换后第一主分量含有变换前各波段的相同信息，而各波段中对应的其余部分被分配到变换后的其他波段。然后将高分辨率图像和第一主分量进行直方图匹配，使高分辨率图像与第一主分量图像有相近的均值和方差。最后，用直方图匹配后的高分辨率图像代替第一主分量进行主分量逆变换。

设多光谱图像 M 有 n 个波段，全色图像为 P，将它们组成一个向量集 $\boldsymbol{X}$，含有 $n+1$ 个波段：

$$\boldsymbol{X} = [\boldsymbol{X}_1, \boldsymbol{X}_2, \cdots, \boldsymbol{X}_{n+1}] \tag{5.80}$$

相邻波段之间的方差为

$$\delta_{i,j}^2 = E[(x_i - m_i)(x_j - m_j)] \quad i,j = 1,2,\cdots,n,n+1 \tag{5.81}$$

其中 m_i、m_j 为第 i、j 波段的均值，可以得到向量 $\boldsymbol{X}$ 的协方差矩阵：

$$\boldsymbol{\Sigma}=\begin{bmatrix}\delta_{1,1} & \delta_{1,2} & \cdots & \delta_{1,n+1}\\ \delta_{2,1} & \delta_{2,2} & \cdots & \delta_{2,n+1}\\ \vdots & \vdots & \ddots & \vdots\\ \delta_{n+1,1} & \delta_{n+1,2} & \cdots & \delta_{n+1,n+1}\end{bmatrix} \tag{5.82}$$

$\boldsymbol{\Sigma}$ 是一个满秩矩阵，其特征根 λ 为实数。求出特征根后，对特征根 $\lambda=(\lambda_1,\lambda_2,\cdots,\lambda_{n+1})$ 进行排序，且 $\lambda_1>\lambda_2>\cdots>\lambda_{n+1}$，然后求出对应的特征向量 $\boldsymbol{Y}_i$，构成特征向量集 $\boldsymbol{Y}$：

$$\boldsymbol{Y}=[\boldsymbol{Y}_1,\boldsymbol{Y}_2,\cdots,\boldsymbol{Y}_{n+1}] \tag{5.83}$$

用原来的 $n+1$ 个波段和特征向量集 $\boldsymbol{Y}$ 进行变换，得到新的 $n+1$ 幅图像。一般情况下，前 3 个特征值之和占总特征值的 97%以上，因而原来的图像中 97%以上的信息集中到了变换后的前 3 幅图像中，其余基本上为噪声。

4. 比值变换融合方法

比值变换融合方法按式(5.84)进行：

$$\begin{gathered}\frac{B_1}{B_1+B_2+B_3}\times D=\mathrm{DB}_1\\ \frac{B_2}{B_1+B_2+B_3}\times D=\mathrm{DB}_2\\ \frac{B_3}{B_1+B_2+B_3}\times D=\mathrm{DB}_3\end{gathered} \tag{5.84}$$

其中，$B_i(i=1,2,3)$为多光谱图像，D 为高分辨率图像，$\mathrm{DB}_i(i=1,2,3)$为比值变换融合图像。比值变换融合可以增大图像的对比度。当要保持原始图像的辐射值时，本方法不宜采用。

5. 乘积变换融合方法

乘积变换融合方法按式(5.85)进行：

$$D\times B_i=\mathrm{DB}_i \tag{5.85}$$

通过乘积变换融合得到的融合图像，其亮度成分得到增强。

5.5.3 图像融合效果的评价

图像融合效果的评价分为主观评价和客观评价两种。主观评价方法通过人眼观察进行分析，是一种简单、直接的评价方法，可以根据图像融合前后的对比作出符合人眼视觉特性的评价结果，一般为定性判断，也可以利用专家打分法等技术实现定量评价。主观评价方法最大的缺点是因人而异，具有主观性，而且操作起来比较麻烦，需要人工参与。客观评价方法利用图像的统计参数进行判定，通过自动处理的方式从结果图像中提取参数，获得定量评价指标的值。

常见的定量评价指标如下：

(1) 平均梯度。反映图像中微小细节反差和纹理变化的特征，表达图像的清晰度。公式如下：

$$G=\frac{1}{MN}\sum_{i=1}^{M}\sum_{j=1}^{N}[\Delta_x f(i,j)^2+\Delta_y f(i,j)^2]^{\frac{1}{2}} \tag{5.86}$$

其中,G 为平均梯度,$\Delta_x f(i,j)$和 $\Delta_y f(i,j)$分别为像素(i,j)在 x、y 方向上的一阶差分值,M 和 N 为图像大小。G 越大,则图像层次越多,图像越清晰。

(2) 熵与联合熵。描述图像信息量的一个指标,根据香农(Shannon)信息论原理,一幅 8b 的图像的熵为

$$H(x)=-\sum_{i=0}^{255}P_i\log_2 P_i \tag{5.87}$$

其中 P_i 为图像像素灰度值 i 的概率。

彩色图像的联合熵为

$$H(x_1,x_2,x_3)=-\sum_{i_1,i_2,i_3=0}^{255}P_{i_1i_2i_3}\log_2 P_{i_1i_2i_3} \tag{5.88}$$

其中,$P_{i_1i_2i_3}$ 表示图像 x_1 中像素灰度为 i_1 与图像 x_2 中像素灰度为 i_2 以及图像 x_3 中像素为 i_3 的联合概率。

熵或联合熵越大,则图像包含的信息越丰富。

(3) 用融合后的图像进行分类,以分类的精度来评价融合图像的质量。

选用某种分类器,对融合图像和原始图像进行分类,然后比较融合后的图像和融合前的图像分类的结果,以判断融合的质量。

f_A、f_B 为待融合的图像,m_{f_A}、m_{f_B} 为 f_A、f_B 的均值,V_{f_A}、V_{f_B} 为 f_A、f_B 的方差。常用的评价融合效果指标如下。

① 偏差指数:反映两幅图像间的偏离程度。公式如下:

$$D=\frac{1}{MN}\sum_{i=1}^{M}\sum_{j=1}^{N}\frac{|f_A(i,j)-f_B(i,j)|}{f_B(i,j)} \tag{5.89}$$

② 相关系数:描述两幅图像的相似程度。公式如下:

$$r=\frac{\sum_{i=1}^{M}\sum_{j=1}^{N}(f_A(i,j)-m_{f_A})(f_B(i,j)-m_{f_B})}{\sqrt{\sum_{i=1}^{M}\sum_{j=1}^{N}(f_A(i,j)-\bar{f}_A)^2\sum_{i=1}^{M}\sum_{j=1}^{N}(f_B(i,j)-\bar{f}_B)^2}} \tag{5.90}$$

③ 均值偏差:反映两幅图像均值之间的偏离程度。公式如下:

$$b_{\mathrm{m}}=\frac{|m_{f_A}-m_{f_B}|}{m_{f_B}} \tag{5.91}$$

④ 方差偏差:反映两幅图像方差之间的偏离程度。公式如下:

$$b_{\mathrm{V}}=\frac{|V_{f_A}-V_{f_B}|}{V_{f_B}} \tag{5.92}$$

5.6 遥感图像解译技术

遥感图像解译也称判读或判释,指从遥感图像中获取信息的处理过程。遥感图像解译是根据应用任务的需求,运用图像解译标志和先验经验与知识,从遥感图像中识

别目标，定性或定量地提取目标的分布、结构和功能等有关信息，并把它们表示在地理底图上的过程[28]。土地利用现状判读就是一个典型的解译任务，首先在遥感图像中识别出土地利用类型，然后在图上测算各类土地面积，从而完成对各类土地利用现状的信息获取。

遥感图像解译技术可以分为两类。一类是**目视解译**，也称为目视判读或者目视判释，是指专业人员通过直接观察或借助辅助解译仪器在遥感图像中获取特定目标地物信息的过程。另一类是计算机解译，也称为**遥感图像理解**，借助于计算机系统的支持，利用模式识别与人工智能技术，自动提取遥感图像中目标地物的各种特征（如颜色、形状、纹理与空间位置等），结合专家知识库中目标地物的成像规律和解译经验等先验知识进行分析和推理，实现对遥感图像的理解，完成遥感图像的解译。目视解译需要的设备少，简单方便，充分利用了人的经验知识，可以从遥感图像中获取很多专题信息，目前仍然是遥感图像应用过程中的主要作业方法。

目视解译可以用于检验遥感图像处理和理解的结果，核查遥感图像处理的效果或计算机解译的精度，查看结果是否符合地域分布规律。在实际应用中，通常利用计算机数字图像处理技术对遥感图像进行增强，突出对解译有用的信息，然后由解译人员进行目视解译，确定目标的性质，再由计算机进行定量计算处理，最终得到目标的定性和定量描述。目视解译的思想和方法在计算机图像识别中具有重要意义，特别是在基于知识的遥感图像识别系统中，如何将解译人员的知识和经验用计算机语言表达出来（即知识的总结、描述和推理机制的建立）是建立遥感图像解译专家系统的核心。

5.6.1 遥感图像的解译标志

遥感图像的解译标志也称解译要素，是指遥感图像上能反映和判别地物信息的特征信息。在遥感图像解译过程中，解译人员或者计算机利用这些解译标志直接在图像上识别地物或现象的性质、类型和状况等信息，或者通过已识别出的地物或现象进行相互关系的推理分析，进一步弄清楚其他不易在遥感图像上直接解译的目标，如根据植被、地貌与土壤的关系，识别出土壤的类型和分布等。

常用的解译标志包括形状、大小、阴影、色调、纹理和图案、位置和布局等[29]。

1. 形状

形状特征指目标地物在遥感图像上所呈现的几何轮廓特征。自然地物外形一般不规则；而人造地物的形状表现出一定的规则性，如飞机场、盐田和工厂等特定目标地物在遥感图像中成像的几何形状都具有特殊性。

需要注意的是，遥感图像一般是垂直拍摄的，在遥感图像上看到的多是目标地物的顶部或平面形状，与日常生活中的观察角度存在差异。同时遥感图像中的地物形状除了与地物本身的形状和所处的位置有关外，还与遥感传感器的成像机理、成像方式和成像条件有关。例如，在中心投影方式中，遥感平台姿态的改变或者地形起伏的变化都会造成同一地物在图像中呈现不同的形状。在遥感图像解译时，必须考虑到遥感图像的成像方式。

2. 大小

大小特征指地物在图像上的尺寸，如长、宽、面积和体积等。大小特征在区分对象时很重要，可以根据地物的大小推断地物的属性（如分辨公路上的车辆类型）。

地物图像的实际大小取决于比例尺，根据比例尺，可以计算遥感图像中的地物在实地的大小。大小特征也与遥感图像成像的具体条件有关。

3. 阴影

阴影特征是指遥感图像上光束被目标地物遮挡而产生的影子。阴影可使地物有立体感，有利于地貌的解译。根据阴影形状、大小可以解译出物体的性质或高度。阴影的存在对解译目标的形状等几何特性非常有利。例如，太阳光照射在地物侧面时产生的阴影反映了地物的侧面形状。但是，这也增加了落在阴影中的地物的解译难度。

阴影的长度、形状和方向受到太阳高度角、地形起伏、阳光照射方向和目标所处的地理位置等多种影响。

4. 色调

色调是地物电磁辐射能量大小或地物波谱特征在遥感图像上的综合反映。在黑白影像上，色调表示地物目标黑白深浅的程度，用灰度表示；在彩色影像上，色调表示目标地物的主要颜色。

影像色调不仅和地物本身的色调有关，而且和成像机理和成像条件有关。同一目标在全色、多光谱、假彩色和真彩色图像中色调不同。同一地物在不同波段的图像中会有很大差别。同一波段的图像中，由于成像时间和季节的差异，即使同一地区、同一地物的色调也会不同。

利用色调进行遥感图像解译时，最重要的是掌握地物目标在各个光谱段的波谱特性，以建立地物颜色和影像色调之间的联系。

5. 纹理与图案

纹理是细小物体在影像上重复出现形成的特征，是大量个体的形状、大小、阴影和色调的综合反映。纹理表现为遥感图像上与色调配合看上去平滑或粗糙的纹理的粗细程度，即图像上目标表面的质感。草场和牧场看上去平滑，成材的老树林看上去很粗糙，海滩的纹理反映了沙粒结构的粗细，沙漠的纹理表现了沙丘的形状以及主要风系的风向。在地物光谱特性相近时，纹理特征对目标区分意义很大，例如，阔叶林和针叶林的图像色调相同，但阔叶林纹理颗粒度粗，针叶林纹理颗粒度细。

图案是地物目标的特殊组织，或者是某一群体各个要素在空间排列组合的形状，由这些地物目标有规律地排列组合而形成的就是图案。图案可反映各种人造地物和天然地物的特征，如农田的垄、果树林排列整齐的树冠等，各种水系类型、植被类型和耕地类型等也都有其独特的图形结构。

纹理和图案依赖于不同比例尺的相互转换。大比例尺纹理不明显，图案明显；小比例尺纹理更有意义。

6. 位置与布局

位置特征指地物所处的环境部位。各种地物都有特定的环境部位,因而位置特征是判断地物属性的重要标志。例如,某些植物专门生长在沼泽地、沙地和戈壁上。布局特征又称相关位置,反映了多个目标物之间的空间配置关系。

位置与布局特征有利于遥感图像中目标的间接判断。在很多时候依靠单个目标的信息很难确定目标性质,但地面上的地物之间有一定的依存关系,例如,学校离不开操场,灰窑和采石场的存在可说明是石灰岩地区。某些地物总是一起出现,通过地物间的密切关系或相互依存关系的分析,可从已知地物证实另一种地物的存在及其属性和规模。甚至可以通过位置与布局的关联判断出遥感图像中没有表现出的目标地物。例如,草原上的水井可根据多条交汇的小路判别,田间的机井可根据水渠的位置判别。

5.6.2 遥感图像目视解译流程

遥感图像目视解译流程如图5.23所示,包括以下步骤。

1. 目视解译准备工作

目视解译准备工作主要包括明确解译任务与要求,收集与分析有关资料,并选择合适的波段与恰当时相的遥感影像。在这个步骤中,要熟悉遥感系统的成像平台、遥感传感器、成像方式、成像日期和季节、包括的地区范围、图像的比例尺、空间分辨率和彩色合成方案等,了解图像可解译的程度。并分析已有的专业资料,将这些地面实况资料与图像对应分析,以确认二者之间的关系。

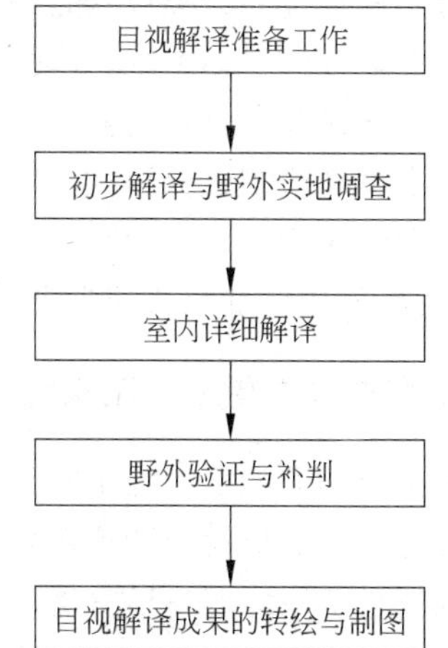

图5.23 遥感图像目视解译流程

2. 初步解译与野外实地调查

初步解译的主要任务是掌握解译区域的特点,确立典型解译样区,建立目视解译标志,探索解译方法,为全面解译奠定基础。通过初步解译对图像进行解译,勾绘类型界线,标注地物类别,形成预解译图。在室内初步解译的结果不可避免地存在错误或者难以确定的类型,因此需要野外实地调查。野外实地调查包括地面路线勘察和样品采集(例如岩石标本、植被样方、土壤剖面和水质分析等),着重解决未知地区的解译成果是否正确。主要任务包括填写各种地物的解译标志登记表,以作为建立地区性解译标志的依据,在此基础上建立影像解译的专题分类系统和遥感影像解译标志。

这个阶段的中心任务是建立遥感图像的解译标志,根据图像特征,即形状、大小、阴影、色调、纹理和图案、位置和布局,建立图像和地物目标之间的对应关系。

3. 室内详细解译

根据野外实地调查结果，修正预解译图中的错误，确定未知类型，细化预解译图，形成正式的解译原图。

4. 野外验证与补判

野外验证包括检验专题解译中地物目标的内容是否正确，并再次检验解译标志。疑难问题的补判则是对室内详细解译中遗留的疑难问题的再次解译。

5. 目视解译成果的转绘与制图

将解译原图上的类型界线转绘到地理底图上，根据需要，可以对各种类型着色，进行图面整饰，形成正式的专题地图。一种方法是手工转绘成图；另一种方法是在具有精确几何基础的地理底图上采用转绘仪转绘成图。

5.6.3 遥感图像分类原理与基本过程

遥感图像自动分类技术是遥感图像计算机解译的关键步骤，通过计算机自动从遥感图像中提取地物目标区域，并对地物目标进行判别分类，获取地物目标的属性信息。

遥感图像分类技术是模式识别技术在遥感领域中的具体应用，完成将图像数据从二维灰度空间转换到目标模式空间的工作，分类的结果是将图像根据不同属性划分为多个不同类别的子区域。一般来说，分类后遥感图像中不同类别区域之间的性质差异应尽可能大，而区域内部的性质应保证平稳。

1. 图像分类的基本定义

图像分类器的定义如下[30]：

首先给定二值均匀测度函数 P，如果图像中某个区域满足一定意义下的均匀特性，则该区域的 P 值为 TRUE(真)，否则为 FALSE(假)。

令集合 R 代表整个图像区域，对 R 的分类可看作将 R 分成 N 个非空子集(子区域) $R_1, R_2, \cdots, R_N$，并满足以下条件：

(1) $\bigcup_{i=1}^{N} R_i = R$。

(2) 对所有的 i 和 $j(i \neq j)$，有 $R_i \cap R_j = \varnothing$。

(3) 对 $i=1,2,\cdots,N$，有 $P(R_i)=\text{TRUE}$。

(4) 对 $i \neq j$，有 $P(R_i \cup R_j)=\text{FALSE}$。

(5) 对 $i=1,2,\cdots,N$，R_i 是连通的区域。

2. 遥感图像分类技术的类别

遥感图像的计算机分类方法可以分为监督分类和无监督分类。监督分类方法首先需要从研究区域选取有代表性的训练场地作为样本，根据已知训练区提供的样本，通过选择特征参数(如像素亮度均值、方差等)建立判别函数,据此对数字图像待分像素进行分类,依据样本类别的特征来识别非样本像素的归属类别。无监督分类是在没有先验类别(训练场地)作为样本的条件下,即事先不知道类别特征,主要根据像素间相似度的大小进行归类合并(将相似度大的像素归为一类)的方法。

3. 遥感图像分类技术的基本过程

遥感图像分类技术的关键是提取待识别模式的一组统计特征值,然后按照一定的准则作出决策,从而对数字图像予以识别。遥感图像分类过程主要有 4 个步骤,如图 5.24 所示。

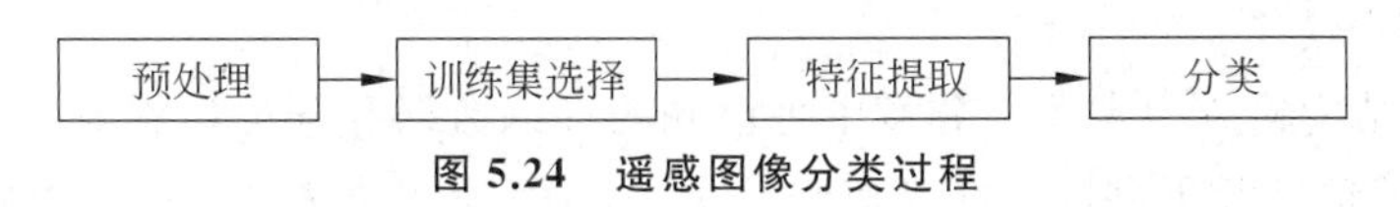

图 5.24 遥感图像分类过程

1) 预处理

预处理对观测数据进行分类前的处理,主要处理方法包括遥感图像的几何校正、辐射校正、预滤波和去噪等处理。通过预处理操作为遥感图像分类准备数据,消除遥感图像中存在的畸变现象,提高遥感图像的质量。

2) 训练集选择

从待处理数据中抽取具有普遍性和代表性的数据作为训练样本,构成训练集。训练样本的数目应该足够多,并且覆盖待分类地物目标的各种情况。训练集的选择对分类器的设计和性能表现影响极大。

3) 特征提取

从样本数据中提取特征向量,完成从样本空间到特征空间的转换。一个好的特征向量应该全面反映观测地物目标的特性,同时将数据维度控制在一定范围内。遥感图像分类的主要依据是地物的光谱特征,即地物电磁波辐射的多波段测量值。这些测量值可以用作遥感图像分类的原始特征变量,也可以用来设计地物目标的图像特征。

4) 分类

基于特征向量集,采用特定的分类器对特征空间进行划分,完成分类工作。理想的分类器应具有两种性质:一种性质是分类过程的可重复性,由其他测试者采用相同数据能够获得相同的结论;另一种性质是鲁棒性,对输入数据的微小改变不敏感,也就是说输入的微小变化或叠加的随机噪声不会引起输出结果的剧烈变化。

按照遥感图像分类的技术过程,在具体应用中,遥感图像的计算机分类工作基本流程如下:

(1) 首先明确遥感图像分类的目的以及需要解决的问题,在此基础上根据应用目的选取特定区域的遥感数字图像。选取图像时应考虑图像的空间分辨率、光谱分辨率、成像时间和图像质量。

(2) 根据研究区域,收集与分析地面参考信息与有关数据。为提高计算机分类的精度,需要对数字图像进行辐射校正和几何校正(这部分工作也可能由提供数字图像的卫星地面站完成)。

(3) 对图像分类方法进行比较研究,掌握各种分类方法的优缺点,然后根据分类要求和图像数据的特征选择合适的图像分类方法和算法。根据应用目的及图像数据的特征建立分类系统,确定分类类别。也可通过监督分类方法,从训练数据中提取图像数据特征,在分类过程中确定分类类别。

(4) 找出代表这些类别的统计特征。

(5) 为了测定总体特征,在监督分类中可选择具有代表性的训练场地进行采样,测定其特征。在无监督分类中,可用聚类等方法对特征相似的像素进行归类,测定其特征。

(6) 对遥感图像中的所有像素进行分类。包括对每个像素进行分类和对预先分割均匀的区域进行分类。

(7) 分类精度检查。在监督分类中把已知的训练数据及分类类别与分类结果进行比较,确认分类的精度及可靠性。在无监督分类中,采用随机抽样方法,分类效果的好坏需经实际检验或利用分类区域的调查材料或专题图进行核查。

(8) 对判别分析的结果进行统计检验。

5.6.4 遥感图像分类方法

1. 监督分类方法

监督分类方法包括利用训练区样本建立判别函数的学习过程和把待分类像素代入判别函数进行判别两个过程。如图 5.25 所示,具体的分类步骤可以描述如下:

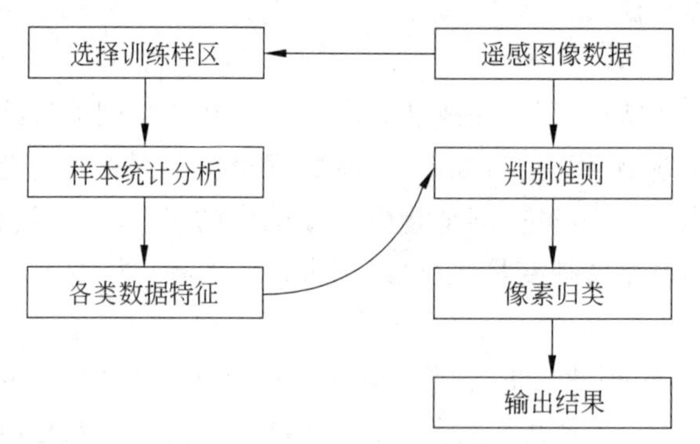

图 5.25 监督分类方法流程

(1) 根据对被分类地区的了解(即先验知识),从图像数据中选择能代表各类别的样区(即样本)。

(2) 对选出的样本依据选用的分类器进行统计分析处理,提取各类别的数据特征,并以此为依据建立适用的判别准则。

(3) 使用判别准则逐个判定各像素的类别归属,最后确定分类结果。

最常用的监督分类方法包括最小距离分类法和最大似然分类法。基于各种距离判别函数的多种分类方法都称为最小距离分类法,最大似然分类法一般是基于贝叶斯(Bayes)准则构建的。最小距离分类法和最大似然分类法都是根据遥感图像数据的统计特征与训练样本数据之间的统计关系进行分类的，其分类精度往往不甚理想。同时，地物类型分布方式的复杂性也是造成传统分类方法不理想的原因。为此人们不断研究和尝试新的方法来提高遥感图像分类方法的性能。近年来新出现的方法包括人工神经网络方法、模糊数学方法、基于决策树的方法以及基于专家系统的方法等。

1）最小距离分类法

最小距离分类法的基本出发点是地物光谱特征在特征空间中按集群方式分布，也就是说，相同类别的地物在特征空间中分布在一个相对集中的区域内，而不同类别的地物在特征空间中比较分散。其基本思路是：计算地物的特征向量与相关类别之间的距离，并选择其中距离值最小的那一类作为地物的归属类。

最小距离分类法首先利用训练样本数据计算出每一类别的均值向量和标准差向量。然后，以均值向量作为该类在特征空间中的中心位置，计算每个像素到各类中心的距离，把像素归入距离最小的一类中。在最小距离分类法中，距离衡量函数是一个关键的判别准则。常用的距离衡量函数如下：

(1) 欧几里得距离函数：

$$D_j^2 = \sum_{i=1}^{p} (X_i - M_{ij})^2 \tag{5.93}$$

(2) 绝对距离函数：

$$D_j = \sum_{i=1}^{p} | X_i - M_{ij} | \tag{5.94}$$

(3) 马氏距离函数：

$$D_j = \sum_{i=1}^{p} ((X_i - M_{ij})^{\mathrm{T}} \boldsymbol{\Sigma}^{-1} (X_i - M_{ij})) \tag{5.95}$$

最小距离分类法原理简单，分类精度不高，但计算速度快，可以在快速浏览分类概况时使用。

2）最大似然分类法

按贝叶斯准则建立的贝叶斯判别规则称为贝叶斯分类器。其基本假设是：地物影像可以以其光谱特征向量作为量度，在光谱特征空间中找到一个相应的特征点，而来自同类地物的特征点在特征空间中形成一个从属于某种概率分布的集群。这样，判别某一特征点类属的合理途径是对其落进不同类别集群中的条件概率进行比较，条件概率最大的那个类别作为该特征点的归属类。

在构造最大似然分类法时，把特征点 X 落入类 W_i 的条件概率 $P(W_i/X)$ 当成分类判别函数，称为似然判别函数。由于概率是建立在统计意义上的，因而当使用似然判别函数实行分类判别时，不可避免地会出现错误现象，希望以错分概率或风险最小为准则来建立需要的判别规则，这时就要用到贝叶斯判别规则。在判别规则建立之后，就把分类问题转化为寻找最大概率问题了。

3）基于人工神经网络的分类方法

人工神经网络是以模拟人脑神经系统的结构和功能为基础而建立的一种数据分析处理系统。它由很多简单的处理单元有机地连接起来，每个处理单元相当于人脑中的一个神经细胞，称其为人工神经元，其结构如图 5.26 所示。一个神经元与多个神经元以突触相连，接收来自其他神经元的信号，这样每个神经元有多路输入，并将反馈信号经由一条路线传递给另一个神经元。进入突触的信号作为输入通过突触而被加权，所有输入的加权之和即所有权重输入的总效果。若该值大于或等于神经元阈值，则该神经元被激活；否则它不被激活。

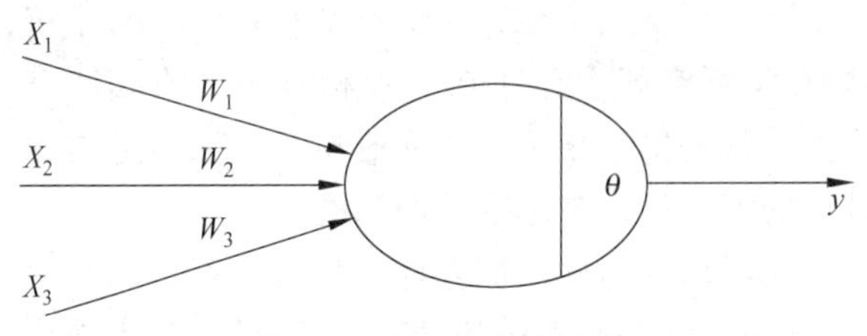

图 5.26 人工神经元结构

由众多人工神经元按照一定方式互连就形成了人工神经网络。人工神经网络可以视为简化了的人脑神经系统的数学模型。人工神经网络的能力取决于网络中的神经元数目、连接方式以及连接权重。人工神经网络的学习就是针对样本，根据某种规则（称为学习算法）修改权值，直到权值大小和分布满足要求，使人工神经网络能够实现预期的功能。人工神经网络能够并行处理，运算速度非常快，具有很强的联想、思维推理、判断和记忆的功能。

由于人工神经网络具有与人脑相似的功能特点，在模式识别和图像处理领域中得到了十分广泛的应用。人工神经网络方法具有传统数值计算方法所没有的一些优点，其最大优势在于其极强的非线性映射能力。具体来说具有以下优点：

（1）计算过程大量并行、高度分布，这使其能高速处理大量数据和求解非常复杂的问题。

（2）具有自学习、自适应和自组织能力。它能利用已知类别遥感图像样本集的先验知识，自动提取判别规则。

（3）能实现各种非线性映射和求解各种十分复杂和高度非线性的分类和模式识别问题[31]。

常见的人工神经网络结构有 BP 神经网络、Kohonen 神经网络、径向基神经网络、模糊神经网络和小波神经网络等[31]。

4）基于模糊数学的分类方法

由于现实世界中众多的现象很难明确地划分类别，反映在遥感图像上也存在一些混合像素问题，并有大量的同谱异物或者同物异谱现象发生，使得图像像素的类别难以明确确定。针对这种信息的不确定性，遥感图像解译人员引入了相应的数学方法来解决这个问题。模糊数学方法就是一种针对不确定性事物的分析方法，它以模糊集合论作为基础，有别于普通集合理论中事物归属的绝对化。在分析事物的隶属关系（即分类）时，一般以某个数学模型计算它对于所有集合的隶属度，然后根据隶属度的大小确定事物的归属关系。

5）基于决策树的分类方法

决策树分类法的原理是：模拟人类的分类过程，将整个数据集从上往下逐级细分，形成由一个根结点、一系列内部结点（分支结点）及终结点（叶结点）组成的树状结构，即分类树，如图5.27所示，每一结点只有一个父结点和两个或多个子结点。由根结点出发，不断往下细分，直到要求的终级类别分出为止，于是就形成了一个分类树结构，在树结构的每一分支结点处，可以选择不同的特征用于进一步的有效细分类。

在训练步骤中，采用从叶结点到根结点的逆向过程，即在预先已知叶结点类别样本数据的情况下，根据各类别的相似程度逐级往上聚类，每一级聚类形成一个分支结点，在该结点处选择对其往下细分的有效特征。依此方式一直到达根结点，完成对各类别的特征选择。而在具体的分类过程中，根据已选出的特征，从根结点出发，对遥感图像实行全面的逐级分类，直到到达叶结点，完成最后的细分分类操作。

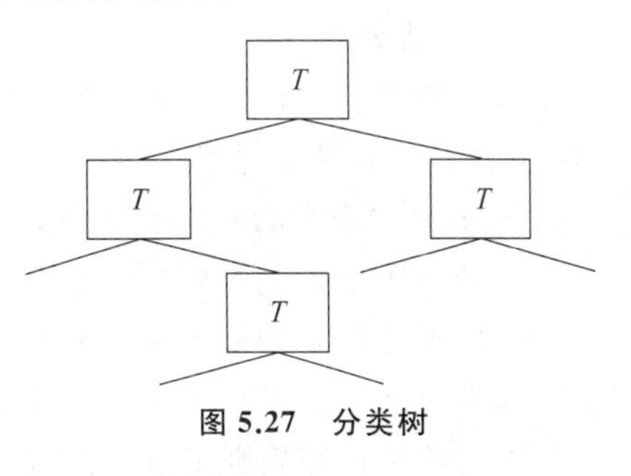

图5.27　分类树

6）基于专家系统的分类方法

专家系统是人工智能的一个分支，采用人工智能语言描述某一领域的专家分析方法或经验，通过对对象的多种属性进行分析和判断，从而确定对象的归类。专家系统的核心内容是知识库和推理机。知识库中存储着多种与遥感图像分类有关的先验知识和经验，专家的每条经验和知识以某种形式化的语言表示，如产生规则：IF＜条件＞THEN＜假设＞＜CF＞（其中CF为置信度）。诸多知识组成知识库。待处理的对象按某种形式将其所有属性组合在一起，作为一个事实，然后由一条条事实形成事实库。每一条事实与知识库中的每一个知识按一定的推理方式进行匹配，当一个事物的属性满足（或大部分满足）知识中的条件项时，则按规则中的假设项以置信度确定归属。

专家系统方法由于总结了某一领域内的专家分析方法，可容纳更多信息，知识中的条件可以包括各种所需的或可获取的信息，按某种置信度进行不确定性推理，因而具有强大的功能。

2. 无监督分类

无监督分类方法是一种无先验类别标准的分类方法，它是在没有先验类别知识的情况下，根据图像本身的统计特征及自然点群的分布情况来划分地物类别的分类处理，也叫作"边学习边分类法"。无监督分类方法无须事先知道各类地物的类别统计特征，只依靠遥感图像上不同类别地物的特征信息，基于特征信息的相似性来达到分类的目的。无监督分类主要采用聚类分析方法。聚类是把一组像素按照相似性归成若干类别，即"物以类聚"，其目的是使得属于同一类别的像素间的距离尽可能小，而属于不同类别的像素间的距离尽可能大。需要注意的是，聚类方法得到的类别含义是什么并不能由该分类方法得出，而是要根据地面实况调查和比较来决定。

无监督分类方法的基本步骤如下：

(1) 定义一系列控制分类过程的参数,如最大类别数、迭代终止条件等。

(2) 执行分类,一般采用某种特定的聚类方法。

(3) 为各个类分配颜色和具有实际意义的名称。

(4) 对分类精度进行评价。

无监督分类方法是在没有先验类别作为样本的条件下,主要根据像素间相似性的大小进行归类合并的方法。最常用的方法有 k-均值聚类方法和 ISODATA 方法。

1) k-均值聚类方法

k-均值聚类方法假定预先已知待分类样本的类别个数,也就是说知道样本空间的聚类中心的个数,其基本思路是使得聚类域中所有样本到聚类中心的距离平方和最小,这是在误差平方和准则的基础上得来的。

k-均值聚类方法的具体步骤如下:

(1) 任意选择 k 个样本点为初始聚类中心,记为 $z_1(1),z_2(1),\cdots,z_k(1)$,一般选择给定样本集的前 k 个样本作为初始聚类中心,迭代序号 $l=1$。

(2) 使用最近邻规则将所有样本分配到各聚类中心所代表的 k 类 $\omega_j(k)$ 中,各类所包含的样本数为 $N_j(l)$。

(3) 计算各类的重心(均值向量),并令该重心为新的聚类中心,即

$$z_j(l+1)=\frac{1}{N_j(l)}\sum_{x_i\in\omega_j(l)}x_i \quad j=1,2,\cdots,k \tag{5.96}$$

(4) 如 $z_j(l+1)\neq z_j(l)$,表示尚未得到最佳聚类结果,则返回步骤(2),继续迭代计算。

(5) 如 $z_j(l+1)=z_j(l)$,迭代过程结束,此时的聚类结果就是最优聚类结果。

(6) 聚类中心数 k、初始聚类中心的选择、样本输入的次序以及样本的几何特性等均会影响 k-均值聚类方法的进行过程。对这个方法虽然无法证明其收敛性,但当模式类之间彼此远离时,这个方法所得的结果是令人满意的。

2) ISODATA 方法

ISODATA 是 Iterative Self-Organizing Data Analysis Techniques 的缩写(缩略语的最后一个字母 A 是为发音的方便而加入的),意为迭代自组织数据分析技术。ISODATA 方法是利用合并和分裂操作的一种著名的聚类方法。它利用样本平均迭代来确定聚类的中心。在每一次迭代时,首先在不改变类别数目的前提下改变分类,然后将样本平均向量之差小于某一指定阈值的每一对类别合并,或根据样本协方差矩阵决定其分裂与否。ISODATA 方法的主要环节是聚类、集群分裂和集群合并等处理。

ISODATA 方法可以看成在 k-均值聚类方法的基础上,增加对聚类结果的合并和分裂两个操作,并设定控制参数的一种聚类方法。当聚类结果中某一类中的样本数太少或两个类间的距离太近时,对相关的类进行合并;而当聚类结果中某一类样本的某个特征的类内方差太大时,将该类分裂。

ISODATA 方法的具体步骤如下:

(1) 初始化。设定控制参数并选定初始聚类中心。

c：预期的类数。

Nc：初始聚类中心个数(可以不等于 c)。

TN：每一类中允许的最少样本数目(若少于此数,就不能单独成为一类)。

TE：类内各特征分量分布的相对标准差上限(大于此数就分裂)。

TC：两类中心间的最小距离(若小于此数,则两类应合并)。

NT：在每次迭代中最多可以进行合并操作的次数。

IP：已经进行的迭代次数。

NS：允许的最多迭代次数。

(2) 按最近邻规则将样本集$\{x_i\}$中的每个样本分到某一类中。

(3) 依据 TN 判断合并。如果类 w_j 中样本数 $n_j<\mathrm{TN}$,则取消该类的中心 z_j,$\mathrm{Nc}=\mathrm{Nc}-1$,转至步骤(2)。

(4) 计算分类后的参数：各类重心、类内平均距离及总体平均距离。

① 计算各类的重心：

$$z_j=\frac{1}{n_j}\sum_{x_i\in\omega_j}x_i$$

② 计算各类中样本的类内平均距离：

$$\bar{d}_j=\frac{1}{n_j}\sum_{x_i\in\omega_j}\|x_i-z_j\|$$

③ 计算各个样本到其类中心的总体平均距离：

$$\bar{d}=\frac{1}{N}\sum_{j=1}^{\mathrm{Nc}}n_j\bar{d}_j$$

(5) 判断停止、分裂或合并。

① 若迭代次数 IP＝NS,则算法结束。

② 若 $\mathrm{Nc}\leqslant c/2$,则转至步骤(6)(将一些类分裂)。

③ 若 $\mathrm{Nc}>c/2$,则转至步骤(7)(跳过分裂处理)。

④ 若 $c/2<\mathrm{Nc}<2c$,当迭代次数 IP 是奇数时转至步骤(6)(进行分裂处理),当迭代次数 IP 是偶数时转至步骤(7)(进行合并处理)。

(6) 分裂操作。

① 计算各类内样本到类中心的标准差向量：

$$\boldsymbol{\sigma}_j=(\sigma_{1j},\sigma_{2j},\cdots,\sigma_{nj})^{\mathrm{T}},\quad j=1,2,\cdots,\mathrm{Nc}$$

其各分量为

$$\sigma_{kj}=\left[\frac{1}{n_j}\sum_{x_i\in\omega_j}(x_{k_i}-z_{k_j})^2\right]^{\frac{1}{2}}$$

② 求出每一类内标准差向量 $\boldsymbol{\sigma}_j$ 中的最大分量：

$$\sigma_{k_{\max j}}=\max\{\sigma_{k_j}\},\quad j=1,2,\cdots,\mathrm{Nc}$$

若有某 $\sigma_{k_{\max j}}>\sigma_{k_{\max}}\times\mathrm{TE}$,$\sigma_{k_{\max}}$是所有样本在该特征上的标准差,同时又满足下面两个条件之一：

$$\bar{d}_j>\bar{d}\quad 且\quad n_j>2(\mathrm{TN}+1)\quad (条件1)$$

$$Nc \leqslant \frac{c}{2} \quad (条件 2)$$

则将该类分裂为两个类，原 z_j 取消且令 Nc＝Nc＋1。

③ 两个新类的中心 z_j^+ 和 z_j^- 分别是在原 z_j 中相应于 $\sigma_{k_{maxj}}$ 的分量加上和减去 $k\sigma_{k_{maxj}}$，而其他分量不变，其中 $0<k\leqslant 1$。

④ 分裂后，IP＝IP＋1，转至步骤(2)。

(7) 合并操作。

① 计算各类中心间的距离 D_{ij}，$i=1,2,\cdots,Nc-1$，$j=1,2,\cdots,Nc$。

② 依据 TC 判断合并。将 D_{ij} 与 TC 比较，并将小于 TC 的那些 D_{ij} 按递增次序排列，取前 NT 个。

③ 从最小的 IP 开始，执行 IP＝IP＋1，将相应的两类合并，并计算合并后的聚类中心。

④ 在一次迭代中，某一类最多只能合并一次。

⑤ Nc 减去已并掉的类数。

(8) 如果迭代次数 IP＝NS 或过程收敛，则算法结束；否则，IP＝IP＋1。若需要调整参数，则转至步骤(1)；若不改变参数，则转至步骤(2)。

ISODATA 方法的实质是以初始类别为“种子”施行自动迭代聚类的过程。迭代结束标志着分类所依据的基准类别已经确定，它们的分布参数也在不断的“聚类训练”中逐渐确定，并最终用于构建需要的判别函数。从这个意义上讲，基准类别参数的确定过程也是对判别函数的不断调整和“训练”过程。这种方法的优点是聚类过程不会在空间上偏向数据文件的最顶或最底下的像素，因为它是一个多次重复过程，该算法对蕴含于数据中的光谱聚类组的识别非常有效，只要让其重复足够的次数，任意给定的初始聚类组平均值对分类结果无关紧要。其缺点是比较费时，因为可能要重复许多次，没有解释像素的空间同质性[31]。

5.7 本章小结

本章主要介绍了遥感图像处理的各种技术。根据应用目的的不同，遥感图像处理技术可以分为遥感图像校正、遥感图像增强、遥感图像自动配准与镶嵌、遥感图像融合以及遥感图像解译等。

按照空间域的连续与离散来分，遥感图像的表示形式主要有光学图像和数字图像两种形式，对应的处理方式也有所不同。遥感图像的光学处理技术主要是利用模拟手段进行操作。本章的重点是遥感图像的数字处理技术，即利用计算机进行图像的各种操作。数字图像处理除了在空间域进行以外，还可以利用各种变换形式进行，遥感图像处理中常用的变换形式包括傅里叶变换、K-L 变换和 K-T 变换。

在遥感成像过程中，存在多种退化因素使得遥感传感器获得的图像失真或者变形，对遥感图像的使用和理解造成影响，必须加以校正或消除。针对图像灰度失真的校正叫作辐射校正，辐射校正要针对各种引起辐射误差的因素分别进行处理，包括遥感传感器本身的缺陷、太阳高度角和地形影响以及大气的散射和折射影响等。校正遥感图像成像过程中造成的各种几何畸变称为几何校正，几何精校正利用地面控制点对粗校正遥感图像进一步处理以提高几何精度。通用的几何精校正方法包含坐标变换和空间插值两个处理步骤。

遥感图像增强技术主要是为了提高图像的视觉效果，有利于人眼观察。常用的增强技术包括利用灰度修正技术提高图像对比度，利用直方图修正技术进行图像的直方图均化，利用多种滤波器技术实现对图像中噪声的消除，基于梯度算子和拉氏算子进行图像锐化操作，以及实现图像的假彩色和伪彩色。图像增强技术需要根据应用目的以及处理数据的特点选择合适的方法。

遥感图像的自动配准是在几何校正的基础上，通过寻找图像之间具有相似性的结构特征获取图像同名点和同一目标在不同图像间的对应关系，以此为基础实现图像的自动配准。小面元微分纠正算法可以提高图像配准的精度。遥感图像数字镶嵌首先需要进行图像几何校正的处理，在此基础上还需要消除拼接缝处存在的色差现象，保证拼接后图像的一致性。

遥感图像融合可以从不同的遥感图像中获得更多的有用信息，生成新的图像，补充单一遥感传感器的不足。遥感图像融合可以在像素级、特征级和决策级 3 个层次上进行。像素级上的融合算法主要有加权融合、基于 HIS 变换的图像融合、基于主成分变换的图像融合、比值变换融合、乘积变换融合以及基于特征的融合方法。

要从遥感图像获取信息，一种直接的方式是让解译者通过直接观察的方式，同时运用解译标志和实践经验与知识，从遥感图像上识别目标，定性、定量地提取目标的分布、结构和功能等有关信息，并把这些信息表示在地理底图上。遥感图像计算机分类的依据是遥感图像像素的相似度。遥感图像的计算机分类方法包括监督分类和无监督分类。监督分类方法需要通过有代表性的训练样本预先建立判别函数，按照判别函数的输出进行分类。无监督分类是在没有训练样本的情况下，根据像素间相似度的大小进行聚类，以达到分类的效果。

第6章 Chapter 6

卫星定位技术

GPS的组成
GPS定位原理
GPS的定位误差
GPS的应用和发展
北斗卫星导航系统

6.1 卫星定位技术的发展

卫星定位技术是利用人造地球卫星进行点位测量的技术，即已知卫星在每一时刻的位置和速度的基础上，以卫星为空间基准点，通过观测站接收设备，测定至卫星的距离或多普勒频移等观测量来确定观测站的位置、速度。本章从卫星定位技术的发展引入，重点介绍全球定位系统(GPS)的组成、定位原理、定位误差，然后介绍GPS的应用和发展，最后介绍北斗卫星导航系统。

6.1.1 早期的卫星定位技术

在卫星定位的早期，人造地球卫星仅仅作为一种空间的观测目标，由地面的观测站对其进行摄影观测，测定观测站到卫星的方向，建立卫星三角网；也可以用激光技术对卫星进行距离观测，测定观测站到卫星的距离，建立卫星测距网。用这两种观测方法，能够实现大陆同海岛的联测定位，解决了用常规大地测量技术难以实现的远距离联测定位的问题。1966—1972年，美国国家大地测量局在英国和德国测绘部门的协助下，用卫星三角测量的方法测设了有45个观测站的全球三角网，点位精度5m。然而，这种观测方法受卫星可见条件及天气的影响，费时费力，不仅定位精度低，而且不能测得点位的地心坐标。因此，卫星三角测量很快就被卫星多普勒定位所取代，使卫星定位技术从仅仅把卫星作为空间观测目标的低级阶段发展到了把卫星作为动态已知点的高级阶段。

6.1.2 子午卫星导航系统的应用及其缺陷

1958年12月，美国开始研制用多普勒卫星定位技术进行测速、定位的卫星导航系统,称为美国海军导航卫星系统(Navy Navigation Satellite System,NNSS)。在该系统中,由于卫星轨道通过地极,因此它又被称为子午卫星导航系统。1964年NNSS建成,美国军方启用该系统。1967年,美国政府批准该系统解密,提供民用。自此,卫星多普勒定位技术迅速兴起。多普勒定位具有经济快速、精度均匀、不受天气和时间的限制等优点。只要在观测点上能收到从子午卫星上发来的无线电信号,便可在地球表面的任何地方进行单点定位或联测定位,获得观测站的三维地心坐标。因此迅速被各国采用。我国于20世纪70年代中期开始引进NNSS定位技术,用于舰船导航,进行了西沙群岛的大地测量基准联测。国家测绘局和总参测绘局联合测设了全国卫星多普勒大地网,石油和地质部门也在西北地区测设了卫星多普勒定位网。

在美国子午卫星导航系统建立的同时,苏联也于1965年开始建立了一个卫星导航系统,叫作CICADA。该系统有12颗卫星。

虽然子午卫星导航系统在导航和定位技术发展中具有划时代的意义,但是仍然存在一些明显的缺陷,如卫星少、不能实时定位。子午卫星导航系统采用6颗卫星,并且都通过地球的南北极运行。地面点上空子午卫星通过的间隔时间较长,而且低纬度地区每天的卫星通过次数远低于高纬度地区。而对于同一地点,两次子午卫星通过的间隔时间为0.8～1.6h;对于同一子午卫星,每天通过同一地点次数最多为13次,间隔时间更长。一台多普勒接收机一般需观测15次合格的卫星通过,才能使单点定位精度达到10m左右;而各个观测站观测了公共的17次合格的卫星通过时,联测定位的精度才能达到0.5m左右。由于观测解算导航参数的时间长,因此它不能满足连续实时三维导航的要求,尤其不能满足高动态(如飞机、导弹等)的高精度要求。子午卫星轨道低(平均高度为1070km),难以精密定轨,并且子午卫星射电频率低(400MHz和150MHz),难以补偿电离层效应的影响,致使卫星多普勒定位精度局限在米级水平(精度极限为0.5～1m)。

总之,用子午卫星信号进行多普勒定位时,不仅观测时间长(需要一两天的观测时间),而且既不能进行连续、实时定位,又不能达到厘米级的定位精度,因此其应用受到了较大的限制。为了实现全天候、全球性、高精度的连续导航与定位,第二代卫星导航系统——GPS便应运而生。卫星定位技术从此发展到一个新的历史阶段。

6.1.3 GPS

1973年12月,美国国防部批准陆海空三军联合研制新的卫星导航系统NAVSTAR/GPS(NAVigation Satellite Timing And Ranging/Global Positioning System),意为导航卫星测时测距/全球定位系统,该系统是以卫星为基础的无线电导航系统,具有全能性(陆地、海洋、航空、航天)、全球性、全天候、连续性、实时性的导航、定位和定时等多种功能。能针对各类静止或高速运动目标向用户迅速提供精密的瞬间三维空间坐标、速度向量和精确授时等多种服务。

GPS计划经历了方案论证(1974—1978年)、系统论证(1979—1987年)、试验生产(1988—1993年)3个阶段,总投资300亿美元。论证阶段发射了11颗Block Ⅰ型GPS试验卫星(设计使用寿命为5年);在试验生产阶段发射了28颗Block Ⅱ型和Block ⅡA型GPS工作卫星(第二代卫星的设计使用寿命为7.5年);第三代改善型GPS卫星——Block ⅡR型和

Block Ⅲ型 GPS 工作卫星从 20 世纪 90 年代末开始发射，计划发射 20 颗，以逐步取代第二代 GPS 工作卫星，改善全球定位系统。

GPS 从根本上解决了人类在地球及周围空间的导航及定位问题，它不仅可以广泛地应用于海上、陆地和空中运动目标的导航、制导和定位，而且可为空间飞行器精密定轨，因此能够满足军事部门的需要。同时，它在各种民用部门也获得了成功的应用，在大地测量、工程勘探、地形普查测量和地壳监测等众多领域展现了极其广阔的应用前景。

目前 GPS 在实际应用和产业化上处于国际垄断地位。它已经成为一个国际性的产业。尤其是从 2000 年 5 月 1 日开始，美国宣布了终止限制民用精度的 SA 政策，促使 GPS 产业进入一个更加高速增长的时期。GPS 以其技术优势和廉价的使用成本，在全球得到广泛应用，涉及野外勘探、陆地运输、海上作业及航空航天等诸多行业，成为国际公认的八大无线产业之一。

6.1.4 GLONASS

1960 年，苏联军方当时的旋风卫星导航系统接收站需要好几分钟的观测才能确定一个位置，不能达到导航定位的目的，急需一个卫星无线电导航系统用于新一代弹道导弹的精确导引。

1968—1969 年，苏联国防部、科学院和海军的一些研究所联合起来，计划为海、陆、空、天武装力量的定位与导航需求建立一个单一的解决方案。直到 1970 年，这个系统的需求文件才编制完成。

经过深入研究和讨论之后，1976 年，苏联颁布建立 GLONASS(GLObal NAvigation Satellite System，全球导航卫星系统)的法令。该计划的第一次卫星发射是在 1982 年进行的。1993 年 9 月，俄罗斯总统叶利钦正式宣布 GLONASS 将成为一个工作系统。

1994 年，俄罗斯开始进行布满星座的 7 次发射计划的第一次发射。1995 年 3 月，俄联邦政府提出 GLONASS 对民用开放的政策。1995 年 12 月，俄罗斯最后一次一箭三星将 GLONASS 卫星成功地发射到预定轨道，标志着 GLONASS 星座已经布满。

经过数据加载、调整和检验，1996 年，24 颗 GLONASS 卫星正常发射信号，开始健康有效地工作，至此 GLONASS 正式建成并投入运行，建设耗资 40 多亿美元。GLONASS 在系统组成、定位测速原理等方面类似于 GPS，但在一些具体技术体制上还是与 GPS 存在一定的差别。GLONASS 可提供军民两种导航定位服务，民用精度为 50m 左右，军码精度与GPS 相当。GLONASS 的民用市场应用程度远不及 GPS，但其军码系统已在其武器装备中普遍使用。

可见，比起 GPS，GLONASS 起步要晚 9 年，全系统正常运行比 GPS 晚将近 3 年。GLONASS 从 1982 年 12 月发射第一颗卫星以后，历经 13 年，共发射 27 次，把 67 颗卫星送入太空，其中有两次发射失败。1996—1998 年，由于经济困难，GLONASS 星座得不到正常的维护，导致系统性能衰退。

从高技术战争需要出发，俄罗斯下决心恢复和进一步发展该系统。俄罗斯政府于 2001 年 8 月 20 日通过了第 587 号 GLONASS 联邦专项规划，制订了 2010 年前 GLONASS 发展的详细计划。2001 年到 2010 年 10 月，俄罗斯政府已经补齐了该系统需要的 24 颗卫星，即除了每个轨道面上平均分布7颗工作卫星外，各轨道面上又增加了1颗在轨备用卫星，其信号范围从覆盖俄罗斯全境扩大到覆盖全球。此举使GLONASS判读地面精度比以往提高了30%～40%，导航信号的精度也随之提高近2倍。目前，空间段共有30颗GLONASS卫星在轨(截至2020年5月)，包括3颗GEO卫星、27颗MEO卫星。MEO卫星有24颗在轨运行(包括2020年3月发射的一颗GLONASS-M卫星)，2颗在轨备份，1颗在轨测试。目前，GLONASS将其星基增强系统——差分改正与监测系统(SDCM)、地面增强设施等纳入体系。该系统共可为用户提供不同精度的4类民用服务，包括水平5m、高程9m的基本服务，1m的星基增强服务，0.1m的精密单点定位(PPP)服务，0.03m的相对测量导航(基于载波相位测量和地面参考站)服务。

6.1.5 Galileo

Galileo是由欧空局和欧盟发起，以欧盟为主并联合中国在内的多国共同研发的国际合作项目，可提供高精度的定位服务，实现完全非军方控制、管理，具有覆盖全球的导航和定位功能，是迄今欧洲开发的最重要的航天计划，是世界上第一个基于民用的全球卫星导航定位系统。

实施Galileo计划既有政治、经济方面的因素，也有技术、运行方面的因素。毫无疑问，出于安全方面的考虑，打破美国的垄断始终是欧盟优先考虑的因素。在海湾战争和阿富汗战争期间，欧洲使用的GPS曾经受到限制，而且定位精度也有所下降。尤其在科索沃战争中，美国还曾经单方面关闭巴尔干地区的民用的导航信号源。随着欧洲经济实力的壮大，欧盟的独立意识大大增强，安全上也力图减弱对美国军事和技术的依赖，再加上全球定位系统巨大的经济利润，欧盟迫切需要发展自己独立的卫星定位系统。1996年7月23日，欧洲议会和欧盟交通部长会议制定了有关建设欧洲联运交通网的共同纲领，其中首次提出了建立欧洲自主的定位和导航系统的问题。这一共同纲领成为日后Galileo计划出台的基础。1999年2月10日，欧洲委员会在其名为《Galileo——欧洲参与新一代卫星导航服务》的报告中首次提出了Galileo计划。

Galileo系统由空间部分、地面部分和用户部分组成。空间部分由分布在3个轨道上的30颗中等高度轨道卫星构成。卫星轨道高度为23 616km，倾角为56°，轨道面间隔为120°，轨道长半径为29 993.707km。每个轨道面部署9颗工作卫星和1颗在轨备用卫星，备用卫星停留在高于正常轨道300km的轨道上。卫星在初始升空定位时配有附加信号修正系统，可避免卫星暂时偏离轨道而产生信号误差。卫星使用的时钟是铷钟和无源氢钟。卫星上除基本的载荷外，还有搜索救援载荷和通信载荷。地面部分包括两个位于欧洲的控制中心和20个分布在全球的传感站，除此之外还有实现卫星和控制中心数据交换的5个S波段上行站和10个C波段下行站。用户部分主要由导航定位模块和通信模块组成。

这套欧洲独立自主研发的导航卫星系统的设计思想是完全民用，与GPS/GLONASS有机兼容，增强系统使用的安全性和完善性。它将成为全球卫星导航定位系统，具有配置、频率分布、信号设计、安全保障及多层次、多方位的导航服务等特点，其性能将比GPS更为先进、高效和可靠。Galileo项目还邀请了发展中国家参与。早在2002年，中国和欧洲高层领导就开始商讨卫星导航领域的合作,欧盟与我国建立了联合工作组,我国政府对 Galileo 系统的积极参与和投资使我国成为欧盟 Galileo 系统的主要合作伙伴。

该系统是欧盟 15 个国家参与建设的民用商业系统,它可以满足航空、道路交通管理等与人身安全紧密相连的应用需求。该系统将提供 3 种类型的服务：面向市场的免费服务,定位精度为 12～15m;商业服务,定位精度为 5～10m;公众服务,定位精度为 4～6m。后两种服务是受控和收费服务。

6.1.6 BDS

北斗卫星导航系统(BDS,以下简称北斗系统)是中国着眼于国家安全和经济社会发展需要,自主建设运行的全球卫星导航系统,是为全球用户提供全天候、全天时、高精度定位、导航和授时服务的国家重要时空基础设施。

20 世纪 80 年代,北斗系统形成了"三步走"发展战略:2000 年,建成北斗一号系统,向中国提供服务;2012 年,建成北斗二号系统,向亚太地区提供服务;2020 年,建成北斗三号系统,向全球提供服务。在 2035 年,将以北斗系统为核心,建设完善的、更加泛在、更加融合、更加智能的国家综合定位导航授时体系。

北斗一号系统于 1985 年提出,1994 年 1 月批准研制建设,已于 2000 年年底发射了两颗同步静止定位卫星,并完成了大量的测试工作。北斗一号系统采用有源定位体制,为中国用户提供定位、授时、广域差分和短报文通信服务。该系统的第 3 颗同步静止定位卫星在 2003 年 5 月 25 日发射,于 6 月 3 日 5 时顺利定点,系统大功告成,进一步增强了系统性能。

2004 年,启动北斗二号系统建设。2012 年,完成 14 颗卫星(其中 5 颗地球静止轨道卫星、5 颗倾斜地球同步轨道卫星和 4 颗中圆地球轨道卫星)发射组网。北斗二号系统在兼容北斗一号系统技术体制基础上,增加了无源定位体制,为亚太地区用户提供定位、测速、授时和短报文通信服务。

2009 年,启动北斗三号系统建设。2020 年 6 月 23 日,北斗系统第 55 颗导航卫星暨北斗三号最后一颗卫星成功发射,完成 30 颗卫星发射组网,全面建成了北斗三号系统,并于 7 月 31 日正式开通北斗三号全球卫星导航系统。北斗三号系统继承了有源服务和无源服务两种技术体制,为全球用户提供定位导航授时、全球短报文通信和国际搜救服务,同时可为中国及周边地区用户提供星基增强、地基增强、精密单点定位和区域短报文通信等服务。

北斗系统时间基准(北斗时)溯源于协调世界时(UTC),采用国际单位制(SI)秒为基本单位,连续累计,不闰秒,起始历元为 2006 年 1 月 1 日协调世界时 00 时 00 分 00 秒。北斗时通过中国科学院国家授时中心保持的 UTC,即 UTC(NTSC)与国际 UTC 建立联系,与 UTC 的偏差保持在 50ns 以内(模 1s),北斗时与 UTC 之间的跳秒信息在导航电文中发播。北斗系统采用北斗坐标系(BDCS),其定义符合国际地球自转服务组织(IERS)规范,采用 2000 年国家大地坐标系统(CGCS2000)的参考椭球参数,对准于最新的国际地球参考框架(ITRF),每年更新一次。

北斗系统由空间段、地面段和用户段 3 部分组成。空间段由若干颗地球静止轨道卫星、倾斜地球同步轨道卫星和中圆地球轨道卫星等组成。地面段包括主控站、时间同步/注入站和监测站等若干地面站以及星间链路运行管理设施。用户段包括北斗和兼容其他卫星导航系统的芯片、模块、天线等基础产品以及终端设备、应用系统与应用服务等。北斗系统具有以下特点：一是空间段采用3种轨道卫星组成的混合星座，与其他卫星导航系统相比，高轨卫星更多，抗遮挡能力强，尤其在低纬度地区性能优势更为明显；二是提供多个频点的导航信号，能够通过多频信号组合使用等方式提高服务精度；三是创新融合了导航与通信功能，具备定位导航授时、星基增强、地基增强、精密单点定位、短报文通信和国际搜救等多种服务能力。

目前北斗系统提供的服务主要如下：

(1) 定位导航授时服务。为全球用户提供服务，空间信号精度优于0.5m；全球定位精度优于10m，测速精度优于0.2m/s，授时精度优于20ns；亚太地区定位精度优于5m，测速精度优于0.1m/s，授时精度优于10ns。

(2) 短报文通信服务。区域短报文通信服务容量提高到每小时1000万次，接收机发射功率降低到1～3W，单次通信能力为1000汉字(14 000b)；全球短报文通信服务单次通信能力为40汉字(560b)。

(3) 星基增强服务。按照国际民航组织标准服务中国及周边地区用户，支持单频及双频多星座两种增强服务模式，满足国际民航组织相关性能要求。

(4) 地基增强服务。利用移动通信网络或互联网向北斗基准站网覆盖区内的用户提供米级、分米级、厘米级、毫米级高精度定位服务。

(5) 精密单点定位服务。服务中国及周边地区用户，提供动态分米级、静态厘米级的精密定位服务。

(6) 国际搜救服务。按照国际搜救卫星系统组织相关标准，与其他卫星导航系统共同组成全球中轨搜救系统，服务全球用户。同时提供反向链路，极大提升搜救效率和服务能力。

6.1.7 GNSS

早在20世纪90年代中期，欧盟为了打破美国在卫星定位、导航和授时市场中的垄断地位，获取巨大的市场利益，增加欧洲人的就业机会，一直致力于一个雄心勃勃的民用全球导航卫星系统计划，称为GNSS(Global Navigation Satellite System，全球卫星导航系统)。该计划分两步实施：第一步是建立一个综合利用美国的GPS和俄罗斯的GLONASS的第一代全球导航卫星系统；第二步是建立一个完全独立于美国的GPS和俄罗斯的GLONASS的第二代导航卫星系统，即正在建设中的Galileo卫星导航定位系统。由此可见，GNSS从一问世起就不是一个单一的星座系统，而是一个包括GPS和GLONASS等在内的综合星座系统。卫星是在天空中环绕地球运行的，其全球性是不言而喻的；而全球导航是相对于陆基区域性导航而言的，以此体现卫星导航的优越性。

近10年来，全球卫星导航领域经历了前所未有的重大转变，从单一的GPS时代转变为多系统并存的时代。具体标志为：GPS于2013年完成了现代化进程，并不失时机地实施GPS Ⅲ计划；GLONASS快速复苏，于2010年实现了24颗星完全工作，并开始实施了现代化计划;Galileo 几经曲折,目前也在抓紧部署;中国的北斗卫星导航系统于 2012 年形成了区域覆盖能力,2020 年实现了全球覆盖。

到目前为止,新一代的全球卫星导航系统已提供了 100 多颗人造卫星用于定位和导航。其中以美国的 GPS、俄罗斯的 GLONASS、欧洲的 Galileo 和中国的 BDS 四大系统为主,涵盖日本的准天顶卫星系统(Quasi-Zenith Satellite System,QZSS)、印度区域导航卫星系统(Indian Regional Navigational Satellite System,IRNSS)、广域增强系统(Wide Area Augmentation System, WAAS)、欧洲的静地卫星导航重叠系统(European Geostationary Navigation Overlay Service,EGNOS)、星载多普勒无线电定轨定位系统(Doppler Orbitography and Radio-positioning Integrated by Satellite,DORIS)等其他卫星导航系统。

6.2 GPS 的组成和性能

目前 GPS 在实际应用和产业化上处于国际垄断地位。它主要由以下 3 部分组成:卫星星座、地面监控系统和用户设备。本节主要介绍组成 GPS 的这 3 部分,并介绍各部分的相关概念,最后介绍 GPS 的性能。

6.2.1 GPS 的组成

GPS 的组成如图 6.1 所示。GPS 卫星可连续向用户播发用于导航定位的测距信号和导航电文,并接收来自地面监控系统的各种信息和命令以维持正常运转。地面监控系统的主要功能是:跟踪 GPS 卫星,确定卫星的运行轨道及卫星钟改正数,进行预报后再按规定格式编制成导航电文,并通过注入站送往卫星。地面监控系统还能通过注入站向卫星发布各种指令,调整卫星的轨道及时钟读数,修复故障或启用备用件等。用户则用 GPS 接收机测定从接收机至 GPS 卫星的距离,并根据卫星星历给出的观测瞬间卫星在

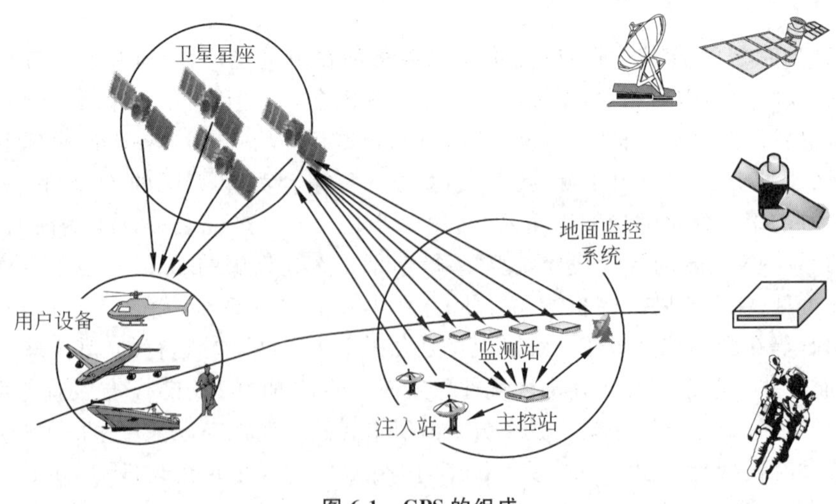

图 6.1 GPS 的组成

空间的位置等信息求出自己的三维位置、三维运动速度和钟差等参数。

1. 卫星星座

如图 6.2 所示，GPS 的卫星星座由分布在 6 个独立轨道的 24 颗 GPS 卫星组成（其中包括 3 颗备用卫星），平均每个轨道上分布4 颗卫星，各轨道升交点的赤经相差 60°。卫星轨道倾角$i=55°$；卫星运行周期 $T=11h58min$（恒星时 12h）；卫星高度 $H=20\ 200km$；卫星通过天顶附近时可观测时间为 5h，在地球表面任何地方、任何时刻高度角 15°以上的可观测卫星至少有 4 颗，平均有 6 颗，最多达 11 颗。

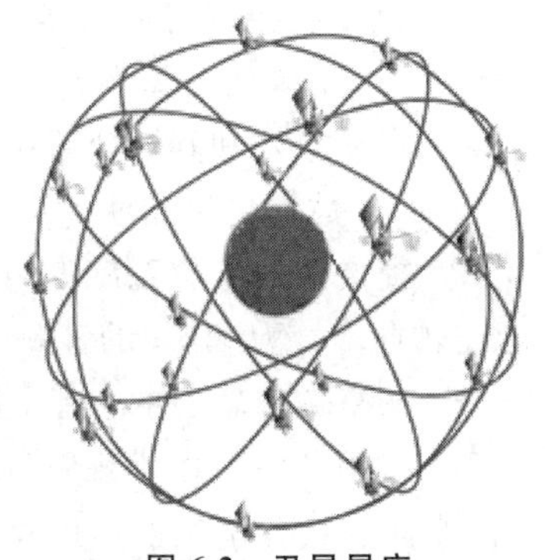

图 6.2 卫星星座

GPS 卫星的主要设备有太阳能电池板、原子钟（两台铯钟和两台铷钟）、计算机、无线电收发两用机、导航荷载（接收数据、发射测距和导航数据）、姿态控制和太阳能板指向系统等。Block Ⅱ型卫星存储星历能力为 14 天，具有 SA 和 AS 能力；Block ⅡA 型卫星实现了卫星间相互通信，存储星历能力为 180 天，SV35 和 SV36 带有激光反射棱镜；Block ⅡR 型卫星间可相互跟踪和相互通信；Block ⅡF 型卫星是新一代的 GPS 卫星，增设了第三民用频率。

GPS 卫星的作用是：接收和存储导航电文，生成用于导航定位的信号（测距码、载波），发送用于导航定位的信号（采用双相调制法调制在载波上的测距码和导航电文），接收地面指令并进行相应操作，以及其他特殊用途（如通信、监测核爆等）。

2. 地面监控系统

地面监控系统包括 5 个监测站、1 个主控站、3 个注入站（分布情况如图 6.3 所示），以及其他通信和辅助系统。整个 GPS 的地面监控部分除主控站外均无人值守。各站间用现代化通信网络联系，在原子钟和计算机的驱动和控制下，实现高度的自动化和标准化。

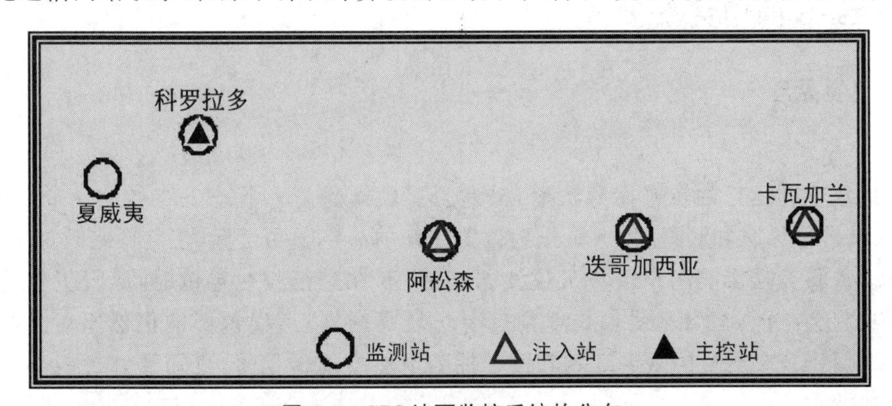

图 6.3 GPS 地面监控系统的分布

5 个监测站分别位于夏威夷、科罗拉多、阿松森、迭哥加西亚和卡瓦加兰，主要负责监测卫星的轨道数据、大气数据以及卫星工作状态。通过主控站的遥控指令,监测站自动采集各种数据:对可见 GPS 卫星每 6min 进行一次伪距测量和多普勒积分观测并采集气象要素等数据,每 15min 平滑一次观测数据。所有观测资料经计算机初步处理后存储和传送到主控站,用以确定卫星的精确轨道。

主控站设在美国科罗拉多州的一个军事基地的山洞里。主控站除协调和管理地面监控系统外,主要任务如下:

(1) 根据本站和其他监测站的观测资料,编制各卫星的星历,推算卫星钟差和大气修正参数,并将数据传送到注入站。

(2) 提供全球定位系统的时间基准。各监测站和 GPS 卫星的原子钟均应与主控站的原子钟同步,测出其间的钟差,将钟差信息编入导航电文,送入注入站。

(3) 调整偏离轨道的卫星,使之沿预定轨道运行。

(4) 启用备用卫星代替失效的工作卫星。

3 个注入站分别位于阿松森、迭哥加西亚和卡瓦加兰(均为赤道带附近的美国海外空军基地)。注入站的主要任务是:将主控站推算和编制的卫星星历、导航电文和控制指令注入相应的卫星的存储系统,并监测 GPS 卫星注入信息的正确性。

综上所述,地面监控系统的作用就是负责监控 GPS 的工作:监测卫星是否正常工作,是否沿预定的轨道运行;跟踪计算卫星的轨道参数并发送给卫星,由卫星通过导航电文发送给用户;保持各颗卫星的时间同步,必要时对卫星进行调度。

3. 用户设备

接收 GPS 卫星发射信号,以获得必要的导航和定位信息,经数据处理,完成导航和定位工作。用户设备主要是 GPS 信号接收机和其他仪器设备。其中 GPS 信号接收机是一个被动式全天候系统,分为大地型 GPS 接收机和导航型 GPS 接收机,其组成通常包括天线单元、带前置放大器、接收天线、接收单元、信号通道、存储器、微处理器、输入输出设备(控制显示单元)和电源等。

6.2.2 GPS 的相关概念

1. 卫星星座

1) 卫星星历

卫星在空间运行的轨迹称为轨道,描述卫星轨道位置和状态的参数称为轨道参数。利用 GPS 进行导航和测量时,卫星作为位置已知的高空观测目标,在进行绝对定位时,卫星轨道误差将直接影响用户接收机位置的精度;而在进行相对定位时,尽管卫星轨道误差的影响将会减弱,但当基线较长或精度要求较高时,轨道误差影响仍然不可忽略。此外,为了制订 GPS 测量的观测计划和便于捕获卫星发射的信号,也需要知道卫星的轨道参数。

卫星星历是描述卫星运动轨道的信息,是一组对应某一时刻的轨道条数及其变率。根据卫星星历可以计算出任一时刻的卫星位置及速度,GPS 卫星星历分为预报星历和后处理星历。

卫星的预报星历也称广播星历，是以监测站以往的观测资料推求的参考轨道参数为基础，并加入轨道摄动项改正而外推的星历，通过卫星发射的含有轨道信息的导航电文传递给用户，用户经解码获得所需的卫星星历，包括相对于某一参考历元的开普勒轨道参数和必要的轨道摄动项改正参数。预报星历对导航和实时定位十分重要，但对精密定位服务则难以满足精度要求。

由于预报星历每小时更新一次，在数据更新前后，各表达式之间将会产生小的跳跃，其值可达数分米，一般可利用适当的拟合技术(如切比雪夫多项式)予以平滑。GPS用户通过卫星预报星历可以获得的有关卫星星历参数共16个。

后处理星历是一些国家的某些部门根据各自建立的监测站获得的精密观测资料，采用与确定预报星历相似的方法计算的卫星星历。这种星历通常是事后向用户提供的在用户观测时的卫星精密轨道信息，因此称后处理星历或精密星历。该星历的精度目前可达分米级。

后处理星历一般不通过卫星的无线电信号向用户传递，而是通过磁盘、电视、电传和卫星通信等方式有偿地为有需要的用户服务。

建立和维持一个独立的跟踪系统来精密测定GPS卫星的轨道，技术复杂，投资大，因此，利用GPS预报星历进行精密定位工作仍是目前一个重要的研究和开发领域。

2) GPS卫星信号

GPS卫星信号的产生与构成主要考虑了如下因素：适应多用户系统要求，满足实时定位要求，满足高精度定位要求，满足军事保密要求。GPS卫星发射的信号包括载波信号、P码(精码，或Y码)、C/A码、数据码(或D码)、W码(加密码)等多种信号分量，其中P码和C/A码统称为测距码。

在现代数字通信中，广泛使用二进制数(0和1)及其组合来表示各种信息。表达不同信息的二进制数及其组合称为码。一位二进制数叫一个码元或一比特。比特是码和信息量的度量单位，每秒传输的比特数称为码率，表示数字化信息的传输速度，单位为b/s。将各种信息(例如声音、图像和文字等)量化并按某种预定规则表示成二进制数的组合形式的过程称为编码。

假设有一组码序列$u(t)$，对某一时刻来说，码元是0或1完全是随机的，但出现的概率均为1/2。这种码元的取值完全无规律的码序列称为随机码序列(或随机噪声码序列)。它是一种非周期性序列，无法复制，但其自相关性好。而自相关性的好坏对利用GPS卫星码信号测距的精度极其重要。

尽管随机码具有良好的自相关性，但它是一种非周期性序列，不服从任何编码规则，在实际中无法复制和利用。GPS采用了一种伪随机噪声(Pseudo Random Noise，PRN)码，简称伪随机码或伪码。它的特点是：具有随机码的良好自相关性，又具有某种确定的编码规则，是周期性的，容易复制。

GPS卫星采用的两种测距码，即C/A码和P码(或Y码)，均属于伪随机码。

C/A码是用于粗测距和捕获GPS卫星信号的伪随机码。它是由两个10级反馈移位寄存器组合而产生的。C/A码共1023个码元，若以每秒50个码元的速度搜索，只需20.5s，易于捕获,所以 C/A 码通常也称捕获码。

C/A 码的码元宽度大,假设两个码元序列对齐误差为码元宽度的 1/10～1/100,则相应的测距误差为 29.3～2.93m。由于 C/A 码精度低,又称粗码。现代科学技术的发展使测距分辨率大大提高。一般最简单的导航接收机的伪距测量分辨率可达到 0.1m。

P 码的码率为 10.23MHz,产生的原理与 C/A 码相似,但更复杂。其发生电路由两组 12 级反馈移位寄存器构成。P 码的周期长,267 天重复一次。一般先捕获 C/A 码,再根据导航电文信息捕获 P 码。由于 P 码的码元宽度为 C/A 码的 1/10,若取码元对齐精度仍为码元宽度的 1/100,则相应的距离误差为 0.29m,仅为C/A 码的 1/10,故 P 码称为精码。

根据美国国防部的规定,P 码是专供军用的。目前只有极少数高档测地型接收机才能接收 P 码,而且美国国防部的 AS 政策绝对禁止非特许用户应用 P 码。

GPS 卫星信号示意图如图 6.4 所示,包含 3 种信号分量：载波、测距码和数据码,都是在同一个基本频率 $f_0=10.23$MHz 的控制下产生的。卫星取 L 波段的两种不同电磁波频率为载波：L1 载波频率为 1575.42MHz,波长为 19.03cm;L2 载波频率为 1227.60MHz,波长为 24.42cm。在 L1 载波上,调制有 C/A 码、P 码(或 Y 码)和数据码;L2 载波上只调制有 P 码(或 Y 码)和数据码。

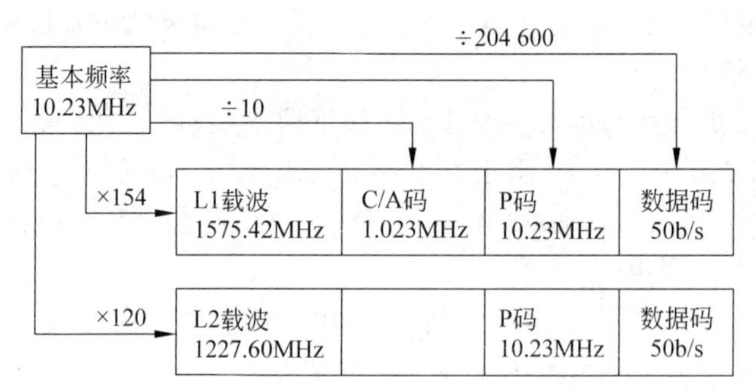

图 6.4　GPS 卫星信号示意图

在无线电通信中,为了有效地传播信息,一般将频率较低的信号加载到频率较高的载波上,此时频率较低的信号称为调制信号。GPS 卫星的测距码和数据码是采用调相技术调制到载波上的,如图 6.5 所示,调制码的幅值只取 0 或 1。码值取 0 时,对应的码状态为+1;而码值取 1 时,对应的码状态为−1。载波和相应的码状态相乘后,即实现了载波的调制。

为进行载波相位测量,当用户接收到卫星发播的信号后,可通过以下两种解调技术恢复载波相位。

(1) 复制码与卫星信号相乘。由于调制码的码值是用 1 的码状态来表示的,当把接收的卫星信号与用户接收机产生的复制码(结构与卫星测距码信号完全相同的测距码)在两码同步的条件下相乘,即可去掉卫星信号中的测距码而恢复原来的载波。但此时恢复的载波尚含有数据码,即导航电文。这种解调技术的条件是必须掌握测距码的结构,以便产生复制码。

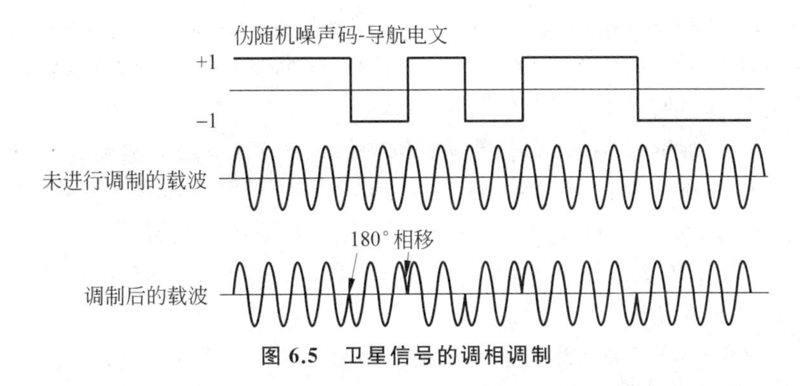

图 6.5 卫星信号的调相调制

(2) 平方解调技术。将接收到的卫星信号求平方,由于处于+1状态的调制码求平方后均为+1,而+1对载波相位不产生影响,故卫星信号求平方后可达到解调目的。采用这种方法,可不必知道调制码的结构,但求平方解调后,不仅去掉了卫星信号中的测距码,而且去掉了导航电文,可以恢复完整的载波信号。通过相位计测定接收机内产生的载波信号与接收到的载波信号之间的相位差,可以测定伪距观测值。

2. 地面监控系统

1) 坐标系统和时间系统

坐标系统和时间系统是描述卫星运动、处理观测数据和表达观测站位置的数学与物理学基础。

(1) GPS定位中的坐标系。

定位就势必要涉及坐标及坐标系统。坐标系是由坐标原点位置、坐标轴指向和尺度所定义的。但坐标轴在不同观察瞬间的指向有所不同,坐标系与时间有相依性。由于地面观测站(接收机)随地球自转,而卫星运动与地球自转无关,所以在GPS定位中,通常采用两类坐标系:天球坐标系和大地坐标系。

空间直角坐标系(便于转换):定义为原点O与地球质心重合,Z轴指向地球北极,X轴指向格林尼治子午面与地球赤道的交点,Y轴垂直于XOZ平面构成右手坐标系。

天球坐标系:在空间固定的坐标系,原点与空间直角坐标原点重合,该坐标系与地球自转无关,对描述卫星的运行位置和状态极其方便。

大地坐标系:大地测量中表示地面点的位置常用大地坐标系,通过一个辅助的参考椭球面定义(长半轴a,短半轴b,几何中心与原点重合)。由于与地球体相固联,该坐标系对表达地面观测站的位置和处理GPS观测数据尤为方便。

站心直角坐标系:便于描述卫星与测站间的瞬时距离、方位角、高度角及卫星分布。

协议坐标系:采用协议地极(Conventional Terrestrial Pole,CTP)方向作为Z轴指向的地球坐标系。在实际应用中,已知若干测站点的坐标值,通过观测又可反过来定义该坐标系。如点位误差不存在,则两者一致;但大多数情况下这两组坐标值是不同的,因为测量误差始终存在。

凡依据这些已知点位测定的其他点位的坐标值均属于协议坐标系,而不属理论坐标系。GPS采用的坐标系是测轨跟踪站及其坐标值所定义的协议坐标系,但与理论定义偏差不大。坐标系原点一般取地球质心,而坐标轴的指向具有一定的选择性,国际上通过协议来确定坐标轴指向。

在全球定位系统中,为了确定用户接收机的位置,GPS卫星的瞬时位置通常应换算到统一的地球坐标系。在GPS试验阶段,卫星瞬间位置的计算采用了1972年世界大地坐标系(World Geodetic System,WGS-72)。1987年1月10日开始采用改进的大地坐标系WGS-84(由美国防部制图局建立并公布)。世界大地坐标系(WGS)属于协议地球坐标系(CTS),WGS可看成CTS的近似系统。

WGS-84坐标系是一种国际上采用的地心坐标系。坐标原点为地球质心,其地心空间直角坐标系的Z轴指向国际时间局BIH 1984.0定义的协议地极方向,X轴指向BIH 1984.0的协议子午面和CTP赤道的交点,Y轴与Z轴、X轴垂直构成右手坐标系,称为1984年世界大地坐标系。这是一个国际协议地球参考系统(ITRS),是目前国际上统一采用的大地坐标系。大地坐标系的基本参数可参见表6.1。

表6.1 大地坐标系的基本参数

基本大地参数	WGS-72	WGS-84	基本大地参数	WGS-72	WGS-84
a(m)	6 378 135	6 378 137	ω(rad/s)	$7.292\,115\times10^{-5}$	$7.292\,115\times10^{-5}$
f	1/298.26	1/298.257	GM(km^3/s^2)	398 600.8	398 600.5

① 几何定义:原点为地球质心,Z轴指向BIH 1984.0定义的协议地极(CTP)方向,X轴指向BIH 1984.0的零子午面与CTP赤道的交点,Y轴依右手坐标取向。对应的WGS-84椭球定位在地心的旋转等位椭球,中心和坐标轴指向与WGS-84三维直角坐标系一致。

② 4个基本参数为长半轴a、地心引力常数GM、正常的二阶带谐系数C2.0和地球自转角速度ω。

③ 椭球常数为第一偏心率e_2和扁率α。

④ 大地水准面高N。

(2) GPS定位中的时间系统。

由于地球自转的不均匀性使得天文方法所得到的时间(世界时)精度只能达到3年不差一秒,这已无法满足20世纪社会经济各方面的需求。于是,一种更为精确和稳定的时间标准应运而生,这就是原子时(International Atomic Time)。原子时是以物质内部原子运动的特征为基础的时间系统,秒长为铯原子Cs133基态的两个超精细能级间跃迁辐射振荡9 192 631 170周所持续的时间。它的稳定度能够达到3000万年不差一秒。目前世界各国都采用原子钟来产生和保持标准时间。

时刻的概念有尺度(单位时间)与原点(历元)。历元是我国古代历法推算的起点,因为被作为历法计时的元始而得名。历元就是时间计量的起算点。例如,原子时的起始历元定在1958年1月1日世界时的0时0分0秒,即按规定这一瞬间原子时与世界时重合。可观测到并能用实验复现的恒定周期的连续周期运动都可作为时间尺度。

在天文学和空间科学技术中,时间系统是精确描述天体和卫星运行位置及其相互关系的重要基准,也是利用卫星进行定位的重要基准。为满足精密导航和测量需要,GPS建立了专用的时间系统,由GPS的系统主钟控制。GPS的系统主钟安置于坐落在科罗拉多州附近法尔康空军基地的主控站,系统授时选用的是高精度的铯原子频标,安放在对温度、湿度和气压等客观条件要求极为苛刻的钟房内。几台钟同时运行,其中有一台性能稳定的作为主钟,主钟发布的时间即GPS时间(GPST),其余为备份钟。几台原子钟通过比相仪进行不间断的相位比对,一旦比对结果显示主钟数据异常,立刻进行主钟与备份钟的切换,保证系统时间连续性。GPS导航卫星采用的是铷钟,因为铷钟抗干扰能力强,寿命长,能够适应空间飞行的恶劣环境。而地面接收机内部只备有石英钟,这主要是从成本的角度考虑。在GPS解算时,用户机钟差作为未知量求解,因此不需要采用高性能原子钟。GPS时间系统包括3种钟:铯钟、铷钟和石英钟,以铯钟作为标准时间。

GPST属于原子时系统,采用原子时TAI秒长作时间基准,即秒长与原子时相同,但与国际原子时的原点不同,即GPST与TAI在任一瞬间均有一个常量偏差。TAI－GPST＝19s,GPST与协调时的时刻规定在1980年1月6日0时一致,随着时间的积累,两者的差异将表现为秒的整数倍。GPS系统的卫星钟和接收机钟均采用稳定而连续的GPS时间系统。

在GPS定位中,时间系统有重要意义。任何一个观测量都必须给定取得该观测量的时刻。为了保证观测量的精度,对观测时刻更要有一定精度要求。GPS时间系统的重要性表现在以下几点:

① GPS卫星作为高空观测目标,位置不断变化,在给出卫星运行位置的同时,必须给出相应的瞬间时刻。例如,当要求GPS卫星的位置误差小于1cm,则相应的时刻误差应小于2.6×10^{-6}s。

② 要准确地测定观测站至卫星的距离,必须精密地测定信号的传播时间。若要求距离误差小于1cm,则信号传播时间的测定误差应小于3×10^{-11}s。

2) GPS导航电文及其内容

GPS卫星的导航电文是用户用来定位和导航的数据基础。导航电文包含有关卫星的星历、卫星工作状态、时间系统、卫星钟运行状态、轨道摄动改正、大气折射改正、C/A码、P码等导航信息。导航电文又称为数据码(或D码)。

导航电文也是二进制码,依规定格式组成(如图6.6所示),按帧向外播送。每帧电文含有1500b,播送速度为50b/s,每帧播送时间为30s。

每帧导航电文含5个子帧,每个子帧分别含有10个字,每个字30b,故每个子帧共300b,播发时间为6s。为记载多达25颗卫星,子帧4、5各含有25页。子帧1～5构成一个主帧。主帧中子帧1、2、3的内容每小时更新一次,子帧4、5的内容仅当给卫星注入新的导航电文后才得以更新。

导航电文的内容如图6.7所示。

(1) 遥测码(Telemetry Word,TLW):位于每个子帧的开头,作为导航电文的前导。遥测码的第1～8b是同步码,使用户便于解释导航电文;第9～22b为遥测电文,其中包括地面监控系统注入数据时的状态信息、诊断信息和其他信息;第23b和第24b是连接码;第25～30b为奇偶校验码,用于发现和纠正错误。

(2) 转换码(Hand Over Word,HOW):紧接各子帧的遥测码,主要向用户提供用于

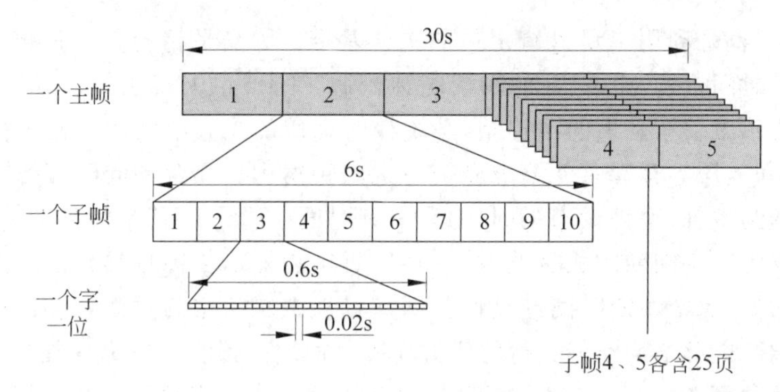

图 6.6 导航电文的格式

子帧			
子帧1	TLW	HOW	数据块1：时钟修正参数
子帧2	TLW	HOW	数据块2：星历表
子帧3	TLW	HOW	数据块2：星历表
子帧4	TLW	HOW	数据块3：卫星历书
子帧5	TLW	HOW	数据块3：卫星历书

图 6.7 导航电文的内容

捕获 P 码的 Z 记数。所谓 Z 记数实际上是一个时间计数，它以从每星期起始时刻开始播发的 D 码子帧数为单位，给出了一个子帧开始瞬间的 GPST。由于每一子帧持续时间为 6 秒，所以下一子帧开始的时间为 $6Z$ 秒，用户可以据此将接收机时钟精确对准 GPST，便能较快地捕获 P 码。

(3) 数据块 1：位于子帧 1 的第 3～10 字码，它的主要内容如下：

① 时延差改正(Tgd)。是载波 L1 和 L2 的电离层时延差。

② 数据龄期(AODC)。是卫星时钟改正数的外推时间间隔，它指明卫星时钟改正数的置信度。

③ 星期序号(WN)。表示从 1980 年 1 月 6 日子夜零点(UTC)起算的星期数，即 GPS 星期数。

④ 卫星时钟改正数。GPST 和 UTC 之间存在的差值。

(4) 数据块 2：包括子帧 2、3，其内容表示 GPS 卫星的星历，描述卫星的运行及其轨道的参数，包括下列 3 类：

① 开普勒六参数。

② 轨道摄动九参数。

③ 时间二参数。

有关卫星运行及其轨道参数的具体内容可参见卫星有关大地测量的参考书。

(5) 数据块 3：包括子帧 4、5，其内容为所有 GPS 卫星的历史数据。当接收机发现某颗GPS卫星后，根据第三数据块提供的其他卫星的概略星历、时钟改正、卫星改正和卫星工作状态等数据，用户可以选择工作正常和位置适当的卫星，并且较快地捕获卫星。

3. 用户设备

1) GPS接收机及其类型

GPS用户设备主要包括GPS接收机和天线、微处理机和终端设备以及电源等。其中接收机和天线是核心部分，习惯上统称为GPS接收机。其主要功能是接收GPS卫星发射的信号，并进行处理，以获取导航电文和必要的观测量。

GPS接收机的主要结构组成如下：

(1) 天线(带前置放大器)。

(2) 信号处理器(用于信号识别与处理)。

(3) 微处理器(用于接收机的控制、数据采集和导航计算)。

(4) 用户信息传输(包括操作板和显示板等)。

(5) 精密振荡器(产生标准频率)。

(6) 电源。

GPS接收机的工作原理是：当GPS卫星在用户视界升起时，GPS接收机能够捕获按一定卫星高度截止角所选择的待测卫星，并能够跟踪这些卫星的运行。GPS接收机对接收到的GPS信号，具有变换、放大和处理的功能，以便测量出GPS信号从卫星到接收天线的传播时间，解译GPS卫星发送的导航电文，实时地计算出观测站的三维位置，甚至三维速度和时间。

GPS信号接收机不仅需要功能较强的机内软件，而且需要一个多功能的GPS数据测后处理软件包。接收机加处理软件包才是完整的GPS信号用户设备。

天线对于GPS接收机非常重要。天线的基本作用是把来自卫星信号的能量转化为相应的电流，并经前置放大器进行频率变换，以便对信号进行跟踪、处理和量测。对天线的基本要求是：天线与前置放大器应密封为一体，保障在恶劣气象环境下正常工作；天线应呈全圆极化，要求天线的作用范围为整个上半球，天顶处不产生死角，保障能接收来自天空任何方向的卫星信号；天线必须采取适当的防护与屏蔽措施，例如加一块基板，尽可能地减弱信号的多路径效应，防止信号干扰；天线的相位中心与其几何中心的偏差应尽量小，且保持稳定。

GPS接收机天线的基本类型如下：

① 单级天线。结构简单，体积较小，需要安装在一块基板上，属单频天线。

② 四线螺旋形天线。由4条金属管线绕制而成，底部有一块金属抑制板。这种天线频带宽，全圆极化性能好，可捕捉高度角卫星；其缺点是不能进行双频接收，抗震性差。这种天线常用作导航型接收机天线。

③ 微带天线。在厚度为h的介质板两面贴上金属片构成。微带天线的特点是高度低，质量小，结构简单，并且坚固，易于制造；其缺点是增益较低。目前大部分测地型天线都是微带天线，适合用于飞机和火箭等高速飞行物。

④ 锥形天线。是在介质锥体上利用印制电路板技术在其上制成导电圆锥螺旋表面。

锥形天线可同时在两个频率上工作,特点是增益好;但是因为天线较高,并且在水平方向上不对称,天线相位中心与几何中心不完全一致。

⑤ 扼流圈天线。用于高精度静态测量系统。

GPS接收机类型有多种划分方法。

(1) 按工作原理划分。

① 码相关型接收机。能够产生与所测卫星测距码结构完全相同的复制码。利用的是C/A码或P码,条件是掌握测距码结构。也称有码接收机。

② 平方型接收机。利用载波信号的平方技术去掉调制码,获得载波相位测量必需的载波信号。这种接收机只利用卫星信号,无须解码,不必掌握测距码结构,因此也称无码接收机。

③ 混合型接收机。综合利用了码相关技术和平方技术的优点,同时获得码相位和精密载波相位观测量。目前这种接收机被广泛使用。

(2) 按接收机信号通道类型划分。

① 多通道接收机。具有多个卫星信号通道,每个通道只连续跟踪一个卫星信号。也称连续跟踪型接收机。

② 序贯通道接收机。只有一个或两个信号通道,为了跟踪多个卫星,在相应软件控制下按时序依次对各卫星信号进行跟踪量测。这种接收机依次量测一个循环所需时间较长(大于20ms),对卫星信号的跟踪是不连续的。

③ 多路复用通道接收机。与序贯通道接收机相似,也只有一个或两个信号通道,在相应软件控制下按时序依次对各卫星信号进行跟踪量测。这种接收机依次量测一个循环所需时间较短(小于20ms),可保持对卫星信号的连续跟踪。

(3) 按所接收的卫星信号频率划分。

① 单频接收机(L1)。只接收调制的L1信号,虽然可利用导航电文提供的参数对观测量进行电离层影响修正,但由于修正模型尚不完善,精度较差,主要用于小于20km的短基线精密定位。

② 双频接收机(L1+L2)。同时接收L1和L2两种信号,利用双频技术可消除或减弱电离层折射对观测量的影响,定位精度较高。

这种分法较为常见。

(4) 按接收机用途划分。

① 导航型接收机。用于确定船舶、车辆和飞机等运载体的实时位置和速度,保障按预定路线航行或选择最佳路线。这种接收机采用测码伪距为观测量的单点实时定位或差分GPS定位,其特点是精度低、结构简单、价格便宜、应用广泛。

② 测量型接收机。采用载波相位观测进行相对定位,精度高。观测数据可测后处理或实时处理,需配备功能完善的数据处理软件。与导航型接收机相比,测量型接收机结构复杂,价格昂贵。

③ 授时型接收机。主要用于天文台或地面监控站进行时频同步测定。

2) GPS 接收机的术语

下面介绍 GPS 的一些重要术语。

(1) 坐标(coordinate)。有二维、三维两种坐标表示。当 GPS 能够收到 4 颗及以上卫星的信号时，它能计算出本地的三维坐标：经度、纬度、高度；若只能收到 3 颗卫星的信号，它只能计算出二维坐标：精度和纬度，这时它可能还会显示高度数据，但这个数据是无效的。大部分 GPS 不仅能以经度/纬度(Lat/Long)的方式显示坐标，而且还可以用 UTM(Universal Transverse Mercator，通用横墨卡托投影)等坐标系统显示坐标。在 SA 打开时，GPS 的水平精度为 50～100m，视接收到卫星信号的多少和强弱而定。

(2) 路标(landmark 或 waypoint)。GPS 内存中保存的一个点的坐标值。在有 GPS 信号时，可以把当前点记成一个路标，它的默认名字一般是LMK××，可以修改成一个易认的名字，还可以给它选定一个图标。路标是 GPS 的数据的核心，它是构成路线的基础。标记路标是 GPS 的主要功能之一。一般 GPS 能记录 500 个或更多的路标。

(3) 路线(route)。是 GPS 内存中存储的一组数据，包括一个起点和一个终点的坐标，还可以包括若干中间点的坐标，每两个坐标点之间的线段叫一条“腿”(leg)。GPS 一般能存储 20 条路线，每条路线有 30 条“腿”。各坐标点可以从现有路标中选择，也可以手工/计算机输入数值，输入的坐标点同时作为一个路标保存。实际上一条路线的所有点(称为路点)都是对某个路标的引用，可以有一条路线是活跃的。活跃路线的路点是导向功能的目标。

(4) 前进方向(heading)。GPS 没有指北针的功能，静止不动时它是不知道方向的；但是一旦动了起来，它就能知道自己的运动方向。GPS 每隔 1s 更新一次当前地点信息，将每一点的坐标和上一点的坐标比较，就可以知道前进的方向。不同 GPS 关于前进方向的算法是不同的，基本上取最近若干秒的前进方向。方向是以度为单位显示的，这个度数是手表表盘朝上，12 点指向北方，顺时针旋转的角度值。有很多 GPS 还可以用指向罗盘和标尺的方式来显示前进方向。一般同时还显示前进平均速度，也是根据最近一段的位移和时间计算的。

(5) 导向(bearing)。导向功能在以下条件下起作用：

① 设定走向目标。走向目标可以选择一个路标。以后导向功能将导向此路标。

② 目前有活跃路线。如果目前有活跃路线，那么导向的点是该路线中的第一个路点，每到达一个路点后，自动指向下一个路点。

(6) 日出/日落时间(sun raise/set time)。GPS 能够显示当地的日出/日落时间，这个时间是 GPS 根据当地经度和日期计算得到的，是指平原地区的日出/日落时间。

(7) 足迹线(plot trail)。GPS 每秒更新一次坐标信息，所以可以记录用户的运动轨迹。一般 GPS 能记录 1024 个以上足迹点。足迹点的采样有自动和定时两种方式。自动采样由 GPS 自动决定足迹点的采样方式，一般只记录方向转折点，长距离直线行走时不记点；定时采样可以规定采样时间间隔，如 30s、1min、5min，定时记录一个足迹点。

6.2.3 GPS的性能

1. 定轨精度

GPS定轨精度分广播星历和精密星历。随着GPS卫星的跟踪技术以及地球重力场模型的球阶函数的引力摄动修正推算技术的发展,现在的定轨精度比20世纪70年代高了许多。广播星历由美国本土以及海外军事基地的5个卫星监测站的观测数据解算得到,因为卫星监测站数量少,所以卫星定轨精度不高。广播星历预报的卫星位置的切向误差为±5m,径向误差为±3m,法向误差为±3m。精密星历是由美国国防部制图局根据全球20多个卫星跟踪站的观测资料解算得到的,因为卫星跟踪站数量多且分布范围广,所以卫星定轨精度较广播星历高一个数量级。国际地球动力学GPS服务组织(International GPS Service for Geodynamics,IGS)测算的预报精密星历比美国军方测定的精密星历的精度更高,卫星位置精度可达±3cm。

2. 卫星性能

GPS卫星直径为1.5m,重量为843.68kg(包括310kg燃料)。GPS卫星通过12个螺旋阵列天线发射张角约为30°的电磁波束,垂直指向地面。GPS卫星采用陀螺仪与姿态发动机构成的三轴稳定系统实现姿态稳定,从而使天线始终指向地面。GPS卫星还装有8块太阳能电池翼板(面积为7.2m²)和3组15A的镍镉蓄电池,为卫星提供所需的电能。

3. 卫星信号

GPS卫星配有4台频率相当稳定(量时精度为10～13s)的原子钟(两台铯钟、两台铷钟),由此产生一个频率为10.23MHz的基准钟频信号。该信号经过倍频器降频后,成为频率为1.023MHz测距粗码(C/A码)的信号频率;基准钟频信号的频率10.23MHz直接成为测距精码(P码)的信号频率;基准钟频信号经过倍频器降频后,成为频率为50MHz数据码(卫星星历、导航电文的编码)的信号频率;基准钟频信号再经过倍频器倍频后,分别形成频率为1575.42MHz(L1)与1227.60MHz(L2)的载波信号。测距用的码频信号控制移位寄存器的触发端,从而产生与之频率一致的伪随机码(测距码)。测距码与数据码模2相加后再调制到L1和L2载波信号上,通过卫星天线阵列发送出去。值得指出的是:无论是测距码的波还是载波信号的波,都是测量GPS卫星到观测点距离的物理介质,它们的频率越高,波长越短,测量的距离精度就越高,定位精度也就越高。另外,C/A码除了用于测距外,还用于识别和锁定卫星、解调导航电文以及捕获P码。

4. 定位精度

利用伪随机码(测距码)的信号单机测量,理论上按照目前测距码的对齐精度约为码波长的1/100计算,测距粗码(C/A码)的测距精度约为±3m,而测距精码(P码)的测距精度约为±0.3m。为了消除公共误差,提高定位精度,可利用两台以上的载波相位GPS定位仪实行联测定位,载波信号单频机的相对定位精度可达±(5mm+2ppm×D),

其中 D 为两台 GPS 定位仪的相对距离；载波信号双频机能有效地消除电离层延时误差，其相对定位精度可达 $\pm(1mm+1ppm\times D)$。全球定位技术不但精度高，而且定位速度快，可以满足飞机、导弹、火箭和卫星等高速运动载体的导航定位的需要。

6.3 GPS 定位原理

前面讲述了 GPS 的组成和功能，本节对 GPS 的定位原理和定位方法进行系统的介绍和分析。下面分别讨论在卫星定位中的测距交会原理、伪距测量和载波相位测量的 GPS 定位方法。

6.3.1 测距交会原理

利用 GPS 进行定位的基本原理是测距交会原理，也就是以 GPS 卫星和用户接收机天线之间的距离（或距离差）的观测量为基础，并根据已知的卫星瞬间坐标确定用户接收机对应的点位。GPS 卫星不间断地发射自身的星历参数和时间信息，由于每颗卫星信号可跟踪唯一的编码序列，用户接收机可识别相关卫星，进而计算确切位置和时间，测出每颗可视卫星的信号从卫星到用户天线的传播时间，乘以电波传播速度即可算出卫星到用户天线的距离，解算得到用户接收机的三维位置、方向、速度和时间信息，如图 6.8 所示。因此，卫星定位涉及的两个关键数据是卫星的位置以及用户接收站与卫星的距离。

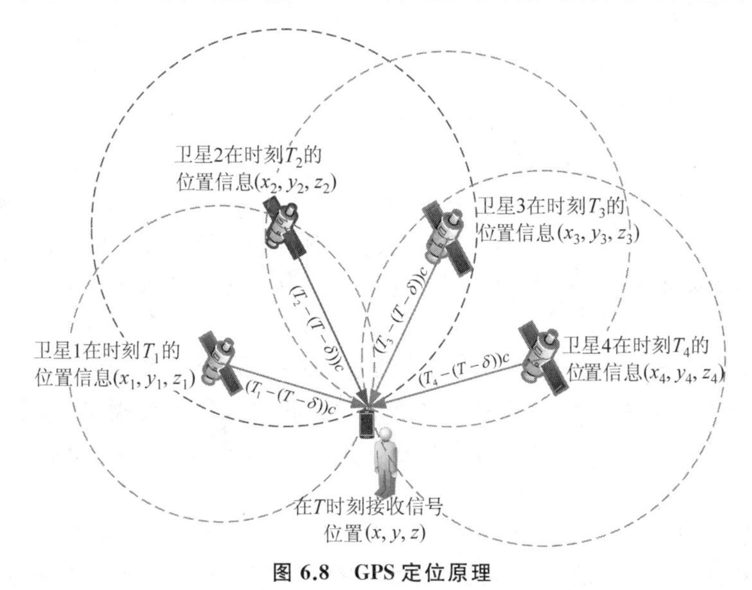

图 6.8 GPS 定位原理

GPS 卫星任何瞬间的坐标位置都是已知的。一颗 GPS 卫星（S_n）信号传播到接收机的时间只能决定该卫星到接收机（P）的距离（D_n），但并不能确定接收机相对于卫星的方向。在三维空间中，接收机的可能位置构成一个以 S_n 为中心、以 D_n 为半径的球面（称为定位球）；当测到两颗卫星的距离时，接收机的可能位置位于两个球面相交构成的圆上；

当测到第3颗卫星的距离后，第3个定位球面与该圆相交得到两个可能的点；第4颗卫星确定的定位球面与之相交，即可得出接收机的准确位置。从理论上说，以地面上的三维坐标(x,y,z)为待定参数，排除不在地面上的位置，只需要测出3颗卫星到地面点的距离，就能够确定该点的三维坐标。

假设接收器在T时刻接收到导航卫星S_1的位置信息(x_1,y_1,z_1)和时刻信息T_1，根据勾股定理，接收器到卫星S_1的距离与卫星S_1的位置之间的关系表达如下：

$$d_1^2=((T_1-T)\times c)^2=(x_1-x)^2+(y_1-y)^2+(z_1-z)^2 \tag{6.1}$$

其中，c为无线电波的传播速度($2.997\ 924\ 58\times10^8$ m/s)，T为接收器接收信号的时刻，d为卫星到接收器之间的距离，(x,y,z)为接收器的坐标位置。为了求解出3个未知数，额外接收两颗卫星S_2和S_3的信息，组成3个方程，即可进行求解。

$$\begin{aligned}d_1^2&=((T_1-T)\times c)^2=(x_1-x)^2+(y_1-y)^2+(z_1-z)^2\\d_2^2&=((T_2-T)\times c)^2=(x_2-x)^2+(y_2-y)^2+(z_2-z)^2\\d_3^2&=((T_3-T)\times c)^2=(x_3-x)^2+(y_3-y)^2+(z_3-z)^2\end{aligned} \tag{6.2}$$

但是，在实际应用中存在时刻一致性的问题。为了让上面3个方程成立，卫星的T_1、T_2、T_3以及接收器的时刻T需要以同一时钟进行测量，如果稍有偏差，那么测得的卫地距离就会谬之千里。由于导航卫星使用十分精密的原子钟，并且由监控站进行修正，因此可认为T_1、T_2、T_3时刻是一致的。但是接收器的时间只能标识接收器的时钟上的某个时刻，这个时刻可能滞后，也可能超前，无法控制。因此把接收器的时钟产生的误差δ作为一个待定参数，通过接收第四颗卫星的信息进行方程的求解。

$$\begin{aligned}d_1^2&=((T_1-(T-\delta))\times c)^2=(x_1-x)^2+(y_1-y)^2+(z_1-z)^2\\d_2^2&=((T_2-(T-\delta))\times c)^2=(x_2-x)^2+(y_2-y)^2+(z_2-z)^2\\d_3^2&=((T_3-(T-\delta))\times c)^2=(x_3-x)^2+(y_3-y)^2+(z_3-z)^2\\d_4^2&=((T_4-(T-\delta))\times c)^2=(x_4-x)^2+(y_4-y)^2+(z_4-z)^2\end{aligned} \tag{6.3}$$

因此，如果接收机能够同时得到4颗GPS卫星的测距信号，就可以进行瞬间定位；当接收到信号的卫星数目多于4颗时，可以优选4颗卫星计算位置，或以信噪比最高的卫星数据作为平差标准，与其他多颗卫星数据进行平差计算，以消除公共误差，提高定位精度。

GPS定位的关键是测定用户接收机天线至GPS卫星之间的距离，虽然距离求解思想很简单，测出每颗可视卫星信号从卫星到用户接收机天线的传播时间，乘以电波传播速度即可，但这里的时间计算可能由于受很多因素影响而不准确，从而会造成定位的不准确。

GPS定位测量按技术手段分类，可分为伪距测量与载波相位测量两类。伪距测量就是测量卫星发射的测距码信号到达用户天线的传播时间，也称时间延迟测量(速度快)；载波相位测量就是测量接收机收到的具有多普勒频移的载波信号与接收机产生的参考载波信号的相位差(精度高)。

6.3.2 伪距的概念及伪距测量

GPS卫星能够按照星载时钟发射结构为伪随机噪声码的信号，称为测距码信号(即粗码 C/A 码或精码 P 码)。该信号从卫星发射,经时间 t 后到达接收机天线,卫星至接收机的空间几何距离 $\rho=ct$。利用测距码进行测距的优点有:采用的是 CDMA(码分多址)技术,易于捕获微弱的卫星信号,可提高测距精度,便于对系统进行控制和管理(如 AS)。

但由于传播时间 t 中包含卫星时钟与接收机时钟不同步的误差以及测距码在大气中传播的延迟误差等,因此求得的距离并非真正的站星几何距离,习惯上称之为伪距,与之相对应的测量定位方法称为伪距测量。

为了测定上述测距码的时间延迟,即 GPS 卫星信号的传播时间,需要在用户接收机内复制测距码信号,并通过接收机内的可调延时器进行相移,使得复制的码信号与接收到的相应码信号达到最大相关,即使之与相应的码元对齐。为此所调整的相移量便是卫星发射的测距码信号到达接收机天线的传播时间,即时间延迟。

假设在某一标准时刻 T_a 卫星发出一个信号,该瞬间卫星钟的时刻为 t_a;该信号在标准时刻 T_b 到达接收机,此时相应接收机时钟的读数为 t_b。于是伪距测量测得的时间延迟即 t_b 与 t_a 之差。

由于卫星钟和接收机时钟与标准时间存在着误差,设信号发射和接收时刻的卫星和接收机钟差改正数分别为 V_a 和 V_b,$(T_b-T_a)+(V_b-V_a)$即测距码从卫星到接收机的实际传播时间 ΔT。由上述分析可知,在 ΔT 中已对钟差进行了改正;但由 Δtc 计算出的距离中仍包含测距码在大气中传播的延迟误差,必须加以改正。设定位测量时,大气中电离层折射改正数为 $\delta\rho_{\mathrm{I}}$,对流层折射改正数为 $\delta\rho_{\mathrm{T}}$,则所求 GPS 卫星至接收机的几何距离 ρ 应为

$$\rho=cT-\delta\rho_{\mathrm{I}}-\delta\rho_{\mathrm{T}} \tag{6.4}$$

伪距测量的精度与测量信号(测距码)的波长以及与接收机复制码的对齐精度有关。目前,接收机的复制码精度一般取 1/100,而公开的 C/A 码码元宽度(即波长)为 293m,故上述伪距测量的精度最高仅能接近 3m(293/100≈3m),难以满足高精度测量定位工作的要求。用 C/A 码测距时,通常采用窄相关技术,测距精度可达码元宽度的 1/1000 左右。伪距测量对 P 码而言的测量精度为 30cm。

由于美国于 1994 年 1 月 31 日实施了 AS 技术,将 P 码和保密的 W 码进行模 2 相加以形成保密的 Y 码,使得民用用户只能用精度较低的 C/A 码进行测距,利用 Z 跟踪技术可对精度较高的 P 码进行相关处理,与 C/A 码相结合,可在一定程度上提高测距精度。

实际上,在伪距测量观测方程中,由于卫星上配有高精度的原子钟,且信号发射瞬间的卫星钟差改正数 V_a 可由导航电文中给出的有关时间信息求得。但用户接收机中仅配备一般的石英钟,在接收信号的瞬间,接收机的钟差改正数不可能预先精确求得。因此,在伪距法定位中,把接收机钟差 V_b 作为未知数,在数据处理时与待定点坐标一并求解。由此可见,在实际单点定位工作中,在一个观测站上为了实时求解 4 个未知数 x、y、z 和 V_b,便至少需要 4 个同步伪距观测值 $\rho_i(i=1,2,3,4)$。也就是说,至少必须同时观测 4 颗卫星。伪距法的数学模型为

$$\rho_i-cV_b=\sqrt{(X_{\mathrm{S}}-X)^2+(Y_{\mathrm{S}}-Y)^2+(Z_{\mathrm{S}}-Z)^2} \tag{6.5}$$

因此,简单地说,采用伪距相位测量时,GPS 接收机利用码分多址技术与码相关锁相放大技术,同时对 4 颗以上卫星的测距信号进行伪距测量,再通过对伪距的多项修正后

的站星几何距离解算测站坐标。

伪距测量的具体步骤如下：

(1) 接收机将本机产生的C/A码与卫星发射的C/A码模2相加，求自相关系数$R(t)$。

(2) 当自相关系数$R(t)=-1/N$(有相位差，码序不齐)时，延时器将本机码元相位后移，直至$R(t)=1$(码序对齐)时锁定信号，并解读导航电文。

(3) 接收机根据本机信号的延时量(Δt)计算GPS卫星到接收机的伪距($D'=c\Delta t$)。

(3) 再对伪距(D')经过对流层延时改正、电离层延时改正和钟差钟漂改正等多项修正后，成为近似的几何距离(D)，连同导航电文中的卫星坐标(X_S, Y_S, Z_S)一起代入定位球面方程，解算测点坐标(X_P, Y_P, Z_P)。

6.3.3 载波相位测量

载波相位测量利用GPS卫星发射的载波作为测距信号。载波相位测量的观测量是GPS接收机所接收的卫星载波信号与接收机本振参考信号的相位差。由于载波的波长($\lambda_{L1}=19.03$cm，$\lambda_{L2}=24.42$cm)比测距码波长要短得多，因此对载波进行相位测量就可能得到较高的测量定位精度。

1. 载波相位测量的重建载波方法

在GPS信号中，由于已用相位调整的方法在载波上调制了测距码和导航电文，因而接收到的载波的相位已不再连续。所以，在进行载波相位测量以前，首先要进行解调工作，设法将调制在载波上的测距码和卫星电文去掉，重新获得载波，这一工作称为重建载波，将不连续的载波信号恢复成连续的载波信号。

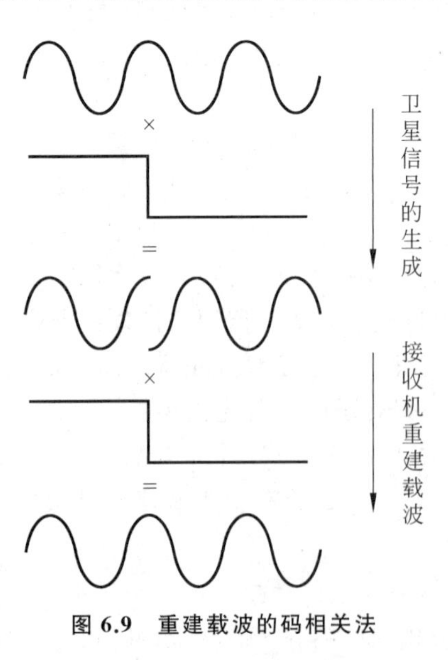

图6.9 重建载波的码相关法

码相关法是一种重建载波方法，如图6.9所示。其原理是将接收到的卫星信号(一种较弱的调制信号)与接收机产生的复制码信号相乘。该方法的缺点是需要了解码的结构；优点是可获得导航电文和全波长的载波，信号质量好。

平方法是另一种重建载波方法，如图6.10所示。该方法将接收到的调制信号(卫星信号)自乘。其优点是无须了解码的结构；其缺点是无法获得导航电文，所获载波波长为原来波长的一半，信号质量较差。

互相关(交叉相关)法也是一种重建载波的方法。其原理是：对不同频率的调制信号(卫星信号)进行相关处理，获取两个频率间的伪距差和相位差。该方法的优点是无须了解Y码的结构，可获得导航电文以及全波长的载波，信号质量较平方法好。

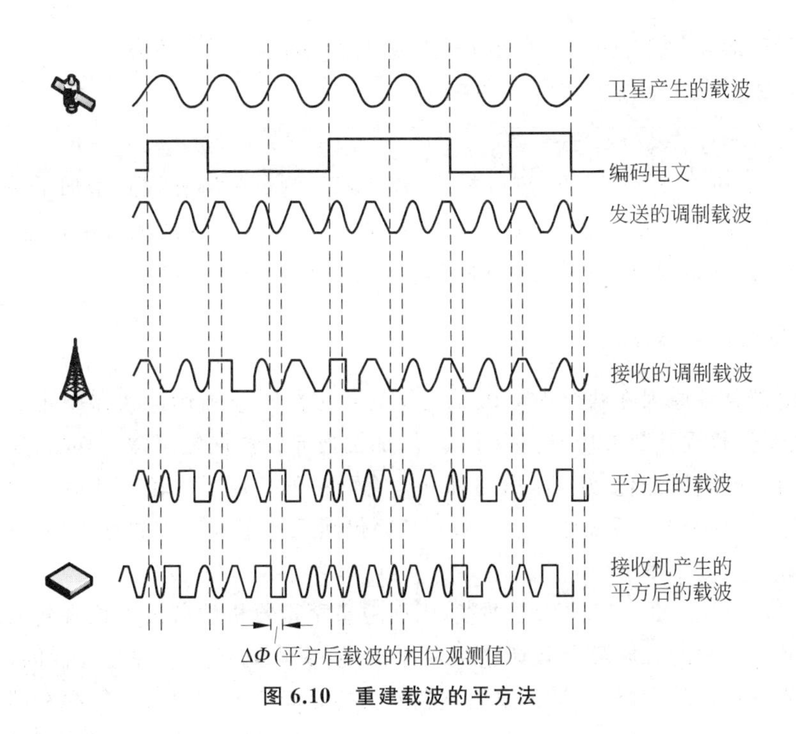

图 6.10 重建载波的平方法

重建载波还有一种方法,称为 Z 跟踪法。该方法是将卫星信号在一个 W 码码元内与接收机复制出的 P 码进行相关处理,即将一个 W 码码元内的卫星信号(弱)与复制信号(强)进行相关处理。其优点是无须了解 Y 码结构,可测定双频伪距观测值,可获得导航电文以及全波长的载波,信号质量较平方法好。

2. 载波相位测量的定位原理

假设卫星 S 在 t_0 时刻发出一个载波信号,其相位为 $\varphi(\mathrm{S})$;此时接收机 R 产生一个频率和初相位与卫星载波信号完全一致的基准信号,在 t_0 瞬间的相位为 $\varphi(\mathrm{R})$。假设这两个相位之间相差 N 个整周信号和不足一周的相位(称为零数)$\mathrm{Fr}(\psi)$,则相位差为

$$\varphi(\mathrm{R})-\varphi(\mathrm{S})=\mathrm{Fr}(\psi)+N \tag{6.6}$$

载波信号是一个单纯的余弦波。在载波相位测量中,接收机无法判定所测量信号的整周数,但可精确测定其零数 $\mathrm{Fr}(\psi)$,并且当接收机对空中飞行的卫星作连续观测时,接收机借助于内含的多普勒频移计数器,可累计得到载波信号的整周变化数 $\mathrm{Int}(\psi)$。因此,$\psi=\mathrm{Int}(\psi)+\mathrm{Fr}(\psi)$才是载波相位测量的真正观测值。$N_0$ 称为整周未知数,它是一个未知数,但只要观测是连续的,则各次观测的完整观测值中应含有相同的整周未知数,也就是说,完整的载波相位观测值应为

$$\tilde{\psi}=\psi+N_0=\mathrm{Int}(\psi)+\mathrm{Fr}(\psi)+N_0 \tag{6.7}$$

在 t_0 时刻的首次观测中,$\mathrm{Int}(\psi)=0$,零数为 $\mathrm{Fr}(\psi)$,N_0 是整周未知数;在 t_1 时刻,N_0 值不变,接收机实际观测值 ψ 由信号整周变化数 $\mathrm{Int}(\psi)$和零数 $\mathrm{Fr}(\psi)$组成。

与伪距测量一样,考虑到卫星和接收机的钟差改正数 V_a、V_b 以及电离层折射改正数

和对流层折射改正数 $\delta\rho_I$、$\delta\rho_T$ 的影响，载波相位测量的基本观测方程为 $\rho=\tilde{\varphi}\lambda$，其中 λ 为载波波长。将其代入伪距方程中，得到

$$\rho=\sqrt{(X_S-X)^2+(Y_S-Y)^2+(Z_S-Z)^2}-\delta\rho_I-\delta\rho_T+cV_b \tag{6.8}$$

对式(6.8)和式(6.5)进行比较可看出，载波相位测量观测方程除增加了整周未知数 N_0 外，与伪距测量观测方程在形式上完全相同。因此，虽然载波相位测量精度高，测距精度可达 0.1mm 量级，但整周跳变问题和整周未知数问题是其难点。

3. 整周跳变及其修复

如果由于某种原因在两个观测历元之间的某一段时间工作计数器中止了正常的累计工作，从而使整周计数较应有值少了 n 周，那么当计数器恢复正常工作后，所有的载波相位观测值中的整周变化数 $\mathrm{Int}(\varphi)$ 便都会含有同一偏差值——较正常值少 n 周。这种整周变化数 $\mathrm{Int}(\varphi)$ 出现系统偏差而零数 $\mathrm{Fr}(\varphi)$ 仍然保持正确的现象称为整周跳变，简称周跳。

卫星的运行轨迹是一条平滑的曲线，因而卫星至接收机的载波相位观测值的变化也应是平缓而有规律的。周跳会破坏这种规律性，使观测值产生一种系统性的误差，因此需要对周跳进行探测和修复，从载波相位观测值的时间序列中寻找可能存在的这种系统性的误差并加以改正。探测和修复周跳的方法有很多，较为常用的有高次差法、多项式拟合法和双频 P 码伪距观测值法。

(1) 高次差法。在相邻观测值之间依次求差，一般取 3 次差。若无周跳，所得结果应在同一量级；否则会有较大差异。该方法虽较为直观，易于理解，但不太适合在计算机上运算。

(2) 多项式拟合法。从本质上说，该方法与高次差法是一致的，但它适合在计算机上运算，因而被广泛采用。其做法是，将 n 个无周跳的载波相位观测值 $\tilde{\varphi}_i(i=1,2,\cdots,n)$ 代入式(6.9)进行拟合：

$$\tilde{\varphi}_i=a_0+a_1(t_i-t_0)^1+a_2(t_i-t_0)^2+\cdots+a_n(t_i-t_0)^n\tilde{\varphi}_i \tag{6.9}$$

用最小二乘法求得式中的系数 $a_0,a_1,a_2,\cdots,a_n$，并根据拟合后的残差 V_i 计算出中误差：

$$\sigma=\sqrt{\frac{V_i^2}{m-(n+1)}} \tag{6.10}$$

用求得的多项式系数外推下一历元的载波相位观测值并与实际观测值进行比较，当两者之差小于 3σ 时，认为无周跳。但零数要保持不变。

(3) 双频 P 码伪距观测值法。根据任一历元的双频 P 码伪距观测值 P_1 和 P_2 及载波相位观测值 φ_1 和 φ_2，即可求得宽巷(wide lane)观测值的整周未知数 N。若相邻两个历元所得整周未知数之差小于 4σ，则认为不存在周跳。

采用该方法时无须提供卫星轨道和观测站坐标等信息，也不需要在观测站和卫星间求差，适用于任意长度的基线。同时，该方法还可完成粗差的探测和剔除工作，是一种较为理想的方法。该方法在自动化数据编辑中得到了广泛应用。

4. 整周未知数的确定方法

整周未知数的确定是载波相位测量中特有的问题，也是进一步提高GPS定位精度、提高作业速度的关键所在。目前，确定或消去整周未知数的方法主要有3种：伪距法、平差法和三差法。

(1) 伪距法。在进行载波相位测量的同时进行伪距测量，将伪距测量值减去载波相位测量的实际观测值后即得整周未知数。

(2) 平差法。将整周未知数当作平差中的待定参数，也就是根据卫星位置和修复了周跳后的相位观测值，将未经过大气改正和钟差改正的伪距观测值减去载波相位实际观测值与波长的乘积，求出整周未知数，作为未知数参与平差，在测后数据处理和平差时与观测站坐标一并求解。根据处理方式不同，求解结果可分为整数解和实数解。该方法的缺点是耗时长，影响作业效率，只适用于高精度定位领域。

(3) 三差法(多普勒法)。由于连续跟踪的所有载波相位观测值中均含有相同的整周未知数，所以将相邻的两个观测历元的载波相位相减，即可将未知参数消去，直接解算出坐标参数。

6.3.4　GPS定位方法的分类

GPS定位按用户接收机天线在测量中的状态的不同可分为静态定位和动态定位；按定位的模式可分为绝对定位(单点定位)、相对定位和差分定位。

1. 静态定位

静态定位是在定位过程中GPS接收机始终处于静止接收状态的定位方法。

如果待定点相对于周围的固定点没有可以察觉的运动，或者运动十分缓慢，以至于需要几个月或几年才能反映出来，即认为待定点相对于地球坐标系是固定不动的，这种待定点的坐标确定方法称为静态定位。在静态定位的数学模型中，待定点的位置是作为常数来处理的。由于GPS快速解算整周未知数技术的出现，静态作业的时间已缩短至几分钟，因此，除了原先的大地测量及地球动力监测方面的应用外，快速的静态定位已广泛地应用到普通测量和工程测量中。

2. 动态定位

动态定位是在定位过程中GPS定位接收机始终处于运动接收状态的定位方法。

在车、船、飞机和航天器运动中，人们往往需要知道它们的实时位置。在这些运动载体上安装GPS接收机，实时测得GPS接收信号天线所在的位置，称为GPS动态定位。如果不仅测定运动载体的实时位置，还测定其运动速度、时间和方位等状态参数，从而引导该物体向预定方位运动，称为导航。GPS导航实质上也是动态定位。

3. 绝对定位

绝对定位也称单点定位，是在未知点上用GPS定位仪(单机)测定站星距离，从而独立解算测点 WGS-84 坐标的过程。其优点是只需一台接收机即可独立确定待求点的绝对坐标，且观测方便，速度快，数据处理也较简单。其主要缺点是精度较低，一般来说，只能达到米级的定位精度，主要应用于低精度导航、资源普查和军事等领域，目前的手持 GPS 接收机大多采用该技术。

当前 GPS 领域的一个研究热点是实现精密单点定位（Precise Point Positioning，PPP），它是一种利用载波相位观测值以及由 IGS 等组织提供的高精度的卫星钟差进行高精度单点定位的方法。目前，根据一天的观测值求得的点位平面位置精度可达 2～3cm，高程精度可达 3～4cm，实时定位的精度可达分米级，主要用于全球高精度测量和卫星定轨。但该定位方式需顾及的方面较多，如精密星历、天线相位中心偏差改正、地球固体潮改正、海潮负荷改正、引力延迟改正和天体轨道摄动改正等，所以精密单点定位目前还处于研究和发展阶段。

4. 相对定位

相对定位是在一定距离内，用两台以上 GPS 定位仪同时测定站星距离，通过求差的方法解算测点间基线向量的过程。

相对定位是目前 GPS 测量中精度较高的一种定位方法，它广泛应用于高精度测量及导航中。由于 GPS 测量结果中不可避免地存在着种种误差，而这些误差对测量的影响具有一定的相关性，所以利用这些测量的不同线性组合进行相对定位，便可能有效地消除或减弱上述误差的影响，提高 GPS 定位的精度，同时消除了相关的多余参数，也大大方便了 GPS 的整体平差工作。如果用平均误差量与两点间的长度相比的相对精度来衡量，GPS 相对定位的精度一般可以达 10^{-6}(1ppm)，最高可接近 10^{-9}(1ppb)。

相对定位的缺点是多台接收机共同作业，作业复杂，数据处理复杂，不能直接获取绝对坐标。

静态相对定位最基本的情况是：用两台 GPS 接收机分别安置在基线的两端，固定不动，同步观测相同的 GPS 卫星，以确定基线端点在 WGS-84 坐标系中的相对位置或基线向量。由于在测量过程中通过重复观测取得了充分的多余观测数据，从而改善了 GPS 定位的精度。

5. 差分定位

差分定位原理如图 6.11 所示，将一台 GPS 接收机安置在基站上进行观测，根据基站的已知精密坐标，计算出基站到卫星的距离改正数，并由基站实时将这一数据发送出去。用户接收机在进行 GPS 观测的同时，也接收到基准站发出的改正数，并对其定位结果进行改正，从而提高定位精度。差分定位的精度比一般的 10m 定位精度更高。差分定位技术分为两大类：伪距差分和载波相位差分。

伪距差分是应用最广的一种差分定位技术。在基站上观测所有卫星，根据基站已知坐标和各卫星的坐标求出每颗卫星每一时刻到基站的真实距离，再与测得的伪距比较，得出伪距改正数，将其传输至用户接收机，以提高定位精度。这种差分定位技术能得到米级定位精度，如沿海广泛使用的信标差分。

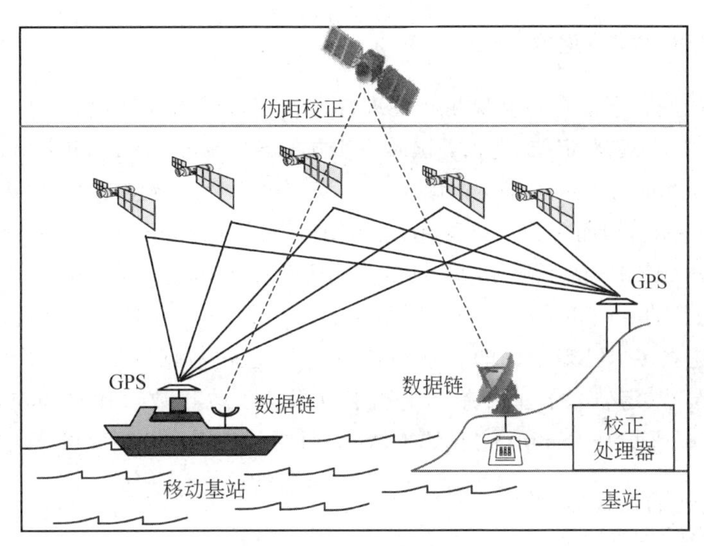

图 6.11 差分定位原理

载波相位差分又称 RTK(Real Time Kinematic,实时动态),是一种实时动态相对定位方法,而常规的 GPS 测量方法,如静态测量、快速静态测量和动态测量都需要事后进行解算才能获得厘米级的精度。载波相位差分大量应用于野外需要高精度动态位置的领域,是 GPS 应用的重大里程碑,它的出现为工程放样、地形测图和各种控制测量带来了新曙光,极大地提高了野外作业效率。

在 RTK 作业模式下,基站通过数据链将其观测值和观测站坐标信息一起传送给用户接收机。用户接收机不仅通过数据链接收来自基站的数据,还要采集 GPS 观测数据,并在系统内组合成差分观测值进行实时处理。用户接收机可处于静止状态,也可处于运动状态,可在固定点上先进行初始化后再进入动态作业,也可在动态条件下直接开机并在动态环境下完成整周未知数的搜索求解。在整周未知数的解固定后,即可进行每个历元的实时处理,只要能保持 4 颗以上卫星相位观测值的跟踪和必要的几何图形,就能够实时地提供用户接收机在指定坐标系中的三维定位结果,并有效消除来自电离层、对流层和卫星轨道等的误差,可以达到厘米级精度。

RTK 技术的关键在于数据处理和传输技术,要求基站接收机实时地把观测数据(伪距观测值和相位观测值)及已知数据传输给用户接收机,数据量较大。采用 RTK 技术进行控制测量,能够实时知道定位精度,如果定位精度要求满足了,就可以停止观测了,而且知道观测质量如何,这样可以大大提高作业效率,观测一个控制点在几分钟甚至于几秒钟内就可完成。

6.3.5 GPS 定位作业的主要方式

GPS 定位作业主要包括 GPS 实时(导航)定位、事后处理的动态定位和用于地面测量的静态(或准动态)相对定位等方式。

1. GPS实时(导航)定位

GPS实时(导航)定位是要求观测和处理数据在定位的瞬间完成,其主要目的是导航。如前所述,绝对定位(单点定位)受到美国政府实施的SA(Selective Availability,选择可用性)和AS(Anti-Spoofing,反电子欺骗)技术的影响,采用民用标准定位服务的GPS定位水平位置精度为100m左右,因而多数用户采用差分GPS系统(CDGPS和WADGPS)来提高定位精度。伪距差分CDGPS的主站和用户站的作用距离在100km以内,精度为5～10m。载波相位差分CDGPS的主站和用户站的作用距离在30km以内,精度为厘米级。而WADGPS则在大范围内建立多个已知坐标的主站和副站,主站通过数据链从副站接收各类误差源,计算卫星轨道误差(定轨)、卫星钟差和电离层延迟3项改正数后传给用户站。伪距差分WADGPS的定位精度为1～3m,优于CDGPS,并且主站与副站的距离可达1000km以上。

2. 事后处理的动态定位

事后处理的动态定位是一种载波相位的动态定位技术。通常一台接收机安置在地面已知点上,而另一台(或多台)接收机置于高速运动的物体上,各站同步观测,事后根据两者间的载波相位差确定运动物体相对于已知点的位置。其特点是主站与用户站之间无须进行实时数据的传输,两者间的距离也较少受限制。但是在高速运动的物体上如何确定整周未知数N_0及整周跳变的问题是其技术难点。GPS动态初始化技术OTF(On The Fly)大大提高了事后处理的动态定位的实用性。它的定位精度可达厘米级,主要适用于低轨道卫星的厘米级精密星载GPS定位以及在航空摄影测量、航空重力测量和磁力测量中确定测量瞬间的空中三维坐标的厘米级机载GPS定位。

3. 用于地面测量的静态(或准动态)相对定位

这是一种载波相位的相对定位技术。一般有3种定位模式:

(1) 静态相对定位。利用两套(及以上)的GPS接收机分别安置在每条基线的端点上,同步观测4颗以上的卫星0.5～1h,基线的长度在20km以内。各基线构成网状的封闭图形,事后经过整体平差处理,其精度可达$5\text{mm}+1\text{ppm}\times D$。该模式适用于精度要求较高的国家级大地控制测量和地球形变监测等。

(2) 快速静态相对定位。在测区中部选择一个基站,用GPS接收机连续跟踪所有可见卫星,另一台接收机依次到各流动站对5颗以上的卫星同步观测1～2min,各流动站到基站的基线长度在15km以内,构成以基站为中心的放射图形。在进行事后处理后其精度可达$5\text{mm}+1\text{ppm}\times D$,但是可靠性较差。该模式适用于小范围的控制测量、工程测量和地籍测量等。

(3) 准动态相对定位。在测区内选择一个基站,用GPS接收机连续跟踪所有可见卫星,另一台接收机首先在起始站点对5颗以上的卫星同步观测1～2min,然后保持对所有卫星连续跟踪的情况下,流动到各观测站观测数秒,各流动站到基准站的基线长度在15km以内。其特点是各流动站必须保持相位锁定,万一出现失锁现象,必须在失锁后延长观测时间1～2min,以重新确定整周未知数N_0和整周变化数$\text{Int}(\psi)$。准动态相对定位基线中的误差可达1～2cm，适用于工程测量、线路测量和地形测量等。

6.4　GPS的定位误差

前面讲述了GPS定位的基本原理。本节对GPS定位中的误差进行系统的分析，分别讨论在GPS测量中与GPS卫星、卫星信号传播及信号接收设备等有关的误差对定位精度的影响。

6.4.1　与GPS卫星有关的误差

与GPS卫星有关的误差主要有卫星星历误差和卫星时钟误差。

1. 卫星星历误差

由卫星星历给出的卫星位置与卫星的实际位置之差称为卫星星历误差。由于卫星在运行中受到多种摄动力的复杂影响，单靠地面监测站难以精确、可靠地测定这些摄动力对卫星的作用规律，使得测定的卫星轨道会有误差。同时，监测系统的质量及用户得到的卫星星历并非是实时的。这些均会导致计算出的卫星位置产生误差。在一个观测时间段内，卫星星历误差是一种系统性误差，是精密相对定位的主要误差源之一，不可能通过多次重复观测来消除，它的存在将严重影响单点定位的准确度。

在影响GPS测量精度的众多误差源中，轨道误差是主要误差源。轨道误差对基线测量的影响可用式(6.11)表示：

$$\mathrm{db} \approx \frac{D}{\rho}\mathrm{dr} \approx \frac{D}{25\ 000}\mathrm{dr} \tag{6.11}$$

其中，dr为轨道误差；D为基线长；ρ为卫星至地球表面距离，大约为25 000km；db为基线误差。

表6.2给出了轨道误差对不同长度的基线的影响。

表6.2　轨道误差对不同长度的基线的影响

轨道误差/m	基线长度/km	基线误差/ppm	基线误差/mm	轨道误差/m	基线长度/km	基线误差/ppm	基线误差/mm
2.5	1	0.1	0.1	0.5	1	0.002	0.002
2.5	10	0.1	1	0.5	10	0.002	0.02
2.5	100	0.1	10	0.5	100	0.002	0.2
2.5	1000	0.1	100	0.5	1000	0.002	2

2. 卫星时钟误差

为了保证GPS卫星时钟的高准确度，卫星上均安装了高准确度的原子钟，但由于这些钟与GPS标准时之间存在频偏和频漂，仍不可避免地存在着误差。在GPS定位中的观测量均以精密测时为依据，无疑卫星时钟的误差会对伪码测距和载波相位测量产生影响。卫星时钟的偏差值可通过地面监控站对卫星的监测得到。该偏差值一般可用二项式来表示：

$$\delta t_j = a_0 + a_1(t_j - t_{oc}) + a_2(t_j - t_{oc})^2 \tag{6.12}$$

式中，t_{oc}为卫星时钟误差参数的参考时刻，t_j 为需计算卫星时钟误差的时刻，a_0、a_1、a_2为卫星时钟参数，这些参数可从卫星导航电文中获得。

用二项式模拟卫星时钟的误差能保证卫星时钟与标准 GPS 时间同步精度在 20ns 之内，由此引起的等效距离误差不超过 6m。若要进一步削弱卫星时钟残差，可通过差分定位加以实现。

6.4.2 与卫星信号传播有关的误差

与卫星信号传播有关的误差主要有电离层延迟、对流层延迟和多路径误差。

1. 电离层延迟

电离层(含平流层)是高度为 60～1000km 的大气层。在太阳紫外线、X 射线、γ 射线和高能粒子的作用下，该区域内的气体分子和原子将产生电离，形成自由电子和正离子。带电粒子的存在将影响无线电信号的传播，使传播速度发生变化，传播路径产生弯曲，从而使信号传播时间 t 与真空中光速 c 的乘积 $\rho=tc$ 不等于卫星至接收机的几何距离，产生电离层延迟。

电离层引起的误差主要与信号传播路径上的电子总量有关，其影响程度由载波频率、观测方向的仰角和观测时电离层的活动状况等因素决定。电离层引起的测距误差可表示为

$$\Delta S = 40.28\frac{N_\Sigma}{f_i^2} \tag{6.13}$$

式中，$i=1, 2, 3, \cdots$，为载波频率号；$N_\Sigma = \int N_e \mathrm{d}s$，为电磁波传播路径上的电子总量。

因此，对于给定的频率，确定电离层折射改正数的关键在于准确求出传播路径上的电子总量 N_Σ，电子总量通常受电离层的高度、测站位置、太阳活动程度和电子含量的季节性变化等因素的影响。

2. 对流层延迟

对流层是高度在 50km 以下的大气层。整个大气中的绝大部分质量集中在对流层中。GPS 卫星信号在对流层中的传播速度 $V=c/n$。c 为真空中的光速；n 为大气折射率，其值取决于气温、气压和相对湿度等因素。此外，信号的传播路径也会产生弯曲。由于上述原因使距离测量值产生的系统性偏差称为对流层延迟。对流层延迟对测距码伪距观测值和载波相位观测值的影响是相同的。

目前采用的对流层折射改正模型有霍普菲尔德(H. Hopfield)模型、萨斯塔莫宁(Saastamionen)模型、勃兰克(Black)模型及东京天文台的 Chao 模型。这里介绍广泛采用的霍普菲尔德模型，其公式如下：

$$\Delta S = \Delta S_d + \Delta S_w = \frac{K_d}{\sin(E^2 + 6.25)^{\frac{1}{2}}} + \frac{K_w}{\sin(E^2 + 2.25)^{\frac{1}{2}}} \tag{6.14}$$

式(6.14)中，K_d 为天顶方向干分量延迟，单位为 m；K_w 为天顶方向湿分量延迟，单位为 m；E 为卫星的高度角，单位为度；ΔS 为对流层折射改正值，单位为 m；K_d 和 K_w 如下：

$$\begin{cases} K_d = 155.2 \times 10^{-7} \dfrac{P_s}{T_s}(h_d - h_s) \\ K_w = 155.2 \times 10^{-7} \dfrac{4810}{T_s^2} e_s(h_w - h_s) \end{cases} \tag{6.15}$$

其中：

$$\begin{cases} h_d = 40\,136 \times 148.72(T_s - 273.16) \\ h_w = 11\,000 \end{cases}$$

式(6.15)中，P_s 为观测站的气压，单位为 100Pa；T_s 为观测站的绝对温度，单位为 K；e_s 为观测站的水汽压，单位为 100Pa；h_d 为干大气顶高，单位为 m；h_s 为观测站的高程，单位为 m；h_w 为湿大气顶高，单位为 m。

3. 多路径误差

多路径误差的定义是：经某些物体表面反射后到达接收机的信号如果与直接来自卫星的信号叠加后进入接收机，使测量值产生的系统误差。

多路径误差对测距码伪距观测值的影响要比对载波相位观测值的影响大得多。多路径误差取决于测站周围的环境、接收机的性能以及观测时间的长短。

6.4.3 与信号接收设备有关的误差

1. 接收机的时钟误差

与卫星时钟一样，接收机的时钟也有误差。而且由于接收机中大多采用的是石英钟，因而其时钟误差较卫星时钟更为显著。该项误差主要取决于时钟的质量，与使用时的环境也有一定关系。它对测距码伪距观测值和载波相位观测值的影响是相同的。

2. 接收机的位置误差

在进行授时和定轨时，接收机的位置是已知的，其误差将使授时和定轨的结果产生系统误差。该项误差对测距码伪距观测值的影响是相同的。进行 GPS 基线解算时，需已知其中一个端点在 WGS-84 坐标系中的坐标。已知坐标的误差过大，也会对解算结果产生影响。

3. 接收机的测量噪声

接收机的测量噪声是指用接收机进行 GPS 测量时由于仪器设备及外界环境影响而引起的随机测量误差，其值取决于仪器性能及作业环境的优劣。一般而言，测量噪声的值均小于上述各种偏差值。观测足够长的时间后，测量噪声的影响通常可以忽略不计。

6.4.4 相对论效应

相对论效应分为广义相对论效应和狭义相对论效应。

1. 狭义相对论效应

由于卫星时钟被安置在高速运动的卫星中，按照狭义相对论的观点，会产生时间膨胀的现象，将对 GPS 卫星时钟产生影响。若卫星在地心惯性坐标系中的运动速度为 V_s，则把在地面频率为 f 的时钟安置到卫星上，其频率 f_s 将变为

$$f_s = f\left[1-\left(\frac{V_s}{c}\right)^2\right]^{\frac{1}{2}} \approx f\left(1-\frac{V_s^2}{2c^2}\right) \tag{6.16}$$

两者的频率差为

$$\Delta f_s = f_s - f = -\frac{V_s^2}{2c^2} \times f_0 \tag{6.17}$$

考虑到 GPS 卫星的平均运动速度 $V_s = 3874\text{m/s}$ 和真空中的光速 $c = 299\ 792\ 458\text{m/s}$，则

$$\Delta f_s = -0.835 \times 10^{-10} f_0 \tag{6.18}$$

因此，卫星上时钟的频率将变慢。

2. 广义相对论效应

由广义相对论可知，若卫星所处的重力位为 W_s，地面观测站处的重力位为 W_T，那么同一台时钟放在卫星上和放在地面上，时钟频率将相差

$$\Delta f_2 = \frac{W_s - W_T}{c^2} \times f_0 = \frac{\mu}{c^2} \times f_0 \times \left(\frac{1}{R} - \frac{1}{r}\right) \tag{6.19}$$

其中，$\mu = 3.986\ 005 \times 10^{14}\text{m}^3/\text{s}^2$。

若地面的地心距 R 近似取 6378km，卫星的地心距近似取 26 560km，则

$$\Delta f_2 = 5.284 \times 10^{-10} f_0 \tag{6.20}$$

由此可以看出，对 GPS 卫星而言，广义相对论效应的影响比狭义相对论效应的影响要大得多，且符号相反。总的相对论效应影响则为

$$\Delta f = \Delta f_1 + \Delta f_2 = 4.449 \times 10^{-10} f_0 \tag{6.21}$$

既然总的相对论效应会使一台时钟放到卫星上以后比在地面时增加 $4.449 \times 10^{-10} f_0$，那么解决相对论效应最简单的办法就是在制造卫星时钟时预先把频率降低 $4.449 \times 10^{-10} f_0$。卫星时钟的标准频率为 $10.23 \times 10^6\text{Hz}$，所以厂家在生产时钟时应把频率降为

$$10.23 \times 10^6\text{Hz} \times (1 - 4.449 \times 10^{-10}) = 10.229\ 999\ 995\ 45 \times 10^6\text{Hz}$$

当卫星进入轨道受到相对论效应的影响后，频率正好变为标准频率 $10.23 \times 10^6\text{Hz}$。

在该问题的讨论中，取 $r = 26\ 560\text{km}$，也就是说，在将 GPS 卫星轨道视作圆轨道进行讨论时，狭义相对论效应和广义相对论效应均为常数，用降低卫星钟频率的方法对相对论效应加以消除。实际上，GPS 卫星轨道是一个椭圆，卫星至地心的距离及卫星的运动速度 V 都将随时间的变化而变化。所以，严格来讲，狭义相对论效应和广义相对论效应都是时间的函数，每颗卫星的改正数并不相同。限于篇幅，此处不加以详细阐述。

除了上文提到的造成GPS定位误差的几方面以外，还有一些其他因素，例如，GPS控制部分人为或计算机造成的影响，由于GPS控制部分的问题或用户在进行数据处理时引入的误差，数据处理软件的算法不完善对定位结果的影响，等等。

6.5 GPS的应用和发展

6.5.1 GPS的应用特点

GPS以其高精度、全天候、高效率、多功能、易操作和应用广等特点而著称，能不受天气的影响，为用户提供连续、实时的三维位置、三维速度和精密时间。

(1) 定位精度高。应用实践表明，GPS静态相对定位精度在50km以内可达10^{-6}，100～500km可达10^{-7}，1000km以上可达10^{-9}。在1500～3000m工程精密定位中，1h以上观测解算的平面位置误差小于1mm。通常，单机定位精度优于10m，采用差分定位，精度可达厘米级和毫米级。

(2) 观测时间短。随着GPS系统的不断完善和解算软件的不断更新，目前20km以内的静态相对定位时间只需15～20min，15km以内快速静态相对定位时间仅需1～2min；对于动态相对定位，当整周未知数确定后，流动站仅需几秒即可确定一个厘米级的定位数据。

(3) 观测站间无须通视。GPS测量不要求观测站之间相互通视，只需观测站上空开阔即可，因此可节省大量的造标费用。由于无须点间通视，测量控制点位置根据需要可稀可密，使选点工作十分灵活，也可省去经典大地网中传算点、过渡点的测量工作。

(4) 一次测量即获三维坐标。在经典大地测量中，平面位置与高程是采用两种不同方法分别测量的，工作量大，测量过程烦琐。而GPS测量则可同时精确测定站位的三维直角坐标或三维大地坐标，这种高效率是传统测量不可比的。目前GPS水准测量可达到4等精度水平，当然这与解算软件选用的大地水准面模型(重力场模型)和当地水准面拟合精度有密切关系。

(5) 易操作全天候作业。随着GPS接收机的不断改进，接收机的智能化、自动化程度越来越高，接收机的体积越来越小，重量越来越轻，大大减轻了测量外业工作的劳动强度。另外，GPS测量不受阴天、黑夜、刮风、下雨、下雪、雾障等恶劣天气的影响，可以在一天(24h)随时进行测量。

6.5.2 美国对GPS用户的限制性政策

由于GPS定位技术与美国的国防现代化发展密切相关，因而美国从自身的安全利益出发，限制非特许用户利用GPS定位的精度。GPS除在设计方面采取了许多保密措施外，还对GPS用户实施SA与AS限制性政策，具体做法如下。

(1) 对不同的GPS用户提供不同的定位服务方式。GPS在信号设计方面区分两种精度不同的定位服务方式，即标准定位服务方式(SPS)和精密定位服务方式(PPS)。

标准定位服务方式是通过美国军方已经公开的卫星识别码(C/A码)解调广播星历的导航电文,进行定位测量的,其单点定位精度为20～40m。

精密定位服务方式是美国军方或者美国同盟国的特许用户使用的,其单点定位精度为2～4m。使用这种服务方式一定要事先知道加密码(W码)和精码(P码)的编码结构,否则便无法解调锁定P码,进而解读精密星历,实施精密测距。因此W码与P码对于非特许用户是绝对保密的。

(2) 通过选择性可用(SA)政策对标准定位服务实施干扰。为了进一步降低标准定位服务方式的定位精度,以保障美国政府的利益与安全,对标准定位服务的卫星信号实施δ技术和ε技术的人为干扰。

① δ技术:将钟频信号加入高频抖动,使C/A码波长不稳定。

② ε技术:将广播星历的卫星轨道参数加入人为误差,降低定位精度。

在SA政策的影响下,标准定位服务的垂直定位精度降为±150m,水平定位精度降为±100m。利用GPS差分技术,可以明显削弱SA政策导致的系统性误差的影响。对于使用精密定位服务的特许用户,可以通过密钥自动消除SA影响。

SA政策自1991年7月1日起实施。由于该政策影响美国的商业利益,美国于2000年5月2日取消了SA政策。

(3) 利用反电子欺骗技术(AS)对P码实施加密。尽管P码的码长是一个非常惊人的天文数字(码长为2.35×10^{14}b),至今无法破译,但是美国军方还是担心一旦P码被破译,在战时敌方会利用P码调制一个错误的导航信息,诱骗特许用户的GPS接收机错误地锁定信号,导致错误导航。为了防止这种电子欺骗,美国军方将在必要时引入W码,并通过P码与W码的模2相加生成Y码,即对P码实施加密保护:

$$P \oplus W = Y \tag{6.22}$$

由于W码对非特许用户是严格保密的,所以非特许用户将无法应用破解的P码进行精密定位和实施上述电子欺骗。

6.5.3 GPS的应用领域和实例

美国发展第二代卫星导航系统的初衷是用于导航和收集情报等军事目的。但是,后来的应用开发表明,GPS不仅可以达到上述目的,而且经载波信号相位测量的开发利用,GPS还可以进行厘米级甚至毫米级精度的静态相对定位、分米级至亚分米级精度的动态定位以及亚米级至厘米级精度的速度测量和毫秒级精度的时间测量。因此GPS在导航、授时和定位等方面展现了极其广阔的应用前景。

随着人们对GPS认识的加深,GPS不仅在测量、导航、测速、测时等方面得到广泛的应用,而且其应用领域不断扩大。在军事上,用GPS信号可以进行海、陆、空全天候精确导航以及战术战略导弹的精确制导;在大地测量和工程测量中可以进行静态、动态的精确定位,对于测绘领域,GPS定位技术已经用于建立高精度的全国性大地测量控制网,建立陆地海洋大地测量基准,进行高精度的海岛陆地联测和海洋测绘;用于测定全球性的地球动态参数,监测地球板块运动状态和地壳变形;在公安、公交和物流等方面可利用车载GPS进行长距离的交通管制和调度;在科学研究方面可利用GPS进行高精度授时或气象要素的监测;在航空航天遥感方面可利用机载、星载GPS进行摄影瞬间的照相光心定位,实现地面无控制点的快速成图,引发地理信息系统、全球环境遥感监测的划时代技术革命。

下面举几个应用实例。

1. 黑龙江三江平原地区古遗址全面勘测

黑龙江省文物保护部门应用卫星定位技术对三江平原地区古遗址进行全面勘测,目前已在集贤县完成了60余处古遗址的勘测。这样大范围地应用高新技术进行古遗址勘测在黑龙江省尚属首次。以往的遗址勘测通常只进行遗址平面图的测绘,测绘误差较大,精度较低,难以准确反映遗址的全貌。而GPS能精确定位遗址,并用全站仪将遗址地形匹配信息和数据参数输入计算机,形成遗址群的彩色平面图系。整个测量过程不受气候等因素影响,既节省人力、物力,又使测量数据更加准确可靠。有关成果已被黑龙江省科技厅列为重点发展项目,并得到黑龙江省考古界专家的认可和好评。通过勘测将查清三江平原地区重要古遗址的数量、位置、规模、范围和分布规律,反映古遗址的文化内涵及面貌,进而有助于研究黑龙江古代城址的产生、演变和发展过程。

2. 上海交通的"卫星定位时代"

上海通过GPS定位,率先将一些线路的调度站和行驶中的公交车联入网络。营运车辆的"一举一动"通过卫星传送实时反映到调度室的计算机上,对于路况,调度员可以"足不出户"尽收眼底,然后根据实际情况安排发车间隔。

上海也正在打造全行业的GPS出租车调度平台。今后在出租车候客站和扬招点,市民可以实现"一指禅"轻松打车。在新型站牌立柱上设有按钮,夜间乘客用车时可通过按钮启亮上方的叫车灯,方便驾驶员在远处识别。同时,其预留的GPS卫星调度终端按钮可发出信号来连接计算机叫车网络,乘客只要一按钮,最靠近的"的哥"或"的姐"就可以接这单生意。

3. GPS系统在战场上大发神威

在阿富汗战争中,地球上空的上百颗军事卫星史无前例地成为了人类战争机器的核心。这场战争中常出现这样一个典型的场景:阿富汗的土地上,一名美军特种部队士兵发现了一处塔利班目标,于是用便携式全球卫星定位系统接收仪计算目标的位置和规模,并通过卫星电话告知远在佛罗里达的指挥中心。随后,一架"捕猎者"无人驾驶侦察机会前往目标地点,拍摄并实时传回现场录像。指挥部批准轰炸后,在战区附近近1万米高空巡航的B-52轰炸机飞行员就会将GPS数据输入"聪明炸弹",炸弹投放后会利用自带的GPS接收仪校准飞行轨迹,直奔目标,误差不超过几米。整个过程只需要几分钟时间;而在过去的战争中,则需要花上几天。

俄罗斯著名军事分析家弗拉基米尔·斯利普琴科认为,美国在海湾战争中演练了全新的战法,就是美国建立了强大的GPS,它有极高的准确性,可以使武器准确命中目标。除了GPS系统的卫星,在近地轨道上还有60个通信、侦察、气象、制图和指挥航天器。美军在后来的伊拉克战争中使用得最多的撒手锏是精确制导武器，而精确制导武器离不开卫星的侦察和定位作用。美军空袭几乎全部使用GPS辅助制导的精确制导武器，使美军可以在夜晚和沙尘暴气象条件下对伊拉克发起攻击。

4. GPS在农业领域中的应用

农业生产中增加产量和提高效益是根本目标。利用GPS技术，配合遥感技术和地理信息系统，能够监测农作物产量分布、土壤成分和性质分布，做到合理施肥、播种和喷洒农药，节约费用，降低成本，达到增加产量、提高效益的目的。

例如，在作物生长期的管理中，利用遥感图像并结合GPS可绘制作物色彩变化图。利用GPS定位采集一定数量的土壤及作物样品进行分析，可以绘制作物生长的不同时期的土壤含量的系列分布图。这样可以做到精确地对作物生长进行管理。

又如，利用GPS差分定位技术，可以使飞机在喷洒化肥和除草剂时减少横向重叠，节省化肥和除草剂用量，避免过多的用量影响农作物生长。还可以减少转弯重叠，避免浪费，节省资源。对于在夜间喷施，更有其优越性。夜间蒸发和漂移损失小。另外，夜间植物气孔是张开的，更容易吸收除草剂和肥料，提高除草和施肥效率。依靠差分GPS进行精密导航，引导农机具进行夜间喷施和田间作业，可以节省大量的农药和化肥。

6.5.4 GPS的发展

目前，美国政府正在考虑GPS技术的改进和发展，加强GPS对美军在现代化战争中的支撑和保持全球民用导航领域中的领导地位。其发展重点有3方面：一是要使GPS更好地保护美方和友好方的使用，要发展军码和强化军码的保密性能，加强抗干扰能力；二是能有效阻挠敌对方的使用，施加干扰，施加SA和AS等；三是保持在有威胁地区以外的民用用户有更精确、更安全的使用。

在军事上，在信息战和电子战的背景下，要求GPS必须有更好的抗电子干扰能力，GPS用户要有更短的首次初始化时间，和其他军事导航系统和各类武器装备要相互配适。将采取的技术措施包括：增加GPS卫星发射的信号强度，以增强抗电子干扰能力；在GPS信号频道上增加新的军用码(M码)，要与民用码分开；M码要有更好的抗破译的保密和安全性能；军事用户的接收设备要比民用的接收设备有更好的保护装置，特别是抗干扰能力和快速初始化功能；创造新的技术，以阻止和干扰敌方使用GPS。

为更好地满足民用导航、定位、大气探测等民用方面的需求，将改善民用导航和定位的精度；扩大服务的覆盖面和改善服务的持续性；提高导航的安全性，如增强信号功率，增加导航信号和频道；保持GPS在全球定位系统中技术和销售的领先地位；注意与现有的和将来的其他民用空间导航系统的匹配和兼容。拟采取的措施有3个。首先，在一年一度评估的基础上，决定是否将SA信号强度降为零。停止SA的播放，将使民用实时定位和导航的精度提高3～5倍。这里要说明一点，美国军方已经掌握了GPS施加SA的技术，即GPS可以在局部区域内增加SA信号强度，使敌对方利用GPS时严重降低定位精度，无法用于军事行动。其次，在L2频道上增加第二民用码，即CA码。这样用户就可以有更好的多余观测，以提高定位精度，并有利于电离层的改正。最后，增加L5民用频率，这有利于提高民用实时定位的精度和导航的安全性。

GPS 现代化分为 3 个阶段。

在 GPS 现代化第一阶段，发射 12 颗改进型的 GPS BLOCK ⅡR 型卫星，它们具有一些新的功能：能发射第二民用码，即在 L2 上加载 C/A 码；在 L1 和 L2 上播发 P(Y)码的同时，在这两个频率上还试验性地同时加载新的军码(M 码)；GPS BLOCK ⅡR 型的信号发射功率不论在民用通道还是军用通道上都有很大提高。

在 GPS 现代化第二阶段，发射 6 颗 GPS BLOCK ⅡF(ⅡF Lite)。GPS BLOCK ⅡF 型卫星除了有上面提到的 GPS BLOCK ⅡR 型卫星的功能外，还进一步强化发射 M 码的功率和增加发射第三民用频率，即 L5 频道。GPS BLOCK ⅡF 型卫星的第一颗发射于 2005 年。到 2008 年在空中运行的 GPS 卫星中至少有 18 颗 GPS BLOCK ⅡF 型卫星，以保证 M 码的全球覆盖。到 2016 年 GPS 卫星系统应全部以 GPS BLOCK ⅡF 卫星运行，共计 24+3 颗。

在 GPS 现代化第三阶段，发射的 GPS BLOCK Ⅲ 型卫星在 2003 年前完成代号为 GPS Ⅲ 的 GPS 完全现代化计划设计工作。研究未来 GPS 卫星导航的需求，讨论确定 GPS BLOCK Ⅲ 型卫星的系统结构、系统安全性、可靠程度和各种可能的风险，在 2008 年发射 GPS BLOCK Ⅲ 的第一颗试验卫星。计划用近 20 年的时间完成 GPS Ⅲ 计划，取代 GPS BLOCK Ⅱ。

6.6 北斗卫星导航系统

6.6.1 北斗卫星导航系统的组成和性能

北斗卫星导航系统(以下简称北斗系统)由空间段、地面段和用户段 3 部分组成。空间段由若干颗地球静止轨道卫星、倾斜地球同步轨道卫星和中圆地球轨道卫星等组成。地面段包括主控站、时间同步/注入站和监测站等若干地面站，以及星间链路运行管理设施。用户段包括北斗及兼容其他卫星导航系统的芯片、模块、天线等基础产品，以及终端设备、应用系统与应用服务等。

1. 空间段

北斗系统的空间段由 35 颗卫星组成，包括 5 颗静止轨道卫星、27 颗中地球轨道卫星、3 颗倾斜同步轨道卫星。5 颗静止轨道卫星定点位置为东经 58.75°、80°、110.5°、140°、160°。中地球轨道卫星运行在 3 个轨道面上，轨道面之间为相隔 120°均匀分布。至 2012 年年底，北斗亚太区域导航正式开通时，已为正式系统在西昌卫星发射中心发射了 16 颗卫星，其中 14 颗组网并提供服务，分别为 5 颗静止轨道卫星、5 颗倾斜同步轨道卫星(均在倾角 55°的轨道面上)，4 颗中地球轨道卫星(均在倾角 55°的轨道面上)。

截至 2020 年 6 月 23 日，北斗系统共发射卫星 59 颗，包括 4 颗北斗导航试验卫星，20 颗北斗二号卫星，35 颗北斗三号卫星；在轨运行卫星 51 颗，其中北斗二号 16 颗，北斗三号 35 颗(含 5 颗备份星)。

2. 地面段

地面段部分包括主控站、注入站和监测站等若干地面站，以及星间链路运行管理设施。主控站用于系统运行管理与控制，从监测站接收数据并进行处理，生成卫星导航电文和差分完好性信息，而后交由注入站执行信息发送。注入站用于向卫星发送信号，对卫星进行控制管理，在接受主控站的调度后，将卫星导航电文和差分完好性信息向卫星发送。监测站用于接收卫星的信号，并发送给主控站，可实现对卫星的监测，以确定卫星轨道，并为时间同步提供观测资料。

3. 用户段

用户段部分分为上中下游 3 个链条。上游主要是基础部件，包括芯片、模块、板卡、天线等基础产品等；中游是终端产品，如智能手机、汽车导航等产品；下游则是北斗相关的解决方案、运维服务等行业应用。

目前，北斗系统定位导航授时服务性能指标如下：服务区域覆盖全球；空间信号精度优于 0.5m；全球定位精度在水平方向为 10m，高程误差 10m；测速精度为 0.2m/s；授时精度为 20ns；服务可用性优于 95%。其中，在亚太地区，定位精度水平 5m、高程 5m，测速精度优于 0.1m/s，授时精度优于 10ns。实测结果表明北斗系统服务能力全面达到并优于上述指标。

6.6.2 北斗卫星导航系统的定位原理

北斗一号系统的定位原理如图 6.12 所示。地面中心站通过两颗同步静止定位卫星传送测距问询信号；如果用户需要定位，则马上回复应答信号。地面中心站可根据用户的应答信号的时差计算出户星距离，这样，以两颗定位卫星为中心，以两个户星距离为半径，可做出两个定位球。而两个定位球又和地面交出两个定位圆，用户必定位于两个定位圆相交的两个点上(这两个交点一定是以赤道为对称轴南北对称的)。地面中心站求出用户坐标后，再根据坐标在地面数字高程模型中读出用户高程，进而让卫星转告用户。

与 GPS 不同，所有用户终端位置的计算都是在地面控制中心完成的。因此，地面控制中心可以保留全部北斗终端用户机的位置及时间信息。同时，地面控制中心站还负责整个系统的监控管理。

北斗一号系统的用户先发射需要定位的信号，通过卫星转发至地面控制中心，地面控制中心解算出位置后再通过卫星转发给用户；而 GPS 和 GLONASS 只需要接收 4 个卫星的位置信息，解算出三维坐标。由于北斗一号本身是二维导航系统，仅靠两颗星的观测量尚不能定位，观测量的取得及定位解算均在地面控制中心进行，卫星和用户机需具有转发或收发信号功能，这实际上也就具有了一定的通信功能。这是 GPS 和 GLONASS 所不具备的。据西方媒体报道，在战时，北斗一号可为中国军队的高精尖武器提供精确的卫星制导，为战场的士兵提供准确的战场环境资料，对提高中国的国防现代化水平有重要的意义。

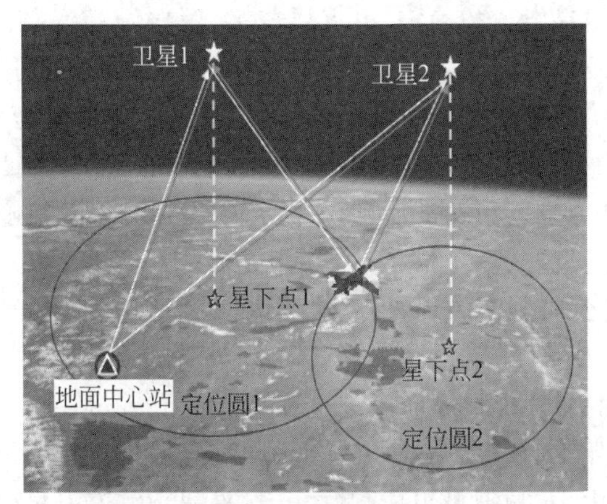

图 6.12 北斗一号系统的定位原理

双星导航定位系统属于主动式二维导航定位系统，高程结果需要由其他途径获得。与 GPS、GLONASS、Galileo 等国外的卫星导航系统相比，北斗一号系统有自己的优点：系统投资少，快速定位，实时导航，简短通信，精密授时，卫星结构简单，定位工作主要在地面控制中心完成，主要的优势在于军用通信、集团用户的调度和派遣。

但北斗一号系统也存在明显的不足和差距，如用户隐蔽性差，接收发射机功率大且笨重，还会暴露用户目标，无测高和测速功能，用户数量受限制，用户的设备体积大、重量重、能耗大等。

北斗二号/三号系统定位原理和 GPS 完全一样，均采用无线电伪距定位。在太空中建立一个由多颗卫星组成的卫星网络，通过对卫星轨道分布的合理化设计，用户在地球上任何一个位置都可以观测到至少 4 颗卫星。由于在某个具体时刻，某颗卫星的位置是确定的，因此用户只要测得与它们的距离，就可以解算出自身的坐标。北斗三号系统继承了北斗二号系统的有源服务和无源服务两种技术体制，为全球用户提供定位导航授时、全球短报文通信和国际搜救服务，同时可为中国及周边地区用户提供星基增强、地基增强、精密单点定位和区域短报文通信等服务。

6.6.3 北斗卫星导航系统的发展与应用

1. 北斗卫星导航系统的发展

1）北斗一号

北斗卫星导航试验系统又称为北斗一号，是中国的第一代卫星导航系统，即有源区域卫星定位系统，于 1994 年正式立项。2000 年发射两颗卫星后即能够工作。2003 年又发射了一颗备份卫星，试验系统完成组建。该系统服务范围为东经 70°～140°，北纬 5°～55°。在卫星的寿命(设计值 8 年)到期后，该系统已停止工作。

该系统分为 3 部分，分别为空间段、地面段和用户段。空间段由 3 颗地球静止轨道卫星组成，两颗工作卫星定位于东经 80°和 140°赤道上空，另有一颗位于东经 110.5°的备份卫星，可在某工作卫星失效时予以接替。地面段由中心控制系统和标校系统组成。中心控制系统主要用于卫星轨道的确定、电离层校正、用户位置确定、用户短报文信息交换等。标校系统可提供距离观测量和校正参数。用户段主要包括用户的终端。

北斗卫星导航试验系统于2000年能够使用后,其定位精度为100m,使用地面参照站校准后为20m,与当时的全球卫星定位系统民用码相当。系统用户能实现自身的定位,也能向外界报告自身位置和发送消息,授时精度为20ns,定位响应时间为1s。由于采用少量卫星实现有源定位,该系统成本较低,但是在定位精度、用户容量、定位的频率次数、隐蔽性等方面均受到限制。另外,该系统无测速功能,不能用于精确制导武器。

2) 北斗二号

服务于亚太地区的北斗卫星导航系统也称为北斗二号,是中国的第二代卫星导航系统,英文简称BDS,曾用名COMPASS。该系统的发展目标是为全球提供无源定位,与GPS相似。整个系统由16颗卫星组成,其中6颗是静止轨道卫星,以与使用静止轨道卫星的北斗卫星导航试验系统(即北斗一号)兼容。北斗系统从其试验系统开始就有军事目的,其正式系统也是一个军民两用的系统。

北斗卫星导航系统的建设于2004年启动,2011年开始对中国和周边提供测试服务,2012年12月27日起正式提供卫星导航服务,服务范围涵盖亚太大部分地区,南纬55°到北纬55°、东经55°到东经180°为一般服务范围。该导航系统提供两种服务方式,即开放服务和授权服务。开放服务是在服务区免费提供定位、测速、授时服务,定位精度为25m,测速精度为0.2m/s,授时精度为50ns,在服务区的边缘地区精度稍差。授权服务则是向授权用户提供更安全与更高精度的定位、测速、授时、通信服务以及系统完好性信息,这类用户为中国军队和政府等。由于该正式系统继承了试验系统的一些功能,能在亚太地区提供无源定位技术不能实现的服务,如短报文通信。

3) 北斗三号

2020年6月23日,北斗三号全球卫星导航系统正式开通。北斗三号系统由MEO卫星(地球中圆轨道卫星)、IGSO卫星(倾斜地球同步轨道卫星)和GEO卫星(地球静止轨道卫星)3种不同轨道的卫星组成,包括24颗MEO卫星、3颗IGSO卫星和3颗GEO卫星。其中,GEO卫星安静地驻守在地球上方36 000km的太空,担负着重要的使命——为北斗导航系统的技术指标提升提供增强服务。

北斗三号的短报文通信作用巨大,在GEO卫星的助力下,北斗三号的信息发送能力从一次120个汉字提升到一次1200个汉字,还可发送图片等信息,应用场景更为丰富。此外,北斗三号的服务能力较北斗二号大为提升,在通信、电力、金融、测绘交通、渔业、农业、林业等领域,更多的用户可以享受到北斗导航系统的普惠服务。

2. 北斗卫星导航系统的应用

北斗基础产品已实现大众应用,技术达到国际先进水平。支持北斗三号系统信号的28nm芯片已在物联网和消费电子领域得到广泛应用。22nm双频定位芯片已具备市场化应用条件,全频一体化高精度芯片已经投产,北斗芯片性能再上新台阶。截至2019年年底,国产北斗导航型芯片模块出货量已超1亿片,季度出货量突破1000万片。北斗导航型芯片、模块、高精度板卡和天线已输出到100余个国家和地区。

北斗地基增强系统自2017年7月提供基本服务以来，在系统服务区内提供实时米级、分米级、厘米级和后处理毫米级增强定位服务，已在交通、地震、气象、测绘、国土、科教等行业领域进行了应用推广。截至2019年年底，已在中国范围内建设了155个框架网基准站和2200余个区域网基准站。

在大众应用方面，基于北斗系统的导航服务已被电子商务、移动智能终端制造、位置服务等厂商采用，广泛进入中国大众消费、共享经济和民生领域。随着5G商用时代的到来，北斗系统正在与新一代移动通信、区块链、人工智能等新技术加速融合，北斗应用的新模式、新业态、新经济不断涌现，深刻改变着人们的生产和生活方式。在电子商务领域，国内多家电子商务企业的物流货车及配送员应用北斗车载终端和手环，实现了车、人、货信息的实时调度。在智能手机和智能穿戴领域，国内外主流芯片厂商均推出了兼容北斗系统的通导一体化芯片。

北斗系统自提供服务以来，已在交通运输、农林渔业、水文监测、气象测报、通信授时、电力调度、救灾减灾、公共安全等领域得到广泛应用。在交通运输方面，北斗系统广泛应用于重点运输过程监控、公路基础设施安全监控、港口高精度实时调度监控等领域。在林业领域，北斗系统定位与短报文通信功能广泛应用于森林防火、天然林保护、森林自然调查、病虫害防治等。在渔业领域，北斗系统为渔业管理部门和渔船提供船位监控、紧急救援、信息发布、渔船出入港管理等服务，全国7万余只渔船和执法船安装了北斗终端，累计救助1万余人。在电力调度方面，基于北斗系统的电力时间同步应用为电力事故分析、电力预警系统、保护系统等高精度时间应用创造了条件。在救灾减灾方面，基于北斗系统的导航、定位、短报文通信功能的实时救灾指挥调度、应急通信、灾情信息快速上报与共享等服务显著提高了灾害应急救援的快速反应能力和决策能力。目前已建成部、省、市(县)三级平台，实现六级业务应用，推广北斗终端超过4.5万台。利用北斗/GNSS高精度技术实现的地质灾害监测多次成功提前预警甘肃黄土滑坡，时间精确到秒，移动范围精确到毫米。在公共安全方面，构建了部、省、市(县)三级北斗公安应用体系框架，全国40余万部北斗警用终端联入警用位置服务平台；通过北斗警用授时，统一了公安信息网时间基准。北斗系统在亚太经济合作组织会议、二十国集团峰会等重大活动安保中发挥了重要作用。

6.7 本章小结

本章重点介绍了GPS的组成和技术性能，GPS卫星定位的基本原理与技术方法，以及GPS时间测量相关的坐标系统、时间系统及其定位误差源。本章最后还介绍了北斗卫星导航系统的组成和性能、定位原理以及应用与发展。GPS的系统组成和定位原理是本章的重点。本章的知识要点如下。

GPS包括3部分：

(1) 空间部分——GPS卫星星座，由分布在6个独立轨道的24颗GPS卫星组成，其中包括3颗备用卫星。平均每个轨道上分布4颗卫星，在地球表面任何地方、任何时刻高度角15°以上的可观测卫星至少有4颗，平均有6颗，最多达11颗。其作用是：接收和存储导航电文,生成用于导航定位的信号(测距码、载波),发送用于导航定位的信号,接收地面调度指令并进行相应操作,以及其他特殊用途,如通信、监测核爆等。

(2) 地面控制部分——地面监控系统,包括5个卫星监测跟踪站、1个主控站、3个信息注入站以及其他通信和辅助系统。其作用是负责监控GPS的工作,主要包括:监测卫星是否正常工作,是否沿预定的轨道运行,跟踪计算卫星的轨道参数并发送给卫星,编算导航电文并发送给用户,保持各颗卫星的时间同步,诊断系统状态,必要时对卫星进行调度。

(3) 用户设备部分——GPS接收机,接收GPS卫星发射信号,采集导航定位数据和解算定位点三维坐标和速度,以获得必要的导航和定位信息,经数据处理,完成导航和定位工作。

GPS涉及的重要概念有以下3个:

(1) 卫星星历——描述卫星运动轨道的信息,是一组对应某一时刻的轨道根数及其变率。

(2) 卫星信号——由载波(L1和L2)、测距码(C/A码和P码)和数据码(导航电文)构成,载波与测距码和数据码调制后,产生两种导航定位信号,单频接收机使用第一种导航定位信号,双频接收机使用两种导航定位信号。

(3) 导航电文——包含有关卫星的星历、卫星工作状态、时间系统、卫星钟运行状态、轨道摄动改正数、大气折射改正数和由C/A码捕获P码等导航信息。导航电文又称为数据码(或D码)。

GPS接收机分导航型、测量型和授时型3种,主要由天线单元、主机单元和电源3部分组成。单频接收机只能使用L1载波及其调制波信号进行导航定位测量,用于较短基线静态精密定位。双频接收机可同时使用L1和L2载波及其调制波信号,可用于较长基线静态和动态精密定位。

GPS接收机的工作原理是:当GPS卫星在用户视界升起时,接收机能够捕获按一定卫星高度截止角所选择的待测卫星,并能够跟踪这些卫星的运行;对接收到的GPS信号具有变换、放大和处理的功能,以便测量出GPS信号从卫星到接收天线的传播时间,解译GPS卫星发送的导航电文,实时地计算出观测站的三维位置甚至三维速度和时间。

GPS卫星定位的基本原理可以理解为空间距离后方交会法,以GPS卫星和用户接收机天线之间的距离(或距离差)的观测量为基础,并根据已知的卫星瞬间坐标确定用户接收机对应点的三维坐标(x,y,z)。

按定位的模式,GPS卫星定位可分绝对定位(单点定位)、相对定位和差分定位。而按用户接收机天线在测量中的运动状态,GPS卫星定位可分为静态定位和动态定位。

GPS定位测量的技术手段可分为伪距相位测量与载波相位测量两类。伪距相位测量就是测量卫星发射的测距码信号到达用户天线的传播时间,也称时间延迟测量(速度快);载波相位测量就是测量接收机收到的具有多普勒频移的载波信号与接收机产生的参考载波信号的相位差(精度高),间接测定卫星到接收机天线间的几何距离,比伪距相位测量定位精度高。

载波相位差分技术又称RTK,是实时处理两个观测站载波相位观测量的差分方法,而常规的GPS测量方法，如静态测量、快速静态测量和动态测量，都需要事后进行解算才能获得厘米级精度。载波相位差分是一种实时动态相对定位的方法，大量应用于野外需要高精度位置的工程放样、地形测图和控制测量等动态领域。

坐标系是由坐标原点位置、坐标轴指向和尺度定义的。GPS采用的是WGS-84世界大地坐标系，是一种测轨跟踪站及其坐标值所定义的协定坐标系，其坐标原点为地球质心，其地心空间直角坐标系的Z轴指向国际时间局BIH 1984.0定义的协议地极(CTP)方向，X轴指向BIH 1984.0的协议子午面和CTP赤道的交点，Y轴与Z轴、X轴垂直构成右手坐标系。这是一个国际协议地球参考系统(ITRS)，是目前国际上统一采用的大地坐标系。GPS接收机的测量成果往往属于某一国家(或某一地区)的大地坐标系，这就需要将WGS-84世界大地坐标转换成该国家(或该地区)的大地坐标，进而转换成平面直角坐标。

GPS定位要求有高度精确的、稳定的和连续的观测时间。任何一个观测量都必须给定取得该观测量的精确时刻。在给出卫星运行位置的同时，必须给出相应的瞬间时刻；在准确地测定观测站至卫星的距离时，必须精密地测定信号的传播时间。

GPS建立了专用的时间系统，由GPS主控站的原子钟控制。GPST属于原子时系统，采用原子时TAI秒长作为时间基准，即秒长与原子时相同，但与国际原子时的原点不同，即GPST与TAI在任一瞬间均有一常量偏差。TAI－GPST＝19s，GPST与协调时的在1980年1月6日世界协调时UTC 0时一致，启动后不跳秒，以保证时间的连续。随着时间的积累，GPST与UTC 0时的整秒差以及秒以下的差异通过GPS时间服务部门定期公布。

GPS的卫星时钟和接收机时钟均采用稳定而连续的GPST。

GPS定位中出现的各种误差可能是由于以下原因引起的：卫星星历误差、卫星时钟的钟误差、电离层延迟、对流层延迟、多路径误差、接收机的时钟误差、接收机的位置误差、接收机的测量噪声、相对论效应以及GPS控制部分人为或计算机数据处理软件的不完善等造成的影响。

北斗系统由空间段、地面段和用户段3部分组成。北斗一号属于主动式二维导航定位系统，高程结果需要由其他途径获得；北斗二号/三号的定位原理和GPS完全一样，均采用无线电伪距定位。北斗三号系统继承了北斗二号系统的有源服务和无源服务两种技术体制，可为全球用户提供定位导航授时、全球短报文通信和国际搜救服务。

第7章 Chapter 7

地理信息系统

地理信息系统的组成
地理空间数据库与常规数据库技术的主要区别
地理空间及其属性数据的管理
输入和编辑地理数据
常用的空间数据分析方法

7.1 地理信息系统及其组成

地理信息系统是一种地理空间信息管理系统，用于采集、存储、分析、管理和表现与位置关联的数据。它结合了制图学、数据库技术和其他空间信息管理技术。从系统组成角度看，地理信息系统由硬件、软件、地理空间数据、人员和应用模型构成。

7.1.1 地理信息系统的概念

地理信息系统是一种特殊的信息系统。所谓**信息系统**(information system)，就是为了有效地对信息流进行控制和组织管理，实现信息共享的系统。它能对数据和信息进行采集、存储、加工、操纵和再现，具有采集、管理、分析和表达数据的能力。信息系统由计算机硬件、软件、数据库、通信网络、用户和过程几大要素组成。从适用于不同管理层次的角度出发，信息系统分为事务处理系统和决策支持系统。事务处理系统强调对数据的记录和操作，主要支持操作层人员的日常事务处理，如图书管理系统、各种订票系统等。决策支持系统是用于获得辅助决策方案的交互式计算机信息系统，一般由语言系统、知识系统和问题处理系统共同构成。

地理信息系统简称为 GIS，全称为 Geographical Information System 或 Geo Information System。国际上目前发行的两种主要的专业杂志就分别采用不同的全称，前者是英国出版的季刊的全称，后者是德国出版的季刊的全称。也有称其为 Land Information System 和 Resources and Environmental Information Systems。全称虽有差异，但简称都是 GIS。

地理信息是地球表面上有关位置的信息，是关于某事或某物在什么地方，在指定地点有什么的信息。其颗粒度(地理分辨率)可以非常细,例如一个城市所有建筑物位置的信息,森林中某棵树的信息;也可以非常粗,例如某个地区的气候,某个国家的人口密度。

地理信息相对是静态的,例如自然要素和人口宏观分布数据的变化非常缓慢。由于静态性,这些地理空间数据就可以描绘在纸质地图上。另外,地理信息量是巨大的,例如每天从一颗卫星上传回数太(T,10^{12})字节的数据。

地理信息用数字形式表示就是数字地理信息。地理信息技术就是采集和管理地理信息的技术。除了 GIS 技术,地理信息技术还涉及 GPS 和 RS 技术,也就是 3S 技术。地理信息系统是一类特殊的信息系统,是基于计算机的、管理地理信息的信息系统。

对于不同的部门和不同的应用目的,GIS 的含义也不尽相同。有的侧重于 GIS 的技术内涵,有的则强调 GIS 的应用功能。图 7.1 是美国联邦数字制图协调委员会(Federal Interagency Coordinating Committee on Digital Cartography,FICCDC)关于 GIS 的概念框架。该定义的要点为:**地理信息系统**是由计算机硬件、软件和不同的方法组成的系统,用来支持空间数据的采集、管理、处理、分析、建模和显示,以便解决复杂的规划和管理问题。

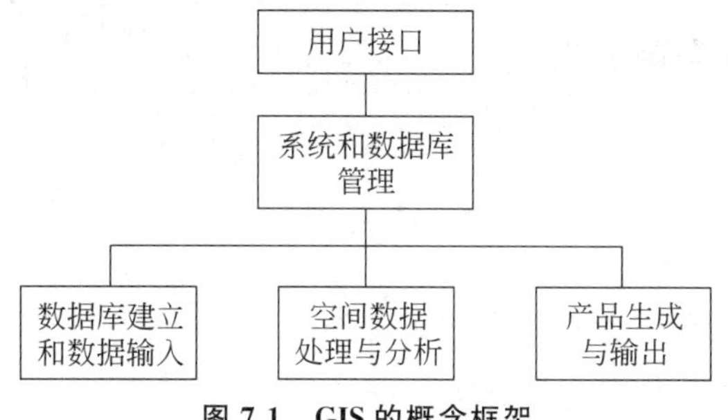

图 7.1 GIS 的概念框架

根据这个定义及概念框架,可得出 GIS 的如下基本特点:

(1) GIS 是基于计算机技术的。GIS 由若干相互关联的子系统构成,包括数据采集子系统、数据管理子系统、数据处理和分析子系统以及可视化表现与输出子系统等。这些子系统的构成决定了硬件平台、系统功能和效率、数据处理的方式和产品输出的类型。

(2) GIS 管理的对象是地理实体。地理实体数据最根本的特点是每一个数据都按统一的地理坐标进行编码,以实现对其定位、定性、定量和拓扑关系的描述。GIS 以地理实体数据作为处理和操作的主要对象,这是它区别于其他类型的信息系统的根本标志。

(3) GIS 管理地理空间数据及其相关属性数据。把地理空间数据及其相关属性结合起来,实现地理空间分析、快速的空间定位和查询、制图和可视化信息表现,以及地理空间现象和事件过程的演化模拟和空间决策支持等。

地理信息系统根据其管理的信息范围,可分为**全球性**地理信息系统和**区域性**地理信息系统;根据其管理的信息内容,可分为**专题**地理信息系统和**综合**地理信息系统;根据其使用的数据模型,可分为**向量**地理信息系统、**栅格**地理信息系统和**混合型**地理信息系统。

地理信息系统与其他系统是有区别的。首先,操作和管理的信息种类不同,一般的管理信息系统管理的是企业和组织的事务和财务数据,而地理信息系统采集、管理和分析的对象是空间信息。图 7.2 所示为信息系统分类的一种方式。其中空间信息系统是信息系统中的一种,一般人们所说的信息系统是指主要管理非空间数据的信息系统,例如企业管理信息系统、财务系统、人力资源系统和器材管理系统等。专题地理信息系统和综合地理信息系统是不同的分类应用。所谓**专题**地理信息系统,就是为专业应用而设计的地理信息系统,例如地籍信息系统、城市管线信息系统、仓库和供应链管理系统等。专题地理数据有别于基础地理数据,是以基础地理数据为基础,以专题应用为目标,结合专题业务数据,面向特定地理信息系统应用而建立的数据。管理这些专题数据的系统就是专题地理信息系统。综合管理多种地理空间数据(包括一些专题数据)的系统就是**综合**地理信息系统,例如城市规划管理信息系统、区域资源管理信息系统和作战态势信息系统等。

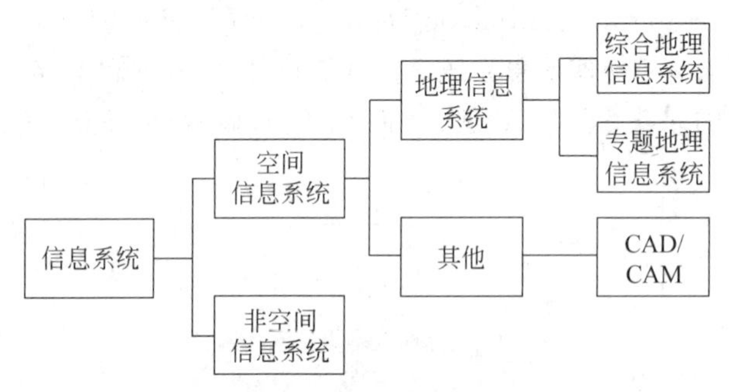

图 7.2 信息系统分类的一种方式

信息系统的数据管理平台是数据库管理系统。作为一种信息系统,地理信息系统离不开数据库技术。数据库中的一些基本技术,如数据模型、数据存储和数据检索等,都是地理信息系统广泛使用的核心技术。地理信息系统对空间数据和属性数据共同加以管理、分析和应用,而一般管理信息系统的数据库侧重于非图形数据(即属性数据)的优化存储与查询,即使存储了图形,一般也只是简单的显示,而不能对空间数据进行查询、检索和分析,没有拓扑关系,其图形显示功能也很有限。

例如,仓库管理系统用于管理大量的零部件和器材,是一种典型的管理信息系统。但是如果把库存管理与一个地域的商业运营或后勤保障信息系统结合起来,用供应链模型结合地理空间信息,在地理空间上实现库存管理、运输规划和库存调度,就是一种地理信息系统。

但是,管理图形数据和非空间属性数据的系统不一定是地理信息系统,如计算机辅助设计(Computer Aided Design,CAD)系统、计算机辅助制造(Computer Aided Manufacturing,CAM)系统等。地理信息系统与 CAD/CAM 最大的不同点就是管理的对象不同,地理信息系统管理的是地理空间实体及其数据,而 CAD/CAM 管理的是设计和制造方面的图形对象及其属性。

7.1.2 地理信息系统的组成

可以把地理信息系统看成一个系统平台或应用系统。如果从应用系统角度看,一个实用的地理信息系统要支持对地理空间数据的采集、管理、处理、分析、建模和显示等功能，其基本组成一般包括以下5个主要部分：硬件、软件、地理空间数据、人员和应用模型，如图7.3所示。

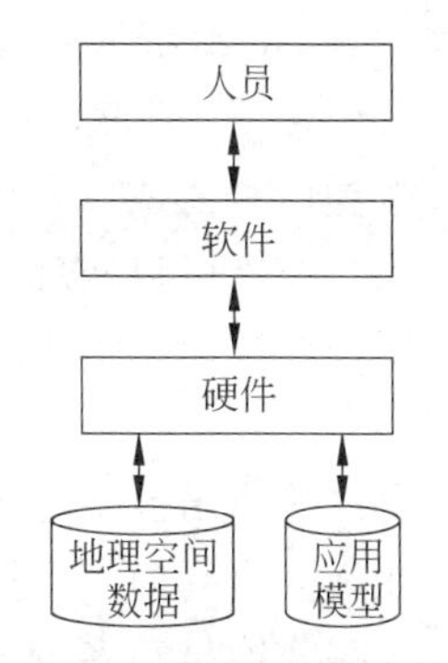

图7.3 地理信息系统的系统组成

1. 硬件

地理信息系统硬件平台是基于计算机系统的，用以存储、处理、传输和显示地理信息。计算机与一些外部设备及网络设备的连接构成地理信息系统的硬件环境。地理信息系统的硬件环境与其他信息系统是有差别的，主要差别是计算和服务平台、专业输入和输出设备。

计算机是硬件系统的核心，包括从主机服务器到桌面工作站，用于数据的处理、管理与计算。地理信息系统外部设备包括：①输入设备，如数字化仪、扫描仪和测量仪器设备(可选，取决于用户是否需要实地采集地理数据)等；②输出设备，如绘图仪、打印机和高分辨率显示装置等；③数据存储设备，如磁带机、光盘机、活动硬盘和硬盘阵列等。地理信息系统可以运行的网络环境包括Internet、局域网、卫星网和无线移动网等。

运行地理信息系统的主机包括大型机、中型机、小型机、工作站、微型计算机和手持机。它们以客户/服务器模式、浏览器/服务器模式、P2P模式或单机模式运行，服务器上运行地理信息系统数据库及其系统服务软件，为各种类型的客户机提供地理空间信息的服务。服务器是网络环境下提供资源共享和其他服务的计算平台，具有可靠、高计算性能、大吞吐量、大存储容量等特点，是以网络为中心的地理信息系统计算环境的关键设备。

地理信息系统外部设备主要包括各种输入和输出设备。

主要的输入设备有手扶跟踪数字化仪、图形扫描仪、解析和数字摄影测量设备等。

手扶跟踪数字化仪是空间数据采集的主要方式。典型的数字化仪的有效尺寸从305mm×305mm到1118mm×1524mm不等。具有不透光的或带背光的板面、有线或无线的连接以及笔式或鼠标式定标器。用户可用命令设置数字化仪的菜单和定标器的按键。图形数字化仪由电磁感应板、游标和相应的电子线路组成。当用户在电磁感应板上把游标的十字丝交点对准指定图形的点位时，按相应的按钮，数字化仪便将对应的命令符号和该点的坐标(x,y)通过接口电路传送给计算机，定位点的精度可达0.005～0.001in(0.127～0.025mm)[①]。早期机电结构式数字化仪现已被全电子式(电磁感应式)数字化仪所替代。电磁感应式数字化仪的工作原理是利用游标线圈和栅格阵列的电磁耦合，通过鉴相方式，实现模数转换。

手扶跟踪数字化仪的速度慢，工作效率较低，因此还可以采用扫描方法将地图数字化。大幅面图形扫描仪可以提供高分辨率和真彩色能力，图像质量高，其中高精度大幅面扫描仪以及配套应用软件是图形和图像数据录入和采集的有效工具。大幅面扫描仪

① 1in≈25.4mm。

扫描一幅A0图纸的时间是十多秒，失真率低，精度高。分辨率用每英寸点数(dots per inch，dpi)度量，即每英寸长度内可以分辨的图像像素数。扫描分辨率为300～2400dpi。可以按黑白二值或256级灰度方式扫描，可以边扫描边显示，并具有实时消蓝去污功能。根据用户需求可以实现自动补线、校正、镜像和反转等功能。纸质地图扫描数字化得到栅格图像数据，然后再经过向量化处理，实现栅格数据到向量数据的转换，成为向量地图。

主要的输出设备有各种绘图仪、图形显示终端和打印机等。传统概念中，绘图仪是用笔在纸上绘制向量图形的，可以有各种颜色的笔，用笔的绘制速度来度量性能，而不是打印机每分钟打印多少页的度量标准。对于绘制大型和复杂的向量图形来说，笔式绘图仪的速度太慢，而且不能绘制色彩变化的区域，因此笔式绘图仪的使用越来越少，代替它的是大型的喷墨打印机。这种打印机也称为绘图仪，尽管它是一种栅格打印设备，而不是笔式绘图设备。这种绘图仪仍然理解向量打印语言，例如HPGL2，因为该语言是一种有效地描述图形绘制过程的语言。彩色喷墨绘图仪是一种快速、可靠、便于联网且可在多种介质上进行高质量输出的绘图仪。喷墨绘图仪也用dpi来表示其分辨率，例如600dpi、1200dpi或2400dpi。

图形显示终端用于图形的交互式输入、编辑、分析、处理和输出。地理信息系统还有多种表格、文字的数据需要输出，可利用多种打印机完成。打印机的类型有激光打印机和喷墨打印机等。

20世纪90年代以来，计算机技术的飞速发展不断改变着地理信息系统的体系结构，从主机及终端结构到客户/服务器结构，再到浏览器/服务器结构，图7.4给出了目前常用的后两种体系结构。随着网络服务的广泛应用，出现了P2P和云计算服务的新模式。

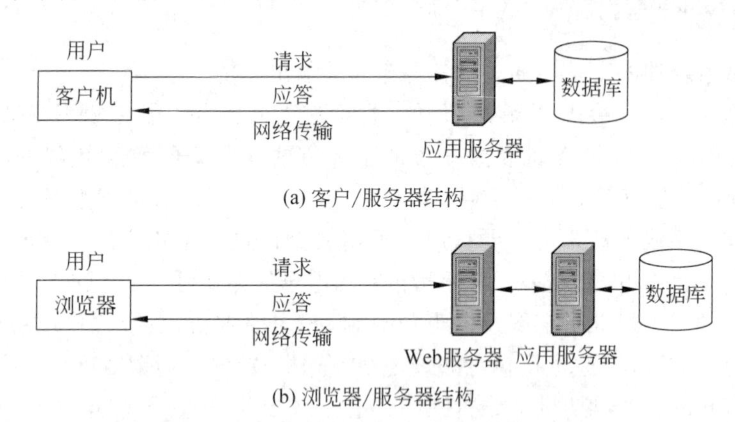

图7.4 两种分布式地理信息系统的体系结构

2. 软件

地理信息系统软件是系统的核心，用于执行实现地理信息系统功能的各种操作，包括数据输入、处理、数据库管理、空间分析和图形用户界面等。其层次结构如图7.5所示，在计算机和网络硬件之上是操作系统，包括通信网络的协议软件；其上是地理空间数据库管理系统，用于管理地理空间数据及其属性数据；地理信息系统软件为用户提供两种使用方式：一种是直接面向最终用户的地理信息系统平台软件及其工具；另一种是二次开发组件。基于地理信息系统平台软件或二次开发组件，用户设计和开发专题或综合地理信息系统应用。

地理信息系统平台软件一般指功能完善的通用地理信息系统软件，它包含处理地理信息的各种功能，可作为其他地理信息系统应用建设的平台，其代表产品有 ArcGIS 和 MapInfo 等。无论是哪种系统，它们一般都包含如图 7.6 所示的核心模块。

图 7.5　地理信息系统软件层次结构

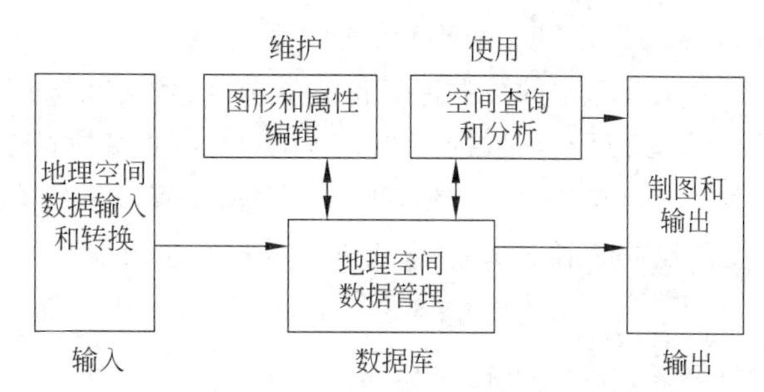

图 7.6　地理信息系统平台软件的核心模块

(1) 地理空间数据输入和转换。支持数字化仪的手扶跟踪数字化、图形扫描及向量化转换、投影变换、比例尺缩放、误差改正、数据拼接和数据压缩。该模块实现的功能就是保证地理空间要素按照相应的地理空间坐标及对应的代码输入计算机中。

(2) 地理空间数据管理。利用地理空间数据库管理系统对大型分布式地理空间数据进行有效的存储、查询和管理。地理空间数据库中可以包含向量数据、栅格数据和属性数据等。

(3) 图形和属性编辑。对地理空间数据库进行修改和更新等编辑操作、地图投影转换和数据抽取(从全集合到子集的条件提取，例如类型选择、窗口提取、布尔提取和空间内插等)。

(4) 空间查询和分析。是地理空间信息利用的独特方式，包括空间查询、拓扑叠加、缓冲区分析、地形分析、网络分析和量算等。

(5) 制图和输出。为用户提供地图制作、报表生成和地理空间可视化表现。

地理信息系统软件还可以访问其他类型的商业数据库系统，例如 Oracle、DB2 和 SQL Server 等。这些流行的商业数据库也可以存储地理信息系统的空间数据，对空间数据具有一定的查询和分析能力。

3. 地理空间数据

地理空间数据是地理信息的载体，是地理信息系统分析和可视化的对象，是构成地理信息系统的应用基础。地理空间数据具体描述地理实体的空间特征、属性特征和时间特征。空间特征是指地理实体的空间位置及其相互关系，属性特征表示地理实体的名称、类型和数量等，时间特征指实体随时间而发生的相关变化，这些特征之间具有紧密或松散的关系。

根据地理实体的空间图形表示形式，可将空间要素抽象为点、线、面 3 类元素，它们的数据表达可以采用向量和栅格两种组织形式，分别称为向量数据结构和栅格数据结构。

在地理信息系统中，地理空间数据是以结构化的形式存储在计算机中的，称为地理空间数据库。地理空间数据库是区域内一定地理要素特征以一定的组织方式存储在一起的相关数据的集合。数据库系统由数据库实体和数据库管理系统组成。数据库实体存储了许多数据文件和文件中的大量数据，而数据库管理系统主要用于对数据的统一管理，包括查询、增删、修改和维护等。

由于地理空间数据库存储的数据包含空间数据和属性数据及其空间要素的拓扑关系，因此，地理空间数据库的定义，从空间位置检索空间物体及其属性，从属性条件检索空间物体及其位置等，是地理空间数据库管理系统必须解决的重要问题。目前采用扩展的关系数据库和对象-关系数据库的模型进行管理。

4. 人员

地理信息系统是一类信息系统，人员是其中重要的组成部分。人员是信息生命周期中的使用者和产生者，他们使用信息，同时也产生信息。地理信息系统中的人员包括一般用户和从事建立、维护、管理和更新的管理用户，这些用户可以参与地理信息系统应用的开发和建设。

地理信息系统的开发是一项系统工程，包括以下工作：用户机构的状况分析和需求调查（开发策略的确定、需求分析），系统开发目标的确定，系统开发的可行性分析，系统开发方案的选择（系统软硬件的选型）和总体设计（地理空间数据库设计和功能设计），技术开发，原型系统的调试和测试，最终应用系统的部署和技术服务。

地理信息系统的用户不仅需要对地理信息系统技术和功能有足够的了解，而且需要具备有效和全面的组织管理能力。为使系统始终处于优化的运作状态，系统管理和维护的任务包括：地理信息系统技术和管理人员的技术提升，硬件设备的维护和更新，软件功能的扩充和升级，系统平台和应用平台的升级，数据更新，文档管理，系统版本管理和数据共享设计和管理等。

5. 应用模型

地理信息系统应用是针对某些专业领域和综合应用领域的应用需求建设的，其作用主要体现在两方面：一方面是管理地理空间信息；另一方面是基于这些地理空间信息进行分析、综合决策和可视化，这需要应用模型的支持。虽然地理信息系统为解决各种现实问题提供了有效的基本工具，但对于某一专业领域的问题，必须构建专门的应用模型，例如选址模型、洪水预测模型、人口扩散模型、森林增长模型、水土流失模型、运输优化模型、电磁覆盖模型和应急疏散模型等。这些应用模型是客观世界中相应系统从观念世界到信息世界的映射。

构建地理信息系统应用模型的过程包括 4 个步骤：首先，必须明确用地理信息系统求解问题的基本流程；其次，根据模型的分析对象和应用目的，确定模型的类别、相关的变量、参数和算法，构建模型逻辑结构框图；再次，确定地理信息系统空间操作项目和空间分析方法；最后，对模型运行结果进行验证、修改和输出。

应用模型的建立不是纯数学或技术性问题，而必须以坚实而广泛的专业知识和经验为基础，对相关问题的机理和过程进行深入分析，从各种因素中找出其因果关系和内在规律，采用从定性到定量的综合集成法，构建有效的地理信息系统应用模型。

7.2 地理空间数据库技术

地理空间实体包含空间特征、时间特征和属性特征。为了有效地管理这些位置信息，就需要建立一致的时空数据模型。早期的数据模型有层次模型和网状模型，后来发展出关系模型和面向对象的模型。为了在统一的逻辑视图下对数据进行管理，采用对象-关系模型比较合适，它可以集成管理外部地理空间数据文件及其属性数据库。

7.2.1 地理空间实体及其描述

地理信息系统是描述和管理地理空间数据的系统。在地理信息系统中，需要描述地理实体的位置、形状、名称和特性等内容，地理实体通过地理要素在地理信息系统中表述。

图 7.7 给出了地理空间实体的描述。描述地理空间实体的要素具有 3 种基本特征：**空间特征**、**属性特征**和**时间特征**，分别用空间数据、属性数据和时间数据来表示。空间特征描述事物或现象的地理位置、形状和形态；属性特征描述事物或现象的特性，即用来说明“是什么”，如事物或现象的类别、等级、数量和名称等；时间特征描述事物或现象随时间的变化，例如人口数的逐年变化，一个地区一天的交通量变化等。不同类型的数据在

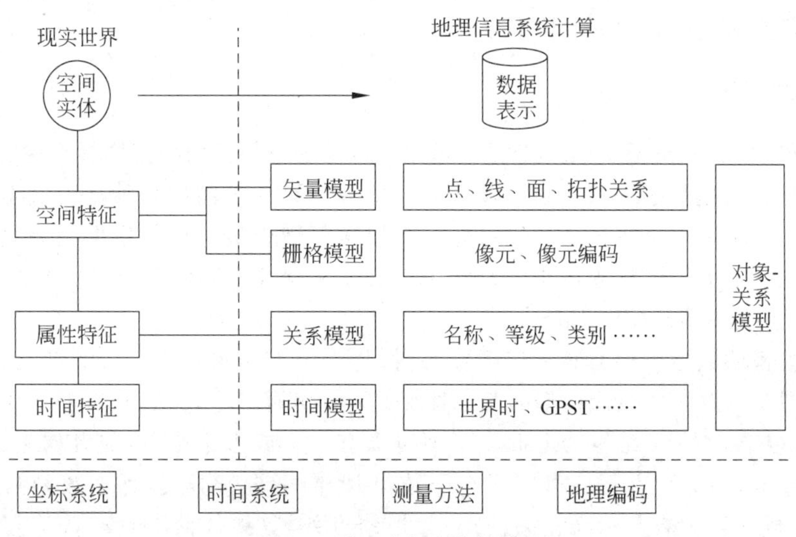

图 7.7 地理空间实体的描述

地理信息系统中是以不同的**数据结构**表示的。

从另一个角度看,空间特征指位置、几何、形状、拓扑关系、纹理和要素分布等特征;属性特征指要素属性和非空间属性;时间特征是空间实体在某个时间瞬间或某个时间段的状态及其位置和空间属性的变化。

目前的地理信息系统还较少考虑到空间数据的时间特征,只考虑其属性特征与空间特征的结合。实际上,由于空间数据具有时间维,过时的信息虽不具有现势性,但可以作为历史性数据保存起来。

数据结构即数据组织的形式,是适合计算机存储、管理和处理的数据逻辑结构。换句话说,数据结构是指数据以什么形式在计算机中存储和处理。数据按一定的规律存储在计算机中,是计算机正确处理和用户正确理解的保证。

空间数据结构是空间数据在计算机中的具体组织方式。目前尚无一种统一的数据结构能够同时存储上述各种类型的数据,而是将不同类型的空间数据以不同的数据结构存储。一般来说,属性数据与其他信息系统一样常用二维表格形式存储。描述地理位置及其空间关系的空间特征数据是地理信息系统所特有的数据类型,主要以向量数据结构和栅格数据结构两种形式存储。

实体间的空间关系对于地理信息系统查询和空间分析具有重要意义。实体间的空间关系包括拓扑空间关系、顺序空间关系和度量空间关系。由于拓扑空间关系对地理信息系统查询和分析具有重要意义,因此,在地理信息系统中,空间关系一般指拓扑空间关系。

7.2.2 数据模型

为了让计算机能够有效地管理地理要素、空间关系及其属性,就需要建立空间数据模型。数据库系统的数据模型是指数据库中数据的存储和组织方式,即如何表示实体以及实体之间的联系。数据模型主要有层次模型、网状模型、关系模型和面向对象模型,这些数据模型是否适合管理地理信息系统中的地理空间数据呢?

1. 层次模型

层次模型(hierarchical model)是数据库系统中最早使用的数据模型。现实世界中很多事物是按层次组织起来的。层次模型的提出首先是为了模拟这种按层次组织起来的事物。层次数据库也是按记录存取数据的。层次模型中最基本的数据关系是基本层次关系,它代表两个记录类型之间一对多的关系。最著名、最典型的层次数据库系统是IBM公司于1969年开发的IMS。

层次模型的数据结构类似一棵倒置的树,每个结点表示一个记录类型,记录之间的联系是一对多的联系。层次模型的基本特征是:一定有一个,并且只有一个位于树根的结点,称为根结点;一个结点的上面和下面可以有一个或多个结点,前者称为父结点,后者称为子结点;一个结点下面可以没有子结点,即向下没有分支,那么该结点称为叶结点;同一父结点的子结点称为兄弟结点;除根结点外,其他任何结点有且只有一个父结点。层次模型如图7.8所示。

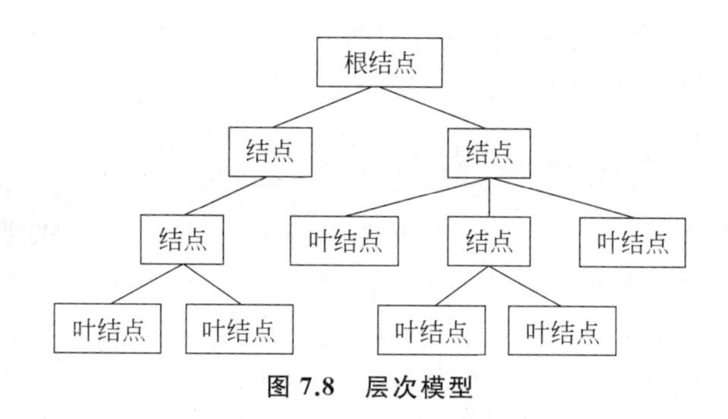

图 7.8 层次模型

用层次模型对地理空间进行建模，可以表示空间实体之间的层次关系，在不同层之间建立一对多的关联。以其描述地理层次结构关系简单、直观、易于理解，并在一定程度上支持数据的重构。在层次模型中，每个记录类型可以包含多个字段。如果要存取某一类型的记录，就要从根结点开始，按照树的层次逐层向下查找，查找路径就是存取路径。

然而，层次模型用于地理信息系统的问题主要有以下几方面：

(1) 难以描述复杂的地理实体之间的联系。由于是一对多的层次关系，所以描述多对多的关系时导致物理存储的冗余。

(2) 对任何实体的查询都必须从层次结构的根结点开始，低层次中的记录查询效率低，并且很难进行反向查询。

(3) 数据更新涉及许多指针，插入和删除操作比较复杂。父结点的删除意味着其下层所有子结点均被删除。

(4) 数据操纵要求用户了解数据的物理结构，并在数据操纵命令中显式地给出数据的存取路径。

2. 网状模型

网状模型(network model)可以看作层次模型的一种扩展，采用网状结构表示实体及其之间的联系。网状模型中的每一个结点代表一个记录类型，记录类型可包含若干字段，链接指针表示记录之间的联系。网状模型的特征是：一个结点可以有多于一个的父结点；允许一个以上的结点没有父结点。这样就打破了层次模型的约束，可以建立多对多的关系。网状模型如图 7.9 所示。

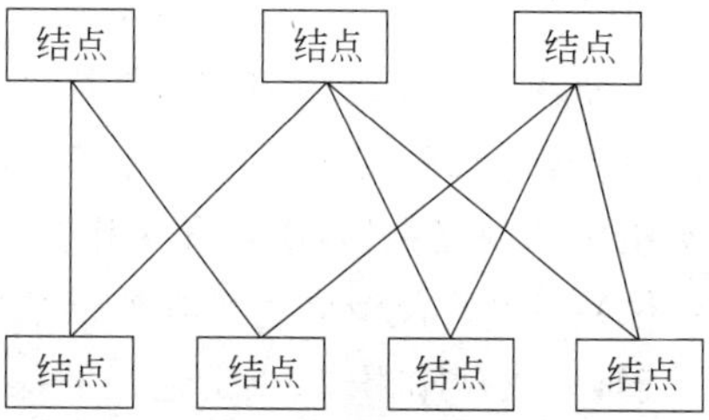

网状模型可以描述地理空间中常见的多对多关系，在一定程度上支持数据的重构，运行效率较高。网状模型与层次模型相比有更大的灵活性，能更直接地描述现实世界，性能和效率也比较高。

图 7.9 网状模型

用于地理空间数据库的主要问题如下：

(1) 由于网状模型的复杂性，增加了用户查询的定位困难，要求用户熟悉数据的逻辑结构，知道自己所处的位置。

(2) 网状数据操作命令具有过程式性质，存在与层次模型相同的问题。

(3) 结构复杂,用户不易掌握,记录类型联系变动后涉及链接指针的调整,扩充和维护都比较复杂;不直接支持对于层次结构的表达。

3. 关系模型

关系模型是目前应用最多也最为重要的一种数据模型。**关系模型**(relational model)建立在严格的数学概念基础上,采用二维表格结构来表示实体和实体之间的联系。在关系模型中,一个关系就是一个表,表中的一行为一个元组(不包括表头),表中的一列为一个属性。关系模型是对关系的描述,一般表示为:关系名(属性 1,属性 2,…,属性 n)。

关系模型没有层次模型中的链接指针,记录之间的联系是通过不同关系中的相同属性(主键和外键)来实现的。主键唯一标识表中的一行记录,代表一个或多个属性,对应的属性值在表的记录中可以唯一确定。在另一个表中起连接作用的相应字段称为外键。

关系模型可以描述一对一、一对多和多对多的关系。实体本身和实体间的联系都可以使用关系描述。但是不允许"表中表",即关系的每个分量具有不可分性。关系模型概念清晰,结构简单,用户比较容易理解。另外,关系模型的访问路径对用户是透明的,程序员不用关心具体的存取过程,减轻了程序员的工作负担,具有较好的数据独立性。

在地理空间数据分析中,常常需要综合运用实体之间的空间关系和属性数据,这就要求地理空间数据库能对实体的属性数据和空间数据进行综合管理。

在采用关系模型的地理空间数据库管理系统中,用两种不同的表分别存储空间特征数据和属性特征数据,两者之间用空间要素的标识符、标号或键值关联起来,从而有效地支持对地理空间信息的查询、分析和可视化,如图 7.10 所示。对关系模型进行扩展,就可以支持地理空间数据的管理。如果把时间特征数据引入,也可以用关系模型进行关联,这时只需要增加时间属性即可。

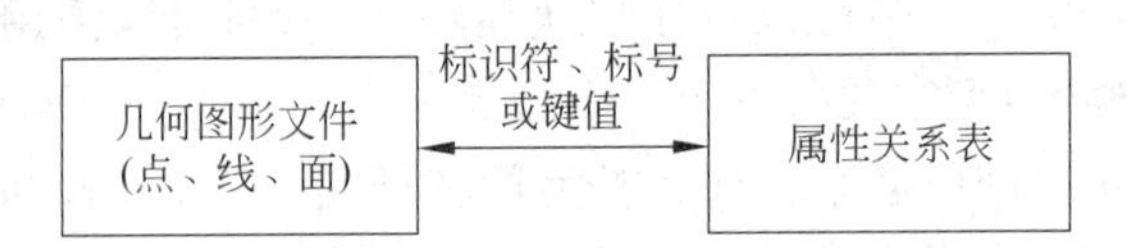

图 7.10 关系模型分离存储空间特征和属性特征

关系模型用于地理空间数据库也存在一些不足,主要问题如下:

(1) 不适合存储和管理实体的空间特性。无法用递归和嵌套的方式描述复杂关系的层次结构和网状结构,模拟和操作复杂地理实体的能力较弱。

(2) 用关系模型描述具有复杂结构和含义的地理实体时,需对地理实体进行不自然的分解,导致存储模式、查询途径及操作等方面均显得语义不甚合理。

(3) 管理图形和图像数据的方式简单,只能管理外部描述属性数据,不能有效地描述和管理图形和图像的内容特性,而图形和图像数据是描述地理实体的关键空间数据。

尽管如此,关系数据模型成熟,应用广泛,适合管理和操纵常规的非空间属性数据。因此,可以用关系模型管理地理实体的属性特性。

4. 面向对象模型

地理数据是一种复杂类型的数据，试想，一幅数字地图由成千上万的向量点、线、多边形和栅格结构组成，如果用关系模型来表示，那要用多少张表啊？况且关系模型是不能有效表示其中的空间拓扑关系的。面向对象思想是解决这个问题的一种方式。

面向对象数据库系统是一个持久的、可共享的对象库的存储和管理平台，而一个对象库是由一个面向对象模型定义的对象的集合体。

数据库系统中的**面向对象模型**(object-oriented model)吸收了面向对象程序设计的思想，支持封装、类和继承等概念。面向对象模型是采用面向对象的观点描述现实世界中实体及其联系的模型，现实世界中的实体被抽象为对象，同类对象的共同属性和方法被抽象为类。

对象(object)是现实世界中某个实体的模型化。每个对象都有一个唯一的标识，称为**对象标识**(ObjectID，OID)。例如，某条高速公路的对象标识为G4。

通过**封装**可以把对象的某些实现与外界隔离。这样，一方面可以使外部的应用简化，不用关心具体的实现；另一方面可以提高数据的独立性，内部的修改不会影响到外部的应用。具体来说，封装就是把一个对象的状态与行为“隐藏”起来，其中状态是该对象一系列**属性**值的集合，而行为是在对象状态上操作的集合，操作也称为**方法**。或者说，一个对象由属性及其方法组成。对象操作请求的传递是通过消息实现的。例如，高速公路对象的属性有总长度、路基类型和设计通行容量等，方法可以是计算两点之间的里程或计算两点之间跨越哪些地区等。

类是具有相同结构对象的集合。类是一个抽象的概念，对象是类的具体化，一个对象是某个类的实例。例如，高速公路是一个类，G4、G12等高速公路为类中具体的对象。

面向对象模型的一个特色是可以实现继承。在现实世界中，有许多事物之间具有层次关系。面向对象模型提供了建立类的层次结构的功能，可以定义一个类(如C1)的子类(如C2)，类C1称为类C2的超类(或父类)；子类(如C2)还可以再定义子类(如C3)，这样形成树形的类的层次结构，如图7.11所示。

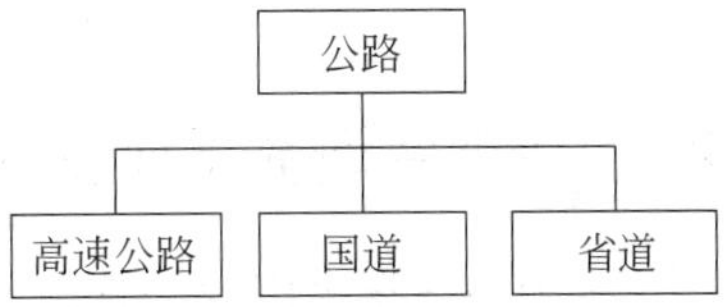

由于对象是封装的，对象与外部的通信一般只能通过显式的消息传递，即，消息从外部传送给对象，存取和调用对象中的属性和方法，在内部执行外部要求的操作，操作的结果仍以消息的形式返回。

图7.11 类的层次结构示例

面向对象模型适用于空间数据的表达和管理，它不仅支持变长记录，而且支持对象的嵌套、继承和聚集。允许用户定义对象、对象的数据结构及其操作。可以对空间对象根据GIS的需要定义合适的数据结构和一组操作。

如果把面向对象模型用在几何数据上，可以利用类层次的继承能力。从几何方面划分，GIS的各种地物对象可分为点、线、面状地物以及由它们混合组成的复杂地物，每一种地物又可能由一些更简单的几何图形元素构成。

每个地物对象都可以通过其标识和其属性数据联系起来。若干地物对象(地理实体)可以作为一个图层，若干图层可以组成一个工作区。在GIS中可以开设多个工作区。

在 GIS 中建立面向对象的数据模型时，尽管对象的确定还没有统一的标准，但是对象的建立应符合人们对客观世界的理解，并且要完整地表达各种地理对象以及它们之间的相互关系。一个面状地物由边界弧段和中间面域组成，弧段又涉及端点和中间点坐标。或者说，点组成弧段，弧段聚集成线状地物或面状地物，简单地物聚集或联合组成复杂地物。

在面向对象的数据模型中，用对象表示和组织空间要素，空间特征及其属性特征可以统一存储在一个系统中，而不是分别存储。例如，用一个对象表示桥梁，那么桥梁的空间特征与其属性特征（类型、长度、宽度、通行率等）统一存储和管理，避免分别存储时数据操纵不同步和数据维护不一致等问题。

面向对象模型的缺点是模型比较复杂，缺乏数学基础，查询功能比较弱。而面向对象模型的缺点正好是关系模型的优点。因此，如果把关系模型和面向对象模型结合起来，以关系模型为框架，吸收面向对象模型的优点，就构成了对象-关系数据库，例如目前商用的 Oracle、DB2 新版本都是这种类型的数据库管理系统。其主要改进包括支持自定义数据类型、方法、继承和对象间的直接引用（关系数据库需要靠键连接来实现引用）。虽然用面向对象思想可以对属性数据建模，但是其优势不能得到发挥，在性能和数据操纵方面比不上关系模型，因此面向对象模型主要用于空间实体中空间特性的管理方面。

关系模型适合管理属性数据，理论成熟，执行效率高；而面向对象模型适合管理向量数据和栅格数据。因此，把两者结合起来，构成**对象-关系模型**。图 7.12 所示为对象-关系模型中用特殊图形对象字段存储非结构化几何数据的例子，其他属性字段用关系字段存储。

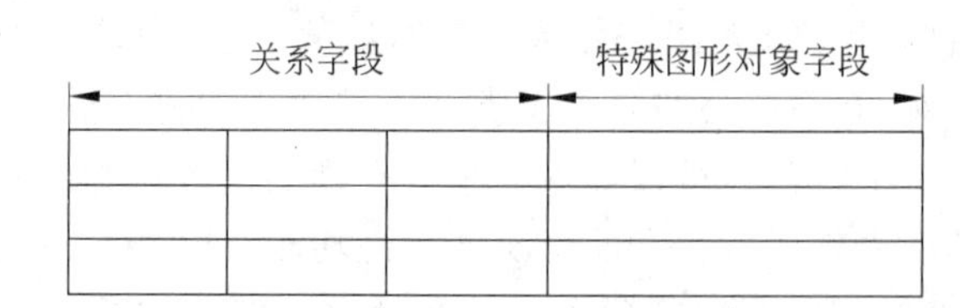

图 7.12 对象-关系模型统一存储空间特征和属性特征数据示例

7.2.3 地理空间数据库管理系统

GIS 中的数据大多数是地理空间数据，它与通常意义上的数据相比具有如下特点：地理空间数据类型多样，各类型实体之间关系复杂，数据量很大，而且每个线状或面状地物的字节长度都不同。地理空间数据的这些特点决定了利用关系数据库系统直接管理地理空间数据存在着明显的不足。那么，用什么样的数据库模型进行地理空间数据管理呢？

地理空间数据库系统与其他数据库系统及其应用类似，只是它管理的对象是地理空间实体。地理空间数据库系统及其数据模型应能够实现如下基本功能：

（1）管理地理空间实体，具备描述地理空间实体的各种数据类型，例如图形和影像类型，能够管理地理空间的拓扑关系。

(2) 对变长的大数据(记录)进行有效的存储和相关操纵,因为描述地理空间实体的向量和栅格数据是变长的大数据。

(3) 有效地对地理空间数据实现插入、删除和更新等维护操作。

(4) 方便灵活地对地理空间数据进行查询和空间分析,例如相邻、连通、包含和叠加等。

(5) 地理空间数据库系统还需要具备对地理对象进行模拟和推理的功能。

目前大多数商品化的 GIS 软件不采取传统的单一数据模型,但它们并没有抛弃传统的数据模型,而是采用建立在关系数据库管理系统基础上的综合的或扩展的数据模型。

地理空间数据库管理系统主要分为基于文件的管理系统、文件与关系数据库混合管理系统和对象-关系数据库管理系统。

1. 基于文件的管理系统

基于文件的管理系统是最原始的地理空间数据库管理系统。与其说它是数据库系统,还不如说它是基于地理数据文件集的地理信息系统。在 GIS 的早期应用中采用这种方式。各个 GIS 应用程序对应各自的空间和属性数据文件。当两个 GIS 应用程序需要的数据有相同部分时,可以提出来,作为公共数据文件。基于文件的地理空间数据库管理系统如图 7.13 所示。

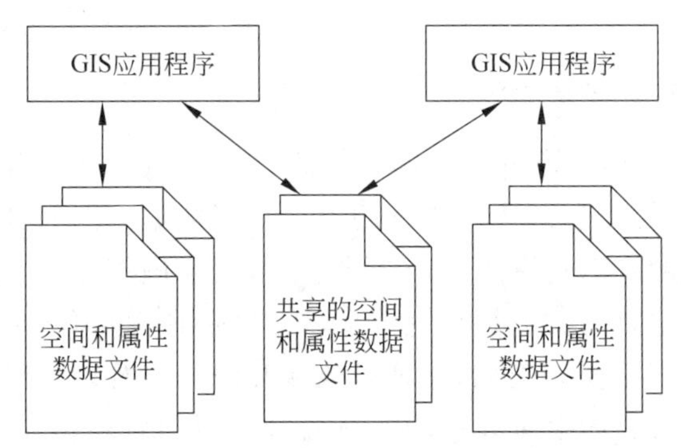

图 7.13 基于文件的地理空间数据库管理系统

在这种地理空间数据库管理系统中,应用程序依赖于数据文件的存储结构,数据文件修改时,应用程序也随之需要改变。数据共享是以文件形式实现的,当多个应用程序共享同一数据文件时,数据文件的修改需得到所有应用程序的许可。在这种方式下不能达到细粒度的共享,例如数据项、记录项的共享。

2. 文件与关系数据库混合管理系统

随着数据库技术的发展及商用 DBMS 的成熟,GIS 也开始采用数据库技术来管理地理空间数据,但是 DBMS 的关系模型不适用于存储和管理地理空间数据,因此许多 GIS 软件平台采用混合管理模式,即文件系统管理地理空间数据(向量数据和栅格数据),关系模型管理属性数据,它们之间的联系通过对象标识(OID)进行连接,如图 7.14 所示。

在这种管理模式中,除用 OID 作为连接键之外,空间数据与属性数据的存储是单独

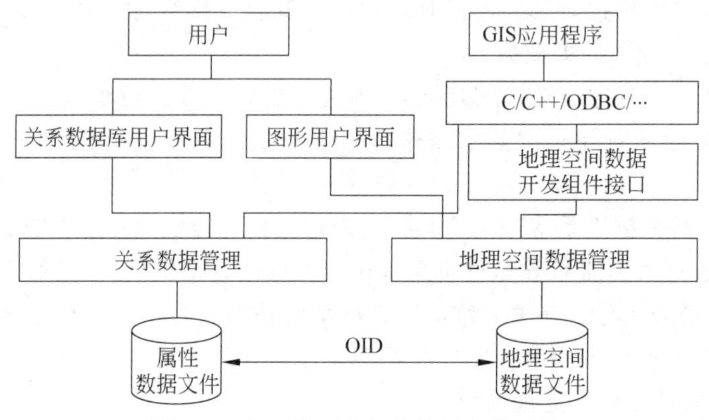

图 7.14　关系数据库与文件混合的管理

组织的，但是数据维护、查询和空间分析必须是关联的、同步的、一致的。对于地理空间数据的管理，GIS 用图形用户界面直接操纵地理空间数据文件，对属性数据则采用关系模型（可以用商用关系数据库管理系统或用户自己的小型关系数据库管理系统）来管理。在图 7.14 中，用户可以利用 GIS 平台的图形用户界面编辑和维护空间数据，用关系数据库用户界面定义和维护属性数据，GIS 应用程序用地理空间数据开发组件接口访问地理空间数据和属性数据。

3. 对象-关系数据库管理系统

对象-关系数据库管理系统由 DBMS 软件商在关系数据库管理系统（RDBMS）中进行扩展，使之能直接存储和管理非结构化的地理空间数据。例如，Oracle 公司等都推出了地理空间数据管理的专用模块，定义了操纵点、线、面、圆等空间对象的 API 函数。

这些函数对各种空间对象进行预先定义，用户使用时必须满足它的数据结构要求，不能根据 GIS 的要求再定义。例如，这种函数涉及的空间对象一般不带拓扑关系，多边形的数据是直接跟随边界的空间坐标，用户不能将自己设计的拓扑数据结构采用这种模型进行存储。

这种扩展的空间对象管理模块主要解决地理空间数据的变长记录的管理。由于这种扩展是由数据库软件商实现的，因此效率比二进制块的管理高得多，但仍没有解决对象的嵌套问题，地理空间数据结构不能由用户定义，在使用上受一定的限制。

对象-关系数据库管理系统（Object-Relational Database Management System，ORDBMS）与关系数据库管理系统类似，但是集成了面向对象的数据库模型，在数据模式和查询语言中直接支持对象、类和继承性。另外，它还支持用户化数据类型和方法的扩展。对象-关系数据库管理系统其实就是管理系统的过程方法以对象和关系概念作用于数据库的数据结构。

在对象-关系数据库管理系统中，基本方法还是来自关系数据库，即数据存储于数据库中，通过查询语言进行查询。但是在面向对象的数据库管理系统中，数据库中存储的是持久性对象（指在创建它的进程和线程完成之后仍能存在的对象，持久性对象除非被明确地删除，会一直存在），通过面向对象的编程语言及其API存储和检索对象，对查询的支持少。

对象-关系数据库管理系统的目标就是在概念数据建模技术（例如实体-关系图）和对象-关系映射之间架设通畅的桥梁，面向对象技术通常使用类和继承，而关系数据库不直接支持这些特性。另外，它还在关系数据库和面向对象技术（使用编程语言，如C++、Java和C#等）之间架设了桥梁。传统关系数据库管理系统能够有效地管理结构化数据类型，而对象-关系数据库管理系统允许软件开发者在DBMS中集成用户自己定义的数据类型及其方法。现在许多商用ORDBMS是通过用户定义类型（User-Defined Type，UDT）和用户扩展函数（例如存储过程）进行扩展的。虽然ORDBMS中使用了面向对象的编程语言编写扩展函数，但是这并不意味着它就是面向对象的数据库。在对象-关系数据库管理系统中，面向对象只是数据库的一种特性。

4. 地理空间数据管理系统的例子

下面简要介绍ESRI公司的ArcGIS是如何利用关系模型和对象-关系模型来管理地理空间数据的。在ArcGIS中，Shapefile数据和Coverage数据管理采用关系模型。

Shapefile存储简单要素类，用点、线、多边形存储要素的形状，但是不存储拓扑关系，具有简单、快速显示的优点。一个Shapefile是由若干文件组成的，空间信息和属性信息分别存储。Shapefile有3类基本文件，分别用扩展名shp、shx和dbf表示。shp文件存储的是几何要素的地理空间信息，也就是坐标；shx文件存储的是有关shp文件的索引信息；dbf文件存储相应的属性信息，是关系数据库的表。

Coverage的空间特征数据和属性特征数据分别存放在两个文件夹中，所有数据都以文件夹的形式来存储。空间特征数据以二进制文件的形式存储在独立的文件夹中，文件夹名称即该Coverage的名称。属性特征数据以关系数据模型INFO表的形式存储。Coverage包含了要素间的拓扑关系。当用户对Coverage进行创建、移动、删除或重命名等操作时，系统将自动维护这些文件的数据完整性，对Coverage和INFO文件夹中的内容作同步改变。

Geodatabase是ESRI公司推出的一种新的地理数据存储格式。随着技术的发展，普通的事务型数据的管理模式早已从传统的基于文件的管理转向利用关系数据库进行管理。那么承载空间信息的地理数据是否也可以利用数据库技术进行管理呢？在关系数据库系统中管理地理空间信息，首先要解决的是如何管理非结构化的空间特征数据的问题。随着面向对象技术在数据库管理系统中的应用，对象-关系数据库模式解决了这个问题，即管理常规的结构化数据采用关系模型，管理非结构化数据采用面向对象模型。

Geodatabase可以用3种形式存储数据：File Geodatabase、Personal Geodatabase和Enterprise Geodatabase。File Geodatabase是一种外部文件管理形式。Personal Geodatabase基于Access，用BLOB（Binary Large Object，二进制大对象）字段存储几何数据，运行在Windows平台，其大小限于2GB。Enterprise Geodatabase是通过ArcSDR管理的，与高端DBMS连接，基于Oracle、SQL Server、Informix或者DB2数据库，用中间件ArcSDE进行连接，因此Enterprise Geodatabase又称为ArcSDE Geodatabase。这

些商用数据库管理属性数据，而ArcGIS处理空间数据的管理。Enterprise Geodatabase支持数据库复制、版本和事务管理，可以运行在多操作系统平台上。在Geodatabase中，不仅可以存储类似Shapefile的简单要素类，还可以存储类似Coverage的要素集，并且支持一系列行为规则，可以对其空间信息和属性信息进行操纵。

7.3 地理空间数据的输入和处理

由于地理空间数据的特殊性，数据采集和输入的过程绝不仅仅是通过键盘的简单输入，其输入过程包括空间向量数据和栅格数据的采集与输入、差错处理和拓扑编辑。另外，对空间数据还需要进行几何变换的处理，利用一系列控制点，通过各种变换，在投影坐标系中配准数字化地图或遥感影像。

7.3.1 地理空间数据的输入

地理空间数据包括向量数据和栅格数据。将这些数据输入GIS有两种基本方式：直接采集和间接转换[32]。下面分别介绍直接采集和间接转换两种方式下向量数据和栅格数据的输入方法。

1. 向量数据的输入

用**直接采集**方式实现向量数据的输入有如下两种基本方法：

(1) 地面测量。

(2) GPS测量。

地面测量就是通过地面测量设备对地面点进行测量。常用的测量设备有中星仪、经纬仪和全站仪。测量从某个基准点开始。如果基准点的坐标是已知的，那么在指定坐标系统中，任意一点的位置都可以通过测量该点与基准点的角度和距离来确定。可以用全站仪测量角度和距离。一个人负责在目标位置处安放反射棱镜，另一个人操纵全站仪，就可以进行地面测量。全站仪是一种集光、机、电于一体的测量仪器，可以测量水平角、垂直角、距离(斜距和平距)和高差。因为该仪器只需一次安置就可完成一个观测站的全部测量工作，所以称之为全站仪。

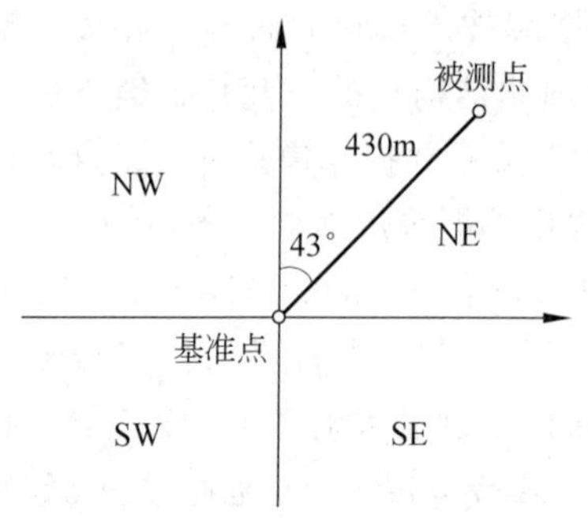

图7.15 地面测量的原理

图7.15是一个地面测量的例子，角度用的是方向角，表示某直线与子午线的夹角。为了区分方位，还要附加方位指示：东北方位(NE)、东南方位(SE)、西北方位(NW)和西南方位(SW)。因此测量数据N43°E430m表示东北方位43°方向、离基准点430m的一个点。

GPS测量就是利用GPS卫星系统和地面接收系统及其终端进行测量。GPS数据给出了被测点的三维坐标：地面坐标及其高度坐标，其中高度坐标是以大地水准面为基准的。一个点可以定位,两个点可以确定直线,多个点可以确定多边形。

用户从GPS接收机可以得到不同精确度的GPS位置数据。一般的GPS接收机使用基于电码的定位技术,用差分校正方式进行误差校正,精度可以达到3～5m。用于大地测量的GPS接收机采用载波相位接收和双频接收技术,精度可以达到1cm。

间接转换方式就是把地图(包括纸质地图和扫描地图)或其他数据源转换为向量数据,具体的方法有如下几种:

(1) 数字化仪。

(2) 扫描向量化。

(3) 屏幕数字化。

(4) 摄影测量。

(5) 其他带位置的数据源。

用数字化仪把纸质地图向量化后输入GIS中。手扶跟踪数字化仪分为机械式、超声波式和全电子式3种,其中全电子式数字化仪精度最高,应用最广。数字化仪按照其数字化版面的大小可分为A0、A1、A2、A3和A4等规格。

数字化仪由电磁感应板、游标和相应的电子电路组成。这种设备利用电磁感应原理:在电磁感应板的x、y方向上有许多平行的印制线,每隔200μm一条。游标中装有一个线圈。当用户在电磁感应板上移动游标到图件的指定位置,并将十字叉丝的交点对准数字化的点位,按动相应的按钮时,线圈中就会产生交流信号,十字叉丝的中心便产生了一个电磁场,当游标在电磁感应板上运动时,在印制线上就会产生感应电流。电磁感应板周围的多路开关等线路可以检测出最大信号的位置,即十字叉线中心所在的位置,从而得到该点的坐标值。

把待数字化的图件固定在图形输入板上,首先用鼠标器输入图幅范围和至少4个控制点的坐标,随后即可输入图幅内各点和曲线的坐标。

数字化仪采集数据量小,数据处理的软件也比较完备。但是这种设备数字化的速度比较慢,工作量大,自动化程度低,数字化的精度与作业员的操作有很大关系。因此,是否可以采用计算机帮助人做向量化的工作呢?可以,这种方法就是扫描向量化。用图像扫描仪对纸质地图进行扫描(数字化)后输入计算机,然后用软件进行自动的向量化处理,即执行栅格数据到向量数据的转换(详见第3章)。

屏幕数字化也称为抬头数字化,是在计算机屏幕上进行手动跟踪的数字化方法。例如,用数字正射影像作为背景图显示在计算机屏幕上,用户用鼠标或笔在屏幕上跟踪地物目标,输入地物目标的位置和几何数据。这与手扶数字化仪的操作类似,手扶数字化仪的操作是半实物化的,而屏幕数字化方法的操作是全计算机化的。这种方法集成应用了卫星图像和向量数据,可以利用最新获取的卫星影像数据更新和纠正地图中的道路和建筑位置。

摄影测量(photogrammetry)是利用被摄物体影像重建物体空间位置和三维形状的技术,可以获得大范围的几何数据等度量信息。摄影测量通过摄影的方式获得地物对象或用户感兴趣对象的图像,并进行二维、三维或多维参数的度量,获得对象的几何数据(或其他运动和姿态数据)。在连续摄影测量中,通过线路上的连续摄影(例如达到60%

的前后图像重叠)和线路之间的重叠(例如达到30%重叠),可以对重叠区域进行三维建模。

摄影测量的度量需要控制点,就像用手扶跟踪数字化仪时需要控制点一样,通过地面测量和GPS测量可以确定控制点,使用这些控制点就可以对地图和影像进行配准。

摄影测量采用光学和投影几何学的方法。三维坐标定义了对象点在三维空间的位置。图像坐标定义对象点在胶片或数字图像中的位置。一台相机的外方位定义其在空间的位置和观察方向,内方位定义成像过程的几何参数,这些是相机标定的问题。在摄影测量中还要设置镜头的焦距和镜头畸变参数等。另外,还可能需要其他的观察数据,例如比例尺设定、空间中两点的已知距离等。

摄影测量数据与测距设备获得的距离数据可以互补。在 X 和 Y 方向上,摄影测量获得的数据更精确;而在 Z 方向上,测距设备获得的距离数据更精确。测距设备有激光扫描器和激光雷达等,通过光时、空间三角测量或干涉测量方式测定坐标值。

在相同的参照框架下,把航空照片和激光雷达数据用地理参照关联起来,正射纠正航空照片,把正射化图像叠加在激光雷达网格数据上,就可以实现三维可视化效果。

带有位置的数据集是一种间接数据源,例如带有平面坐标的降雨数据、气象数据和台风路径数据等。将这些数据输入GIS,形成应用系统可用的点、线和面状向量数据,并与属性数据关联起来。

2. 栅格数据的输入

用**直接采集**方式实现栅格数据的输入有如下两种基本方法:

(1) 遥感影像。

(2) 卫星影像和航空影像。

遥感就是通过传感器远距离非接触式获取地物目标的物理、化学或生物特征信息的过程。各种传感器可以测量各种频谱的电磁波。遥感传感器分为无源和有源两类。无源传感器是被动的,它接收地物目标对太阳辐射的反射或地物目标自身辐射的电磁波;有源传感器是主动的,主动发射电磁辐射照射地物目标,并接收其反射的电磁波信号。

承载传感器的常用平台是卫星和飞机(固定翼飞机、直升机和无人机等),也可以是飞艇、热气球或高塔等。卫星和飞机遥感平台获取的图像信息分别称为卫星影像和航空影像。有关遥感技术及其图像处理方面的内容在第4章和第5章有详细介绍。

卫星影像和航空影像适合大范围空间信息系统,可以采集不易接近区域的地理空间数据(例如大片水区、崇山峻岭或不便进入的地区等)。这两种影像有相似之处,因为它们都是图像数据,并且可以采用相似的物理传感原理,例如可见光、多光谱和合成孔径雷达传感器。但是两者在采集和解译方面存在明显的不同。最大的区别是采用的传感器不同,这是因为卫星遥感和航空遥感的任务、作用距离和范围差别比较大。另外,卫星影像采集的周期是固定的,并受到云层遮挡、大气窗口屏蔽等影响;而飞机可以在3000~9000m高空飞行,避免了这些影响,并且飞机可以随时派遣出去采集感兴趣地区的数据。

用**间接转换**方式实现栅格数据的输入有如下两种基本方法:

(1) 扫描地图。

(2) 格网采样。

扫描仪直接把图形(如地形图)和图像(如遥感影像或照片)扫描输入计算机中,以像素矩阵形式存储。扫描仪按其所支持的颜色可分为单色扫描仪和彩色扫描仪,按扫描宽度和操作方式可分为大型扫描仪、台式扫描仪和手动式扫描仪。

以CCD扫描仪为例,其工作原理是:用光源照射原稿,投射光线经过一组光学镜头射到CCD器件上,再经过模/数转换器,最终输入计算机。CCD感光元件阵列是逐行读取原稿的。为了使投射在原稿上的光线均匀分布,扫描仪中使用的是长条形光源。对于黑白扫描仪,用户可以选择黑白颜色对应的电压的中间值作为阈值,凡低于阈值的电压就为0(黑色),反之为1(白色)。而在灰度扫描仪中,每个像素有多个灰度层次。彩色扫描仪的工作原理与灰度扫描仪的工作原理相似,不同之处在于彩色扫描仪要提取原稿中的彩色信息。扫描仪的分辨率是指在原稿的单位长度(英寸)上取样的点数,单位是dpi,常用的分辨率为300～2400dpi。扫描图像的分辨率越高,所需的存储空间就越大。现在多数扫描仪都提供了选择分辨率的功能。对于复杂图像,可选择较高的分辨率;对于简单的图像,可选择较低的分辨率。

通过扫描获得的是栅格数据,数据量比较大。除此之外,扫描获得的数据还存在着噪声和中间色调像元的处理问题。噪声是指不属于地图内容的斑点、污渍和其他模糊不清的东西形成的像元灰度值。噪音范围很广,没有简单、有效的方法能完全消除它。一般对获得的栅格数据还要进行一些后续处理,如图像纠正、向量化等。

典型的格网采样数据是数字高程模型(Digital Elevation Model,DEM)数据,由规则排列的高程值组成。有多种方法可以产生DEM数据。一种方法是直接从地面测量数据中构建,例如用GPS、全站仪获取或通过野外测量等;也可以根据航空或航天影像,通过摄影测量途径获取,利用控制点把立体影像匹配在一起,就可以得到DEM;也可以从现有地形图上采集,如格网读点法、数字化仪手扶跟踪及扫描仪半自动采集,然后通过内插法生成DEM;还可以通过等高线和高程点建立不规则的三角网(Triangulated Irregular Network,TIN),然后在TIN的基础上通过线性和双线性内插法构建DEM。

3. 位置差错

在地理数据采集和输入过程中难免会产生差错。可以把这些差错分为两类:位置差错和拓扑差错。先介绍位置差错。

位置差错指数字化之后要素的几何差错,例如输入点的偏移和输入线段的偏移、一条线的多次输入、线条丢失、错接点线等,造成与原地图的差异。造成位置差错的原因有4方面:

(1) 手扶跟踪数字化引起的差错。这是人工描点、描线时由于疲劳和操作错误引起的人为误差。

(2) 扫描向量化引起的差错。扫描数字化的地图经过自动向量化,通过跟踪算法生成向量图,这个过程容易引起差错。

(3) 数字化地图转换为现实世界坐标引起的差错。这是几何变换引起的差错。几何变换时要选择合适的控制点,如果控制点的位置不准确,基于这些控制点的地图转换就会引起差错。

(4) 原始数据的位置误差。前面 3 种差错是原始地图数据在数字化输入过程中引起的。除此之外，还有来自原始数据的误差。例如 GPS 定位数据的精度问题（从 1m 到几十米的精度）和遥感影像数据的分辨率（从 1m 到几十米的分辨率）问题。这些具有一定精度和分辨率问题的原始数据输入 GIS，都将引入一定程度的误差。

4. 拓扑差错

下面分别从点、线、面要素的角度看拓扑差错。点要素的拓扑主要用于多边形的标识点方面。一般情况下，一个多边形应该有且只有一个标识点。如果一个多边形没有标识点或有多个标识点，就产生拓扑差错。

图 7.16 悬挂点造成的拓扑差错

线要素的拓扑差错主要有：悬挂点问题造成线段过长或过短，线段交叉点不准确，如图 7.16 所示；线段方向差错，例如河流的方向、单行和双行道路上的交通流方向等。

多边形要素的拓扑差错主要有：未闭合或有缝隙的多边形，如图 7.17 所示；碎多边形，例如两个多边形之间共同的边界被数字化多次，或线段不准确，造成缝隙和不重合，如图 7.18 所示。

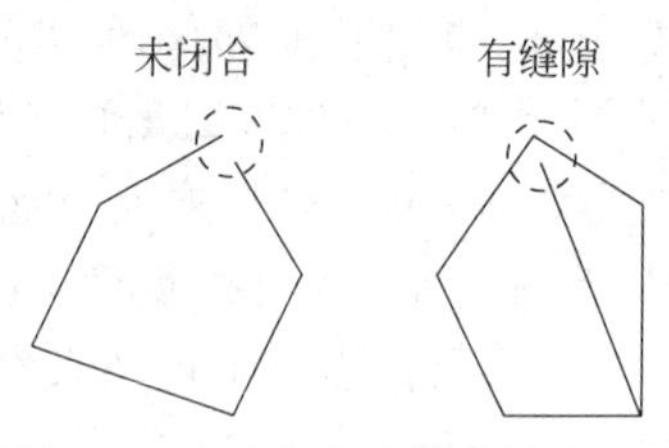

图 7.17 未闭合或有缝隙的多边形

图 7.18 碎多边形

注意，拓扑差错可能是一个图层的几何要素产生的，也可能是多个图层叠加时几何要素之间不重合、点的标识缺失和多余、线段未接合等引起的差错。

7.3.2 属性数据输入

属性数据即空间实体的特征数据，一般包括名称、等级、数量和代码等多种形式。属性数据的内容有时直接记录在栅格或向量数据文件中；有时则单独输入关系数据库进行存储和管理，通过键值与空间数据相联系。

对于要输入属性库的属性数据，可通过键盘直接输入；对于要直接记录到栅格或向量数据文件中的属性数据，则必须先对其进行编码，将各种属性数据变为计算机可以接受的数字或字符形式，便于 GIS 存储管理。

1. 属性数据的管理

属性数据适合用关系模型进行管理。但是在栅格数据模型和向量数据模型中，属性数据的表示有些不同。

对于向量数据模型,其属性数据可以与空间数据分开存储,属性数据用关系模型管理,两者用要素 ID 相互关联起来,如表 7.1 所示。而在对象-关系模型中,属性数据和空间数据是结合在一个系统中管理的,以对象 ID 标识其几何特征及属性特征,如表 7.2 所示。其中,一行称为一个记录或元组,表示一个空间要素;一列称为一个字段,表示空间要素的一类属性。表中内容就是空间要素的属性值。

表 7.1 与空间数据分开存储的属性数据示例

道路要素 ID	道路名	类型	邮编	道路要素 ID	道路名	类型	邮编
1	芙蓉路	主干道	410012	3	解放路	街道	410034
2	五一路	主干道	410023	4	中山路	商业街	410008

表 7.2 对象-关系模型中的几何特征及属性特征示例

对象 ID	形状	道路名	类型	邮编	对象 ID	形状	道路名	类型	邮编
1	粗折线	芙蓉路	主干道	410012	3	细折线	解放路	街道	410034
2	粗折线	五一路	主干道	410023	4	淡红粗折线	中山路	商业街	410008

在栅格数据模型中,像元值与该像元位置的空间现象的特征相对应。对于遥感图像类型的栅格数据,像元的属性值就是传感器获取的单波段或多波段像元值,其值以栅格矩阵方式表示。对于栅格采样数据,例如 DEM 栅格,像元的属性值就是该像元地表的高程值。对于用编码表示的栅格数据,就需要用**数值属性表**来表示,如表 7.3 所示,其中的像元值是地物目标和空间现象的一种编码值。表 7.3 中还给出了对应某类像元值的像元数。在进行空间查询和分析时,栅格的像元值与数值属性表结合一起进行运算。

表 7.3 数值属性表示例

ID	像元值	属性	像元数	ID	像元值	属性	像元数
1	205	水域	310	3	55	居民区	123
2	120	山地	4000	4	90	工业区	954

本节介绍的属性数据输入主要是针对表 7.1 和表 7.2 所示的关系属性表的。

2. 属性数据的类型

为了在关系数据模型中进行属性数据的管理,就要为属性设置相应的数据类型。从数据库的角度看,通用的数据类型有数值型、字符型、日期型和布尔型等,这些类型适合存储结构化属性。空间要素的几何特征、栅格数据是非结构化、非定长数据,用一种新的数据类型存储,称为二进制大对象(BLOB)。BLOB 是一个可以存储二进制数据的容器,在数据库管理系统中用于把二进制数据集作为单个字段类型进行存储。BLOB 可以是一个大数据对象,由于其数据量大,必须使用特殊的方式处理上传、下载或者存放到一个数据库中。

但是在 GIS 中,一般采用量测尺度(scales of measure)的角度对属性数据进行分类。

量测尺度是由心理学家 Stanley Smith Stevens 在 1946 年提出的，他宣称科学上所有的量测可以用 4 种尺度类型表示：

(1) **标称型**(nominal)，或称为分类类型。所谓标称，就是名称上的、票面上的、标定的、铭牌规定的意思，给对象贴上“标签”，它提供足够的信息以区分对象，用于描述不同种类的数据，例如桥梁的类型、公路的类型、汽车的类型等。标称数据只能用来比较相等或者不相等，而不能比较大小，更不能用来进行算术运算。

(2) **序数型**(ordinal)。通过排列顺序来区分事物，例如比赛的名次和电磁辐射的强、中、弱等级。序数数据也用来描述一个对象的类别，但与基数数据不同的是，序数数据的类别有一定的顺序或大小。序数数据之间除比较是否相等外，还可以比较大小。但是，算术运算仍然不能用在序数数据中。例如，在上面的例子中，可以比较电磁辐射的大小，但不能比较强与中、中与弱之间的差距哪个更大。

(3) **区间型**(interval)。具有序数数据的所有特性，并且值之间的间隔(区间)是可以比较的。除了能比较大小外，区间测量值之间的差别也可以比较大小。区间测量值可以相加和相减，其结果仍然有意义。例如年份或温度属于区间数据。

(4) **比率型**(ratio)。具有区间数据的所有特点，并具有自然零点。例如时间，0 点是有意义的。它也允许乘除运算。大多数物理量，如质量、长度、能量和人口密度等，都是比率数据。

在 GIS 应用中，标称数据和序数数据又称为类别数据，这些数据适合用字符类型或编码值表示。区间数据和比率数据称为数值数据，这些数据适合用数值类型(整数、浮点)表示。

3. 属性数据的输入

虽然属性数据的输入可以与空间数据采集同时进行，但是在许多应用中这两类数据是分开输入的。属性数据的输入大致分为 3 个过程：属性字段的定义、数据输入、数据校验。

字段定义就是对空间要素的属性特性进行定义。按照前面的数据类型含义，选择 GIS 允许的类型，设计和定义空间要素的属性。

接着就是**输入**属性数据。键盘输入是最常用的数据输入方式。但是大量的属性数据输入，人工劳动力花费非常大。如果能够找到现有数据库中包含的一些属性数据，就可以采用数据导入的方式把现有数据导入数据库，作为空间要素的属性数据。

输入的属性数据是否是正确的呢？这就需要对属性数据进行**校验**。属性数据校验有两方面：属性数据是否与空间数据正确关联？属性数据是否正确？前者要检查要素 ID 与属性是否是唯一的，不含空值，并且与正确的空间数据关联；后者要通过人工或程序来检查属性数据的正确性。人工方法就是把属性数据打印出来，人工校对；计算机程序检查就是通过规则的设置对输入的属性数据进行检查。

例如，在 Geodatabase 数据模型中，用属性域(attribute domain)描述一个字段类型的合法值的规则，限制在表、要素类或子类的任何具体的属性字段内允许的值。每一个要素类或表有一个属性域的集合，这些属性域用于不同的属性和子类，并且可以在

Geodatabase 的要素类和表之间共享。属性域是有效属性的指定集合或范围，确定一个属性的值时，属性域能够防止许多简单的错误，同时可以对新对象使用期望的值作为默认值。连接规则用在网络中，校验一种类型的要素是否正确地与另一种要素连接。

属性域的组成元素有：范围域限制对象和要素的数值型属性的最大值和最小值范围，是数值属性指定值的有效范围；代码值域，定义要素的分类值的有效值；默认值，当要素被创建、分裂或合并时，用默认值作为对象类中的子类型应用预期值；分裂要素定义，确定分裂要素时发生的属性变化；合并要素定义，确定合并要素时发生的属性变化。

代码值域可以应用于任何属性类型，包括文本、数字和日期等。代码值域给一个属性指定有效的取值集合，包括两个值：一个是存储在数据库中的实际值；另一个是说明值的实际意义的描述。值域详细规定了可以接受的起始值和结束值，这些数值可以是整型数，也可以是带有小数位的数字。码域是可以接受的编码的详细清单。

属性域为数据库提供了良好的数据检验方法。码域提供了一个有效的下拉列表，而值域则提供了检测值域错误的验证工具。这样，码域的验证是自动的，而值域的验证则是交互式的。

由于域是 Geodatabase 的一个属性，所以它对于 Geodatabase 中的任何一个表都是适用的。唯一需要注意的是使用的字段或子类必须也同样具有这个域的字段类型。例如，文本型域只能对文本型字段适用。

7.3.3 地理空间数据的编辑处理

所谓编辑就是增、删、改操作。对于空间实体，其属性数据的编辑功能类似于常规的数据库操作，两者不同的特点和功能在 7.3.2 节中作了综合介绍。空间实体与常规数据实体的不同在于地理空间数据部分，本节着重介绍地理空间数据的编辑及处理。空间数据的编辑就是在数字地图上增加、删除和修改空间要素的过程。通过地理空间数据的编辑，一方面改正数字地图在数字化后的错误；另一方面更新和变动数字地图上的空间要素。编辑也包括一些地理空间数据的处理。编辑和处理可以变动空间要素的位置和拓扑关系。

1. 差错的检查与编辑

通过向量数字化或扫描数字化获取的原始地理空间数据都不可避免地存在着错误或误差，所以，对地理空间数据进行检查和编辑是很有必要的。根据 7.3.1 节和 7.3.2 节的叙述，地理空间数据的误差主要包括以下几方面：地理空间数据的拓扑差错、地理空间数据的位置差错、地理空间数据的比例尺不准确、地理空间数据的变形、属性与地理空间数据连接有误等。

为发现并有效消除差错，一般采用如下方法进行检查：

(1) **叠加比较法**。这是检查地理空间数据数字化正确与否的一种重要方法。按与原图相同的比例尺把数字化的内容绘在透明材料上，然后与原图叠合在一起，在透光桌上仔细地观察和比较。一般情况下，地理空间数据的比例尺不准确和地理空间数据的变形马上就可以观察出来。

(2) **目视检查法**。指在屏幕上用肉眼检查一些明显的数字化误差与错误,包括线段过长或过短、多边形的重叠和缝隙以及线段的断裂等。

(3) **模糊容差法**。用软件可以实现自动逻辑性检查,纠正数字化中的许多差错。可以根据数据拓扑一致性进行检验,设置模糊容差,发现并交互式更正小于阈值的悬挂点、缝隙和多重线差错。

如果数字化的范围比较大,分块数字化时,除检查一幅(块)图内的差错外,还应检查已存入计算机的其他图幅的接边情况。

对于地理空间数据的拓扑差错或位置差错,主要利用GIS的图形编辑功能进行修正和更改。采用的地理空间数据编辑有删除(要素、属性、坐标)、修改(平移、复制、连接、分裂、合并、整饰)和插入(要素、属性、坐标)等。

对于地理空间数据比例尺的不准确和变形,可以通过比例变换和几何变换来纠正。

2. 图像几何校正

地形图由于受介质及存放条件等因素的影响,使实际尺寸发生变形。在扫描过程中,工作人员的操作会产生一定的误差,如扫描时地形图没有被压紧、产生斜置或扫描参数的设置等造成数字化后的图像变形。扫描时,受扫描仪幅面大小的影响,有时需将一幅地形图分成几块扫描,这样会使地形图在拼接时出现差错。对于遥感影像,其本身可能有几何变形。因此,扫描得到的地形图数据和遥感数据的变形需要通过编辑处理加以纠正。

1) 扫描地形图的纠正

对扫描得到的图像进行纠正,主要是建立被纠正图像与标准地形图或参照正射影像之间的变换关系。主要的变换函数有仿射变换、双线性变换、平方变换、双平方变换、立方变换、四阶多项式变换等。具体采用哪一种变换,则要根据纠正图像的变形情况、所在区域的地理特征及所选控制点数来决定。

对地形图的纠正,一般采用四点纠正法或逐网格纠正法。

四点纠正法一般是根据选定的数学变换函数,输入需纠正的地形图的尺寸和比例尺等,在地形图的4个顶点附近采集4个控制点坐标来完成几何纠正。

逐网格纠正法是在四点纠正法不能满足精度要求的情况下采用的。这种方法与四点纠正法的不同点就在于采样控制点数目不同,它是逐方里网进行的,对每一个方里网,都要采集控制点进行变换。

方里网(kilometer grid)是由平行于投影坐标轴的两组平行线构成的方格网。因为是每隔整公里(千米)绘出坐标纵线和坐标横线,所以称为方里网。由于方里线同时又是平行于直角坐标轴的坐标网线,故又称直角坐标网。直角坐标网的坐标系以中央经线投影后的直线为X轴,以赤道投影后的直线为Y轴,它们的交点为坐标原点。

2) 遥感影像的纠正

遥感影像的几何畸变大体分为两类:由传感器性能差异引起的畸变和由运载工具姿态变化和目标物引起的畸变。前者主要有以下6种:比例尺畸变,可通过比例尺系数计算校正;歪斜畸变,可经一次方程式变换加以校正;中心移动畸变,可经平行移动校正;扫描非线性畸变,必须获得每条扫描线校正数据才能校正;辐射状畸变,经二次方程式变换即可校正;正交扭曲畸变,经3次以上方程式变换才可加以校正。后者主要有以下4种:由运载工具姿态变化(偏航、俯仰或滚动)引起的畸变,如因倾斜引起的投影畸变,可用投影变换加以校正;因高度变化引起的比例尺不一致,可用比例尺系数加以校正;由目标物引起的畸变,如地形起伏引起的畸变,需要逐点校正;由地球曲率引起的畸变,需经二次以上高次方程式变换才能加以校正。

这些针对几何畸变的校正也属于**几何校正**。上面对几何校正的划分依据的是传感器本身及其运动状态。如果根据几何校正的方式来划分,可以划分为几何粗校正和几何精校正。

几何粗校正是针对引起畸变的原因进行的校正。例如根据传感器的构像方程对图像作几何校正。传感器成像时像点与相应地面点之间关系的数学解析式称为**构像方程**。瞬时像点与其相应地面点应位于通过传感器投影中心的同一条直线上,因此又称为**共线方程**。

几何精校正不考虑引起畸变的原因,而是利用控制点进行几何校正。它用一种数学模型来近似描述遥感图像的几何畸变过程,并利用畸变的遥感图像与标准地图之间的一些对应点(即控制点数据对)求得这个几何畸变模型,然后利用此模型进行几何畸变的校正。这类方法也称为多项式法。多项式法将图像的各种变形视为平移、缩放、旋转、扭曲以及更高级次变形的综合作用结果,用适当的多项式加以近似描述。

人们多习惯于使用正射投影地图,因此多数遥感影像的几何校正以正射投影为基准进行。某些小比例尺遥感影像专题制图可采用不同的地图投影作为几何校正基准,主要是解决**投影变换**问题,但是一些畸变不能完全得到消除。遥感影像的几何校正可应用光学、电子学或计算机数字处理技术实现。

遥感影像的纠正一般选用和遥感影像比例尺相近的地形图或正射影像图作为变换标准,选用合适的变换函数,分别在要校正的遥感影像与标准地形图/正射影像图上采集同名地物点,进行参照变换。

具体采点时,先在原影像上采集控制点,后采集目标图(标准图)上的对应点。选点时,要注意点的均匀分布,点不能太多。如果在选点时没有注意点的分布或点太多,这样不但不能保证精度,反而会使影像产生变形。另外,在选点时,应选择由人工建筑构成的并且不会移动的地物点,如道路交叉点和桥梁等,尽量不要选择河床易变动的河流交叉点,以免点的移位影响配准精度。

这部分内容的知识见5.2节。

3. 投影变换

当GIS使用的地理空间数据取自不同地图投影的图幅时,需要将一种投影的数字化数据转换为需要的投影坐标数据。**投影变换**(projection transformation)是将图像由图像坐标转换到某种地图投影坐标,或由一种地图投影坐标转换到另一种投影坐标的几何变换。投影变换可通过不同投影坐标系统之间的数学变换关系解析实现,或以地形图(地图)作为参照,应用控制点建立变换函数,对图像作**几何变换**(geometric transformation)。

投影变换的常用方法有以下3种:

(1) **正解变换**。通过建立一种投影坐标变换为另一种投影坐标的严密或近似的解析关系式，直接由一种投影坐标(x,y)空间变换到另一种投影坐标(x',y')空间。

(2) **反解变换**。也称间接变换，即由一种投影坐标反解出地理坐标$(x,y\rightarrow B,L)$，这里B和L表示经纬度坐标。然后再将地理坐标代入另一种投影坐标的变换公式中$(B,L\rightarrow x',y')$，从而实现由一种投影坐标到另一种投影坐标的变换$(x,y\rightarrow x',y')$。

(3) **数值变换**。以地形图(地图)作为参照，根据两种投影坐标系在变换区内的若干同名地物数字化点(控制点)，应用控制点建立变换函数，采用插值法、有限差分法、最小二乘法和有限元法等几何变换，从而实现由一种投影坐标到另一种投影坐标的变换。

目前，大多数 GIS 软件采用正解变换法完成不同投影之间的转换，并直接在 GIS 软件中提供常见投影坐标之间的转换。

在上面的叙述中，多次提及几何变换、投影变换和几何校正。那么它们之间有什么关系和区别呢？

在 GIS 的概念中，几何变换包括保持长度和角度不变的欧几里得变换、仿射变换和射影变换等。典型的仿射变换由平移、旋转、倾斜和缩放等变换组成。

几何校正(geometric correction)是校正扫描图像或遥感成像过程中产生的几何畸变或几何变形，校正图像像元的几何位置或地理位置。图像**几何校正**是根据图像的几何畸变特征，建立图像坐标与参考坐标之间的数学关系，即变换函数或校正函数，对图像进行的几何变换。**几何校正实质上是一种几何变换**。对图像进行**几何校正**时，一般同时进行**投影变换**，将图像由原始图像坐标直接变换到所需的地图投影坐标系上。

4. 图幅拼接

在相邻图幅的边缘部分，由于原图本身的数字化误差，或者由于坐标系统、编码方式等不统一，使得同一空间实体的线段或弧段的坐标数据不能相互衔接，因此需进行图幅数据边缘匹配处理。图 7.19 给出了图幅边缘的线段不能衔接的情况。

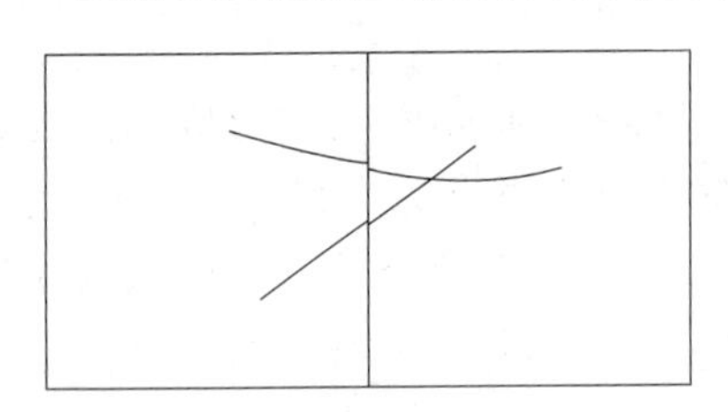

图 7.19　图幅边缘的线段不能衔接的情况

图幅的拼接总是在相邻两图幅之间进行的。要将相邻两个图幅之间的数据集中起来，就要求相同实体的线段或弧的坐标数据相互衔接，也要求同一空间实体的属性码相同，因此必须进行图幅数据边缘匹配处理。具体包括以下匹配处理：

(1) 属性逻辑一致性的处理。

(2) 识别和检索相邻图幅。

(3) 相邻图幅的边缘匹配。

由于人工操作的失误，两个相邻图幅的空间数据在接合处可能出现逻辑裂隙。例如，一个多边形在一个图幅中具有属性 A，而在另一个图幅中属性为 B。此时，必须使用交互编辑的方法，使两个相邻图幅的属性相同，取得逻辑一致性。

为了标识和检索相邻图幅，将待拼接的图幅数据按图幅进行编号。编号设置为2 位，其中十位数指示图幅的横向顺序，个位数指示纵向顺序，如图 7.20 所示，并记录图幅的长宽标准尺寸。因此，当进行横向图幅拼接时，将编号十位数相同的图幅数据收集在一起；当进行纵向图幅拼接时，将编号个位数相同的图幅数据收集在一起。

11	12	13
21	22	23

图 7.20 图幅的组织

图幅数据的边缘匹配处理是针对跨越相邻图幅的线段或弧段的。为了减少数据量，提高处理速度，一般只提取图幅边界一定范围内的数据进行匹配和处理。在匹配之前，要求图幅内空间实体的坐标数据已经经过投影变换，它们位于相同的地理坐标系当中。

相邻图幅边界点坐标数据的一种匹配方法是追踪拼接法。追踪拼接就是在一幅图的边界处从一条线段开始，沿着线段跨越到另一图幅，查看另一图幅中的边界线段。只要符合下列条件，两条线段即可匹配衔接：相邻图幅边界处两条线段或弧段的左右码（根据拓扑编码，见第 3 章）相同或相反；相邻图幅同名边界点坐标在某一允许值范围内（设置一定的阈值）。

匹配衔接时是以一条弧或线段作为处理单元的，因此当边界点位于两个结点之间时，须分别取出相关的两个结点，然后按照结点之间线段方向一致性的原则进行数据的记录和存储。

7.3.4 几何变换

前面介绍了地理信息是如何输入计算机中的，其中地图数据可以通过扫描数字化或手扶数字化仪跟踪以得到数字化的地图，或由卫星和航空遥感采集获得遥感影像数据。但是这些输入计算机的数字地图和遥感影像不能直接使用。其原因有二：一方面，其在数字化和传感器采集过程中可能有几何畸变和误差；另一方面，原始数据的坐标系与 GIS 应用系统不同。因此，必须对数字地图进行投影转换，这种转换也称为几何变换。几何变换的目的就是利用一系列控制点，通过各种变换，在投影坐标系中配准数字化地图或遥感影像。经过几何变换，数字地图就可以与 GIS 中的其他图层相匹配。几何变换的理论来源于坐标几何学，在 GIS、遥感和摄影测量学中都会用到几何变换的操作。

1. 常用的几何变换

这里说的几何变换是针对空间要素的，几何变换就是改变空间要素的几何形状的一类变换。几何变换包括传统的欧几里得变换、仿射变换以及射影变换。

欧几里得变换（Euclidean transformation）是最常用的一种变换，它包括平移、旋转或镜像变换。欧几里得变换保持长度和角度不变，并且一个几何对象的形状不变。因此，圆形变换后还是圆形，只是对象的位置和方向发生了变化。

仿射变换（affine transformation）扩展了欧几里得变换。仿射变换包括平移、旋转、倾斜和比例变换。因此，经过仿射变换，圆形可能变成椭圆形。

射影变换（projective transformation）是最一般的线性变换，需要采用齐次坐标表示。对于射影变换，线还是变换为线，但是平行线经过变换后可能不平行，角度和长度都可能变化，一个长方形可能变为不规则的四边形。

在 GIS 中常使用仿射变换。下面重点介绍仿射变换。

2. 地图到地图、图像到地图的变换

通过扫描仪数字化的地图，或手工用数字化仪输入的地图，其单位是数字化设备的单位，例如 dpi(点每英寸)，因此不能直接在 GIS 中使用，需要把它转换到应用系统的坐标系中。

地图到地图的变换就是把数字化的原始地图转换到投影坐标系中的几何变换过程。

图像到地图的变换是把遥感影像的行和列坐标变换为投影坐标的过程。这种变换也称为地理坐标参照。通过这种变换，就可以使得 GIS 应用系统的影像数据与其他地理数据相匹配。

在几何变换中，合适的控制点选择是非常重要的，这是因为控制点可能有误差，经过变换后，误差扩大，超过一定的范围就不是好的控制点。一般用均方根误差(RMS)度量几何变换的质量，即度量控制点的真实位置与估计位置之间的偏差。如果其 RMS 在可接受的范围内，则选择的控制点构建的变换模型可以用于整幅地图或影像的变换。

3. 仿射变换

在 GIS 中，常用的变换是仿射变换。仿射变换是一种保持共线性和距离比的变换。所谓**共线性**指一条线上的所有点变换之后仍然在一条线上。保持**距离比**就是指一条线段的中点变换后仍然是中点。仿射变换保持了线上的比例不变，因此不能保持角度或长度不变。例如，通过仿射变换可以把任何一个三角形转换为另一个三角形。对于矩形来说，保持线的平行性，矩形角度可以改变，也是一种仿射变换。通常，一个仿射变换可以包含旋转、缩放、倾斜和平移，如图 7.21 所示。

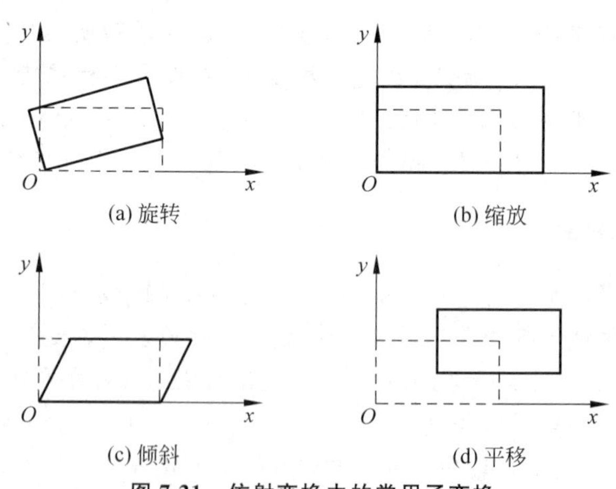

图 7.21 仿射变换中的常用子变换

在数学上，仿射变换可以表示为一个线性变换加上平移。如果用(x, y)表示变换前某个点的坐标，(x', y')表示仿射变换后的点坐标，那么仿射变换用方程表示为

$$x' = a_{11}x + a_{12}y + b_1$$
$$y' = a_{21}x + a_{22}y + b_2 \tag{7.1}$$

其中，a_{11}，a_{12}，a_{21}，a_{22}，b_1，b_2 为6个变换系数，b_1 为 x 轴方向的平移，b_2 为 y 轴方向的平移。式(7.1)又可以表示为矩阵形式：

$$\begin{bmatrix} x' \\ y' \end{bmatrix} = \begin{bmatrix} a_{11} & a_{12} \\ a_{21} & a_{22} \end{bmatrix} \begin{bmatrix} x \\ y \end{bmatrix} + \begin{bmatrix} b_1 \\ b_2 \end{bmatrix} = \boldsymbol{A} \times \begin{bmatrix} x \\ y \end{bmatrix} + \boldsymbol{B} \tag{7.2}$$

如果只是做旋转变换，那么**旋转变换矩阵**为

$$\boldsymbol{R} = \begin{bmatrix} \cos\alpha & -\sin\alpha \\ \sin\alpha & \cos\alpha \end{bmatrix} \tag{7.3}$$

其中，α 为旋转角度，是一个点从 x 轴沿逆时针方向旋转的角度(坐标轴不动)。

比例变换矩阵和**倾斜变换矩阵**如下：

$$\boldsymbol{S} = \begin{bmatrix} s_x & 0 \\ 0 & s_y \end{bmatrix} \tag{7.4}$$

$$\boldsymbol{K} = \begin{bmatrix} 1 & k \\ 0 & 1 \end{bmatrix} \tag{7.5}$$

其中，s_x 和 s_y 分别为 x 轴和 y 轴方向的比例因子，k 为倾斜因子。式(7.5)只是表示沿 x 轴方向的倾斜，如图7.22所示。如果其值为正，表示向右倾斜；为负，表示向左倾斜。其中，倾斜因子 k 可以用 $\arctan k$ 求出。如果 k 为正，表示从 y 轴开始顺时针倾斜一个角度；否则，表示逆时针倾斜。如果是沿 y 轴方向倾斜，倾斜因子应该在矩阵的左下角。

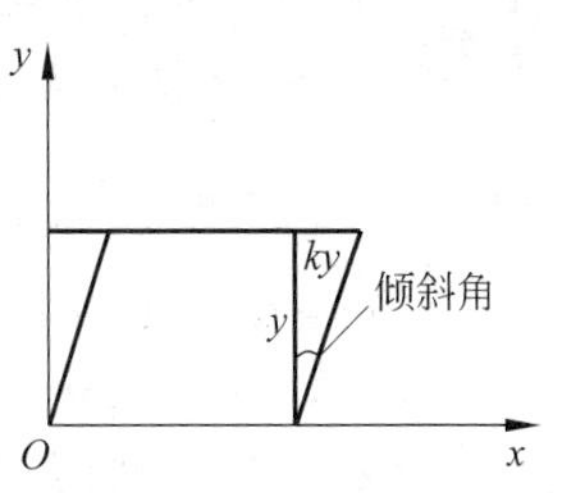

图7.22　x方向倾斜示意图

如果先做旋转变换，然后做倾斜变换，最后做比例变换，那么其综合的变换矩阵为

$$\boldsymbol{A} = \boldsymbol{R} \times \boldsymbol{K} \times \boldsymbol{S} = \begin{bmatrix} s_x\cos\alpha & s_y(k\cos\alpha - \sin\alpha) \\ s_x\sin\alpha & s_y(k\sin\alpha + \cos\alpha) \end{bmatrix} \tag{7.6}$$

注意，如果变换的顺序不同，得到的矩阵系数是不同的。根据式(7.6)，有

$$a_{11} = s_x\cos\alpha \tag{7.7}$$

$$a_{21} = s_x\sin\alpha \tag{7.8}$$

$$a_{12} = s_y(k\cos\alpha - \sin\alpha) \tag{7.9}$$

$$a_{22} = s_y(k\sin\alpha + \cos\alpha) \tag{7.10}$$

比例因子、倾斜角度和旋转角度可以通过以上公式解析得出。

从上面的公式可以看出，仿射变换时至少需要3个控制点(6个坐标值)，才能计算出6个变换系数。为了减少测量误差引起的错误，通常要用4个以上的控制点。

下面通过一个例子来看仿射变换如何用于地图的几何变换。首先需要确定4个以上的控制点，设 N 表示控制点的数目，每个控制点有两对坐标，一对是数字化后在数字地图上的坐标(x,y)，另一对是其在真实坐标系(例如UTM坐标系)中的坐标(x',y')。把这些坐标值代入式(7.1)，可以得到 $2N$ 个方程，因此可以用以下方程估算出6个变换系数：

$$\begin{bmatrix} b_1 & b_2 \\ a_{11} & a_{12} \\ a_{21} & b_{22} \end{bmatrix} = \begin{bmatrix} N & \sum x & \sum y \\ \sum x & \sum x^2 & xy \\ \sum y & \sum xy & \sum y^2 \end{bmatrix}^{-1} \begin{bmatrix} \sum x' & \sum y' \\ \sum xx' & \sum yx' \\ \sum xy' & \sum yy' \end{bmatrix} \tag{7.11}$$

其中求和是对所有控制点的坐标值求和。图 7.23 给出选择 4 个控制点的变换。假设用 4 个控制点的数字化坐标和真实坐标代入式(7.1)或式(7.11)中，计算出 6 个参数值[33]如下：

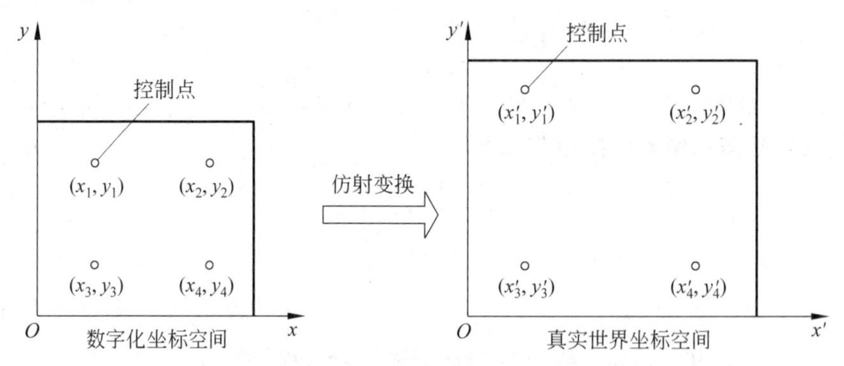

图 7.23　数字化坐标空间到真实坐标空间的仿射变换示意图

$(x_1, y_1) = (465.403, 2733.558)$，　$(x'_1, y'_1) = (518843.844, 5255910.5)$

$(x_2, y_2) = (5102.342, 2744.195)$，　$(x'_2, y'_2) = (528265.750, 5255948.5)$

$(x_3, y_3) = (468.303, 455.048)$，　$(x'_3, y'_3) = (518858.719, 5251280.0)$

$(x_4, y_4) = (5108.498, 465.302)$，　$(x'_4, y'_4) = (528288.063, 5251318.0)$

$a_{11} - 2.032$

$a_{12} = -0.004$

$a_{21} = 0.004$

$a_{22} = 2.032$

$b_1 = 517909.198$

$b_2 = 5250353.802$

那么根据式(7.7)～式(7.10)，有

$$\alpha = \arctan \frac{a_{21}}{a_{11}} = \arctan 0.00197 = 0.113°$$

$$s_x = \frac{a_{11}}{\cos \alpha} = 2.032$$

$$k = \frac{a_{12}\cos \alpha + a_{22}\sin \alpha}{a_{22}\cos \alpha - a_{12}\sin \alpha} = -0.00197$$

$$s_y = \frac{a_{12}}{k\cos \alpha - \sin \alpha} = \frac{a_{22}}{k\sin \alpha + \cos \alpha} = 2.032$$

总的来说，地图或遥感影像的仿射变换需要经过 3 个步骤：

(1) 选择合适的控制点，获取其原始坐标及其在真实世界坐标系中的坐标。

(2) 对控制点进行仿射变换，并检验其均方根误差(Root Mean Square,RMS)。如果误差太大，那么要调整并选择新的控制点；如果误差在可以接受的范围，那么用控制点的坐标数据估算出仿射变换系数。

(3) 使用估算的仿射变换系数计算地图的要素或遥感影像的像元变换坐标。

4. 变换中的误差问题

什么是均方根误差呢？从数学的角度看，概念很直接，它是一种度量两个向量偏差的方法。假设两个向量为

$$\boldsymbol{X}_1=[x_{1,1},x_{1,2},\cdots,x_{1,n}] \tag{7.12}$$

$$\boldsymbol{X}_2=[x_{2,1},x_{2,2},\cdots,x_{2,n}] \tag{7.13}$$

那么两个向量的 RMS 为

$$\mathrm{RMS}=\sqrt{\frac{\sum_{i=1}^{n}(x_{1,i}-x_{2,i})^2}{n}} \tag{7.14}$$

在数字化地图坐标系到真实坐标系的转换过程中，由于转换的依据是控制点的坐标，如果在数字化地图上选择的控制点的坐标有误差，那么通过仿射变换后，估算出来的控制点坐标就会偏离真实坐标值。度量这些误差可以采用 RMS。

假设已经通过控制点估算出仿射变换的 6 个参数。然后，输入控制点的数字化坐标(x_i,y_i)，经过式(7.1)和式(7.2)的仿射变换，得到其真实坐标系下的坐标值(x'_i,y'_i)。这些是控制点坐标的估计值可能与控制点实际坐标$(x_{i,a},y_{i,a})$不同。如果控制点的数量为n，那么控制点仿射变换后的 RMS 为

$$\mathrm{RMS}=\sqrt{\frac{\sum_{i=1}^{n}(x_{i,a}-x'_i)^2+\sum_{i=1}^{n}(y_{i,a}-y'_i)^2}{n}} \tag{7.15}$$

为了保证仿射变换的精度，控制点的 RMS 必须小于一个容忍值。这个容忍值随比例尺和地面分辨率的不同而不同。如果 RMS 在可接受的范围内，那么就可以假设这些控制点的精度是可以接受的，由此得出的仿射变换可以用于全地图或影像的几何变换；若 RMS 超过了设置的容忍值，就需要调整或重新选择控制点。由此，几何变换是选择控制点、估算变换系数、计算 RMS 的迭代过程，直到 RMS 小于容忍值为止。

5. 重采样

卫星影像经过几何变换后，得到一幅新的图像。新图像是经过原影像的旋转、比例缩放、倾斜和平移等变换后得到的，由此其像元值需要重新确定。这个过程就称为像元**重采样**(re-sampling)。由于输出图像的像元点在输入图像中的行列号不是或不全是整数关系，所以需要根据输出图像上的各像元在输入图像中的位置，对原始图像按一定规则重新采样，进行亮度值的插值运算，建立新的图像矩阵。

可以想象将一张网格叠加在影像上，重采样就是根据原来的栅格像元值确定新的栅格像元值。赋给新图像像元的值由重采样方法确定。重采样的主要方法有以下 3 种：

(1) 最邻近插值法。

(2) 双线性插值法。

(3) 立方卷积法。

最邻近插值法(nearest neighbor interpolation)也称为最接近插值法或点采样法,它是一种简单的插值方法。插值就是在给定周围点值的情况下为某个点赋值。最邻近插值法就是简单地选择一个离新像元最近的点,而不考虑其他邻近点,把其值赋给新像元,如图7.24所示。由于像元有一定的范围,一般选择像元的中心点用于邻近距离的计算。该方法的特点是:计算简单,速度快;不引入新的像元值,适合分类应用,例如,有利于区分植被类型、确定湖泊浑浊程度和温度等。该插值法常用于3D场景中的场景渲染。其缺点是:最大可产生半个像元的位置偏移,改变了像元值的几何连续性,原图中的某些线状特征会被扭曲,或者线变粗,成为块状。

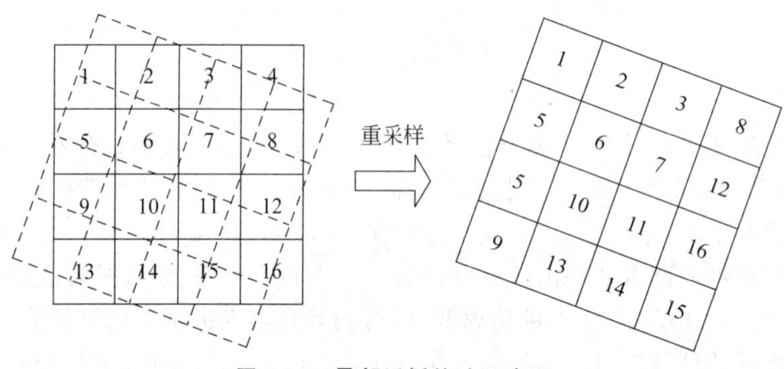

图7.24 最邻近插值法示意图

在数学上,**双线性插值法**(bilinear interpolation)是线性插值函数在二维规则网格上的扩展。其关键思路是:首先在一个方向执行线性插值,然后在另一个方向执行线性插值,因此称为双线性插值。其原理如图7.25所示。其中,$P(x,y)$点为待插值点,双线性插值就是利用其邻近的4个点$H_{11}(x_1,y_1)$、$H_{21}(x_2,y_1)$、$H_{12}(x_1,y_2)$和$H_{22}(x_2,y_2)$的值进行插值。

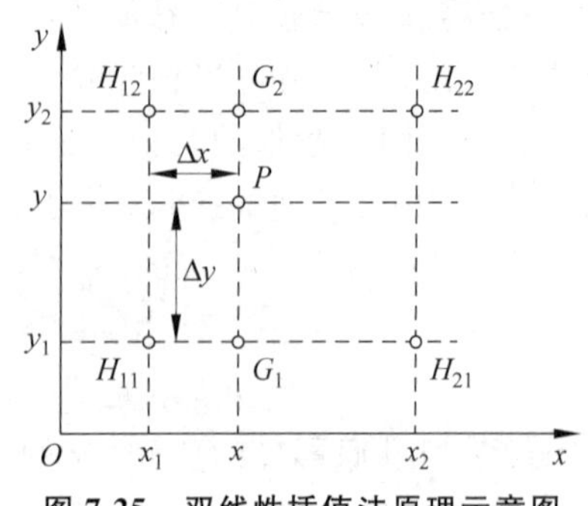

图7.25 双线性插值法原理示意图

首先在x方向进行线性插值,分别得到$G_1(x,y_1)$和$G_2(x,y_2)$点的值:

$$G_1=\frac{x_2-x}{x_2-x_1}H_{11}+\frac{x-x_1}{x_2-x_1}H_{21} \tag{7.16}$$

$$G_2=\frac{x_2-x}{x_2-x_1}H_{12}+\frac{x-x_1}{x_2-x_1}H_{22} \tag{7.17}$$

为了简化表示,式(7.16)和式(7.17)中用大写字母表示相应点的值。

然后,在y方向进行线性插值,最后得到P点的值:

$$P=\frac{y_2-y}{y_2-y_1}G_1+\frac{y-y_1}{y_2-y_1}G_2 \tag{7.18}$$

从上面3个公式可以看出：在插值表达式中，距离越近的点，其值的贡献越大；反之，距离越远，贡献越小。以上过程是先在 x 方向插值，然后在 y 方向插值。如果反过来，先进行 y 方向的插值，后进行 x 方向的插值，得到的结果是一样的。

因为在计算中只用到相邻4个点的值，所以不失一般性，可以假设

$$\begin{cases} x - x_1 = \Delta x \\ y - y_1 = \Delta y \\ x_1 = y_1 = 0 \\ x_2 = y_2 = 1 \end{cases} \tag{7.19}$$

于是根据式(7.16)和式(7.17)，式(7.18)可以写成如下形式：

$$\begin{aligned} P &= \frac{(x_2 - x)(y_2 - y)}{(x_2 - x_1)(y_2 - y_1)} H_{11} + \frac{(x - x_1)(y_2 - y)}{(x_2 - x_1)(y_2 - y_1)} H_{21} + \\ &\quad \frac{(x_2 - x)(y - y_1)}{(x_2 - x_1)(y_2 - y_1)} H_{12} + \frac{(x - x_1)(y - y_1)}{(x_2 - x_1)(y_2 - y_1)} H_{22} \\ &= (1 - \Delta x)(1 - \Delta y) H_{11} + \Delta x (1 - \Delta y) H_{21} + \\ &\quad (1 - \Delta x) \Delta y H_{12} + \Delta x \Delta y H_{22} \\ &= \sum_{i=1}^{2} \sum_{j=1}^{2} H_{ij} W_{ij} \end{aligned} \tag{7.20}$$

其中 $W_{ij} = W_i(x) W_j(y)$，为卷积核函数。对于双线性插值法，采用的卷积核函数是一个三角函数，即

$$W(x) = 1 - |x|, \quad 0 \leqslant |x| \leqslant 1 \tag{7.21}$$

因此，对于图7.25所示的关系，有

$$\begin{aligned} W(x_1) &= 1 - \Delta x \\ W(x_2) &= \Delta x \\ W(y_1) &= 1 - \Delta y \\ W(y_2) &= \Delta y \end{aligned} \tag{7.22}$$

那么

$$\begin{aligned} W_{11} &= W(x_1) W(y_1) = (1 - \Delta x)(1 - \Delta y) \\ W_{12} &= W(x_1) W(y_2) = (1 - \Delta x) \Delta y \\ W_{21} &= W(x_2) W(y_1) = \Delta x (1 - \Delta y) \\ W_{22} &= W(x_2) W(y_2) = \Delta x \Delta y \end{aligned} \tag{7.23}$$

在插值方法中，输出像元值是根据其相邻区域的输入像元值的加权运算得到的，这个加权方式用一个函数表示，这个函数就称为卷积核函数，即式(7.20)的含义。

该方法与最邻近插值法相比，其优点是图像较平滑，无台阶现象，线状特征的块状化现象减少，空间位置精度更高。但是该方法有低频卷积滤波效果，破坏了原来的像元值，在波谱识别分类分析中会引起一些问题。另外，其边缘被平滑，不利于边缘检测。

双线性插值法采用4个邻近点进行插值，与最邻近插值法相比，插值效果得到改善。是否可以进一步扩大邻近值的范围以得到更好的插值效果呢？可以，这就是**立方卷积插值法**(cubic convolution interpolation)。它采用内插点周围的16个像元值，用三次卷积

核函数进行内插,如图7.26所示。一种三次卷积核函数如下:

$$\begin{cases} W_1(x)=1-2x^2+|x|^3, & 0\leqslant|x|\leqslant 1 \\ W_2(x)=4-8|x|+5x^2-|x|^3, & 1\leqslant|x|\leqslant 2 \\ W_3(x)=0, & 2\leqslant|x| \end{cases} \tag{7.24}$$

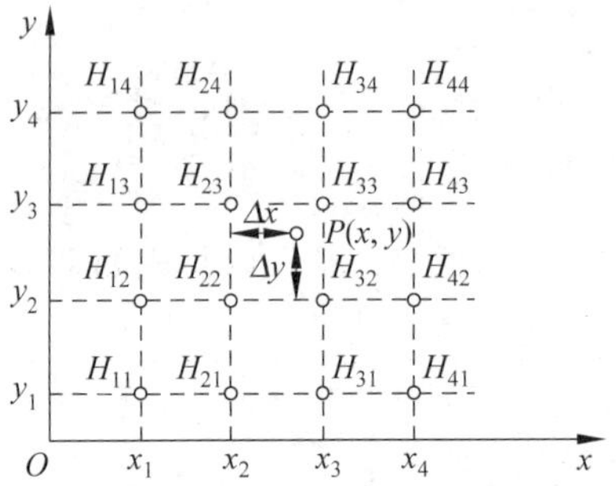

图7.26 立方卷积插值法示例

与式(7.20)类似,根据16个相邻像元值的插值如下:

$$P=\sum_{i=1}^{4}\sum_{j=1}^{4}H_{ij}W_{ij} \tag{7.25}$$

这里,$W_{ij}=W_i(x)W_j(y)$。其中:

$$\begin{aligned} W(x_1)&=W(1+\Delta x)=4-8\times(1+\Delta x)+5\times(1+\Delta x)^2-(1+\Delta x)^3 \\ &=-\Delta x+2(\Delta x)^2-(\Delta x)^3 \\ W(x_2)&=W(\Delta x)=1-2(\Delta x)^2+(\Delta x)^3 \\ W(x_3)&=W(1-\Delta x)=1-2\times(1-\Delta x)^2+(1-\Delta x)^3 \\ &=\Delta x+(\Delta x)^2-(\Delta x)^3 \\ W(x_4)&=W(2-\Delta x)=4-8\times(2-\Delta x)+5\times(2-\Delta x)^2-(2-\Delta x)^3 \\ &=-(\Delta x)^2+(\Delta x)^3 \end{aligned} \tag{7.26}$$

以上是在x方向的卷积插值计算,在y方向的卷积插值计算与此类似。三次卷积插值法的高频信息损失少,可使噪声平滑,对边缘有所增强,具有均衡化和清晰化的效果。其缺点是破坏了原来的像元值,计算量大。

重采样方法的选择除了考虑图像的显示要求及计算量外,在做分类时还要考虑插值结果对分类的影响,特别是当纹理信息为分类的主要信息时。研究表明,最邻近插值法将严重改变原图像的纹理信息,因此,当纹理信息为分类主要信息时,不宜选用最邻近插值法。双线性插值法及三次卷积插值法将减小图像异质性,增大图像同构性,其中,双线性插值法使这种变化更为明显。

7.4 地理空间数据分析

地理空间数据分析是GIS中的关键部分。通过对GIS中的地理空间数据的分析,把隐式的内容显式化,把数据转化为有用的信息,为用户提供辅助决策能力。早期的地理空间数据分析是人工完成的。有了计算机,做数据分析就更方便、高效。地理空间数据分析方法还在不断地发展,各种 GIS 软件系统都有共同的和不同的分析技术。下面介绍一些常用的地理空间数据分析方法。

7.4.1 地理空间数据探查与查询

1. 探查性地理空间数据分析

地理空间数据分析的一种简单和直观的方法是**探查性空间数据分析**(Exploratory Spatial Data Analysis,ESDA)。用户在 ESDA 工具支持下,可以用各种探查性方式查看数据的特性。

为了理解什么是 ESDA,首先看看什么是一般性的**探查性数据分析**(Exploratory Data Analysis,EDA)。探查性数据分析意在标识数据的特性,其目的是检测数据中的模式,或依据数据检验假设是否成立,或对模型的适应性和效果进行评价。EDA 采用图形和可视化方法以及具有统计鲁棒性的数值技术(不会受到极值或非典型数据值的太大影响,例如用中值而不是平均值度量位置)。EDA 强调用描述性方法,而不是假设检验方法。EDA 采用简单和直观的方法,"近距离"观察原始数据。

ESDA 是 EDA 的扩展,用于探查数据的空间特性。ESDA 包括检测数据中的空间模式、基于数据的地理性查验假设的成立、评价空间模型。此外,ESDA 通过地图来关联数值和图形过程,能够回答诸如"这些情况位于地图的什么地方"的问题。

ESDA 环境由一系列工具组成。通过这些工具操纵和探查空间数据的各种视图,用户可以深入观察数据的特性和模式。各个视图是互相关联的。例如,选择直方图(柱状图)视图中的一个柄,该柄值(属性值)对应的实体也将在地图视图上的对应位置显示。又如,在散点图上选择某些点,其对应的实体将在地图视图上相应的位置显示。

在数据探查中,常见的任务如下:

(1) 查看数据的分布。

(2) 寻找全局和局部异常值。

(3) 查看全局的趋势。

(4) 查看空间自相关。

在 ESDA 图形环境中,用户通过探查数据集的方式获取对数据集更好的理解。各个 ESDA 工具提供不同的数据视图,并显示在相互独立的窗口中。

在 GIS 中,系统为用户提供多种类型的视图界面。典型的视图有地图视图、表视图、目录视图和图形视图。**地图视图**以可视化方式显示空间数据的内容,用户点击地图上的任意位置时,系统可以给出该位置的坐标。对于栅格数据,还可以显示栅格单元的行列号。用户点击地图上的某个空间实体(用向量数据或栅格数据表示),系统可以返回该实体的属性。**表视图**即属性视图,表的一行表示一个空间实体,一列表示实体的一个属性。**目录视图**是一种层次视图,类似于 Windows 系统中资源管理器左边的文件夹视图。目录视图中的层次表示空间实体的层次,其右边的视图表示空间实体中具体包含的向量数据或栅格数据。

典型的**图形视图**有柱状图视图和散点图视图等。**柱状图视图**用柱状图形表示空间要素的属性值。**散点图视图**用符号描绘两个变量的数值，x 轴和 y 轴分别对应一个变量，通过观察散点图视图，可以发现两个变量（属性）之间是否存在关联。

这些视图之间是关联的。例如，用户通过一个表视图选择一个空间实体，该空间实体将会在地图视图中高亮显示。

因此，探查性空间数据分析就是通过用户与各视图的交互探查过程，查看数据的趋势以及数据之间的关系和结构，获取数据集背后隐含的信息。

2. 地理空间数据的查询

地理空间数据查询是对地理空间数据库的查询，包括图形数据查询、栅格数据查询、属性查询、混合查询和模糊查询等几种主要的查询方式。

查询是 GIS 的重要功能。用户提交查询条件，系统返回满足查询条件的空间数据和属性数据。用户通过与 GIS 用户界面的交互，实现对 GIS 数据库的查询。在具体应用中，用户点击地图，选取查询菜单，在查询对话框中输入查询条件，提交查询。

查询是 GIS 用户最常使用的功能，用户提出的许多问题都可以通过查询的方式解决。用户通过提交查询，可以定位空间实体，提取空间实体的信息。查询是 GIS 进行高层空间分析的基础。

下面将介绍地理空间数据查询的查询方式和结果显示方式。

由于 GIS 数据包括空间、属性和时间特性，因此地理空间数据查询将包含图形、栅格和属性的查询，基于时间特性的图形、栅格、属性联合查询，以及自然语言查询、模糊查询和超文本查询等。

GIS 的地理空间数据查询主要有下列几种方式：

（1）**属性数据的查询**。根据空间实体的属性数据查询空间实体或者相应的空间特性。属性查询可以通过结构化查询语言进行。例如，用户确定一个城市后，从分类表中选择“学校”类，输入“市第三中学”，系统就会返回一幅市第三中学附近的地图，并在地图上标示市第三中学的位置。

（2）**向量图形数据的查询**。基于向量图形的查询是一种可视化的查询，用户通过在屏幕上选取地物实体，查询其对应的图形和属性信息。基于图形的查询有两种典型的方式：**区域查询**和**点选查询**。区域可以是矩形区域、圆形区域和任意多边形区域，用户通过在屏幕上指定一个区域来查询其中包含的地物实体及其信息，哪些要素落在区域内或与区域相交。点取查询指用户通过直接在屏幕上选取地物实体（点状、线状或面状地物）来查询其信息。例如，查询某超市 5km 半径内有哪些住宅小区。

（3）**栅格数据的查询**。这里特指针对栅格像元的查询。例如，对于数字高程模型表达的栅格数据，提交像元值大于 1000 的查询，就可以返回高程值大于 1000 的所有像元。栅格数据还可以按像元属性的逻辑运算来查询，这是一个多种栅格数据的逻辑选择过程。逻辑运算符为 AND、OR、XOR 和 NOT。逻辑运算可以组合更多的像元属性作为查询条件，例如，加上面积和形状等条件，以进行更复杂的逻辑选择运算。例如，可以用条件（A AND B) OR C 进行检索。其中 A 为山地，B 为坡度值大于 40°，C 为高程大于

500m，这样就可把栅格数据集中标识为山地且坡度值大于40°的栅格像元或者高程大于500m的栅格像元都检索出来。在生成的输出栅格中，满足逻辑条件的像元赋值为1，否则赋值为0。如果是针对栅格数据中的空间关系和其他属性数据，空间查询的方式与向量数据相似。

（4）**基于空间关系的查询**。基于空间要素的关系实施查询。基本的空间关系有包含、相交和相邻/邻接。包含关系指选择完全落在某范围之内的要素，例如在某个地区中查找加油站或国道。相交关系指选择与某要素相交的要素，例如查找与高速公路相交的国道。相邻关系指选择距某要素一定距离范围内的要素，例如查找距某小区500m范围内的小卖部。如果一个要素与另一个要素有公共边界，或两者之间的距离为0，那么两个要素的关系称为邻接。

（5）**图形与属性的混合查询**。查询条件同时包括图形部分的内容和属性方面的内容，查询结果集同时满足这两方面的要求。例如，要查询某超市5km半径内哪些住宅小区的居民数超过1000户，首先用图形条件查询5km半径内的住宅小区，然后用属性条件查询哪些小区的人数超过1000户。

（6）**模糊查询**。指限定查询数据项的部分内容，匹配所有数据项中具有该内容的数据库记录。GIS中的模糊查询与数据库的模糊查询相似，只是更多地具有空间数据的特性。属性数据的模糊查询与一般的数据库模糊查询相同，空间数据的模糊查询的目的是通过空间实体的图形特征进行相似性的匹配。

（7）**自然语言空间查询**。通过简单而意义直接的自然语言表达数据查询的要求，区别于程序语言和结构化查询语言。这里的关键在于自然语言的计算机解译以及查询的转换，最终向系统提供系统可以理解的查询语言。

（8）**符号查询**。地物在GIS中都是以一定的符号系统表示的。符号查询是根据地物在系统中的符号表现形式查询地物的信息。用户指定某种符号，在符号库中查询其代表的地物类型，在属性库中查询该地物的属性信息或者图形信息。

（9）**超文本浏览**。确切地说，这种查询是一种基于浏览器的探查。在超文本结构模式中，可以把热点设置在向量图形或栅格数据表示的空间实体上，通过超链接把热点与其他空间数据关联。用户用鼠标点击某个热点实体后，系统弹出相关的信息，从而达到探查的效果。

地理空间数据查询不仅能给出查询到的数据，还能以最有效的方式将地理空间数据显示给用户。例如对于查询到的地理现象的属性数据，能以表格或统计图表的形式显示，或根据用户的要求来确定。地理空间数据的最佳表示方式是地图，因而地理空间数据查询的结果最好以专题地图的形式表示。

读者可以选择某个GIS软件平台，例如ArcGIS，进行地理空间数据探查和查询的实践。

7.4.2 地理空间数据的统计分析

在数据分析的时候，一般首先要对数据进行描述性(descriptive)统计分析，以发现其内在的规律，再选择进一步分析的方法。这里，描述性表示“梗概的、总体的”，是对数据集中感兴趣的关键特性的描述。统计分析的对象是GIS地理数据库中的专题数据，包括基本统计量的计算、空间自相关和常用统计数据的分类(分级)。描述性统计分析要对调查总体所有变量的有关数据做统计性描述。

1. 基本统计量

代表数据集中趋势的统计量如下：

(1) 频数和频率。

(2) 平均数。

(3) 数学期望。

(4) 中数。

(5) 众数。

将变量 $x_i(i=1,2,\cdots,n)$ 按大小顺序排列，对总数据按某种标准进行分组，统计出各个组内包含个体的个数，称为**频数**，也称次数，用 f_i 表示。各组频数与数据总数之比称为**频率**。频数和频率用以反映事件的分布状况。频数(或频率)表明对应组标志值的作用程度。频数(或频率)数值越大，表明该组标志值对于总体水平所起的作用也越大；反之，频数(或频率)数值越小，表明该组标志值对于总体水平所起的作用也越小。当 n 相当大时，频率可近似地表示事件的概率。

计算出各组的频率后，就可作出**频率分布图**。若以纵轴表示频率，以横轴表示分组，就可作出**频率直方图**。

平均数反映了数据取值的平均情况。对于数据 $x_i(i=1,2,\cdots,n)$，通常有简单算术平均数和加权算术平均数。**简单算术平均数** $\bar{x}$ 的计算公式为

$$\bar{x}=\frac{1}{n}\sum_{i=1}^{n}x_i \tag{7.27}$$

加权算术平均数的计算公式为

$$\bar{x}=\sum_{i=1}^{n}p_i x_i\Big/\sum_{i=1}^{n}p_i \tag{7.28}$$

其中，p_i 为数据 x_i 的权值。

以概率为权值的加权平均数称为**数学期望**，用于反映数据分布的集中趋势。其计算公式为

$$E(x)=\sum_{i=1}^{n}P_i x_i \tag{7.29}$$

其中，P_i 为事件发生的概率。

对于有序数据集 X，如果有一个数 m，其概率分布满足以下条件：

$$\begin{cases}P(X\geqslant m)\geqslant\dfrac{1}{2}\\[2ex]P(X\leqslant m)\leqslant\dfrac{1}{2}\end{cases} \tag{7.30}$$

则称 m 为数据集 X 的**中数**，也称为**中位数**。对于一组有限个数的数据集来说，中数是这样的一种数：这群数据里的一半数据比它大，而另一半数据比它小。计算有限个数的数

据集的中数的方法是：把所有的同类数据按照大小的顺序排列。如果数据的个数是奇数，则中间的数据就是这些数据的中数；如果数据的个数是偶数，则中间两个数据的算术平均数就是这些数据的中数。即，若 $X(x_1, x_2, \cdots, x_n)$ 的总项数为奇数，则中数为

$$m = x_{(n+1)/2} \tag{7.31}$$

若 X 的总项数为偶数，则中数为

$$m = \frac{1}{2}(x_{n/2} + x_{n/2+1}) \tag{7.32}$$

众数是出现次数最多或可能性最大的数值。如果数据集 X 是离散的，则称 X 中出现次数最多的值 x 为众数；如果 X 是连续的，则以 X 分布的概率密度 $P(x)$ 取最大值的 x 为 X 的众数。在高斯分布中，众数等于峰值。显然，众数可能不是唯一的。

当数值或被观察数据没有明显次序（常发生于非数值性数据）时，众数特别有用，因为这种情况下可能无法定义算术平均数和中数。

平均数、中数和众数等统计量常用于数据的集中趋势分析，反映数据的一般水平。如果各个数据之间的差异较小，用平均数就有较好的代表性；而如果数据之间的差异较大，特别是有个别的极端值的情况，用中数或众数有较好的代表性。

代表数据离散程度的统计量如下：

(1) 极差。

(2) 离差。

(3) 方差。

(4) 标准差。

(5) 变差系数。

它们用于数据的离散程度分析，主要反映数据之间的差异程度。在分析 GIS 的属性数据时，不仅要找出数据的集中位置，而且要查明这些数据的离散程度，即它们相对于中心位置的分布及其变化范围。因此人们引入了描述离散程度的统计量。

极差（又称为全距）是一组数据 $x_i(i=1,2,\cdots,n)$ 中最大值与最小值之差，用于表示统计数据的变化程度，即

$$\omega = x_{\max} - x_{\min} \tag{7.33}$$

一组数据中的各数据值与平均数之差称为**离差**，即

$$d = x_i - \bar{x} \tag{7.34}$$

把离差的平方求和，即得离差平方和，即

$$d^2 = \sum_{i=1}^{n}(x_i - \bar{x})^2 \tag{7.35}$$

将离差取绝对值，然后求和，再求平均数，得到平均离差，即

$$\bar{d} = \frac{1}{n}\sum_{i=1}^{n} | x_i - \bar{x} | \tag{7.36}$$

平均离差和离差平方和是表示各数值相对于平均数的离散程度的重要统计量。

方差（均方差）是以离差平方和除以变量个数求得的，即

$$\sigma^2 = \frac{1}{n}\sum_{i=1}^{n}(x_i - \bar{x})^2 \tag{7.37}$$

标准差是方差的平方根，即

$$\sigma = \sqrt{\frac{1}{n}\sum_{i=1}^{n}(x_i - \bar{x})^2} \tag{7.38}$$

变差系数用来衡量数据在时间和空间上的相对变化的程度，是概率分布离散程度的一个归一化量度，其定义为标准差与平均值之比，即

$$c_v = \frac{\sigma}{\bar{x}} \tag{7.39}$$

变差系数只在平均数不为零时有定义，而且一般适用于平均数大于零的情况。变差系数也称为标准离差率。与标准差相比，变差系数的好处是不需要参照数据的平均数。它是无量纲的量，因此在比较两组量纲不同或均值不同的数据时，应该用变差系数而不是标准差作为比较的参考。但是，当平均数接近0的时候，微小的扰动也会对变差系数产生巨大影响，从而造成精确度不足。

2. 空间自相关

大部分地理现象都具有空间相关特性，即距离越近的两个事物越相似。空间自相关描述的是在空间区域位置上的变量与其邻近位置上同一变量的相关性。空间自相关分析包括全局空间自相关分析和局部空间自相关分析。全局空间自相关分析用来判断在整个研究区域范围内指定的属性是否具有自相关性。局部空间自相关分析分别计算每个空间单元与邻近单元对于指定属性的自相关程度，可判断在特定的局部地点指定的属性是否具有自相关性。下面介绍两个常用的分析空间自相关的统计量：Moran's I 和 Geary's C。

1）空间权重矩阵

地理事物在空间上的此起彼伏和相互影响是通过它们之间的相互联系得以实现的，**空间权重矩阵**(spatial weights matrix)是这一作用过程的实现方法。因此，构建空间权重矩阵是研究空间自相关的基本前提之一。空间数据中隐含的拓扑信息提供了空间邻近的基本度量。通常定义一个二元对称空间权重矩阵 $\boldsymbol{W}_{n\times n}$ 来表达 n 个空间对象的空间邻近关系，空间权重矩阵的表达形式为

$$\boldsymbol{W} = \begin{bmatrix} w_{11} & w_{12} & \cdots & w_{1n} \\ w_{21} & w_{22} & \cdots & w_{2n} \\ \vdots & \vdots & \ddots & \vdots \\ w_{n1} & w_{n2} & \cdots & w_{nn} \end{bmatrix}$$

其中，w_{ij} 为区域 i 和 j 的邻近关系。空间权重矩阵有多种设定规则，下面介绍几种常见的空间权重矩阵设定规则。

(1) 根据邻接标准。当空间对象 i 和空间对象 j 相邻时，空间权重矩阵的元素 w_{ij} 为1，其他情况为0，表达式为

$$w_{ij} = \begin{cases} 1, & i \text{ 与 } j \text{ 相邻} \\ 0, & i = j \text{ 或 } i \text{ 与 } j \text{ 不相邻} \end{cases}$$

(2) 根据距离标准。当空间对象 i 和空间对象 j 在给定距离 d 之内时，空间权重矩

阵的元素 w_{ij} 为1,否则为0,表达式为

$$w_{ij}=\begin{cases}1, & i\text{ 与 }j\text{ 的距离小于 }d\\0, & \text{其他}\end{cases}$$

(3) 如果采用属性值 x_j 和二元空间权重矩阵来定义一个加权空间邻近度量方法,则对应的空间权重矩阵可以定义为

$$w_{ij}^{*}=\frac{w_{ij}x_j}{\sum_{j=1}^{n}w_{ij}x_j}$$

2) Moran's I

Moran's I 包括全局 Moran's I 和局部 Moran's I。

全局 Moran's I 的定义是

$$I=\frac{\sum_{i=1}^{n}\sum_{j=1}^{n}w_{ij}(x_i-\bar{x})(x_j-\bar{x})}{S^2\sum_{i}^{n}\sum_{j\neq i}^{n}w_{ij}}$$

式中,n 为样本数目,x_i、x_j 为 i、j 点或区域对应的属性值,$\bar{x}$ 为平均数,w_{ij} 为空间权重矩阵中的元素,$S^2=\frac{1}{n}\sum_{i=1}^{n}(x_i-\bar{x})$。

对于局部位置 i 的空间自相关,Moran's I 的定义是

$$I_i=Z_i\sum_{j=1}^{n}w'_{ij}Z_j$$

式中,Z_i 是 x_i 的标准化变换,$Z_i=\frac{x_i-\bar{x}}{\sigma}$,$w'_{ij}$ 为按照行和归一化后的权重矩阵(每行的和为1)中的元素,该矩阵为非对称的空间权重矩阵。

在进行空间统计分析时,需要对 X 的空间分布进行假设,一般假设为正态分布或随机分布。通过对正态分布、随机分布的空间分布假设计算 Moran's I 的期望值及方差,可检验空间对象是否存在空间自相关。

对于正态分布假设,其期望值和方差的计算公式如下:

$$E(I)=-\frac{1}{(n-1)}$$

$$\operatorname{var}(I)=\frac{n^2S_1-nS_2+3S_0^2}{(n^2-1)S_0^2}-E(I)^2$$

对于随机分布假设,其期望值和方差的计算公式如下:

$$E(I)=-\frac{1}{n-1}$$

$$\operatorname{var}(I)=\frac{n[(n^2-3n+3)S_1-nS_2+3S_0]-k[(n^2-n)S_1-2nS_2+6S_0^2]}{(n-1)(n-2)(n-3)S_0^2}-E(I)^2$$

式中,$S_0=\sum_{i=0}^{n}\sum_{j=0}^{n}w_{ij}$,$S_1=\frac{1}{2}\sum_{i=0}^{n}\sum_{j=0}^{n}(w_{ij}+w_{ji})^2$,$S_2=\sum_{i=0}^{n}(w_{i.}+w_{.i})^2$,$\sum_{j=0}^{n}w_{ij}$ 是第 i 行

权重值之和，$\sum_{i=0}^{n} w_{ij}$ 是第 i 列权重值之和，$k=\frac{n\sum_{i=1}^{n}(x_i-\bar{x})^4}{\left[\sum_{i=1}^{n}(x_i-\bar{x})^2\right]^2}$。

根据以下标准化统计量可以进行假设检验：

$$Z=\frac{1-E(I)}{\sqrt{\text{var}(I)}}$$

式中，Z 为标准化统计量。

Moran's I 的值介于－1 和 1 之间。如果该值是正的而且显著，表明具有正的空间相关性，即在一定范围内各位置的值是相似的；如果该值是负的而且显著，则具有负的空间相关性，数据之间不相似；如果该值接近 0，则表明数据的空间分布是随机的，没有空间相关性。

3) Geary's C

对于全局空间自相关，全局 Geary's C 采用如下公式计算：

$$C(d)=\frac{\sum_{i=1}^{n}\sum_{j=1}^{n}w_{ij}(x_i-x_j)^2(N-1)}{2\sum_{i=1}^{n}(x_i-\bar{x})^2\sum_{i}^{n}\sum_{j\neq i}^{n}w_{ij}}$$

对于局部位置 i 的空间自相关，Geary's C 的定义是

$$C_i(d)=\sum_{j\neq i}^{n}w_{ij}(x_i-x_j)^2$$

与 Moran's I 类似，Geary's C 的期望值与方差也主要有正态分布和随机分布两种假设。Geary's C 总是正值，取值范围一般为[0,2]。完全空间随机时 C 的值为 1；当 C 值小于 1 而且显著时，表明存在正的空间自相关；当 C 的值大于 1 而且显著时，表明存在负的空间自相关。

3. 聚类

为了把 GIS 地理数据中的空间和属性数据用专题地图的形式表示出来，通常需要对这些数据进行聚类。聚类就是根据多种地理要素对空间实体进行类别划分。对不同的要素划分类别往往反映不同目标的等级序列，如土地分等定级、电磁和云层强度分级等。

系统聚类法是分类数据处理中用得比较多的一种方法。系统**聚类法**的基本思路是：首先根据一批地理数据或指标找出能度量这些数据或指标之间相似程度的统计量；然后以统计量作为划分类型的依据，把一些相似程度大的数据首先聚为一类，而把另外一些相似程度小的数据聚为另一类，直到所有的数据都聚集完毕；最后根据各类之间的亲疏关系逐步形成聚类簇。其相似程度由距离或者相似系数定义。进行类别合并的准则是使得类间差异最大，而类内差异最小。

一种具体的实现方法是：首先让 n 个样本各成一簇，计算簇之间的距离。选择距离最小的两簇合并成一个新簇，计算新簇与其他簇的距离，再将距离最小的两个簇进行合并……这样每次减少一个簇，直到达到所需的分类数或所有的样本都归为一类为止。

聚类的特点是事先无须知道分类对象的分类结构，而只需要一批地理数据，然后选好分类统计量，并按一定的方法和步骤进行计算，最后便能自然地得到分类数据(簇)。

但是，每个地理样本单元有多种变量的原始数据，各种变量的量纲和数量大小是很不一致的，变化的幅度也不一样。假如直接用原始数据进行计算，就会突出绝对值大的变量的作用，而压低绝对小的变量的作用。为了给每种变量以统一量度，在进行模型的统计计算前，往往需要对原始数据进行归一化变换。通常使用标准差进行归一化。

对样本进行聚类时，个体之间的相似程度往往用"距离"来度量。将每个样本看成高维空间的一个点，点与点之间用某种法则规定距离，距离近的点归为一类。除了最短距离法外，还有其他计算数据样本之间的距离的方法。除了计算数据样本之间距离的公式不同外，其合并簇的步骤是完全相同的。

7.4.3 基于数字高程模型的分析

基于数字高程模型(DEM)进行空间分析，可以提取坡度和坡向，进行视域和流域分析。数字高程模型是GIS中表示地形的有效方法，是一种栅格数据，每一个栅格像元记录地表的高程值。高程值通常是栅格像元中心的高程值，也可能是像元的高程平均值。

1. 坡度和坡向

DEM给出了每个像元的高程值，但是在应用中只有这些原始数据是不够的，还需要从中派生出一些数据。采用的数据是坡度和坡向。假设使用的原始DEM数据是正方形栅格数据，那么把一个平面覆盖在地表观测点上，这个平面的最大倾斜的角度就是**坡度**(slope)，最陡倾斜的方向就是**坡向**(aspect)。

严格地讲，地表面任一点的坡度是指过该点的切平面与水平地面的夹角。坡度表示地表面在该点的倾斜程度，在数值上等于过该点的切平面法向量与Z轴的夹角。坡向是法向量在XOY平面上的投影与X轴之间的夹角。坡向以正北方向为0°，沿顺时针方向度量的角度，如图7.27所示。

如果把高度z表示为位置x和y的函数，那么某点(x,y)处的坡度就可以根据该函数的一阶导数求出：

$$s=\sqrt{(\partial z/\partial x)^2+(\partial z/\partial y)^2} \tag{7.40}$$

坡向为

$$\alpha=\frac{\partial z/\partial y}{\partial z/\partial x} \tag{7.41}$$

其中，$\partial z/\partial x$表示x方向高程变化率，$\partial z/\partial y$表示y方向高程变化率(正切)。为了理解平面的坡度概念，可参看图7.28。坡度用垂直差v与水平差h之比表示，即高程的变化率。如果用度表示，就用反正切函数，即$\arctan(v/h)$计算。

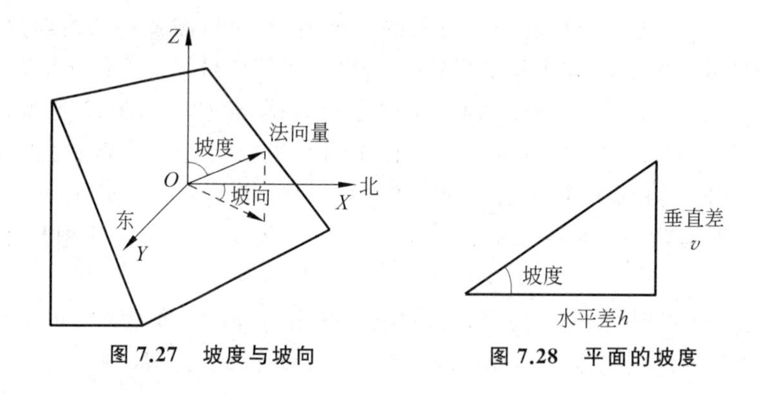

图 7.27　坡度与坡向

图 7.28　平面的坡度

由于 DEM 是离散数据，因此在实际计算坡度和坡向时采用简化的方法，即用 3×3 的栅格像元计算中心像元的坡度和坡向。在估算坡度时，也可求出该中心像元 8 个方向上的坡度，再取其平均值。

在图 7.29 中，像元高程值为 z_i，$i=1,2,\cdots,9$，中心像元高程值为 z_5。为了计算该像元处的坡度和坡向，从式(7.40)和式(7.41)可以看出，关键是估算 x 和 y 方向上的高程变化率。

z_1	z_2	z_3
z_4	z_5	z_6
z_7	z_8	z_9

图 7.29　一个像元的 3×3 相邻像元及其高程值

下面介绍两种估算高程变化率的方法。一种只考虑中心像元的 x 和 y 方向上的4 个相邻像元的高程值，因此 x 和 y 方向的高程差分别为 $n_x=(z_6-z_4)/(2d)$ 和 $n_y=(z_8-z_2)/(2d)$，其中 d 为栅格的大小。基于式(7.40)和式(7.41)，坡度和坡向为

$$s=\sqrt{(z_6-z_4)^2+(z_8-z_2)^2}/(2d) \tag{7.42}$$

$$\alpha=\arctan\frac{z_8-z_2}{z_6-z_4} \tag{7.43}$$

另一种方法就全部考虑中心像元的 8 个相邻像元的高程值。计算 x 方向的高程变化率，一端用到像元 3、6、9，另一端用到像元 1、4、7。每一端的 3 个像元值对高程变化率的贡献不同，因此设置不同的权重，其中中间像元 6 和 4 的权重设置为 2，其他像元的权重设置为 1。因此，X 方向的高程变化率为 $n_X=(z_3+2z_6+z_9-z_1-2z_4-z_7)/(8d)$；同理，$Y$ 方向的高程变化率为 $n_Y=(z_7+2z_8+z_9-z_1-2z_2-z_3)/(8d)$。因此，坡度和坡向分别为

$$s=\frac{\sqrt{(z_3+2z_6+z_9-z_1-2z_4-z_7)^2+(z_7+2z_8+z_9-z_1-2z_2-z_3)^2}}{8d} \tag{7.44}$$

$$\alpha=\arctan\frac{z_7+2z_8+z_9-z_1-2z_2-z_3}{z_3+2z_6+z_9-z_1-2z_4-z_7} \tag{7.45}$$

后一种计算方法也是 ArcGIS 中使用的方法。注意，上面在计算坡向时，是按照图 7.30 所示的坐标及其方位计算坡度的，计算出来的坡度值用度或弧度表示。如果以度为单位，那么它是−90°～90°的值。但是坡度以正北为 0°，沿顺时针方向计算角度，正东为 90°，正南为 180°，正西为 270°。为此，要把式(7.45)得到的坡度值转换为 0°～360°的坡度

值。具体可以按照表 7.4 的数据转换。注意，表 7.4 中通过式(7.45)计算出来的坡度值 α 为$-90°\sim90°$，其值可能为负。

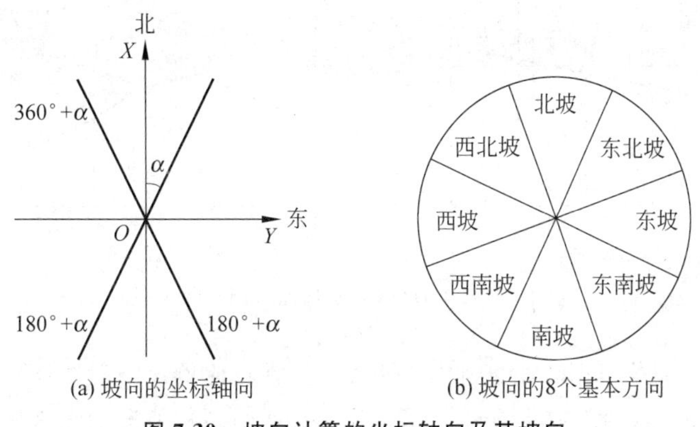

(a) 坡向的坐标轴向　　(b) 坡向的8个基本方向

图 7.30　坡向计算的坐标轴向及其坡向

表 7.4　坡向转换

n_X	n_Y	α	坡度
0	>0	—	90°
	0	—	−1
	<0	—	270°
>0	>0	0 ～ 90°(正值)	α
	0	0°	0°

n_X	n_Y	α	坡度
>0	<0	−90°～ 0°(负值)	360°+α
<0	>0	−90°～ 0°(负值)	180°+α
	0	0°	180°
	<0	0 ～ 90°(正值)	180°+α

在 ArcGIS 软件中，通常把坡向综合成 9 种：平地(−1)、北坡(0°～22.5°，337.5°～360°)、东北坡(22.5°～67.5°)、东坡(67.5°～112.5°)、东南坡(112.5°～157.5°)、南坡(157.5°～202.5°)、西南坡(202.5°～247.5°)、西坡(247.5°～292.5°)和西北坡(292.5°～337.5°)。

2. 剖面分析

研究地形剖面，常常可以以线代面，分析区域的地貌形态、轮廓形状、地势变化和斜坡特征等。剖面图的绘制可以在 DEM、TIN 或等高线上进行。地形剖面图指沿地表某一直线方向上的垂直剖面图，以显示剖面上部地势起伏状况。下面以 DEM 数据为例，看一看如何产生地形剖面图。

(1) 已知两点的坐标：$A(x_1,y_1)$，$B(x_2,y_2)$，在 DEM 栅格上画出一条剖面线 AB，如图 7.31 所示。图中假设 DEM 的各个交点给出了高程值。

(2) 求出 AB 连线与 DEM 栅格线的交点以及各交点之间的水平距离。

(3) A 点和 B 点的高程可以采用双线性插值方法根据 4 个邻近高程值插值求出。其他中间交点的高程值可以采用简单的距离插值方法根据交点所在像元边的两个相邻高程值求出。

(4) 选择合适的垂直比例尺和水平比例尺，按 AB 的长度绘一条水平线作为剖面基

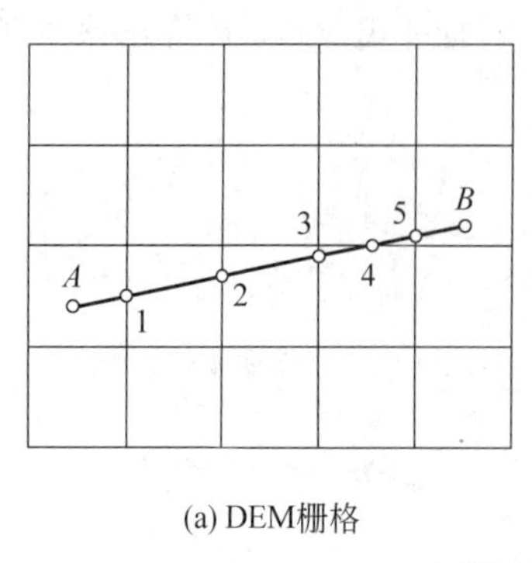

(a) DEM栅格

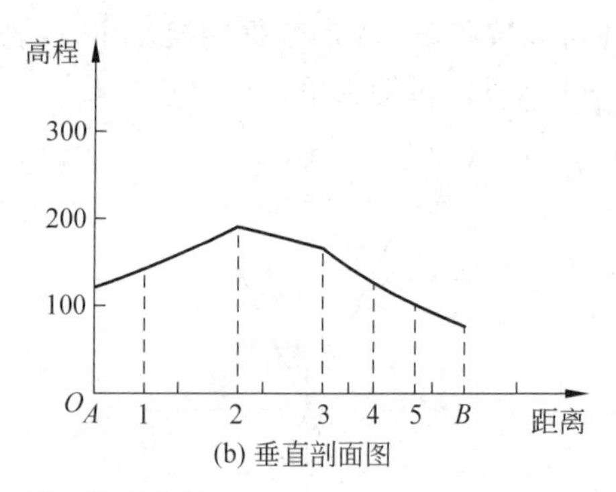

(b) 垂直剖面图

图 7.31 DEM 剖面分析

线。水平比例尺一般与 DEM 的水平比例尺相同,垂直比例尺一般要比水平比例尺大,以便突出地势起伏情况(通常放大 5～10 倍),用 DEM 的高程值标示纵坐标。

(5) 根据各个交点之间的距离和各个交点的高程,把这些高程点连接起来,绘出垂直剖面图,如图 7.31(b)所示。剖面图不一定沿直线绘制,也可沿曲线绘制,其绘制方法仍然是相同的。

3. 视域分析

视域分析(viewshed analysis)是指以某一个或多个观察点分析某一区域可见地表范围的一种地形分析方法。视域分析的核心是如何求取可视地表范围。视域是从一个或多个指定位置(基于 DEM 的高程值)可视的一个区域。

视域分析在设施的位置选择上非常有用,例如选择瞭望哨、电视广播的微波接力站、移动通信的基站或雷达站时,希望这些设施能够有大的视域,重叠部分少。反向的分析也非常有用,例如飞机和导弹避开雷达站,在雷达的盲区飞行。

可以基于 DEM 和 TIN 进行视域分析。一般情况下,多用 DEM 作为数据源,这是因为视域分析非常耗时,而 DEM 数据的运算更快。下面以 DEM 为例来说明视域分析的基本操作。

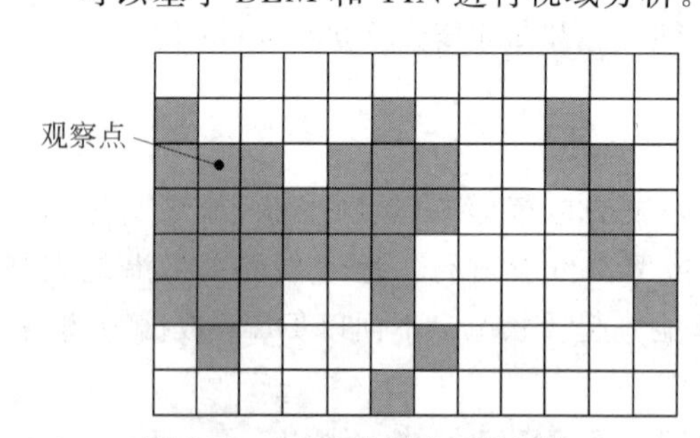

图 7.32 DEM 数据表示的视域

以图 7.32 中的黑圆点为观察点,对 DEM 的每个像元,判断其是否可视并赋值。可视,赋值为 1;不可视,赋值为 0。由此可形成属性值为 0 和 1 的二值栅格视域图。因此,判断 DEM 的某个像元是否可视成为关键。

如何判断一个像元是否可视呢?用视线操作。视线是连接观察点与目标点的直线。如果该线范围内存在任一地表高于视线,则该目标点不可视;否则,该目标点可视。

下面以 DEM 为例说明如何用倾角的方法判断目标点是否可视。对于图 7.33 给出的例子,视线 AE 经过像元 A、B、C、D、E。观察点在 A,目标点在 E,现在要判断像元 E 是否可视。计算 AE 视线相对于水平面的倾角 α,再计算视线跨越的中间像元与观察点

的视角 β_B、β_C 和 β_D。如果 α 大于所有的中间像元的视角，那么目标像元 E 可视；否则不可视。注意，倾角值可能为正，也可能为负。

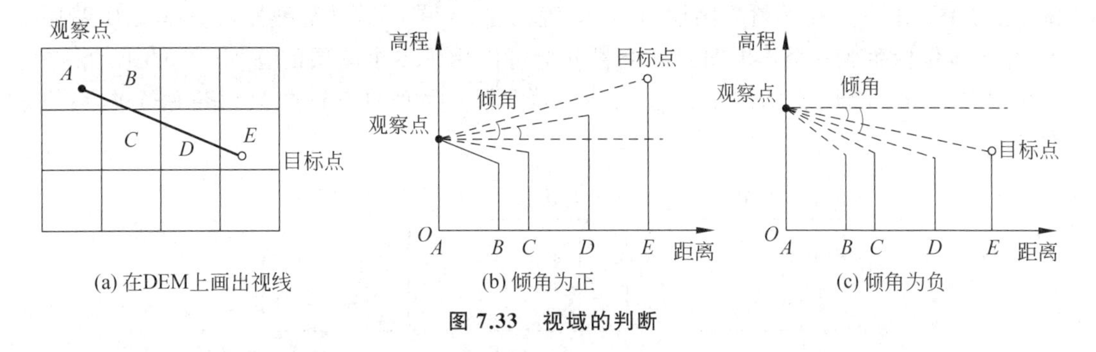

(a) 在DEM上画出视线　(b) 倾角为正　(c) 倾角为负

图 7.33　视域的判断

倾角的计算可以采用反正切函数。假设 $O(x_O, y_O, z_O)$ 为观察点，$P(x_P, y_P, z_P)$ 为某一栅格点。那么视线 OP 的倾角 α 可由式(7.46)计算：

$$\alpha = \arctan \frac{z_P - z_O}{\sqrt{(x_P - x_O)^2 + (y_P - y_O)^2}} \tag{7.46}$$

TIN 中各离散点的通视判断与上述方法类似，这里不再赘述。

在视域分析中，有 3 个要点需要注意：

(1) 观察点。观察点可以是固定的，也可以是移动的。移动的观察点形成一条线，例如飞机、车辆上的观察点。观察点可以是一个，也可以是多个。多个观察点形成一片覆盖的视域，有些栅格是只有某些(或某个)观察点可视，有些栅格所有的观察点都可视。选择合适的观察点，可以观察更广阔的区域。

(2) 观察角。虽然默认的观察角是 360°，但是许多真实的观察是有方位角的，也就是说观察限制在一定观察角度范围内。观察角度包括水平观察角度和垂直观察角度。

(3) 观察半径。默认的可视距离是无限远的，但是真实的情况不是这样的，例如人眼的观察距离或雷达的观察距离等都是有限的。观察半径决定了可视范围的搜索距离。根据具体的应用，还可能需要考虑地球曲率的因素。

7.4.4　地理空间数据的叠置分析

叠置分析是将有关主题层组成的数据层面进行叠加，产生新的数据层面的操作，其结果综合了原来两层或多层要素所具有的属性。空间叠置分析是 GIS 提取空间隐含信息的一种手段。空间叠置分析可以在向量和栅格数据结构中进行，包括向量数据的点、线、面叠置和栅格数据的单层和多层叠置分析。

1. 基于向量数据的叠置分析

叠置分析是将同一地区的两组或两组以上的要素进行叠置，产生新的要素的分析方法。叠置的直观理解就是将两幅或多幅图层重叠在一起，产生新的输出图层。叠置分析又称为**地图叠置**(map overlay)。地图要素的叠置组合了各图层的空间和属性数据，从而能够发现其中的隐含关系。

图 7.34 给出了一个例子，把两个图层的几何形状和属性叠加组合后，生成一个新的图层。在图 7.34 中，A 为输入图层，B 为叠置图层，A 图层通过某种方式叠置在 B 图层上，叠置操作后生成一个输出图层。叠置分析可以用于多个图层的叠加，多个图层的叠加可以看成两个图层叠加的多次迭代结果，因此在后面的讨论中只讨论两个图层的叠加。

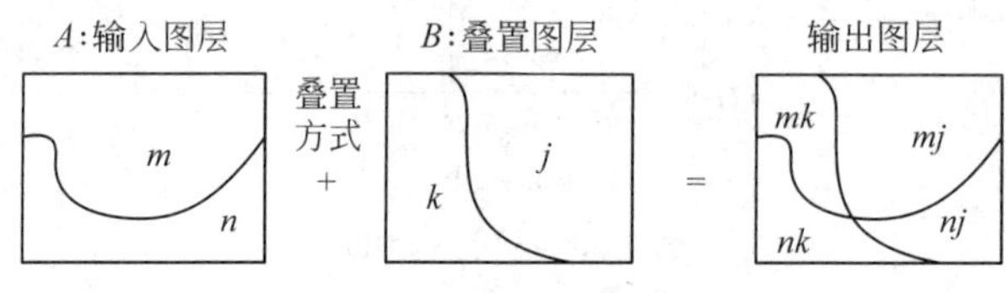

图 7.34　向量数据叠置分析

应用叠置分析的图层必须设置为相同的坐标系，具有相同的分带和相同的基准面，事先经过空间配准。输入图层可以包含点、线和多边形要素，而叠置图层上只有多边形要素。点与多边形叠加，输出为点；线与多边形叠加，输出为线；多边形与多边形叠加，输出为多边形。

具体的叠置分析操作如下：

(1) 交。

(2) 联合。

(3) 对称差。

(4) 标识。

(5) 擦除。

(6) 更新。

交(intersect)叠置类似于逻辑操作 AND，只保留两个图层的公共部分的要素，如图 7.35 所示。输入图层可以包含点、线和多边形要素，叠置图层包含多边形要素。输出图层中的任何要素都同时具有输入图层和叠置图层的属性数据。点与多边形的交叠置

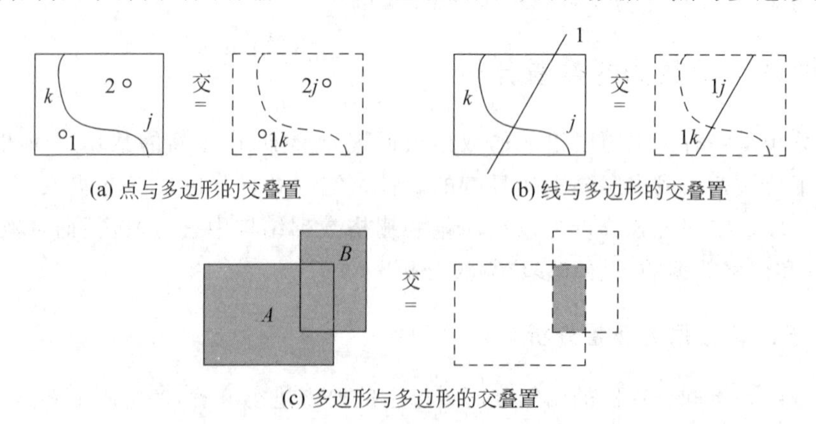

(a) 点与多边形的交叠置　(b) 线与多边形的交叠置

(c) 多边形与多边形的交叠置

图 7.35　交叠置

确定一个图层上的点落在另一图层的哪个多边形中，这样就可给相应的点增加新的属性内容。线与多边形的交叠置是把一个图层中的多边形的属性加到另一个图层的线上。多边形与多边形的交叠置是不同图层中的多边形要素的叠置，生成一系列新的多边形，每个新的多边形都具有两个图层的多边形的属性。

联合(union)叠置类似于逻辑操作 OR，保留输入图层和叠置图层中的所有要素，输出图层的范围为输入图层和叠置图层合并后的全部范围，如图 7.36 所示。要求联合叠置分析的输入图层和叠置图层中包含的都是多边形要素。对于输出图层，重叠部分的输出要素将具有所有输入要素的属性，非重叠部分的输出要素的属性不变。

在数学上，两个集合的**对称差**(symmetrical difference)运算相当于逻辑代数中的异或运算(XOR)。集合 A 和 B 的对称差通常表示为 $A\Delta B$。例如，集合 $\{1,2,3\}$ 和 $\{3,4\}$ 的对称差为 $\{1,2,4\}$。在空间分析中，对称差叠置只保留输入图层和叠置图层各自独有的区域范围，把非重叠的部分写入输出图层，如图 7.37 所示，要求输入图层和叠置图层中包含的都是多边形。对称差叠置的结果与交叠置正好相反。

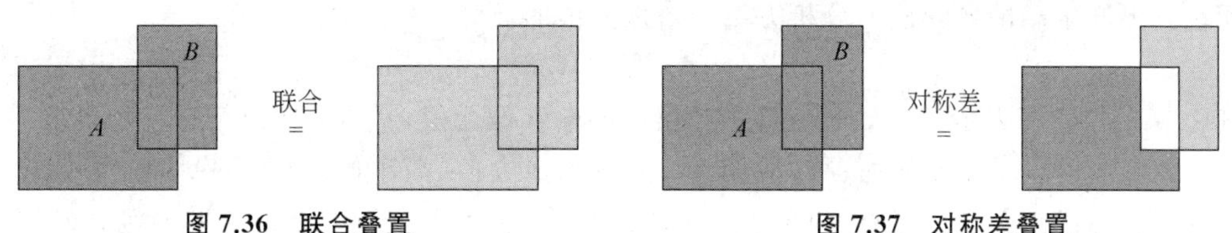

图 7.36 联合叠置　　　　图 7.37 对称差叠置

在**标识**(identity)叠置中，输入要素与标识要素叠加的部分将获得标识要素的属性，即输入要素中与标识要素不重叠的要素部分写入输出图层，而与标识要素重叠的部分从标识要素中获得属性信息并写入输出图层，如图 7.38 所示。输入图层可以包含点、线、多边形要素。标识叠置中的叠加图层称为标识图层，只包含多边形要素。标识图层用于在输入图层中标识一个特殊的范围，并把相应的属性赋予该范围的空间要素。

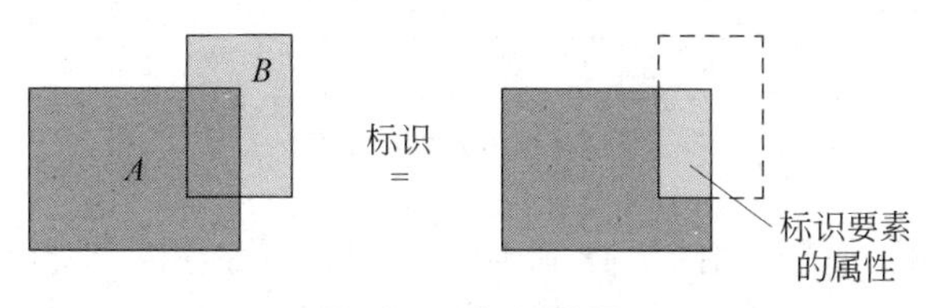

图 7.38 标识叠置

擦除(erase)叠置通过输入要素与擦除要素的几何相交产生输出要素。只有位于叠置图层中擦除要素边界之外的输入要素才复制到输出图层。即，输入要素中与擦除多边形重叠的部分被去除。输入要素可以是点、线和多边形，但是擦除要素必须是多边形，如图 7.39 所示。

更新(update)叠置计算输入要素与更新要素的几何相交。叠置图层的更新要素将更新输入要素的属性和几何形状，结果写入输出图层。更新要素用于替换输入图层中的要素。即，与更新要素不重叠的输入要素直接写入输出图层，擦除与更新要素重叠的输入要素部分，并在重叠区域写入更新要素，如图 7.40 所示。

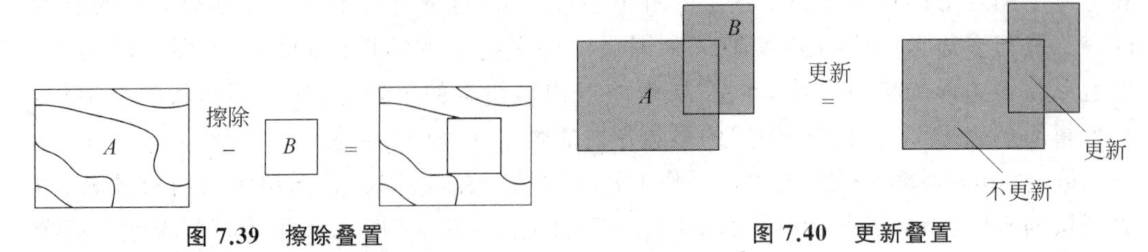

图 7.39　擦除叠置　　　　图 7.40　更新叠置

在叠置分析中，多边形与多边形相交时的剪裁是一个难点。多边形裁剪比较复杂，因为多边形裁剪后仍然是多边形，而且可能是多个多边形。多边形裁剪的基本思想是一条边一条边地裁剪。多边形裁剪的具体细节请参阅计算机图形学的有关部分。

2. 基于栅格数据的叠置分析

栅格数据的叠置分析是指将不同图层的栅格数据叠置在一起，在输出图层的相应像元位置上产生新的像元值的分析方法。新像元值的计算由式(7.47)表示：

$$U = f\ (A, B, C, \cdots) \tag{7.47}$$

其中，A、B、C 等表示第一、二、三等各图层上的输入像元值，f 函数取决于叠置的要求。

f 函数可以是简单的加、减、乘、除运算，或求最大值、最小值、总和、平均值、中值、众数、少数、标准差等统计运算，也可以是逻辑运算，甚至可以是更复杂的合并规则，如新像元值不仅与对应的原像元值相关，而且与原像元值所在的区域的长度、面积和形状等特性相关。

下面举两个例子。第一个例子是计算 3 个栅格图层叠置的最大值，如图 7.41 所示。在图 7.41 中，取输入图层中对应像元值的最大值，写入输出图层的对应像元。

2	2	3
1	4	3
3	7	5

3	1	6
5	5	1
8	2	9

7	2	4
1	4	3
2	8	2

最大值
=

7	2	6
5	5	3
8	8	9

图 7.41　最大值叠置

第二个例子是加权叠置，如图 7.42 所示。加权叠置是一种求和叠置技术，把公共测度尺度值施加到各种不同输入上，进行集成的空间分析。输入的两个栅格图层加权后相加。限于用整数表示像元值，因此在叠置计算时，要取整数值。例如，输入图层中的左上角像元的加权叠置计算为 $2\times0.75+3\times0.25=2.25$，取整为 2。

权值75%

2	2	3
1	1	3
3	2	2

权值25%

3	2	2
3	1	3
2	1	1

=

2	2	3
2	1	3
3	2	2

图 7.42　加权叠置

具体应用中通常需要分析不同的因素。例如，选择房地产开发的位置，就要求评估土地费用、与基础设施的距离、坡度和被洪水淹没的可能性等。这些信息是放在不同的栅格层中的，像元值尺度也不同，例如费用（万元）、千米（距离）和度等。这样，直接把表示土地费用（万元）的栅格层和表示与基础设施的距离（千米）的栅格层相加，就不能获得有意义的结果。另外，分析中的因素也许不是同等重要的，例如，土地费用也许比与基础设施的距离更重要。

在单个栅格层中，还必须把像元值规格化。例如，1 表示 0°～5°的坡度，2 表示 5°～10°的坡度，3 表示 10°～15°的坡度。假设坡度大于 15°的土地不予考虑。

假设坡度是寻找房地产开发位置的一条准则，评价尺度是 1～9。最平缓的土地是首选，因此尺度值 9 赋予输入坡度值为 1 的栅格，尺度值 6 赋予输入坡度值为 2 的栅格，尺度值 3 赋予输入坡度值为 3 的栅格，所有输入坡度值大于 3 的像元值设置为限制使用值。

这里还假设栅格值为整数。如果是浮点数，事先要**重新规格化**为整数值。通常来说，把连续栅格值分割为几段，每一段数据必须赋予单一值，如上面提到的坡度值的转换。

7.4.5 地理空间数据的缓冲区分析

缓冲区分析（buffer analysis）是解决空间实体邻接度问题的一种有效方法，但它与地理空间数据查询中的邻近量测不同，因为地理空间数据查询使用相邻关系选择位于某要素一定距离之内的空间要素，没有必要产生缓冲区数据集。下面介绍基于向量数据和基于栅格数据结构的缓冲区分析方法。

1. 基于向量数据的缓冲区分析

缓冲区分析与计算机系统的缓冲区无关，这里的缓冲区是指在点、线、面实体的周围建立的一定宽度的多边形。图 7.43 为点、线和多边形的缓冲区。

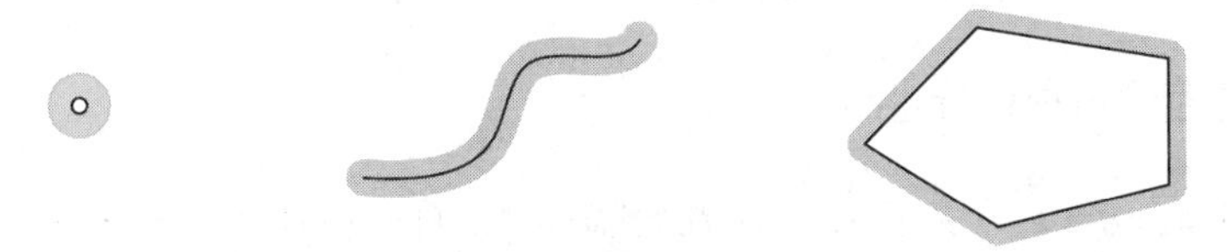

图 7.43 点、线和多边形的缓冲区

缓冲区分析是 GIS 的基本空间操作功能之一。例如，某地区有危险品仓库，要分析仓库爆炸涉及的范围，就需要进行点缓冲区分析；如果要分析因道路拓宽而需拆除的建筑物和需搬迁的居民，则需进行线缓冲区分析；在敏感地区进行安全防范时（例如要举行大型活动），警戒区域的设定是一个关键问题，为此可用多边形缓冲区进行分析。

建立点缓冲区时，只需要给定半径绘圆即可。缓冲区的宽度并不一定是固定的，可以根据要素的不同属性规定不同的缓冲区宽度，以形成可变宽度的缓冲区。例如，沿河流绘出的环境敏感区的宽度应根据河流的类型而定。另外，一个要素可以有多重缓冲区，例如敏感地点或地区可以有多层的警戒范围。线要素和多边形要素的缓冲区可以是单边的，在线（折线）的一侧形成缓冲区。如果多个缓冲区互相重叠，可以把这些重叠的区域融合在一起。

下面以线缓冲区为例说明缓冲区的建立过程。在建立线缓冲区时，通常首先要对线进行化简，以加快缓冲区建立的速度。这种对线的化简称为线的重采样。建立线缓冲区就是生成缓冲区多边形。只需在线的两边按一定的距离（缓冲距）绘制平行线，并在线的端点处绘制半圆，就可连成缓冲区多边形。

线缓冲区有可能重叠，例如一条线迂回或多条线相交，这时可以把重叠的部分去除。基本思路是：对缓冲区边界求交，并判断每个交点是出点还是入点，以决定交点之间的线段保留还是删除，这样就可得到一个融合的缓冲区。

2. 基于栅格数据的缓冲区分析

根据缓冲区分析的定义，缓冲区分析用于标识地理要素周围的区域。分析过程是：首先在现有地理要素周围建立一个缓冲区，然后标识或选择那些落入缓冲区边界之内的地理要素。对于用栅格数据表示的地理空间来说，缓冲区分析是基于栅格像元的，缓冲区分析的结果是：哪些像元位于缓冲区之内，哪些像元位于缓冲区之外。

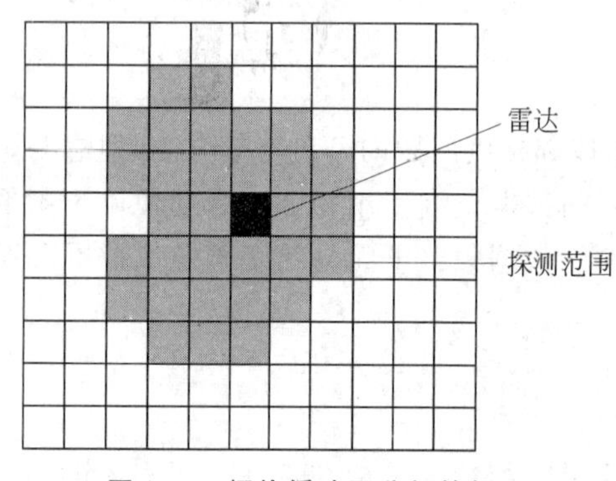

图 7.44　栅格缓冲区分析的例子

对于栅格数据，缓冲区分析还可以根据距离量测值生成缓冲区。例如，一个雷达或无线基站的覆盖范围，由于受周围地形或建筑物的影响，按照电磁波覆盖的强度等级可以生成如图 7.44 所示的缓冲区。这里的距离量测值不是纯粹的电磁波覆盖距离，而是考虑到地形和建筑物遮挡、信号衰减和可接受信噪比等因素后换算的量测值，并赋予相应的像元。这类缓冲区分析是栅格数据的强项。

7.4.6　地理空间插值分析

在地理空间分析中，常常只有一些点数据样本，例如在地理上分布不均匀的水文站记录的降雨量，现在要求得到未设水文观察点的地区的降雨量（或得到降雨的分布图），如何做呢？采用空间插值方法。空间插值用已知点的数值来估算其他点的数值。空间插值方法生成一个统计表面，例如降雨量、积雪量和人口密度等。空间插值都遵循 Tobler 原理：所有地点是互相关联的，近处的相关程度要比远处的高。可以根据这个原理进行插值估算。下面介绍常用的插值方法：泰森多边形方法、反向距离加权插值法和克里金插值法。

1. 泰森多边形方法

泰森多边形可以用于空间划分和空间插值。泰森多边形的生成与德劳内(Delaunay)三角形有关。GIS 和地理空间分析中经常采用泰森多边形进行快速插值，分析空间实体的影响区域，它也是解决邻接度问题的常用工具。

荷兰气候学家泰森(A.H.Thiessen)提出了一种根据离散分布的气象站的降雨量推算某区域平均降雨量的方法。具体做法是:将所有相邻气象站连成三角形,作这些三角形各边的垂直平分线,每个气象站周围的若干垂直平分线围成一个多边形,用这个多边形内唯一的气象站的降雨强度表示这个多边形区域内的降雨强度,称这个多边形为**泰森多边形**(Thiessen polygon)。

图 7.45 中,粗实线构成的多边形就是泰森多边形。泰森多边形的顶点是相应的三角形的外接圆圆心。泰森多边形具有以下特性:每个泰森多边形内仅含有一个离散点数据(样本点),泰森多边形内的点到该样本点的距离最近;位于泰森多边形边上的点到其两边的样本点的距离相等。

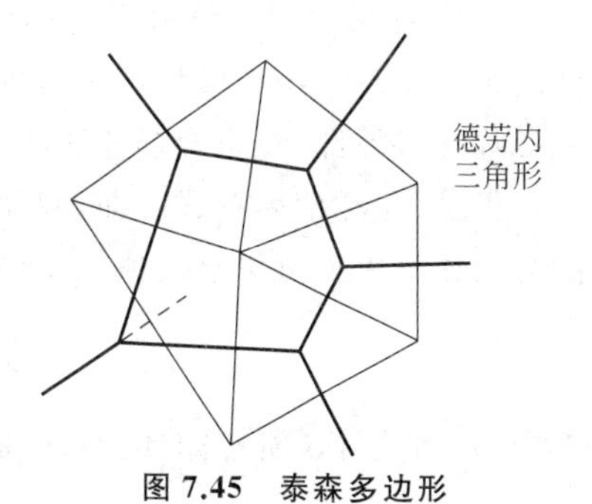

图 7.45 泰森多边形

前面提到,在构建泰森多边形之前,首先要将相邻离散点连接为三角形,这个三角形就是德劳内三角形。

泰森多边形可用于空间插值和邻近分析。例如:

(1) 用多边形离散样本点的性质来描述泰森多边形区域的性质。用这个性质,就可以推算未观测点的降雨量、零售商店或购物中心的服务范围等。在点密集处,泰森多边形较小;在点稀疏处,泰森多边形较大。

(2) 判断一个离散点与其他哪些离散点相邻时,可根据泰森多边形直接得出。若泰森多边形是 n 边形,则该离散点与 n 个离散点相邻。当某一数据点落入某一泰森多边形中时,它与相应的离散点最邻近,无须计算距离。

但是,泰森多边形方法用于空间插值时,多边形边界处的插值会出现突变,这种现象与真实情况不符合。

2. 反向距离加权插值法

反向距离加权(Inverse Distance Weighting,IDW)**插值法**是一种简单直观的插值方法。这种方法通过计算未测量点附近区域多个已知测量值的加权平均值进行插值。

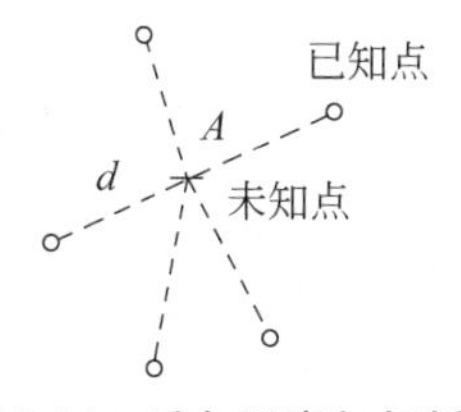

图 7.46 反向距离加权插值

假设未测量点 A 附近有 n 个已知点,它们的值为 z_i,现在要估算未测量点的值 z_A,如图 7.46 所示。估算值为各已知点值的加权平均值:

$$z_A = \frac{\sum_{i=1}^{n} w_i z_i}{\sum_{i=1}^{n} w_i} \tag{7.48}$$

如何计算加权值?根据 Tobler 原理,与被估算点距离近的点贡献大,距离远的贡献小,权值与距离有关,这个距离就是已知点与未知点的距离。距离越大,权重越小;距离越小,权重越大。因此,权重与距离成反比,这就是反向距离权重的含义。权重取

$$w_i = k/d^k \tag{7.49}$$

$k=1$ 表示点之间的数值变化率是固定的。k 取大于或等于 2 的值,数值变化率就会呈现

距离近变化率大、距离远变化平缓的特点。

3. 克里金插值法

克里金插值法是根据南非勘探绘图师克里金(Daniel Gerhardus Krige)的名字命名的,是一种用平均距离加权勘探礁复合体金矿等级的方法,后来法国数学家马特隆(Georges Matheron)在其硕士论文中进一步完善了克里金插值理论。

IDW插值法是一种确定性插值方法,因为估算直接基于周围的测量值。而克里金插值法是一种基于统计模型的地理统计学(geostatistics)方法。测量点的统计相关性用自相关描述。因此,克里金插值法不仅可以生成插值预测面,而且可以给出预测的精度。

但是,在插值表达式方面,克里金插值法与IDW插值法类似,用周围测量值加权和的方法估算出未测量点的值:

$$\hat{Z}(x_0)=\sum_{i=1}^{n}w_i Z(x_i) \tag{7.50}$$

其中,x_0是估算(预测)的位置,n是观测数据的数目,$Z(x_i)$是在观测位置x_i处的观测值,w_i是在第i个位置处观测值的未知权重。$\hat{Z}(x_0)$是$Z(x_0)$的最优线性无偏估计。

在IDW插值法中,权重w_i只依赖于测量点到估算点的距离。但是在克里金插值法中,权重的估算要复杂一些,它们不仅与距离有关,而且与测量点和测量值的整体空间布局有关。这种空间布局中的权重因素可以用自相关计算来量化。

下面以**普通克里金插值法**(ordinary Kriging)为例来说明克里金插值法的原理。前面说到,克里金插值法的插值估计是一种最优线性无偏估计。无偏性就是使得$\hat{Z}(x_0)$成为$Z(x_0)$的无偏估计量,即

$$E[\hat{Z}(x_0)]=E[Z(x_0)]=m \tag{7.51}$$

其中m为$Z(x_0)$的数学期望。那么有

$$E\left[\sum_{i=1}^{n}w_i Z(x_i)\right]=\sum_{i=1}^{n}w_i E[Z(x_i)]=m \tag{7.52}$$

因此有

$$\sum_{i=1}^{n}w_i=1 \tag{7.53}$$

最优估计就是方差最小的估计,即估计方差为

$$\begin{aligned}\delta^2(x_0)&=\mathrm{Var}[\hat{Z}(x_0)-Z(x_0)]=E\{[\hat{Z}(x_0)-Z(x_0)]^2\}\\&=E\{\hat{Z}(x_0)^2+Z(x_0)^2-2\hat{Z}(x_0)Z(x_0)\}\\&=\sum_{i=1}^{n}\sum_{j=1}^{n}w_iw_jE[Z(x_i)Z(x_j)]+E[Z(x_0)^2]-2\sum_{i=1}^{n}w_iE[Z(x_i)Z(x_0)]\\&=\sum_{i=1}^{n}\sum_{j=1}^{n}w_iw_jc(x_i,x_j)+\mathrm{Var}[Z(x_0)]-2\sum_{i=1}^{n}w_ic(x_i,x_0)\end{aligned} \tag{7.54}$$

其中,$c(\cdot)$为协方差函数,$\mathrm{Var}(\cdot)$为方差函数。为了使得估计方差误差最小,根据拉格朗日乘数原理,在式(7.54)后面引入拉格朗日乘数λ,估计方差写为

$$\delta^2(x_0)=\sum_{i=1}^{n}\sum_{j=1}^{n}w_iw_jc(x_i,x_j)+\mathrm{Var}[Z(x_0)]-$$

$$2\sum_{i=1}^{n}w_ic(x_i,x_0)-2\lambda\left(\sum_{i=1}^{n}w_i-1\right) \tag{7.55}$$

现在的问题是什么权重值下估计方差最小。对于每个权重 w_i，对式(7.55)求一阶偏导数，并令其为0。例如，对于 w_1 求一阶偏导数：

$$\frac{\partial(\delta^2(x_0))}{\partial w_1}=2\sum_{j=1}^{n}w_jc(x_1,x_j)-2c(x_1,x_0)-2\lambda=0 \tag{7.56}$$

对于所有的权重求导数并令其为0，有

$$2\sum_{j=1}^{n}w_jc(x_i,x_j)-2c(x_i,x_0)-2\lambda=0 \tag{7.57}$$

即

$$\sum_{j=1}^{n}w_jc(x_i,x_j)-\lambda=c(x_i,x_0)\quad i=1,2,\cdots,n \tag{7.58}$$

式(7.58)和式(7.53)可以构成 $n+1$ 个方程，解出 $w_i(i=1,2,\cdots,n)$ 和 λ 共 $n+1$ 个变量的值。

但是应注意到，要解以上方程，关键是已知协方差的值。如何得到这些协方差的值呢？用**空间自相关模型**。即空间上分布的点的值存在一定的相关性，相距较近的点相关性较大，相距较远的点相关性较小。问题是如何确定这些关系。克里金插值法用**变异图**(variography)和协方差函数来表示这种统计相关性。

变异图是变异值计算的图示。在实际工作中，计算的是半变异值：

$$\gamma(h)=\frac{1}{2}[Z(x_i)-Z(x_j)]^2 \tag{7.59}$$

$Z(x_i)$和 $Z(x_j)$是点 x_i 和 x_j 的值，h 是两个点的距离。以两个点的距离为横轴，以半变异值为纵轴，就可以画出**半变异图**(semivariogram)。这里的计算包含了所有的已知点对，计算繁杂。一种简化方法是：把采样点按距离区间和方向进行综合分组，把空间划分为一定范围的栅格区域(例如500m×500m的栅格)，如图7.47所示。落在区域内的点作为一组，与其他区域内的点成对计算平均半变异值：

$$\gamma(h)=\frac{1}{2n}\sum_{i=1}^{N}[Z(x_i)-Z(x_i+h)]^2 \tag{7.60}$$

其中，N 为一个栅格区域内的样本点对的数目，h 表示分组区域之间的距离。这样，就可以绘出简化的半变异图。图7.48为半变异图示例，横轴为距离，纵轴为平均半变异值。

在图7.48所示的半变异图中，横轴靠近左边的部分表示点对之间的距离较小；纵轴上的靠近下面的部分表示点对相差较小，它们更相似。随着点对距离增加，进入横轴右边部分，半变异值也变得较大，表示点对值相差较大，相似性变弱。从半变异图表示的空间自相关性可以看出，半变异值定量地表示了一种基本地理原理：相距较近的事物要比相距较远的事物更相似。变异函数揭示了在整个尺度上的空间变异格局。

图7.48中的半变异图是一种实验图，现在需要用一种模型来表示这些点的变化趋势和关系。半变异图建模是空间描述与空间插值预测之间的关键一步。我们希望用某种

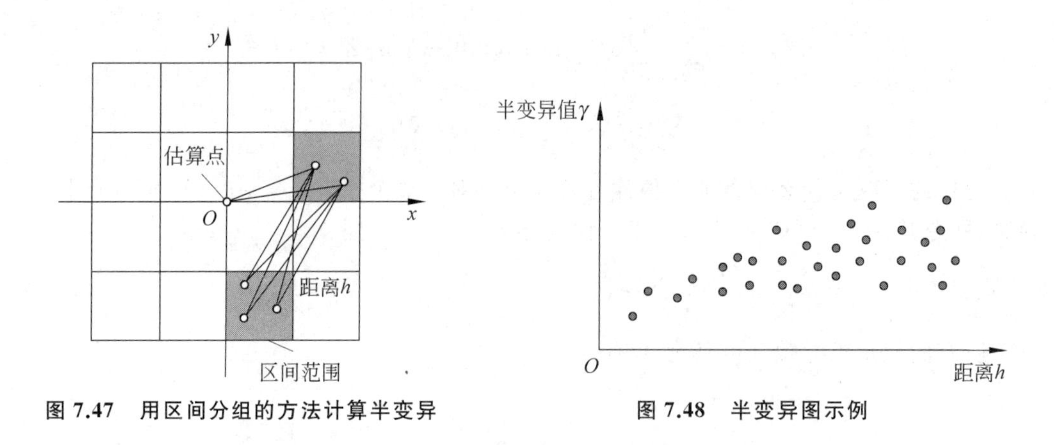

图 7.47 用区间分组的方法计算半变异

图 7.48 半变异图示例

数学函数表示这个模型。目前有许多拟合模型，最常用的两种模型是球形模型和指数模型，如图 7.49 所示，这些数学曲线拟合半变异值的趋势。

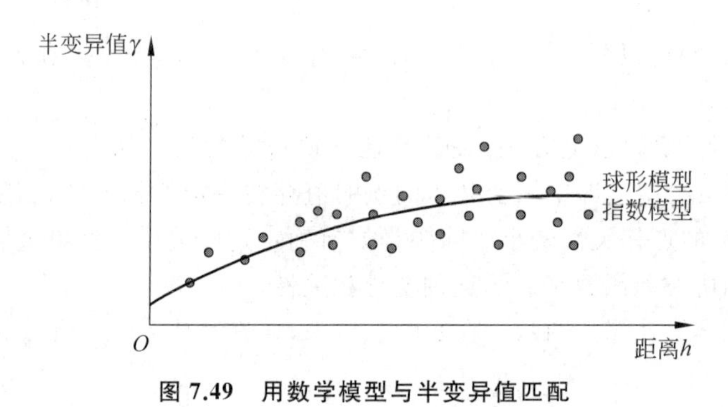

图 7.49 用数学模型与半变异值匹配

拟合的半变异图有 3 个要素：块金(nugget)、变程(range)和基台(sill)，如图 7.50 所示。从理论上看，$h=0$ 时，半变异值应该是 0。但是实际上，由于在一个点多次测量时采样点可能不同(不在同一点采样)，并且有采样误差，导致在原点的半变异值不为 0，这个现象称为**块金效应**，相应的半变异值称为**块金**。随着点对距离 h 的增加，半变异值也增加。最终，当 h 增加时，半变异值不再增加，半变异值开始稳定时的点对距离就称为**变**

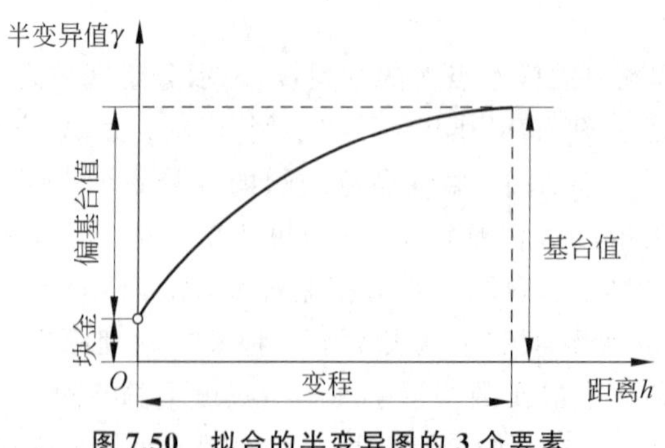

图 7.50 拟合的半变异图的 3 个要素

程,此时的半变异值称为**基台值**。基台值减去块金就是**偏基台值**(partial sill)。

因此,根据以上模型的3个要素,可以给出相应的半变异模型。**球形模型的半变异函数为**

$$\gamma(h)=\begin{cases}C_0+C_1\left[1.5\times\dfrac{h}{a}-0.5\times\left(\dfrac{h}{a}\right)^3\right], & 0<h\leqslant a\\ C_0+C_1, & h>a\end{cases} \tag{7.61}$$

其中,C_0 表示块金,C_1 表示偏基台值,a 表示变程。球形模型说明:空间相关性随距离增加而逐渐降低,直到变程 a 后,空间相关性趋于一个常数值(基台值)。**指数模型的半变异函数为**

$$\gamma(h)=\begin{cases}0, & h=0\\ C_0+C_1\left[1-\exp\left(\dfrac{-3h}{a}\right)\right], & h>0\end{cases} \tag{7.62}$$

指数模型说明:空间相关性随距离增加呈指数递减。

现在有了半变异函数,但是在式(7.58)中用的是协方差函数,因此需要用半变异函数来表示协方差函数,才能求解方程。半变异函数的变化与协方差函数的变化相反。协方差函数表示的是正相关性,其值大,相关性较大;其值小,则相关性较小。而半变异函数正好相反,其值小,表示相关性较大。协方差函数和半变异函数有如下关系:

$$c(x_i,x_j)=C-\gamma(x_i,x_j) \tag{7.63}$$

其中 C 为基台值,半变异值的表示方式有点变化,其实是与前面的表示是一致的,即表示一对样本点(或分组的样本区域对)的半变异值。图7.51给出了协方差函数与半变异函数的关系。

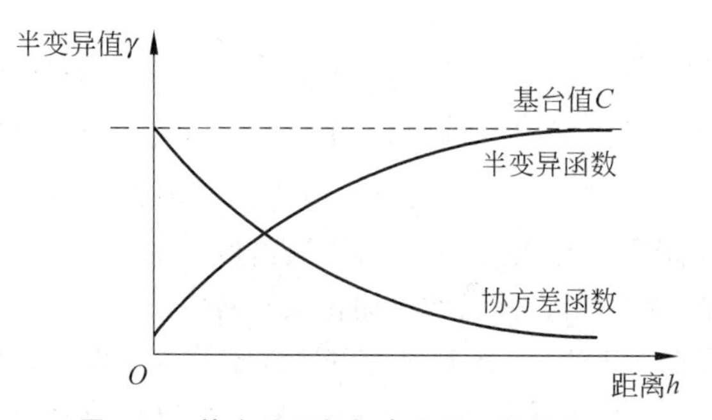

图7.51 协方差函数与半变异函数的关系

把式(7.63)代入式(7.58),有

$$\sum_{j=1}^{n}w_j[C-\gamma(x_i,x_j)]-\lambda=C-\gamma(x_i,x_0) \tag{7.64}$$

即

$$\sum_{j=1}^{n}w_jC-\sum_{j=1}^{n}w_j\gamma(x_i,x_j)-\lambda=C-\gamma(x_i,x_0) \tag{7.65}$$

其中，$\sum_{j=1}^{n} w_j C = C \sum_{j=1}^{n} w_j = C$，于是式(7.65)写成

$$\sum_{j=1}^{n} w_j \gamma(x_i, x_j) + \lambda = \gamma(x_i, x_0) \quad i = 1, 2, \cdots, n \tag{7.66}$$

式(7.66)就可以直接利用半变异函数的值，联合式(7.53)，就可以求解出 n 个权重值，从而用式(7.50)实现克里金插值。

4. 密度估计

所谓**密度估计**(density estimation)，就是在空间上用已知的样本点估算并描述分布的密度面，把每个样本点的值分布到一定的地域上显示，例如人口密度的估算、化学气体的扩散密度、动物的分布密度、房屋密度、犯罪分布密度和电磁波密度等。对于栅格数据，输入的是样本点的数据，输出的是栅格像元的密度值。密度估计生成**密度图**(density map)。密度估计有两种基本方法：简单(simple)估计和核(kernel)密度估计。

在**简单估计**法中，首先定义一个搜索区域，对落在搜索区域内的点求和，并除以搜索区域的大小，就得到每个像元的密度值。点密度计算每个输出栅格像元周围的点要素密度。在概念上，首先为每个栅格像元中心定义一个邻域，对落入邻域的点求和，除以邻域的面积，就得到该像元的密度值。图7.52给出一个像元的搜索区域的示意图。增加搜索半径会显著增加密度值吗？不会。因为增加半径后，虽然落入邻域中的点数增加了，但是邻域的面积也增大了，所以密度值变化不大。较大的半径的作用主要是把更远、更多的点纳入密度计算中，这样可以得出更具一般性的结果。

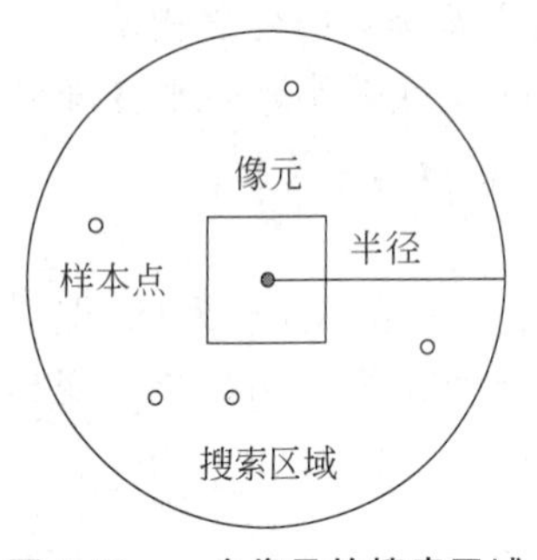

图7.52 一个像元的搜索区域

在**核密度估计**法中，每个样本点值从点位置处分散开，直到指定的半径。在点位置处其密度值最大，在指定搜索半径处下降到0，这就是一个点的核函数分布。核函数覆盖的体积就是该点的属性值，例如一个化工厂的污染值。然后计算每个输出像元的值，其值等于这些点的核函数之和。具体的计算是：累加所有核函数叠加在该栅格像元中心的值。其结果要比简单估计法平滑。也可以指定一个半径，只累加落在栅格像元周围邻域中的点。

下面讨论核密度估计中的核函数。为了看得清楚，以一维核密度估计为例。核函数看上去像一个鼓起的包，放在样本点处。假设 $x_1, x_2, \cdots, x_n$ 是搜索区域中的点，那么核密度估计可以写为

$$\hat{f}(x) = \frac{1}{nh} \sum_{i=1}^{n} K\left(\frac{x - x_i}{h}\right) \tag{7.67}$$

其中，$K(\cdot)$为**核函数**；h 为平滑参数，也称为带宽，它决定核函数的分布宽度；n 为搜索区域内点的数目。典型的核函数是均值为0的高斯核函数：

$$K\left(\frac{x - x_i}{h}\right) = \frac{1}{\sqrt{2\pi}} \exp\left(-\frac{(x - x_i)^2}{2h^2}\right) \tag{7.68}$$

以高斯核函数为例，在图 7.53 中可以直观地看出估计值是由核函数(包)之和构成的。在图 7.53 中，在 x_1、x_2、x_3、x_4 样本点处有 4 个高斯核函数，它们之和除以 4 就得到密度估计值。注意，在点密集的区域，其密度估计值较大。

图 7.54 给出二维核密度估计的示例。在以栅格像元为中心的搜索区域内，把核函数放置于样本点处，取这些点的核函数在像元中心处的叠加值作为该像元的密度估计值。注意，核密度估计的一些步骤与简单估计相似，只是后者用核函数分布值代替样本点值，用各样本点在像元中心的叠加值代替样本点的直接求和结果。可以想象，核函数的形状选择会影响到整体的密度估计，因此需要选择合适的核函数，得出能够反映真实空间数据分布的趋势。

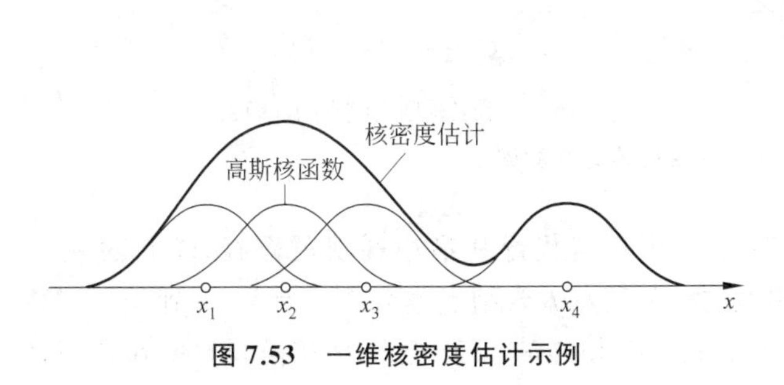

图 7.53　一维核密度估计示例

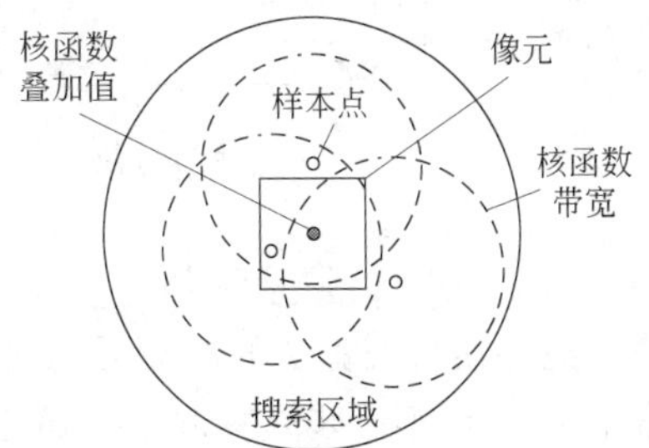

图 7.54　二维核密度估计示例

7.4.7　路径和网络分析

对交通网络和城市基础设施网络(如各种网线、电力线、电话线和供排水管线等)进行地理分析和模型化，属于空间分析中的路径和网络分析功能。路径和网络以图论为理论，模拟现实的信息流、物理流和能量流。路径和网络分析解决路径和网络优化、资源分配等运筹问题。

1. 基于向量模型的最短路径分析

向量模型把网络描述为结点和链路的集合。向量模型适合描述地面和地下有固定通路的网络，例如公路、铁路、城市街道和地下管道等。这种背景下常用的优化问题就是求最短路径。典型的应用有车辆行驶路径的决策，例如在因特网上的数字地图提供商(包括百度、Google 和 Bing 等)都提供从起点到目的地的行驶路径选择功能。

在基于向量模型建立的网络中，链路是指两个结点之间的线段，也称为边。穿越链路的耗费也称为链路阻抗，它可能是里程、速度限制和拥堵等因素引起的耗费。例如，一条公路限速 50km/h，长度为 5km，那么通过该链路的最小耗费就是 6min。注意，链路耗费可能是有方向性的，一个方向的通行时间与另一个方向的通行时间不同。链路耗费也可能随时间而变，例如上下班的时间耗费较大。

结点是链路之间连接的地方，例如交叉路口。结点处也有耗费，例如红绿灯引起的等待时间。一段链路的耗费及其关联的结点耗费可以综合在一起，标示在该链路旁边。另外，网络中还有单行链路和禁行链路等，这给网络分析增加了复杂性。

最短路径分析是许多路径分析的基础。在网络中，最短路径是指在规定的起点与终点之间穿越网络并且耗费最小的路径。路径是由多段链路构成的。下面以图 7.55 为例来说明如何用迪杰斯特拉(Dijkstra)算法寻找结点 A 到网络中其他所有结点的最短路径。在图 7.55(a)中，假设链路是无向的，链路边上标示的是链路耗费，可以用于表示穿越链路的时间。

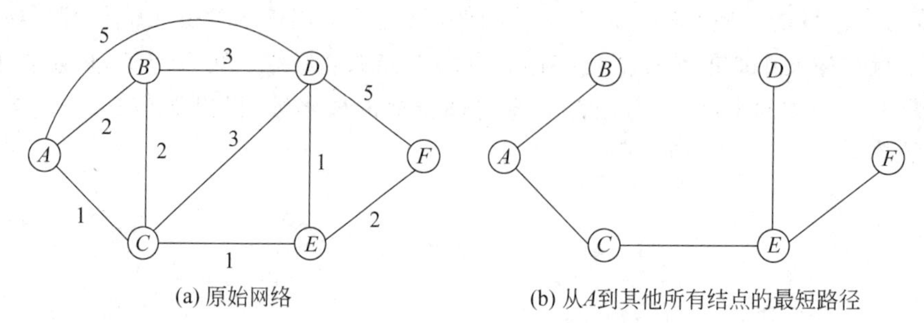

(a) 原始网络　　(b) 从A到其他所有结点的最短路径

图 7.55　具有链路耗费的网络

迪杰斯特拉算法的思想是按相邻结点不断迭代寻找最小耗费的路径，迭代过程如表 7.5 所示。第 1 步是从源结点 A 出发，把 A 结点放入结点集合 N。计算 A 到其相邻结点的距离 $D(B)$、$D(C)$、$D(D)$。对于不能直接相连的 E 结点和 F 结点，记 A 到它们直接的距离为无穷大。$p(B)$表示连接到 B 结点的路径上的前一个结点，这里取值为 A。$p(C)$、$p(D)$具有同样的意义。

表 7.5　迪杰斯特拉算法的迭代过程

步骤	N	$D(B),p(B)$	$D(C),p(C)$	$D(D),p(D)$	$D(E),p(E)$	$D(F),p(F)$
1	A	2,A	1,A	5,A	∞	∞
2	A,C	2,A	—	4,C	2,C	∞
3	A,C,B	—	—	4,C	2,C	∞
4	A,C,B,E	—	—	3,E	—	4,E
5	A,C,B,E,D	—	—	—	—	4,E
6	A,C,B,E,D,F	—	—	—	—	—

第 2 步，选择一条最短的分支，即 A 到 C 的分支。选中 C 结点，把它放入结点集合，然后以 C 结点作为新的基点，最短分支可以经过 C 结点通往其他结点。一条选出的最短分支已经到达 C 结点，现在看从 A 经过 C 结点到其他结点的距离是多少，这些距离是否会小于从 A 结点不经过 C 结点到其他结点的值。如果小，就更新，形成新的路径；否则，保留原路径。例如，A-C-B 的路径耗费为 3，大于 A-B 的路径耗费 2，因此 $D(B)$不更新，保持原路径。对于结点 D，新的路径 A-C-D 的耗费为 4，小于 A-D 的路径耗费 5，因此更新该值，并给予新的前一结点值 C，表示路径修改了。现在，经过 C 结点，可以到达 E 结点，其耗费为 2，前一结点为 C。

以此方式迭代计算，得到表 7.5 所示的系列数据。最后形成的最短路径如图 7.55(b)所

示，即 A 到网络中其他结点的最短路径分别为

A-B

A-C

A-C-E-D

A-C-E

A-C-E-F

可以用最短路径分析方法在网络上的任何地方查找最近的设施，例如医院、地铁口或超市等。具体做法是：计算指定地点到附近所有设施之间的最短路径，然后从中选择一个最近的设施。

2. 基于栅格模型的最短路径分析

在许多情况下要探讨穿越连续空间的最佳路径选择问题。例如，在新建高速公路、架设电力线或铺设管道时，如何根据地理环境设计一条耗费最小的路径？在军事上，如何为坦克在一片地域上选择一条通往目的地的行驶道路？飞机和舰船的航线路线选择也存在相似的问题，在考虑季候风、海水流向等因素后，如何选择或设计一条节省时间和燃油的路径？这类最短路径分析问题是穿越连续空间的路径选择问题，路径不是沿着现有的路线走，而是按照空间环境的条件选择一条最短的路径。

解决这类路径分析问题用栅格模型最方便。用栅格模型表示空间环境，在此基础上计算最短路径。下面讨论如何用栅格模型表示空间环境。

首先要用栅格像元值表示经过该像元的耗费值。这种栅格表示称为**耗费栅格**(cost raster)。一个像元的耗费值可以综合表示多种耗费，例如距离、地形(坡度和坡向)、地质情况、障碍(河流、道路、铁路和隧道)、土地费用和生态影响等。图 7.56 所示为两种耗费的综合，一种是坡度耗费，另一种是地质因素(如岩石、土壤等)耗费，其值越大，表示耗费越高。例如坡度大，穿越就更困难。两种耗费的权重不一样，例如坡度的影响要比地质因素的影响大得多。假设坡度耗费的权重为 70%，地质因素耗费的权重为 30%，那么综

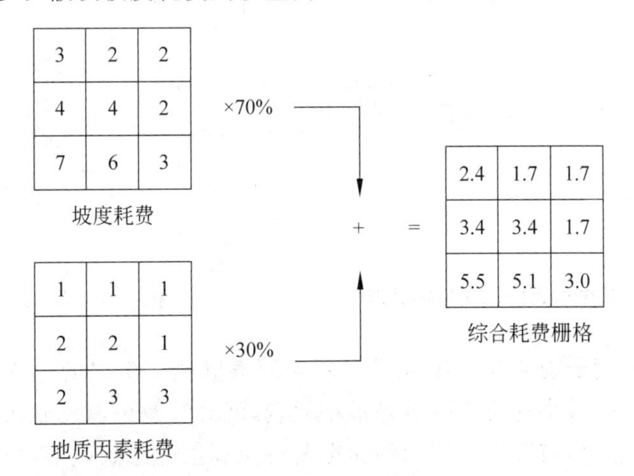

图 7.56　耗费栅格的例子

合的耗费值等于这两种耗费值的加权和。

根据耗费栅格，可以计算**耗费距离**(cost distance)。耗费距离不同于欧几里得距离，欧几里得距离是点到点的实际距离，耗费距离是路径经过的像元的累积耗费值，而最小耗费距离是栅格中像元之间的最短加权距离。

如何计算耗费距离呢？用结点-链像元表示方法。即把每个栅格像元的中心看成一个结点，每个结点通过链与其邻居结点连接。每条链有一个阻抗值，其值是根据链的两个端结点的耗费值计算得来的。

每个像元的耗费值表示穿越该像元时每单位距离的耗费量。因此，水平和垂直穿越像元的耗费与沿对角线穿越像元的耗费是不同的。穿越一个像元的耗费值计算如下：

穿越一个像元的耗费值＝像元耗费值×像元分辨率

穿越多个像元的耗费值如何计算呢？首先看在跨越一段链到达邻居结点的情况下如何计算。注意到，每个像元有 4 个直接相连的邻居像元(水平和垂直方向上)，那么沿着水平或垂直链到达邻居结点的耗费由如下公式计算：

$$a_1 = \frac{c_1 + c_2}{2} \tag{7.69}$$

其中，c_1 和 c_2 分别表示相邻的像元 1 和像元 2 的耗费值。

如果移动是沿对角线方向的，那么沿一段链到达边角邻居像元的耗费由如下公式计算：

$$a_2 = 1.414 \times \frac{c_1 + c_3}{2} \tag{7.70}$$

其中，c_3 为边角邻居像元的耗费值，1.414 为 2 的平方根。

到达邻居像元的耗费值的计算如图 7.57 所示。

知道穿越相邻像元的耗费如何计算之后，穿越多个像元的累积耗费就容易计算了。穿越多个像元的累积耗费等于各段相邻链耗费之和。例如，在图 7.58 中，从 A 到 B 的路径的累积耗费为 2＋3＋3＋1＋2＝11。

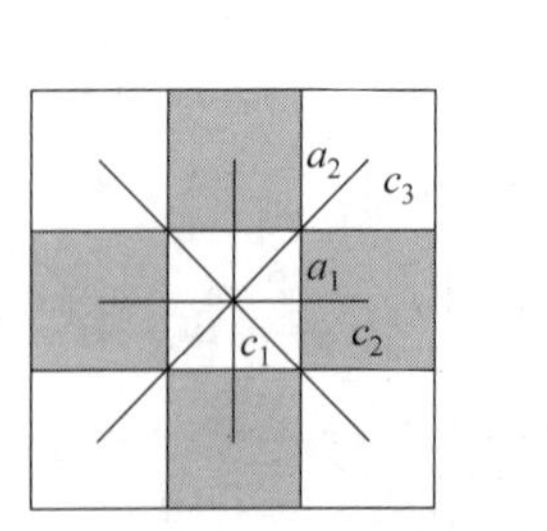

图 7.57　到达邻居像元的耗费值的计算

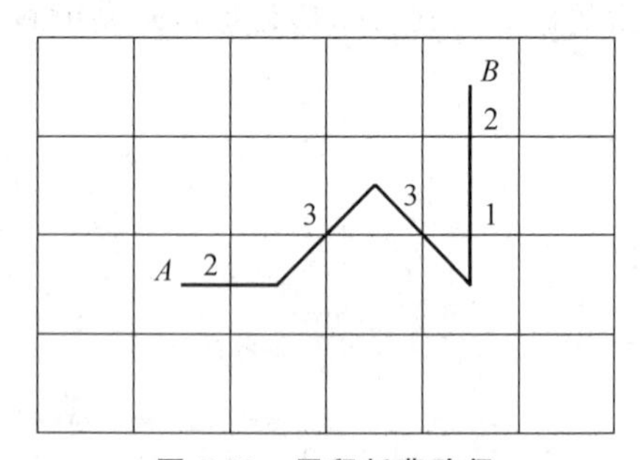

图 7.58　累积耗费路径

下面通过一个例子说明如何生成**累积耗费距离栅格**。生成的过程实际上是为每个像元计算到源像元的最小耗费。既然是最小耗费，就会涉及该像元到源像元的最短路径问题。具体的生成过程与图论中用到的迪杰斯特拉算法的思想类似，只是这里把每个栅格单元作为一个结点，栅格之间的链作为结点的边。因此，生成过程是一个从源像元开始的迭代过程。图 7.59(a)为原栅格,其中标示了两个源像元。图 7.59(b)为耗费栅格,其中包含两个没有数据的像元。

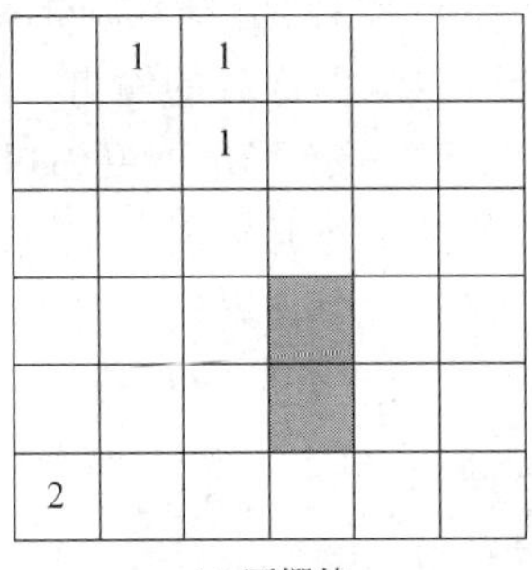

(a) 原栅格

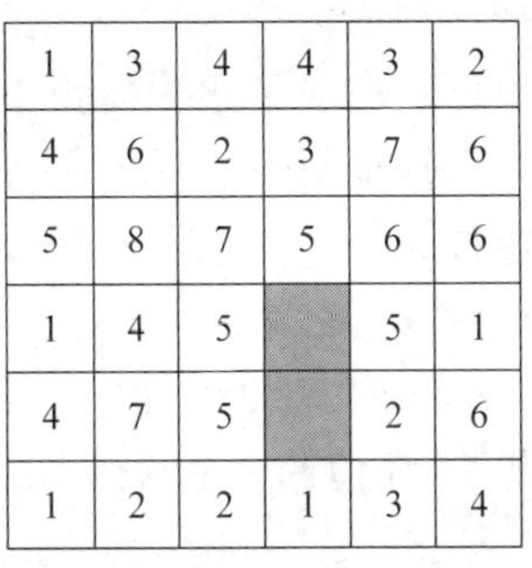

(b) 耗费栅格

无数据值

图 7.59　原栅格和耗费栅格

首先把源像元的耗费值设置为 0,因为对其本身来说,没有累积的耗费。然后,激活源像元的所有邻居像元,根据以上耗费公式计算出源像元结点直接到达这些邻居像元结点的耗费,把这些值赋给邻居像元,如图 7.60 所示。把激活的像元按累积耗费值大小从低到高排列,选择其中值最小的像元作为输出候选像元。注意到图中第 2 行第 2 列(以左上角为原点)的像元,其到 3 个源像元都有路径,因此要求选择一条最短的路径,即到第 2 行第 3 列的源像元的耗费最小,为 4.0。其他的耗费计算类似。

把最小耗费像元(值为 1.5)从激活的累积耗费像元列表中选出来,并把该像元位置的耗费值赋给累积耗费距离栅格。由于现在该像元有一条通往源像元的通路,因此下一步计算中就可以激活该选中像元的邻居像元。只有那些有可能到达源像元的像元才被激活。重复以上计算方法,计算源像元到达激活像元的耗费,如图 7.61 所示。其中,源像元经过选中像元到第 6 行第 3 列像元的累积耗费距离为(2+2)/2+1.5=3.5,源像元经过选中像元到第 5 行第 3 列像元的累积耗费距离为 1.414×(2+5)/2+1.5=6.4。注意,这些路径都是经过第 6 行第 2 列像元到达其邻居像元的,同样应该计算到其他邻居像元的累积耗费,包括第 5 行第 2 列像元和第 5 行第 1 列像元,如果累积耗费比原来的小,就要

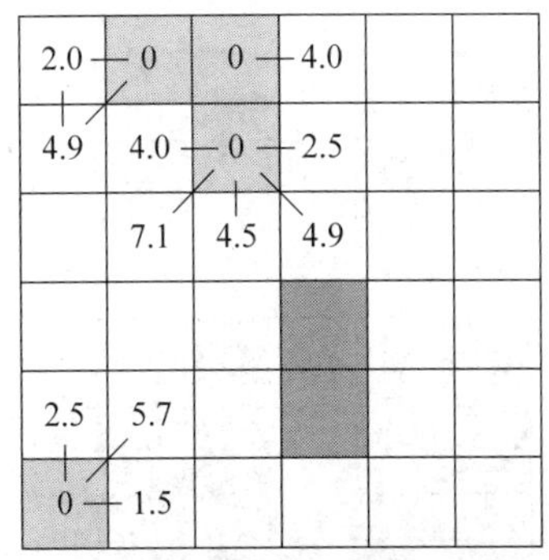

图 7.60　计算源像元到达邻居像元的耗费

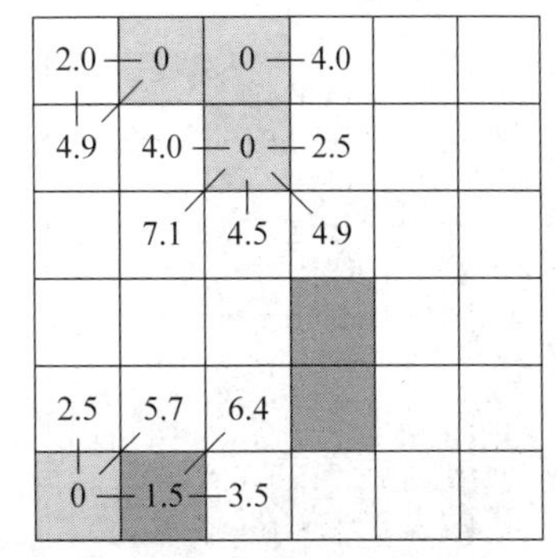

图 7.61　计算源像元到达激活像元的耗费

替换原来的值。在本例中,新计算的值要比原来的值大,因此保持不变。

重复以上过程,继续迭代,选择耗费最小的像元,激活其邻居像元,计算新的耗费,并把新计算的耗费像元增加到激活列表中,产生耗费更低的路径,并把相应的像元增加到输出栅格中。这里假设已经完成了累积耗费小于或等于 4.9 的像元的输出。两个源像元在耗费计算中是同等的。这里只考虑选出最小累积耗费的像元,并扩展邻居像元,而不考虑它将分配到哪个源像元。接着把累积耗费为 5.0 的两个像元输出,并激活邻居像元,计算最小耗费距离。注意第 3 行第1 列的像元,在图 7.62(a)中其累积耗费为 9.0,表示其到达源 1(栅格上部)的最小耗费距离。但是,当源 2 扩展到这个位置时,在该位置可以从源 2 得到更低的累积耗费值8.0。因此,该位置的值被更新,放入激活列表中,如图 7.62(b)所示。

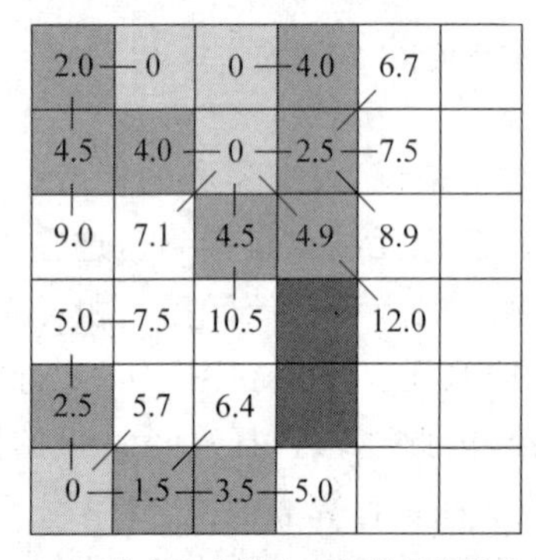

(a) 耗费小于或等于4.9的像元的输出

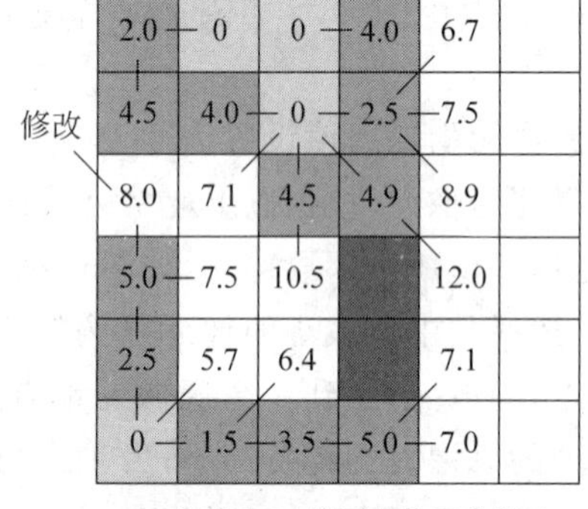

(b) 耗费为5.0的两个像元的输出

图 7.62 继续迭代的中间结果

从上面可以看出,存在多个源的情况下,增长过程持续下去并从激活列表中分配最小耗费的像元,而不考虑这些像元以前是源自哪个源的。当两个源的增长模式相遇时,来自一个增长模式的像元可能会发现它从另一个增长模式到达源的耗费更低,那么其值就要重新计算。例如前面提到的第 3 行第 1 列以及图 7.63(a)所示的第 4 行第 5 列,以前的累积耗费值为 12.0,但是 7.1 被选中后,经过该像元的耗费只要 10.6,于是更新之。图 7.63(b)给出累积耗费值 7.5 被选中并激活邻居像元后的计算结果。

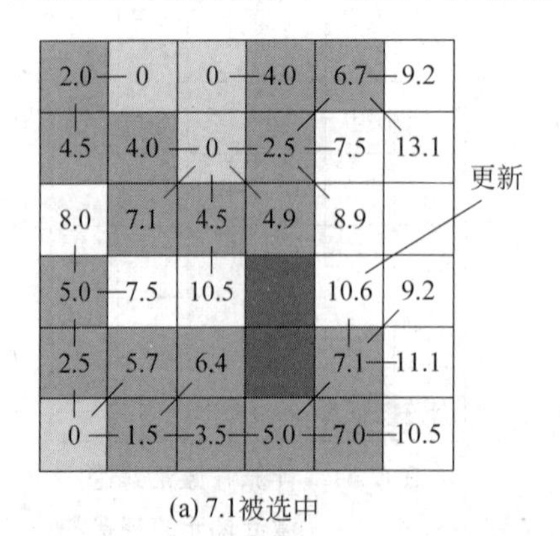

(a) 7.1被选中

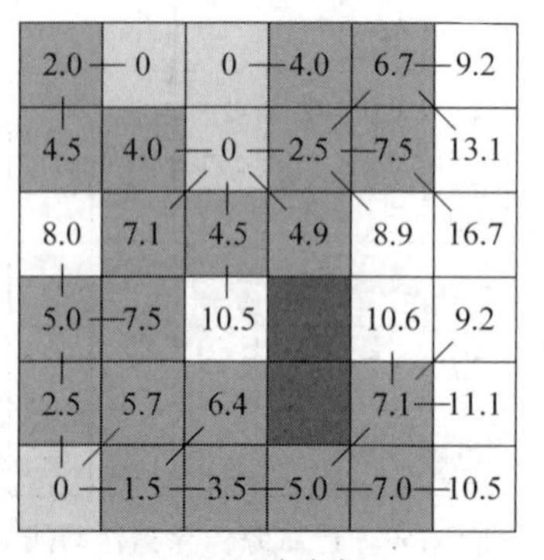

(b) 7.5被选中

图 7.63 迭代并更新第 4 行第 5 列累积耗费值

图 7.64(a)给出累积耗费值 9.2 被选中后的计算情况。注意其中的第 3 行第 6 列，以前的耗费值为 16.7，但是 9.2 被选中后，经过该像元的耗费只要 12.7，于是更新之。迭代继续，图 7.64(b)给出累积耗费值 10.5 被选中后的情况。迭代过程执行到栅格边界或达到最大的距离。当所有的像元从激活列表中被选出后，就产生了累积耗费，或称为**加权距离栅格**(weighted-distance raster)。该过程保证为每个像元得到最小的累积耗费。图 7.65 给出最后的计算结果，得到**耗费距离输出栅格**。

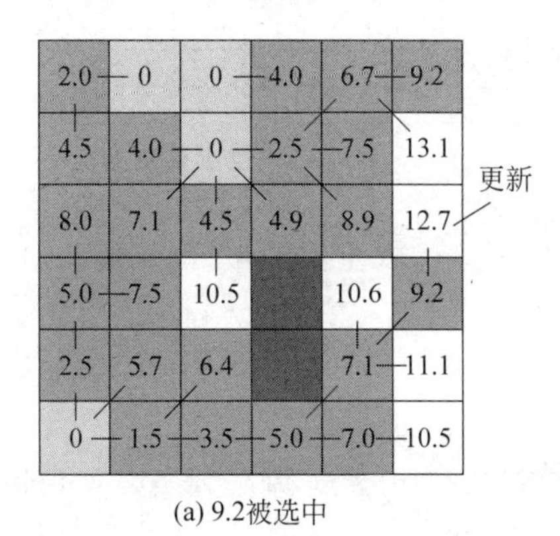

(a) 9.2被选中

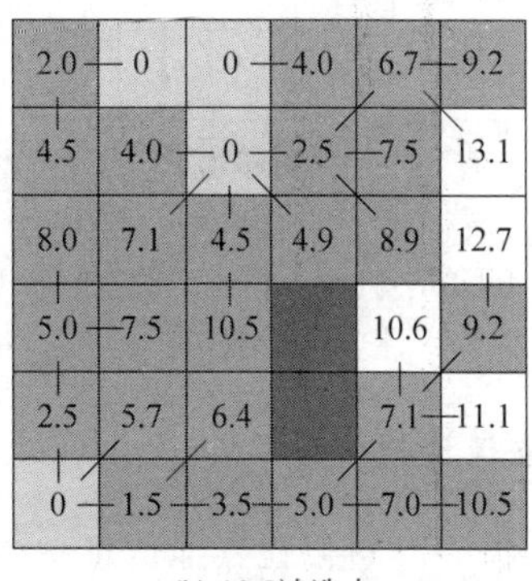

(b) 10.5被选中

图 7.64 迭代并更新第 3 行第 6 列累积耗费值

路径不能穿越无数据值的像元。对于无数据值像元块后面的像元，其最小累积耗费的计算是要绕过这些像元的。在耗费距离输出栅格中，这些无数据值的像元还是在原来的位置。

耗费距离栅格中每个像元的值表示其到最近的源像元的累积耗费。但是它并没有显示出每个像元的耗费值与哪个源像元关联，路径是什么。因此还需其他的信息来表示这些关系。一种表示方法就是用返回链，用 0～8 编码表示返回链的方向，标识到达邻居像元的方向，构成**方向栅格**(direction raster)，如图 7.66 所示。0 表示当前像元位置，1～8 按顺时针方向编码，1 表示右方(正东)。为了可视化路径的方向，可以为每个方向设置一种颜色，这样就可以得到一幅彩色的路径方向图。方向栅格提供了路线图，标识出从任何像元沿着最小耗费路径返回最近的源像元的路由。用返回链就可以重构到源像元的路径。例如，像元值为 5，表示最小耗费路径穿越该像元返回某个源像元时是从左方到达邻居像元的。如果像元值为 7，则路径应该向正北方向。图 7.67 给出了每个像元到各自的源像元的最小耗费路径。

2.0	0	0	4.0	6.7	9.2
4.5	4.0	0	2.5	7.5	13.1
8.0	7.1	4.5	4.9	8.9	12.7
5.0	7.5	10.5		10.6	9.5
2.5	5.7	6.4		7.1	11.1
0	1.5	3.5	5.0	7.0	10.5

图 7.65 耗费距离输出栅格

一旦产生了累积耗费栅格和返回链栅格，就可以得到任何像元到源像元的最小耗费路径。在 ArcGIS 中，用 Cost Path 函数实现这个功能。

得到最小耗费路径后，就可以方便地应用了，例如应用到修建道路、装甲车辆行驶路径选择方面。最小耗费路径的宽度为一个像元宽度，是根据原始的耗费栅格计算得来的，表示一条从源到目的地的最小耗费路径。如果耗费栅格的值发生变化，那么就可能

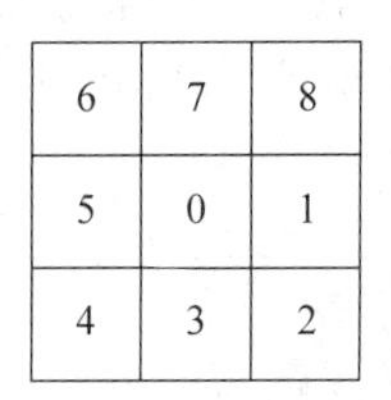

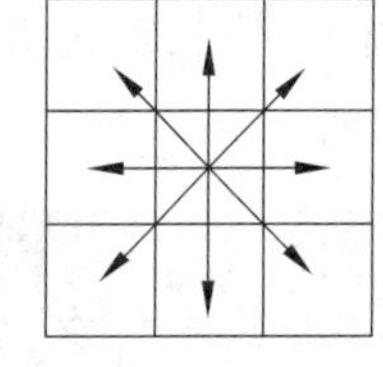

图 7.66　方向栅格

图 7.67　最小耗费路径

计算出不同的最小耗费路径。例如，考虑坡度因素的权重不同，在修建道路时可能会选择不同的路径。

3. 定位与分配

有些事情 GIS 可以比其他信息系统做得更好，而有些事情只有 GIS 才能做，例如**定位与分配**(location-allocation)建模问题。定位与分配是为一个或多个设施寻找最佳位置的过程，设施服务一组给定的客户(点)，并把客户分配给相应的设施。考虑的因素有可获取的设施数量、从设施到客户之间的耗费和最大阻抗等。这里，设施是服务提供者和资源供应者，客户是接受服务的对象。客户可能分布在街道上和区域内，例如居民的分布。为了计算方便，常常把服务对象聚集起来，用聚集点的中心表示某个区域和线段范围的客户需求，点的权重可以是客户的数量等。

定位与分配模型用于解决在什么地方放置供应设施以满足最大的服务需求的问题。在谈到仓库、零售商店、医院、警务站、消防站和学校的选址决策问题时，人们通常会说"第一是位置，第二也是位置，第三还是位置"。可见选址问题的重要性。

首先看**分配计算**概念。分配计算是基于最邻近方法标识某个设施的服务范围。这里的关键是如何计算最邻近范围。一种方法是直线距离法，用欧几里得距离计算；另一种方法是最短路径法，在向量模型中是沿着最短路径计算的，而在栅格模型中是根据最小累积耗费路径计算的。

向量模型的分配计算比较直观。下面主要介绍栅格模型的分配计算过程。图 7.68 给出利用欧几里得距离获得的**分配栅格**。分配栅格中的每个像元被赋予离其最近的源像元的值，邻近度量的根据是直线距离。

如果邻近度量采用最小累积耗费距离，那么就会得到不同的结果。图 7.69 为采用图 7.65 的耗费距离输出栅格和图 7.67 的最小耗费路径获得的分配栅格。

为什么使用分配栅格呢？利用分配栅格可以进行如下分析：标识商店的客户群；找出哪家医院最近；找出消火栓未覆盖的区域；定位超市的服务区域；标识城区内消防站 10min 反应时间可以到达的地区。

以上问题就是分配分析问题，即假设已知设施的情况下求得服务对象(客户)范围。如果已知客户的分布，要求在合适的位置安排相应的设施，就是定位与分配问题。例如，

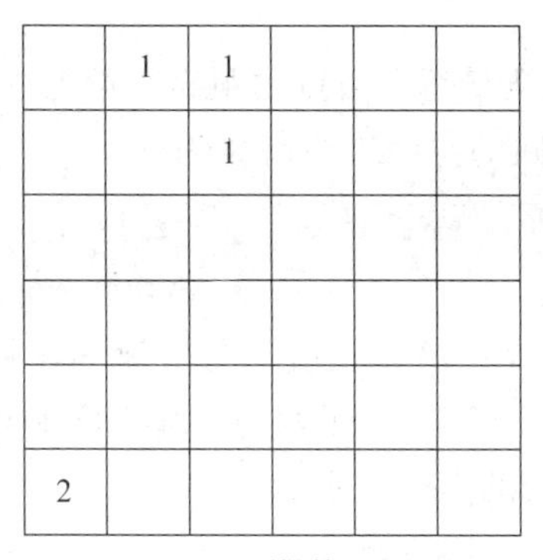

(a) 原栅格

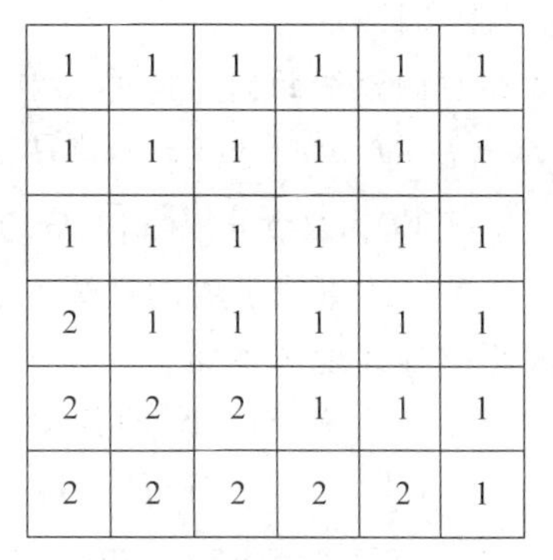

(b) 分配栅格

图 7.68　利用欧几里得距离获得的分配栅格

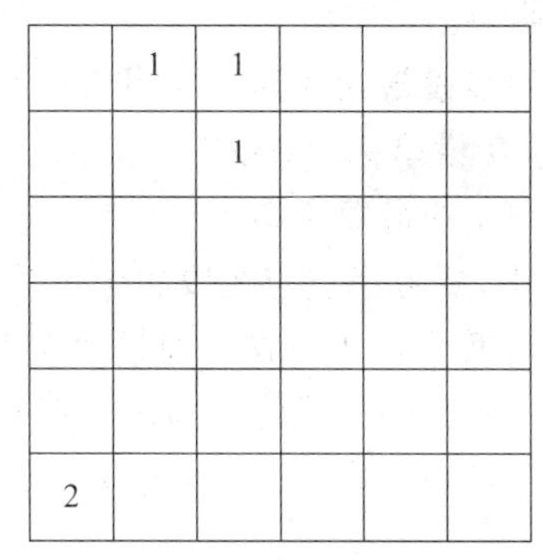

(a) 原栅格

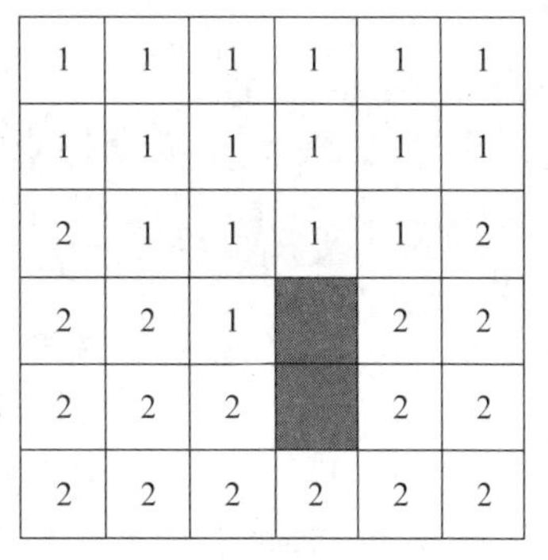

(b) 分配栅格

图 7.69　利用耗费距离输出栅格和最小耗费路径获得的分配栅格

已经知道一个城市有 400 个居民小区，如何在合适的位置新建超市，就是定位与分配问题。

定位与分配问题有两种常用的求解模型：

（1）**最小距离模型**。也称为 P-中值（P-median）模型，即相对于一组客户，定位 P 个设施，使得客户和设施之间的最小加权距离之和最小。该模型适合货物的配送仓库定位等应用。

（2）**最大覆盖模型**。在指定的时间或距离内，定位 P 个设施，使得客户的覆盖范围最大。该模型适合设置医疗点和消防站，使得紧急救护和消防的覆盖范围最大化。也可以用于商业目的，例如娱乐场所、银行分理处和快餐店的定位等。

7.4.8　空间几何度量

1. 空间距离量算

空间距离量算是许多空间分析的基础。根据地理实体类型的不同，空间距离量算可分为以下几类。

1）点到点距离计算

（1）**平面和空间直线距离**。描述二维和三维空间中两点的距离。设三维空间上两点为 $P_1(x_1,y_1,z_1)$ 与 $P_2(x_2,y_2,z_2)$，则两点之间的空间直线距离为

$$D(P_1,P_2)=\sqrt{(x_1-x_2)^2+(y_1-y_2)^2+(z_1-z_2)^2} \tag{7.71}$$

去掉 Z 维度，就是平面直线距离的计算方法。

（2）**球面距离**描述地球表面上两点间的地表距离。在航空与航海等领域，作业范围较大，大圆线是球面上两点之间的最短距离。给定球面两点，用纬度和经度表示为 $A(a_1,b_1)$ 和 $B(a_2,b_2)$，α 是 A 和 B 与球心连线的夹角。那么有

$$\cos\alpha=\sin a_1\sin a_2+\cos a_1\cos a_2\cos(b_2-b_1) \tag{7.72}$$

地球半径用 R 表示（大约为 6378.137km），那么两点之间的球面距离为

$$L=\alpha R\pi/180 \tag{7.73}$$

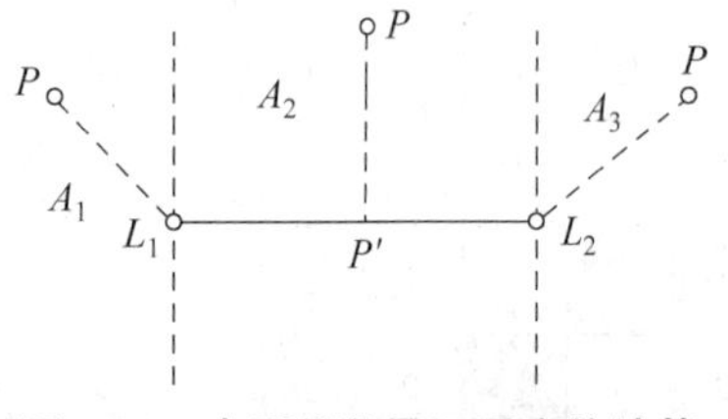

图 7.70　点到线段最短距离的计算

2）点线段距离计算

（1）**点到线段最短距离**。在图 7.70 中，不失一般性，设线段位于横坐标轴，端点为 L_1 和 L_2，要计算点 P 到线段 L_1L_2 的最短距离。

在计算中，要考虑点与线段的位置关系。不同的位置关系下计算方法不一样。通过两端点 L_1 和 L_2，与线段 L_1L_2 垂直的直线将平面区域划分为 A_1、A_2、A_3。P'是 P 点在线段 L_1L_2 的垂足。点 P 到线段 L_1L_2 的最短距离分为 3 种情况计算：

$$D_{\min}=\begin{cases}d(P,L_1), & P\in A_1\\ d(P,P'), & P\in A_2\\ d(P,L_2), & P\in A_3\end{cases} \tag{7.74}$$

（2）**点到线段垂直距离**。设由 A、B 两点确定的直线 l 表示为 $ax+by+c=0$，则点 $P(x_1,y_1)$ 到直线 l 的距离为

$$D_{\mathrm{vt}}(P,l)=\frac{|ax_1+by_1+c|}{\sqrt{a^2+b^2}} \tag{7.75}$$

（3）**点到线段平均距离**。该距离等于点 P 与线段的两个端点 L_1 和 L_2 的距离的平均值，即

$$D_{\mathrm{avg}}(P,l)=\frac{d(P,L_1)+d(P,L_2)}{2} \tag{7.76}$$

（4）**点到线段最大距离**。该距离是点 P 与线段两个端点 L_1 和 L_2 的距离中的最大者，即

$$D_{\max}(P,l)=\max\left(d(P,L_1),d(P,L_2)\right) \tag{7.77}$$

3）点到面距离计算

（1）**点到面最短距离**。点 P 到面 A 的最短距离肯定在面的边界上，因此点到面的最短距离为

$$D_{\min}(P,A)=\min\{D_{\min}(P,l_i),i=1,2,\cdots,n\} \tag{7.78}$$

其中，l_i 为组成面的边界线段。

(2) **点到面最大距离**。表示点 P 到面 A 的最大距离，是点到面的某个边界的最大距离：

$$D_{\max}(P,A)=\max\{D_{\max}(P,l_i),i=1,2,\cdots,n\} \tag{7.79}$$

(3) **点到面平均距离**。点到面的平均距离计算比较复杂。一种方法是将多边形 A 划分为三角形 T_i。如果多边形有 n 条边，那么可以划分出 $n-2$ 个三角形。按照式(7.80)计算点到面的平均距离：

$$D_{\text{avg}}(P,A)=\sum_{i=1}^{n-2}\frac{|T_i|}{|A|}D_{\text{avg}}(P,T_i) \tag{7.80}$$

其中，$|T_i|$ 表示三角形 T_i 的面积，$|A|$ 表示多边形的面积，$D_{\text{avg}}(P,T_i)$ 表示点 P 到三角形 T_i 的平均距离。可以用三角形的质心代表三角形，求点到三角形质心的距离。

4) 线到线最短距离和最大距离计算

相交线之间的最短距离为 0。如果两条线段不相交，设有线段 l_1 和 l_2，端点分别为 (A,B) 与 (C,D)，则线到线的最短距离和最大距离为[34]

$$D_{\min}(l_1,l_2)=\min\{D_{\min}(A,l_2),D_{\min}(B,l_2),D_{\min}(C,l_1),D_{\min}(D,l_1)\} \tag{7.81}$$

$$D_{\max}(l_1,l_2)=\max\{D_{\max}(A,l_2),D_{\max}(B,l_2),D_{\max}(C,l_1),D_{\max}(D,l_1)\} \tag{7.82}$$

2. 面积量算

面积在欧几里得平面上是指一组闭合弧段所包围的区域的大小。对于不规则多边形，梯形法是主要的面积量算方法之一。将多边形边界分为上下两部分，分别求解上边界下的积分值与下边界下的积分值，以两者之差作为面积，如图 7.71 所示。设没有空洞的多边形的边界由一个顺时针排列的点序列 $P_0(x_0,y_0),P_1(x_1,y_1),\cdots,P_{n-1}(x_{n-1},y_{n-1}),P_n(x_n,y_n)$ 确定，最后一个顶点与第一个顶点重合，则其面积计算公式为

$$S=\frac{1}{2}\sum_{i=0}^{n}(x_{i+1}-x_i)(y_{i+1}+y_i)$$

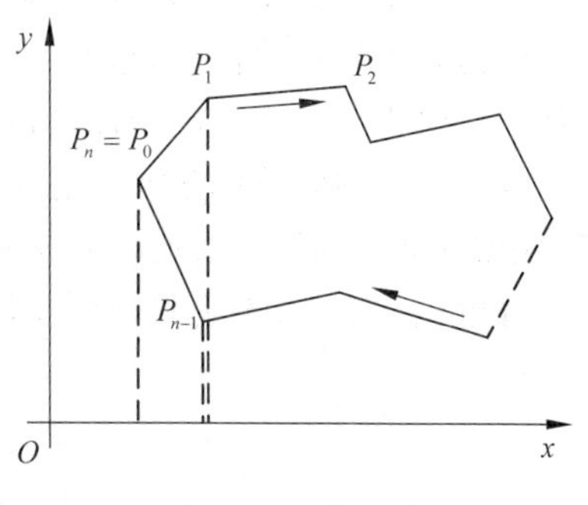

图 7.71 梯形法

3. 体积量算

体积通常是空间曲面与一个基准平面之间的容积，其计算方法因空间曲面的不同而不同。一般情况下，基准平面为一个水平面。形状规则的空间实体体积量算相对容易，形状不规则的空间实体的体积量算则相对复杂。

通常情况下，在工程应用领域中，当体积计算结果为正时称之为“挖方”，当体积计算结果为负时称之为“填方”。体积的计算原理是采用微分法求解近似值，通常采用的微分计算模型有三角形格网模型和正方形格网模型，它们的基本原理都是以基底面积乘以格网单元曲面高度，空间实体的体积是这些格网单元体积的总和。

1）三角形格网单元

三角形格网单元的体积计算公式为

$$C=\frac{1}{3}S_A(h_2+h_2+h_3)$$

其中，S_A 为格网基底三角形 A 的面积，如图 7.72 所示。

2）正方形格网单元

正方形格网单元的体积计算公式为

$$V=\frac{1}{4}S_A(h_1+h_2+h_3+h_4)$$

其中，S_A 为格网基底正方形 A 的面积，如图 7.73 所示。

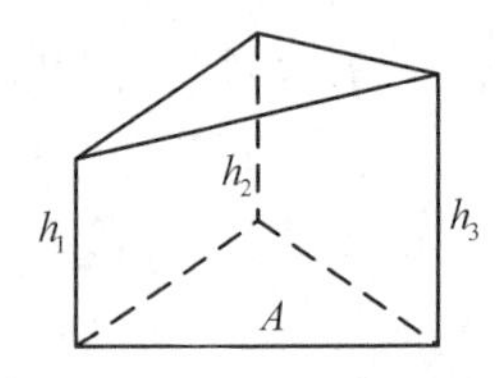

图 7.72　三角形格网单元

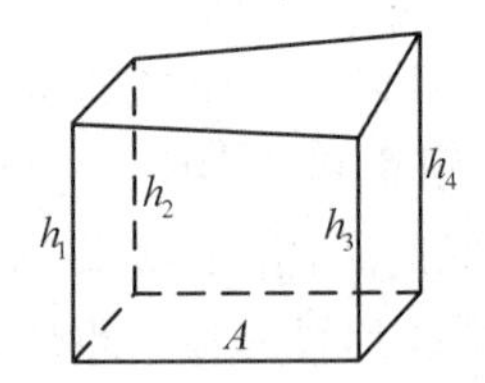

图 7.73　正方形格网单元

4. 中心与质心

中心多指地理实体的几何中心，或由多个点组成的地理实体在空间上的分布中心。几何中心对于地理实体的表达和分析具有重要意义。例如，在用点表示面状物体时，一般都以几何中心表达面状物体的位置和分布形态特征。

规则的地理实体的几何中心非常容易确定，例如线状物体的几何中心是该物体的长度的中点；圆形物体的几何中心是圆心；正方形和长方形以及规则多边形物体，其几何中心是对角线的交点；不规则面状物体的几何中心则可以利用公式计算得出，例如：

$$C_x=\frac{\sum_{i=1}^{n}x_i}{n},\qquad C_y=\frac{\sum_{i=1}^{n}y_i}{n}$$

其中，C_x、C_y 分别为不规则面状物体几何中心的横坐标和纵坐标，n 是不规则面状物体的顶点个数，x_i、y_i 是第 i 个顶点的横坐标和纵坐标。

质心是描述地理实体空间形态的一个重要指标。外形规则、质地均匀的面状物体和线状物体的质心和几何中心是重合的。一般面状物体的质心可以理解为物体内部的平衡点。

在某些情况下，质心描述的是分布中心，而不是几何中心。以某区域的人均年收入为例，当绝大部分人均年收入明显集中于该区域的一侧时，可以把质心放在分布中心上，这种中心称为平均中心或重心。如果要考虑其他一些因素，可以赋予权重系数，称为加权平均中心，计算公式是

$$C_x=\frac{\sum_i w_i x_i}{\sum_i w_i},\qquad C_y=\frac{\sum_i w_i y_i}{\sum_i w_i}$$

式中，w_i 为第 i 个离散目标物的权重，x_i、y_i 为第 i 个离散目标物的坐标。

质心测量经常用于宏观经济分析和市场区位选择，还可以用于跟踪某些地理分布的变化，如人口变迁、土地类型变化等。

5. 曲率与弯曲度

曲率反映曲线的局部特征。在数学分析中，线状物体的曲率定义为曲线切线方向角相对于弧长的变化率。设曲线的函数形式为 $y=f(x)$，则曲线上的任意一点的曲率为

$$K=\frac{y''}{(1+y'^2)^{3/2}}$$

对于以参数形式 $x=x(t)$，$y=y(t)$ $(\alpha\leqslant t\leqslant\beta)$ 表示的曲线，其上任意一点的曲率的计算公式为

$$K=\frac{x'y''-x''y'}{(x'^2+y'^2)^{3/2}}$$

计算曲线曲率的前提是曲线是光滑的。对于用离散点表示的线状物体，要先进行光滑插值，然后按照上式计算。曲率在实际工程中能够解决许多技术问题，例如在公路和铁路转弯处合理地设计曲率，可以保证行车的安全。

弯曲度是描述曲线弯曲程度的参数，定义为曲线长度与曲线两端点定义的线段长度之比。其计算公式为

$$S=L/l$$

其中，l 表示曲线起点和终点间的直线距离，L 为曲线实体的实际长度，如图 7.74 所示。

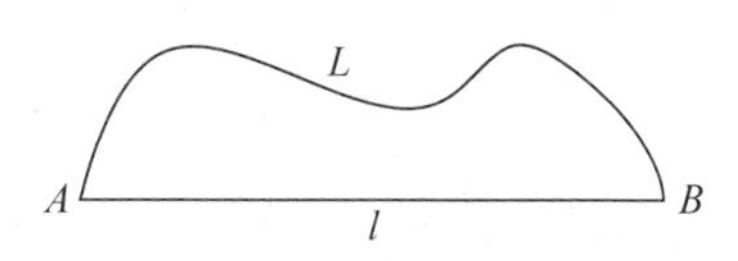

图 7.74 曲线的弯曲度示意图

在实际应用中，弯曲度主要用来反映曲线的迂回特性。在公路设计中，山区的公路迂回特性较强，这样既降低施工难度，对于行车也有安全保障作用；而在平原地区，公路的迂回特性较弱，这样会大大降低投资额，并能保证车辆的通畅行驶。

7.5 本章小结

一个完整的 GIS 具有对空间数据的采集、管理、处理、分析、建模和显示等功能，其基本组成一般包括 5 部分：硬件、软件、地理空间数据、人员和应用模型。

地理信息在经过数据采集和编辑以后被送入计算机的外存设备。对于海量的地理数据，再采用文件系统的方法来管理肯定不行了，必须采用数据库技术进行管理。因此，地理空间数据库成为 GIS 的数据管理平台。地理空间数据库是地理空间数据的集合，是一种与现实的地理世界保持一定相似性的实体模型。由于传统数据模型存储地理空间数据的局限性，使得它们并不适用于地理空间数据的有效管理，地理信息系统需要合适的地理空间数据模型。

地理空间数据库是地理信息系统的重要组成部分。在数据获取过程中，地理空间数据库用于存储和管理地理信息；在数据处理、分析和数据输出阶段，它是地理信息的提

供者。

将空间数据和属性数据输入地理空间数据库,这就是 GIS 的数据采集。7.3 节首先介绍了空间数据的采集,然后介绍了属性数据的采集,最后阐述了空间数据的编辑与处理。

GIS 提供了丰富的空间数据分析功能。空间数据分析不仅可以用于地理空间,也可以用于更广泛的空间概念,包括地球空间、CAD 数据空间和医学图像数据空间等,因此本章采用空间数据分析而不是地理数据分析这个词。通过空间分析模型和工具可以获取隐藏在空间数据中的信息和关系。

第 8 章

3S 技术的综合应用

3S 系统的集成框架
时间和空间数据的集成
数据层次、平台层次和功能层次的集成

8.1　3S 系统的时空特性和集成框架

3S 系统的集成可以在各个层次实现，包括数据集成、数据管理平台集成、应用功能集成及应用系统的集成。本节首先介绍 GIS、RS 和 GPS 采集和管理的时间和空间数据的特性，然后给出 3S 系统的集成框架。

8.1.1　时间和空间表示

3S 系统处理和管理大范围的空间实体，这些空间实体具有时间特性、空间特性及时空关联性。下面从 3S 系统集成的角度，根据前面介绍的概念，归纳 GIS、GPS 和 RS 的时间特性和空间特性，并分析它们之间的关联性。

1. 时间特性

时间表示空间实体的持续性和顺序性。其实，任何事物都会与时间相关，事物从发生到结束有一个或长或短的持续过程。时间是有顺序的。空间实体的位置和几何特性可能会随时间而变化。

尽管 GIS 管理的主要是地理空间数据，然而地物空间实体也有时间特性，会随着时间而变化。虽然在一定时间周期范围和假设情况下，有些 GIS 应用可以不考虑时间特性，但是时间特性是客观存在的。

RS 通过瞬时成像获取某时间点大范围的影像，具有瞬时性的特点。经过一定周期后，卫星重返原轨道位置，获取另一时刻相同地区的影像，具有周期性。这种周期性也称为遥感影像的时间分辨率。即获取的遥感影像是某个时刻的数据，并且遥感数据的采集按某个周期重复进行。

GPS 记录的空间实体的位置具有瞬时性。按照定位方式，GPS 定位可以是静态的或动态的。在静态定位方式中,GPS 接收机位于固定平台上进行测量定位,这里精确定位是主要的性能要求;在动态定位方式中,GPS 接收机位于移动平台上进行导航定位,每个获取的位置都伴随着时间参数。

2. 空间特性

任何空间实体都有一定的规模、体积、内部结构和位置。GIS、RS 和 GPS 获取不同的空间特性。

GIS 用向量模型的点、线和多边形抽象表示空间实体的几何特性,用它们之间的拓扑关系表示空间关系。对于地理空间来说,具体的空间特性是通过地理坐标系确定的。GIS 可以集成栅格模型,用像元表示地物特征。遥感影像就可以表示为栅格数据。

对于 RS 来说,一幅卫星遥感影像记录了各个像元的位置及像元值。像元有大小,代表空间分辨率。像元的行和列值隐含着其空间位置。像元值反映对应像元区域的地物特征(反射特性和辐射特性)。不同的传感器获取不同的像元特征和多光谱特征。通过对一组像元值的处理可以获得纹理、边缘等特征。

GPS 可以获得静止和移动平台的当前坐标位置(用经纬度表示)及其高程数据。GPS 的空间数据往往与时间紧密关联。

3. 时空关联性

空间特性的可视性较强;而时间特性是隐含的,容易被忽略。在 3S 信息空间中,空间实体的空间和时间特性是互相关联的。时间线索是联系 GIS、RS 和 GPS 的纽带。把相近时间或相关时间(例如按一定周期)获取的空间数据进行集成是有意义的。图 8.1 给出了时间与空间的关联关系。

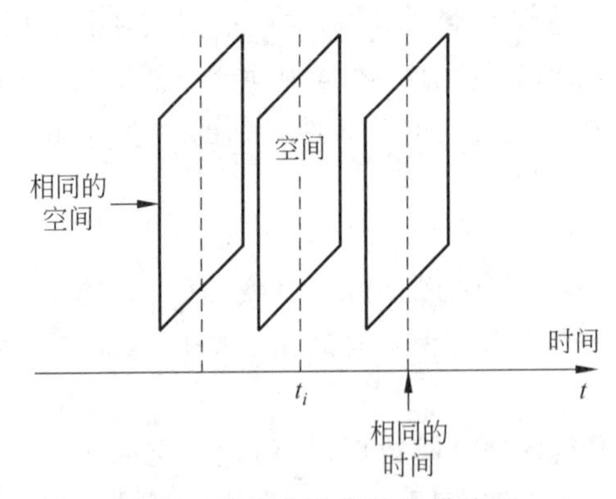

图 8.1 时间与空间的关联关系

1) 空间数据表示某时刻空间实体的状态

空间特性在某个时刻 t_i 与时空关联起来。时空关联可以是离散的,也可以是连续的。这里涉及时间颗粒度的问题。颗粒度大,例如几十分钟、几小时、几天或几个月的时间间隔,时间与空间实体的关联就是离散的关系,例如 RS 采集的遥感影像、GIS 描述的地物实体等。而 GPS 可以获取和记录连续的时间状态,可以持续地描述空间实体位置随时间的连续变化。

2）同一空间不同时间的空间数据

针对相同的空间区域，采集和管理不同时间的空间数据，可以给用户提供动态的空间实体变迁或变化的视图。例如，遥感卫星经过重返周期后，对同一地区拍照，按一定时间周期获取该地区的遥感影像，经过分析和对比，就可以发现其间的变化。在GIS中，可以按时间线索组织空间数据，把不同时间的空间数据集成起来进行管理和分析。

8.1.2 3S系统的集成框架

RS的应用特点是以一定时间间隔获取和观测大范围的地球区域，因此是区域资源环境调查和动态监测的主要技术手段，是数字地球和空间信息系统的重要信息源。GPS的应用特点是连续获取全球范围的静态或动态目标的位置数据。GIS作为一类空间信息系统，用向量模型和栅格模型管理空间数据，结合时间线索，把RS数据、GPS数据和向量几何数据集成起来，实现空间信息的探查、分析、可视化及决策。

图8.2给出了3S系统的集成框架。GIS、RS、GPS各有其功能管理和处理平台。在GIS中，用关系数据库管理系统管理属性数据，用向量模型和栅格模型分别描述和管理空间地理实体及地理环境，用对象-关系模型统一管理全部的空间数据。在RS中有专用的遥感影像及其数据处理模块。在GPS中也有专用的卫星定位数据的处理和变换模块。这些管理和处理模块是相互独立和平行存在的。

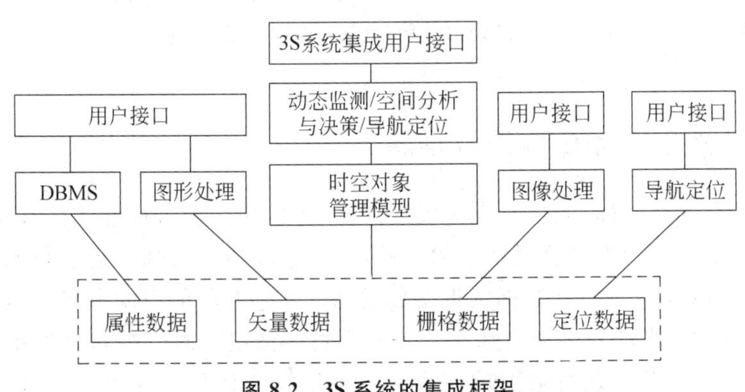

图8.2 3S系统的集成框架

早期系统是一种**松散的集成**，经过RS和GPS处理的遥感影像和定位数据通过数据接口进入GIS实现集成。数据接口可以是**直接数据转换接口**或**中间公共数据接口**，其作用是对RS和GPS采集和处理过的数据按照统一的坐标系和数据模型进行读取和格式转换，以便进入GIS进行数据和功能集成。

紧密的集成是在一致的时空对象数据模型下实现的，把属性数据、向量数据、栅格数据和定位数据及时间特性用统一的数据模型表示，用关联的功能模块进行处理、分析和可视化，进行空间实体的动态监测、导航定位、空间分析及决策，以实现以下4个层次集成：

（1）数据集成。

（2）平台集成。

(3) 功能集成。

(4) 应用集成。

8.2 GIS与RS的集成

GIS与RS的集成主要有两种形式：一是把RS采集的遥感影像作为GIS的空间数据源，从遥感影像中可以提取空间实体及其变化信息、DEM数据，及时更新GIS的空间数据库；二是GIS数据可以辅助RS进行遥感影像分析，提高遥感影像判读和分类的精度。

8.2.1 GIS与RS功能的结合

GIS是管理和分析空间数据的平台，而RS是一种快速进行大区域空间数据采集和分类的有效手段，两者的操作对象都是空间实体，相互之间有联系、支持和补充关系。一般来说，GIS与RS功能的结合有以下两种方式：

(1) **遥感影像作为GIS的数据源**。GIS之所以有效，是因为它的数据是及时的和有效的。遥感手段能够迅速、准确、大范围地采集环境和资源数据，同时，遥感数据具有多光谱和动态多时相的特点，它为GIS数据的更新提供了动态的、大范围的地理空间数据源。

(2) **GIS为遥感分析提供辅助信息和手段**。GIS数据及功能有助于提高遥感数据自动分类的精度，为遥感分析提供良好的环境，从而显著提高遥感信息识别的精度和效率。例如，可以利用GIS中的实体位置以及DEM数据，辅助RS进行遥感影像中目标的定位和分类。

8.2.2 遥感影像作为GIS的数据源

遥感是一种远离目标，通过非直接接触判定、测量和分析目标性质的技术。RS通过卫星传感器获取地物的光谱反射和辐射特性，从而形成遥感影像。遥感技术提供的短周期、高分辨率影像是GIS空间数据的重要数据源。遥感卫星的空间分辨率从过去的几十米提高到1m以下，光谱分辨率达到5～6nm，数百个波段。时间分辨率的提高主要依赖于小卫星技术的发展，通过发射地球同步轨道卫星和合理分布的小卫星星座，以及设置传感器的倾角，能够以1～3天的周期获得感兴趣地区的遥感影像。合成孔径雷达传感器具有全天候、全天时的特点，可以进行三维地形及其变化的观测。

通过观察遥感影像，可以判别地物及目标的形态、位置和变化。用遥感技术获取地球信息，具有周期短、覆盖面大、现势性强等显著优势，是当前获取地球空间信息最有效的技术和手段之一。这里，**现势性**是指遥感技术提供的地球空间信息体现当前最新的情况，用于描述地图上表示的内容与实地一致的程度。例如，在抗震救灾中，为了及时了解灾情和指挥救灾，就需要当地受灾后的地图及地理变化情况，遥感影像可以作为地图数据源，集成到GIS中。

但是遥感获取的数据不能直接作为GIS的数据。遥感数据必须经过处理，提取相应的几何和属性特征后，才能用于GIS。

1. 专题信息提取及其更新

专题信息提取指采用人工或半自动遥感影像解译、遥感影像分类和识别方法，提取遥感影像中的空间实体形态、光谱和空间关系等特征，获得目标区域的地物和目标专题信息，例如桥梁、道路、水系、植被、山体、建筑和林地等信息。将这些及时获取的专题信息与 GIS 数据库中原来存储的数据比较，检查变化情况和新出现的目标情况，从而实现 GIS 数据的更新。

2. 高程数据提取

可以从一对不同角度拍摄的同一地区的遥感影像中提取高程数据。其基本原理是双目立体成像，从中可以计算出深度信息。这里涉及以下处理：对遥感影像的投影校正及其精确的位置配准；计算每幅图的灰度向量；把两幅图的灰度向量关联起来，计算灰度向量的夹角，获得图像中每个点的高程值。从遥感影像中获取的高程数据，可以输入 GIS，更新 GIS 中的高程数据。

8.2.3 GIS 数据辅助 RS 进行遥感影像分析

遥感影像分析是遥感影像处理的高级阶段。利用这项技术，可以对地球表面及环境在遥感影像上的信息进行特征提取，利用获取的特征进行分类，从而达到判别图像区域所对应的实际地物，提取所需地物信息的目的。概括地讲，遥感影像分析需要解决地面目标的定性、定量和定位问题，即需要解决以下问题：遥感影像中有什么，遥感影像中感兴趣目标的特征或性质是什么，遥感影像中感兴趣目标在哪里。

然而，在现实中存在**异物同谱**和**同物异谱**的现象，即不同的地物可能光谱特性相似，相同的地物可能在不同环境和时间呈现不同的光谱特性。因此，单纯依靠遥感数据判别地物目标是困难的，存在许多不确定因素。

如果能够用一些相关信息来辅助遥感判读，就可以提高判读的正确性。GIS 是地理空间数据管理系统，其中包含了大量的地理空间数据及属性数据。这些具有明确意义的数据可以作为遥感判读的参照依据。

GIS 中的高程、坡度、坡向、土壤、植被、地质和土地利用等数据可以用于遥感数据的分类。与传统的仅仅采用遥感影像进行分类和识别的方法不同，在 GIS 辅助下进行遥感影像分类与识别，一方面引入了 GIS 数据的**先验知识**，使本来是“理解式”的遥感影像分析变为一种通过图像进行的鉴别和比较的过程；另一方面能够结合 GIS 数据源进行遥感影像分析，是一种**融合不同信息源**的分类和识别过程。

GIS 数据辅助遥感影像分析可以采用**基于数据**和**基于知识**的方法。基于数据的方法是将 GIS 数据直接纳入遥感影像的分类识别过程中，使用 GIS 空间数据分析的结果辅助 RS 进行遥感影像的分类与识别，得到满足用户要求的结果。该方法具体又分为两种：把 GIS 数据作为分层分析的依据；把 GIS 数据作为分类分析的训练样本。基于知识的方法采用空间数据挖掘与知识发现的方法，从 GIS 中挖掘或发现隐含的知识和规则，进而引导 RS 进行遥感影像分类识别，是 GIS 数据的一种高层应用。

1. 利用 GIS 数据对遥感影像进行分层分析

在遥感影像分析过程中,GIS 数据最简单的利用方法是对研究区域的场景和影像进行分层,即根据地形、水文、地质等特性将研究区域分为几个主要的部分,各部分的特性各不相同。这样划分可以针对不同的地区采用不同的分析方法,实现将分类中容易相互影响的地物分层识别,减少混淆的概率。例如,森林覆盖的分类受高程和坡向影响大,同样是森林,高度不同,生长的树种不同,阳坡和阴坡就不同。这种关系仅用遥感数据去分析是比较困难的。可以通过将地形图中的高程和坡向在地理位置上与遥感影像配准,对应起来进行分析。例如,将高程分为小于 500m、500～1000m、大于 1000m 三级,将坡向按方位角分为东南坡、西北坡、西南坡、东北坡。再根据实际情况将两个条件组合,如小于 1000m 的东南坡区域。用组合后的 GIS 数据对遥感数据进行分层,然后再分类。显然,不同高程和不同坡向的森林覆盖不同,分类时的侧重不同。这样可以弥补由于光谱类似而造成的类别混淆,改善了分类准确度。因此,通过分层处理,便于对各个区域进行不同的分析处理,提高了分类分析的质量。

2. 利用 GIS 数据作为遥感影像分类的训练样本和先验信息

把 GIS 数据与遥感影像叠加后,将对应的 GIS 数据作为训练样本,通过对 GIS 中的地物属性进行统计,获得各类地物分布的先验概率。以传统的遥感影像分类中的最大似然法为例,由于缺乏研究区域内各类地物分布的先验概率,往往假设各类地物分布的先验概率相同,而将其作为相同项消去。显然,这与实际情况是不相符的。如果能够从 GIS 数据中获取先验分布概率,使用不同的先验概率对像元进行判别,就可以提高遥感影像的分类准确度。

3. 根据 GIS 数据进行遥感影像的分割

GIS 中存储的地物信息必然有一部分不能反映当前地物情况,这种现象主要体现在 GIS 中各个地物实体出现**形状**和物理**属性**的改变。在这种情况下,可以将 GIS 中的地物空间信息(包括面向区域的地物物理属性、形状大小、空间组织结构以及相邻地物的物理属性等)集成到遥感影像的分割过程中,可以采用边缘检测或区域生长分割方法。GIS 空间数据在影像分割过程中可以看作地物分布的初始模型,作为影像分割的初值,并起到检测分割结束和去掉无关边缘的作用。通过集成 GIS 空间数据的影像分割,获得用于进一步分类的区域对象,然后逐个区域对对象进行分类,最后合并具有相似地面覆盖类型的相邻地物,以解决分割过细的问题。这种方法的特点是利用了 GIS 空间数据,确定了各地物目标的空间分布,降低了混合像元对光谱分类的影响,对图像中具有较小面积的地物目标也能辨识,而且可靠性较高。该方法的关键之处在于图像分割的合理性。如果分割不充分,就会造成部分地物不能提取;而如果分割过细,又将增加处理时间。因此,二者需要兼顾。该过程可以用于地物目标的变化检测及其更新。

4. 提取 GIS 中的知识进行基于知识的分类

该方法的主要思想是将 GIS 中现存的各种空间关系和属性信息通过空间数据挖掘与知识发现的方法转化成专业性较强的规则和知识，形成知识库和规则库，应用到遥感影像分类识别过程中。即，综合运用低层的图像分割结果和 GIS 中的环境信息(如土壤类型、高程和坡度等)以及专家解译的经验和知识，通过人工智能和机器学习方法，融合来自不同领域、具有不同确定程度的信息。将遥感影像分析问题看成两个阶段：首先是低层的分割和知识提取阶段，其次是高层的推理阶段。通过样本训练从 GIS 数据中提取与专题影像解译有关的规则和知识，建立知识库和规则库，把它们表达为适合于影像分析的形式，进行不确定性推理来自动进行影像分类识别。

8.2.4 GIS 与 RS 结合在城市分析中的应用举例

本节以某城市用地扩展规律分析为例，说明 GIS 与 RS 结合，对于大范围空间实体的动态变化分析是十分有效和方便的。本例主要以遥感影像为原始数据，应用 GIS 提供的分析功能，对城市用地空间分布进行了定量的描述和分析，给出了它的形态和结构，找出了城市用地扩展的规律性。

1. 点缓冲分析

用点缓冲分析城市用地的外向分布和扩展，即以各居民点为生长原点，进行点缓冲分析，即可以得到城市用地外向扩展的状况。

在分析中，采用了 500m、1000m、1500m、2000m 和 2500m 这 5 个缓冲半径数值对某城市的区县中心 A、B、C、D、E、F、G、H 进行点缓冲分析，得到不同缓冲范围内的建成区块用地的分布，其中包括旧建成区块和新建成区块。在该范围以内的城市用地是以位于几何中心的生长原点(镇)进行分布和扩展的。对该城市各区县进行点缓冲运算，图 8.3 给出了城市用地扩展状况。

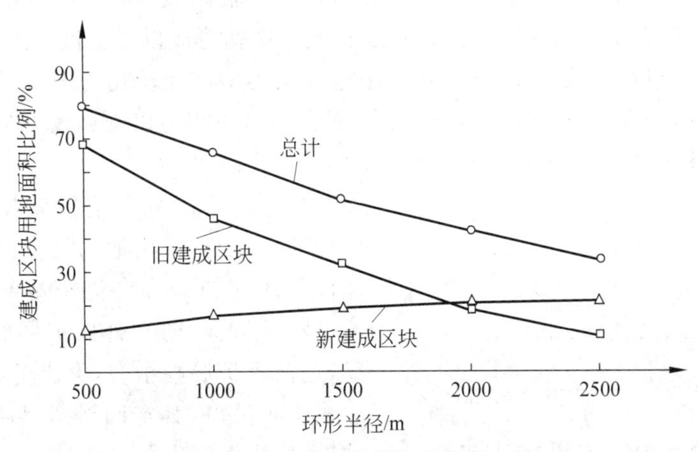

图 8.3　城市用地扩展状况

图 8.3 描述了在不同的缓冲范围内城市建成区块用地面积比例,还给出了在不同的缓冲范围内新建成区块用地、旧建成区块用地面积比例以及总计比例。从图 8.3 中可以看出,城市建成区块用地的比例随着到城市中心距离的增加而减小,而新建成区块用地比例则缓慢增加,这表明其城市用地是以外延式开发方式为主。

2. 线缓冲分析

用线缓冲分析城市用地沿交通线的轴向分布和扩展。城市的发展与交通线(包括铁路、城市道路、高速公路等)有关,路修到哪里,哪里就开始繁荣。沿交通线分布的带状区域成为城市用地快速扩展的区域。在下面的例子中,选择几个城镇之间的交通线进行线缓冲分析。

在实际建立的模型中,确定缓冲距离为 300m、600m、900m、1200m 和 1500m。在计算缓冲区的同时得到每一缓冲带内的新建成区块和旧建成区块的用地面积比例,如表 8.1 所示。从表 8.1 的统计结果来看,旧建成区块的用地面积比例随着缓冲距离(建成区块与交通线的距离)的增加有明显的减少,而新建成区块的用地面积比例随着缓冲距离的增加变化不大,这是城市用地动态扩展的自然结果。

表 8.1　5 个缓冲带的建成区块用地面积比例

缓冲距离/m	旧建成区块用地面积比例/%	新建成区块用地面积比例/%
300	45.6	26.1
600	29.1	21.9
900	20.4	21.8
1200	16.9	21.6
1500	14.8	21.1

对于连接两个城镇的交通线,城市用地沿交通线轴向分布的状况除了受交通线的影响之外,还受其两端的两个城镇的影响。在交通线两端离城镇较近的区域发展较早,发展速度也较快;而在交通线中间的区域发展较晚。这就造成以下情况:在交通线两端发展较早的区域分布在离城镇较近的地方,土地利用类型已经转化为旧城区;新扩展的城市用地主要分布在离城镇较远的地方;在中间区域,城市用地以交通线为基点,向两侧扩展,大量土地被开发,新城区用地分布较多。

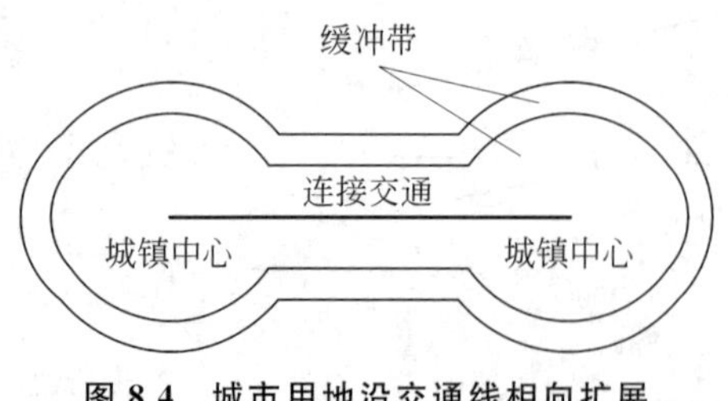

图 8.4　城市用地沿交通线相向扩展

从上述空间分析结果来看,在城市边缘区内部,旧的城市用地、新的城市用地以及未建设用地交错分布。受距离衰减规律的影响,城市用地轴向和外向扩展的特征较为明显,这两个扩展相结合,形成了城市用地沿交通线相向扩展,其空间形态呈哑铃形分布的结果,如图 8.4 所示。

从这种哑铃形分布可以看到,在离交通

线不同距离的缓冲带内,旧城区的面积随缓冲距离的增加而减少,新城区在不同缓冲带内的面积则变化不大。哑铃形城市用地分布形态也说明了交通线两端的城镇相互吸引,城市用地相向扩展的特征。从一个区域的角度来看,城市周围最具有发展优势的区域应该是同外部联系最方便的区域,也就是说,它是城市的门户位置。

在这个例子中,遥感影像作为土地利用率分析的数据输入,给出新旧城市土地和建筑分布的图像,从而得到旧建成区块和新建成区块的土地分布和面积。RS与GIS结合,对于大范围空间实体的动态变化分析是非常有效和方便的。由于RS发展变化日新月异,分辨率和清晰度越来越高,多光谱、多时相以及全天候的图像也得到应用,采用RS和GIS结合的方式,还可以产生更多更有价值的应用。

8.3 GIS与GPS的集成

GPS可以提供精确位置、动态位置及其时间信息。精确位置信息可以用于GIS中空间实体的位置测量和更新,动态位置及其时间信息与GIS集成可以构建导航和定位应用系统。

8.3.1 GIS与GPS集成应用概述

GPS是全球可以获取的空间定位信息资源,因此该系统可以为GIS提供地理空间实体的位置信息。通过GPS获取的位置信息可以是静态的或动态的,其中动态位置信息的获取是其特点,把该能力集成到GIS中,就可以实现定位和导航系统。GPS与GIS集成的基础是统一的坐标系统,主要集成方式是利用GPS对GIS的位置信息进行更新,实现综合的定位和导航。

1. GPS数据作为GIS的数据源

GIS管理的地理空间实体实际上天天都在变化,尽管变化缓慢;同时,GIS管理的事物(例如车辆、飞机和人等)时刻都在随时间变化。这些实体的位置信息应该得到及时的更新,才能进行有效的管理。GPS可以提供位置信息和时间信息,是GIS的一种重要空间和时间信息源。

(1) **高精度定位测量数据**。采用多站相对(差分)定位方法,用伪距观测量或相位观测量,在大地测量或工程测量中,采集地理实体要素的精确空间坐标。例如,采用GPS全站仪和实时动态测量(Real Time Kinematic,RTK)方法获取精确的空间坐标。在道路、桥梁和隧道的工程施工中,在野外勘探及城区规划中,大量采用GPS设备进行工程测量和勘探测绘。

(2) **导航定位数据**。采用单点定位方法,根据一台接收机的观测数据确定接收机的位置,只能采用伪距观测量,可用于车船等的概略导航定位。

(3) **精确定时数据**。GPS是测时测距系统,因此GPS设备同时可以获取高精度的、稳定的和连续的观测时间。时间系统对GPS定位具有重要意义。时间系统与坐标系统一样，有尺度（时间单位）和原点（历元），尺度与原点结合起来给出时刻的概念。GPS可以给电信基站、电视发射站等提供精确同步时钟源。

常规的GPS测量方法需要事后进行解算才能获得厘米级的精度，而RTK是能够在野外实时得到厘米级定位精度的测量方法。它采用了载波相位动态实时差分方法，显著提高了外业的作业效率。

高精度的GPS测量必须采用载波相位观测值，RTK定位技术就是一种基于载波相位观测值的实时动态定位技术，实时地提供测站在指定坐标系中的三维定位结果，并达到厘米级精度。RTK作业模式需要基准站和流动站。**基准站**通过数据链将其观测值和测站坐标信息一起传送给流动站。**流动站**不仅通过数据链接收来自基准站的数据，还要采集GPS观测数据，并在系统内组成差分观测值进行实时处理，同时给出厘米级定位结果，历时不到1s。流动站既可处于静止状态，也可处于运动状态。可在固定点上先进行初始化，再进入动态作业；也可在动态条件下直接开机，并在动态环境下完成搜索求解。只要能保持4颗以上卫星的相位观测值，流动站可随时给出厘米级定位结果。

GPST系统采用原子时（AT）1s长作为时间基准，即以铯原子CS133基态的两个超精细能级间的跃迁辐射振荡为基准，定义其振荡9 192 631 170周持续的时间为1s，时间起算的原点定义在1980年1月6日世界协调时（UTC）0时。启动后不跳秒，保证时间的连续。随着时间的积累，GPST与UTC的整秒差以及秒以下的差异通过时间服务部门定期公布。

2. GIS与GPS集成在定位和导航中的应用

GPS采集的动态定位数据可以在GIS电子地图上实时表现，或通过GPS数据对电子地图及其地理数据库进行查询和定位。也就是说，在统一的地理坐标空间中，用GIS的空间数据管理和查询功能，集成实时动态的GPS数据，就可以方便地实现导航和定位功能。

（1）**导航应用**。典型的导航应用有：精确制导导弹和巡航导弹的武器装备导航，车辆调度及其监控系统的车辆导航，远洋导航和港口/内河的船舶导航，飞机导航中的航线导航和进场着陆控制，星际导航中的卫星轨道定位，个人旅游及野外探险的个人导航，等等。

（2）**定位应用**。典型的定位应用有：车辆防盗定位，手机、PDA和PPC等通信移动设备的定位和防盗，儿童及特殊人群的防走失定位系统，等等。

8.3.2 GIS与GPS集成的系统结构

图8.5描述了GIS与GPS集成的系统结构。为了实现与GPS的集成，GIS必须能够接收GPS接收机发送的GPS数据；然后对数据进行处理，通过投影变换将经纬度坐标转换为GIS数据采用的地理参照系中的坐标；最后进行各种分析运算，包括空间实体坐标数据的动态显示和路径规划等基本功能。

GIS与GPS集成的形式一般有单台移动式和集中监控式两种。

（1）**单台移动式**。在用户设备上直接配备GIS应用软件，把GPS接收机接收的定位数字信号直接馈入GIS，由GIS对GPS接收机定位信息进行处理并与数字地图匹配，这样可以实时显示本机的位置。这种情况下GPS接收机是独立运作的，定位精度不高。

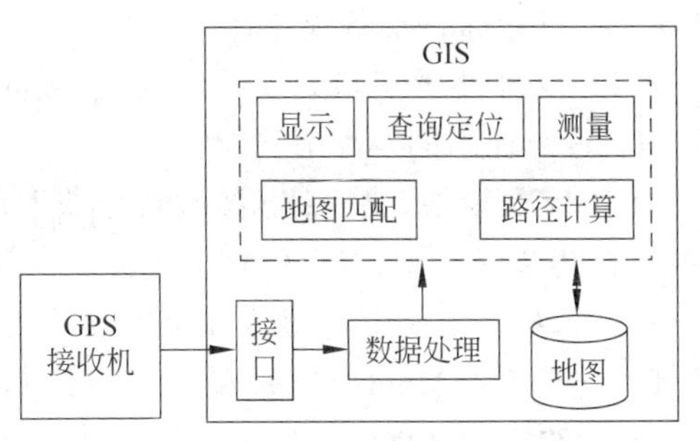

图8.5 GIS与GPS集成的系统结构

(2) **集中监控式**。当定位精度要求高，移动区域广，需要集中显示移动目标的运行状况时，可以采取本方式。系统由多个移动站、控制中心和基站组成。控制中心由计算机、GIS和无线通信系统组成。基站由无线通信系统组成。移动站由GPS接收机和无线通信系统组成，可以是手持系统、车载系统、船载系统或机载系统等。移动站把接收到的本机位置发送给基站，各基站与控制中心连接，控制中心对收到的定位信号进行处理并与GIS的电子地图相匹配，显示该移动站位置。其中，基站作为中继站，视活动覆盖区大小及电台发送信号功率大小，可多可少。如果无线通信系统借用现有移动通信网络，系统中可以不要基站。控制中心在了解移动站的运动后还可以与移动站通信，指挥移动站的运行。

8.3.3 汽车导航系统实例

汽车导航是近年来兴起的一种汽车驾驶辅助设备，驾驶员只要将目的地输入汽车导航系统，系统就会根据电子地图自动计算出建议的路线，并在车辆行驶过程中(例如转弯前)提醒驾驶员按照计算的路线行驶。下面介绍汽车导航系统的主要部件、内部结构和系统功能。

1. 主要部件

汽车导航系统包括6个基本部分，如图8.6所示。汽车导航系统内置或外接GPS接收天线，集成显示屏幕、功能按键和语音输出设备。有些汽车导航系统和汽车视像音响合成在一起，可以播放CD和DVD盘，光盘驱动器还可以用于读取电子地图光盘，这样的系统又称为DVD导航系统。

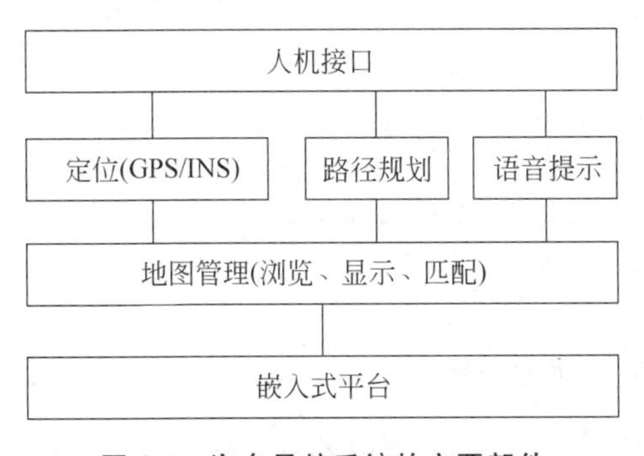

图8.6 汽车导航系统的主要部件

汽车导航系统的地图数据库来源于多种渠道。对一个好的汽车导航系统来说，地图的数量、准确程度以及数据的及时性都很重要。不管GPS提供的坐标位置有多么准确，如果汽车导航系统不能提供所在地区的准确地图，或是提供的地图有错误，系统就不能正常工作。

(1) **嵌入式平台**。小型导航设备需要一个嵌入式平台，包括嵌入式操作系统和嵌入式 GIS。导航软件的各模块运行于其上。

(2) **地图管理模块**。实现电子地图的管理,包括地图的显示、地理位置的查询、GPS 轨迹与地图的匹配等功能。

(3) **定位模块**。从 GPS 接收机处获取位置数据,并进行坐标转换。当车辆经过高大建筑、隧道和涵洞时,卫星信号会丢失。这种情况下,可以用航迹推算(Dead Reckoning, DR)方法,结合角速度传感器和里程仪推算车辆的行进位置,从而保障连续定位。现代的惯性导航系统(Inertial Navigation System,INS)也是一种定位系统。

(4) **路径规划模块**。实现路径规划的导航功能。默认规划条件是最短路径,可选设置有避开高速公路、避免过路费等选项。最短路径并不一定距离最短,应该是到达时间、距离和拥塞因素综合考虑的最短耗费路径。

(5) **语音提示模块**。采用调用语音数据库的方式,按照导航规则,用语音的方式提示驾驶员达到导航的目的。语音提示功能可以避免驾驶员在驾车过程中因查看导航显示屏而带来的交通安全隐患。车辆只要遇到前方路口或者转弯路段,汽车导航系统就会用语音提示驾驶员。此外,该模块还可以提示交通中的单行线、禁左转弯和禁掉头等路况信息。

(6) **人机接口模块**。驾驶员与导航设备的交互界面,包括显示屏(可以是触摸屏)、按键等。驾驶员通过人机接口输入目的地(默认的起始点就是本地),系统规划路径并开始导航。系统在显示屏上实时显示本车图标及其周边地图,显示行驶速度和街道名称,用语音提示导航。信息检索功能体现在对周边设施的搜索上,输入感兴趣的设施之后,就可以找出周围的加油站、餐饮店、邮局、银行、医院、商场和停车场等的详细位置。

2. 内部结构

汽车导航系统由 INS、嵌入式 CPU、ROM、RAM、固态存储器、GPS 信号接收电路、显示信号处理器、陀螺仪和车速感应器(可选)构成。ROM 和 RAM 用于存放嵌入式操作系统、运行代码、数据、符号和字库等,固态存储器存储电子地图及其应用程序。所有部件通过数据和控制总线传送数据和控制信号。汽车导航系统的内部结构如图 8.7 所示。

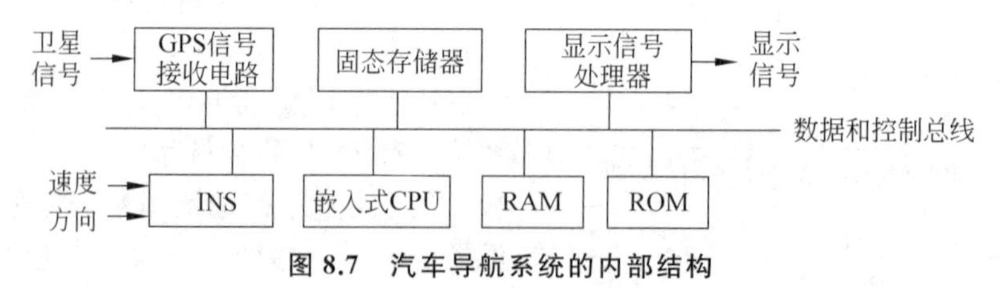

图 8.7 汽车导航系统的内部结构

GPS 信号由 GPS 天线接收并传入系统,经过坐标转换后与电子地图匹配并显示。GPS 信号接收电路是一种内置的 OEM 板,集成在导航设备内。电子地图及相关数据存放在固态存储器中,可以更新。电子地图及相关数据包括路况信息、交通管制信息、地名和地址等。

系统通过 GPS 信号接收电路接收卫星信号,并结合速度和方向传感器提供的信息确定本机当前的坐标位置(经纬度、方位等信息),再经过地图匹配就可以准确地定出其所在的地理位置,位置误差在10m左右。当GPS提供的坐标信息重叠到电子地图上后,驾驶员就可以看出自己目前的位置以及未来的方向了。如果将汽车经过的位置连接起来,就形成了行程轨迹,驾驶员可以清楚地看到自己走过的路线,这对行程评价和返航都是很有用的。

3. 地图匹配

在电子地图上实时地显示车辆的位置就是导航中的地图匹配问题。**地图匹配**(map matching)是一种基于软件技术的定位修正方法,其基本思想是:将车辆位置轨迹与地图中的道路网数据关联起来,并由此在地图环境中显示车辆的位置及其运动。

由于定位误差和地图误差的存在,当显示的地图比例尺较大时,若定位精度没有地图数据位置精度高,车辆标示在地图上后就可能看起来没有行驶在道路上。在这种情况下,采用地图匹配,利用高精度地图数据,就可以将车辆位置标示在正确的道路上。

地图匹配基于以下两个假设条件:

(1) 车辆总是在道路上行驶。

(2) 采用的道路数据精度高于汽车导航系统的定位精度。

当上述条件满足时,就可以把定位数据和车辆运行轨迹同数字化地图提供的道路位置信息相比较,通过适当的匹配过程确定车辆最可能的行驶路段以及车辆在该路段中的最可能位置。如果上述假设不成立,则地图匹配将产生错误的位置输出,并可能导致系统性能的严重下降。除进入停车场等空地之外,陆地车辆在绝大多数时间内都位于公路网络中,因此使用地图匹配技术的条件是满足的。

地图匹配算法是曲线匹配算法和地理空间邻近性分析方法的结合。**曲线匹配算法**的基本思想是:如果对一条曲线做任意数量、任意比例的分割,分割点都落在另一条曲线上,则两条曲线严格匹配。在实际应用中采用的计算方法是:计算一条曲线上相对均匀的分割点到参考曲线的距离的平均值,将其作为到参考曲线的平均距离,并将此平均距离的倒数作为匹配度量。**地理空间邻近性分析**方法就是在已知的可能正确的地理数据集中,按照空间最邻近的原则匹配当前的定位数据。

地图匹配算法可分为两个相对独立的过程:一是寻找车辆当前行驶的道路;二是将当前定位点投影到车辆行驶的道路上。

其基本方法是:按照曲线匹配的思想在车辆航迹的邻近区(例如100m范围)内搜索所有道路路段及其组合,分别求出这些组合路线与车辆航迹的匹配度量值,将取得最佳匹配度量值的组合路线作为车辆当前行驶路线。地图匹配的常用算法有直接投影算法、相关性算法、半确定性算法、概率统计算法、模糊逻辑算法和基于计算几何(非数值计算)知识的算法。

在车辆行驶过程中,如果导航系统处于推算定位方式,导航系统会不断地将定位数据与数据库中的道路数据进行比较,判断车辆在哪条道路上行驶。当定位数据偏离道路的距离值超过某一设定值时,利用道路数据进行修正,这样可消除定位误差。当车辆在某一路口转弯时,定位数据与地图数据相比还没有到达路口或已超过路口时,利用道路数据进行修正,可以消除测距误差。

4. 地图数据组织

导航系统中用到的数字地图是GIS的地图经过加工编辑产生的,添加了准确的道路和交通数据、地名和服务设施数据,去除了与道路交通关系不大的冗余数据。在对导航系统的地图数据进行组织时,还要求地图可适用于多种比例尺,而且在无地图数据的情况下也能正常工作。

在地图中,面对象用于表示居民区、绿地和水域等;线对象用于表示道路和交通网络,道路的等级属性可以设置为高速公路、国道、省道、一般公路和街道等,道路的其他属性有名称、长度、宽度和时速等;点对象也称为标记对象,用于表示学校、医院、商场、景点、居民点和其他服务设施等。

导航系统的地图数据按层次组织,具有相同和相近特征的对象放置在同一层中。例如,地图数据可划分为道路层、水系层、地点层(包括点对象等地名数据)和背景层(包括面对象等环境数据)等。

导航用数字地图可以采用大地坐标系或平面直角坐标系。在使用大地坐标系时,需要考虑的问题是:不同的大地坐标系的基准是不同的,对于不同的坐标基准,需要进行转换。另外,大地坐标系不方便进行车辆跟踪和导航的计算,例如计算两点的距离和方位角不方便。而在平面直角坐标系下,这些计算就非常直观和方便。因此,在需要的时候,要在大地坐标系与平面直角坐标系之间进行互相转换,使得导航系统能够在统一的坐标系下工作。

GPS是按WGS-84坐标系采集数据的;而数字地图的坐标系可能与其不同,例如采用平面直角坐标系。因此,在GPS数据与数字地图集成时需要进行坐标系的转换。

8.3.4 车辆实时监控系统实例

车辆实时监控系统是一个GPS与GIS集成的系统。有些关键部门或私人的车辆需要监控,例如,实时监控公交车、出租车和运钞车的运行以及监控被盗车辆等。

从无线通信技术角度看,需要考虑大山和隧道遮挡、通信死角等地理因素,以及移动数据通信的抗多径衰落、抗多普勒频移和抗阴影衰落能力问题。

车辆实时监控系统采用无线移动网络集中监控方式,如图8.8所示,覆盖范围可以是一个地区、一个省及全国。无线移动网络采用现有的移动通信网络,覆盖范围大,使用方便可靠。

移动站(车载单元)包括GPS接收机和无线通信单元。按一定周期(例如20s)向控制调度中心传输GPS定位数据(采用短消息等通信方式),还能与之进行无线语音通信。

控制调度中心包括3个模块:无线通信模块、GIS模块和调度控制模块。

(1) 无线通信模块接收各个移动站发送的GPS定位信息,数据经过转换进入GIS空间数据库。

(2) GIS模块管理电子地图及道路数据,具有放大和缩小、自动跟踪平移、运行轨迹保存和再现功能。

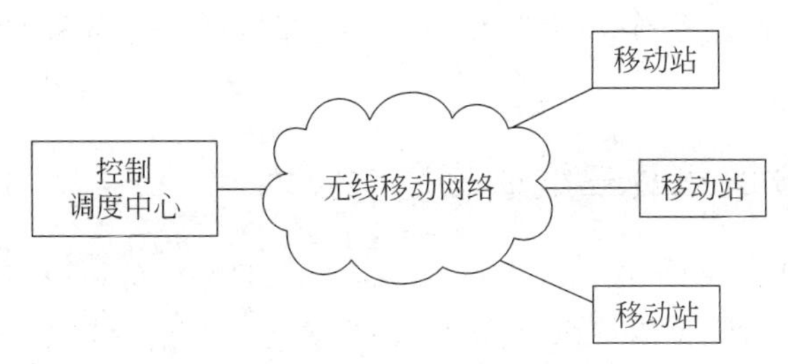

图 8.8 车辆实时监控系统网络结构

(3) 调度控制模块实现车辆的调度和控制,查询移动站及其运行情况,向移动站发送控制指令。

8.4 RS与GPS的集成

在RS与GPS的集成中,GPS为RS观测提供精确定位及时间信息。本节介绍RS与GPS集成在3方面的应用,包括GPS用于遥感影像对应的地面控制点定位、遥感影像中像元属性的调查以及遥感观测平台的定位。

8.4.1 RS与GPS集成应用概述

把GPS的精确定位及其导航定位能力与RS的空间遥感影像获取能力集成在一起,主要有3方面的应用:

(1) **GPS用于遥感影像对应的地面控制点定位**。在遥感影像上识别出桥梁、河流汇合处以及建筑物等能作为地面控制点的地物,然后到实地,利用GPS确定每一地面控制点的实际位置(经纬度等),就可以对遥感影像进行几何纠正和投影变换。即在图像上找到对应地面控制点的像元,利用地面控制点数据和对应图像像元的位置数据计算变换矩阵,产生一个系数文件,利用一阶变换计算出每个像元变化后的坐标,利用最近邻再采样法进行像元值内插。

(2) **GPS用于遥感影像中像元属性的调查**。对遥感影像中的样本像元,根据它们的空间坐标,利用GPS进行实地定位(野外验证),确定样本像元对应的地面类型,并用于分类。例如,对图像上选择的每一个点进行野外验证时,利用GPS定位,通过目视方法估算大约20m×20m范围内每一土地覆盖类型的比例,对验证点的实地状况进行分析,最后归纳出土地覆盖类型。这些验证点作为每一类型最初的训练样本。观测每一类训练样本的分布,剔除不能反映该类分布的训练样本,剩下的训练样本被用来产生每一类的统计特征,并利用最大似然监督分类对图像中的每一个像元进行分类。

(3) **GPS用于遥感观测平台的定位**。GPS用于遥感观测平台本身的实时定位,确定遥感平台的位置,结合观测设备的观测角度,就可以计算出被观测点的位置。8.4.2节将以此方式为例,详细介绍一种集成了GPS定位能力的机载三维遥感定位技术。

GPS是一个相对完备的独立系统,可以采集位置和时间数据。在GPS与RS、GIS的集成中，GPS 的主要作用是作为位置和时间信息源，可以建立新的、有效的集成应用系统。

8.4.2 集成 GPS 的机载三维遥感定位技术

机载激光雷达（Light Detection And Ranging，LiDAR）是一种高速测量地形数据的技术。与传统的地形数据采集技术相比，LiDAR 具备更高的分辨率、更高的精确度、更短的采集和处理时间、自动化程度更高的系统、与天气和光线无关、最低的地面控制需求以及数据一开始就处于可用的数字格式等优点。由于这些特性，LiDAR 已经在某些应用中完全取代了传统方法。目前 LiDAR 已经应用于各种领域，包括洪灾区域测量、洪水模型及监测、海岸腐蚀模型及监测、水深测量、地形测量、冰川/雪崩监测、森林生物监测和森林数字高程模型生成、蜂窝网络规划等。

LiDAR 的原理类似于电子测距仪，它发射激光束并捕捉目标的反射能量，通过测量激光传播的时间计算与目标的距离。反射目标可以是自然目标或者人造目标（如棱镜）。结合 GPS 设备和惯性制导设备实现仪器坐标和姿态的测量，通过 LiDAR 获得的距离数据就可以计算目标的坐标。LiDAR 可对一个区域进行连续扫描，以一定的分辨率得到该区域的地形数据。LiDAR 的原理如图 8.9 所示。

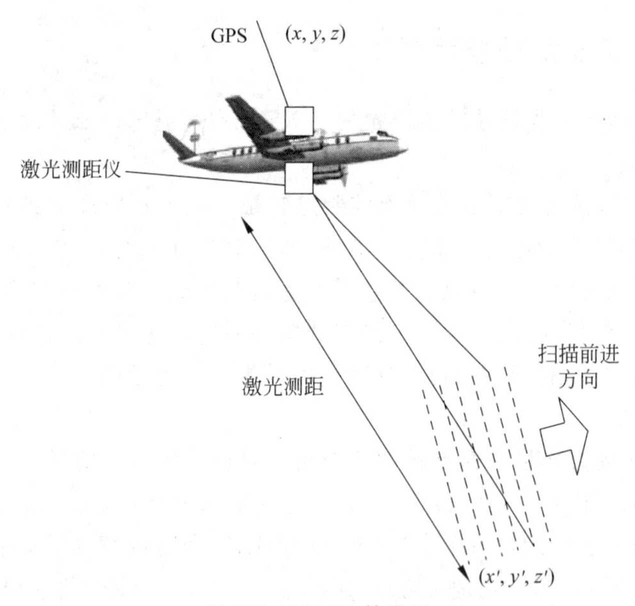

图 8.9 LiDAR 的原理

激光具有高度的单色性（频率单一且可调）、指向性、集中性（不发散）和偏振性等良好的特性。按照不同的准则，激光可以分为：脉冲激光和连续激光，红外激光、可见激光和紫外激光，高能量激光和低能量激光，固态量激光、气态量激光、液态量激光和半导体激光，等等。通过控制激光的发射频率，对反射体的反射激光特性进行处理，可以获得目标的频谱特征，进行激光测距。LiDAR 利用激光的优良特性进行距离测量，继而获得详细的地形数据。在某些领域,如森林和海岸检测中,通过检测一次发射的多次回波信息,可以有效地分离地面和树冠、水面和水底的地形信息,分别进行建模,实现森林统计和水深建模等应用。

激光测距的原理于20世纪60年代提出,与此同时人们就开始考虑采用机载激光扫描地形的应用。然而,飞机本身的坐标测量十分困难(惯性制导的累积误差太大,难以定位飞机本身的位置),直到20世纪80年代之前都没有很好地解决这个问题。GPS的出现解决了这个问题,使激光雷达地形测量成为可能。

图8.10为LiDAR数据处理流程。从中可以看出,LiDAR要实现完整的地形扫描,需要3个系统的联合应用:激光测距仪、惯性制导系统和GPS。通过GPS得到飞机的准确坐标,通过惯性制导系统得到飞机的姿态,通过激光测距仪得到目标与飞机的距离。最后进行计算,就可以得到目标的地理坐标。

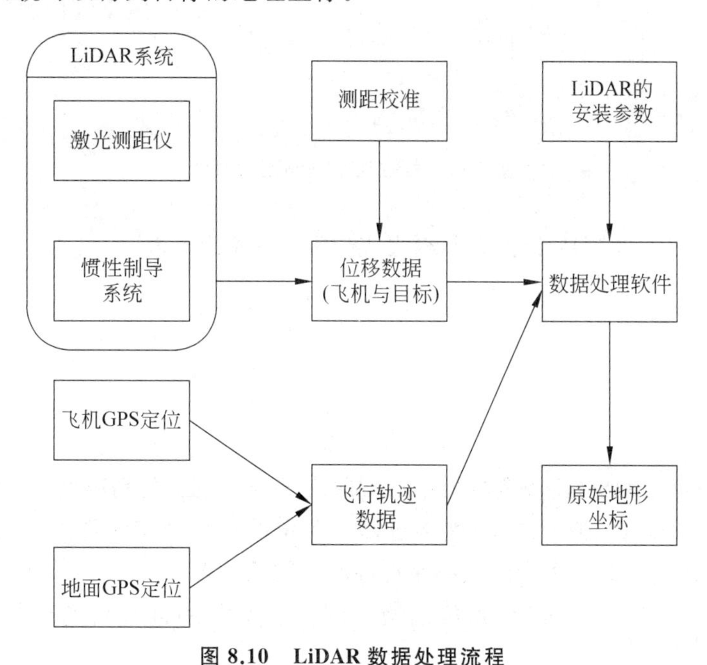

图8.10 LiDAR数据处理流程

LiDAR进行地形数据测量的核心技术是激光测距。下面对激光测距的基本原理和方法进行简要的介绍。

1. 激光测距原理

由于光线在空气中的传播速度已知,通过测量从发射光线到反射光被接收的时间差即可实现对目标的距离测量。设光速为c,往返传播时间为t,则目标距离R为

$$R=\frac{1}{2}ct \tag{8.1}$$

测量光线传播时间的方法有脉冲法、相位法和变频法,其中脉冲法和相位法较为常用。

相位法激光测距又称为连续波测距。其原理是：发射一束连续激光到目标上并检测回波，通过测定回波和发射波的相位差，得到光线的传播时间，即

$$T_L = nT + \frac{\varphi}{2\pi}T \tag{8.2}$$

其中，n 为完整波形的个数；T 为光线传递一个完整波形花费的时间，即周期；φ 是测得的相位差。n 可以通过周期调制等技术获得。由此可以通过计算得到距离 R。图 8.11 给出了相位法激光测距的原理。该方法的问题是 n 难以确定。

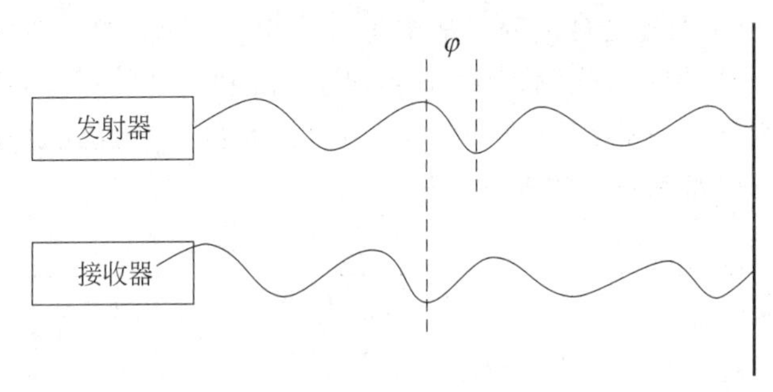

图 8.11　相位法激光测距的原理

如果令 $n = 0$，即距离小于 $\lambda/2$，根据式(8.2)，距离公式为

$$R = \frac{\varphi}{4\pi}cT = \frac{\varphi}{4\pi} \times \frac{c}{f} = \frac{\varphi}{4\pi}\lambda \tag{8.3}$$

继而得

$$\Delta R = \frac{\Delta\varphi}{4\pi}\lambda \tag{8.4}$$

从式(8.4)可以看出，距离测量的精确度取决于相位差 φ 的精确度 $\Delta\varphi$ 以及激光的波长(或频率，$f=\lambda c$)，即，波长越小(频率越高)，测定的距离精度就越高。由此可见，相位法激光测距可以通过提高激光的频率来提高测距的精确度。

同样，从式(8.3)可以看出，相位法激光测距能测量的最大距离(要求相位差小于 2π)为

$$R_{\max} = \frac{\varphi_{\max}}{4\pi}\lambda = \frac{\lambda}{2} \tag{8.5}$$

从中可以看出，最大距离受激光波长的影响，测量的最大距离是激光波长的一半。为了测量较大的距离，就需要较大波长的激光。然而，波长越大，测距的精度就越低。为了既能测长距离又有较高的测距精度，人们又提出多光波测距的方法。例如，假设相位测量误差($\Delta\varphi/2\pi$)为 10^{-3}，那么 $\lambda/2$ 为 1000m 时，测距误差为 1m；当 $\lambda/2$ 为 10m 时，测距误差为 0.01m。如果要测量 897.26m 的距离。采用波长为 2000m 的激光，可以获得 897m 精度的距离。然后用波长为 20m 的激光获得 10m 以内的距离，精度达到 0.01m，可以测得 7.26m 的距离。两者结合，即可测得 897.26m 的距离并达到要求的精度。

脉冲法激光测距通过测量激光从发射经过反射到被接收的传播时间得到目标的距离，如图 8.12 所示。与相位法激光测距不同的是，脉冲法激光测距直接测量激光脉冲的

传播时间。由此得到脉冲激光测距的距离公式为

$$R=\frac{T_{\mathrm{L}}}{2}c \tag{8.6}$$

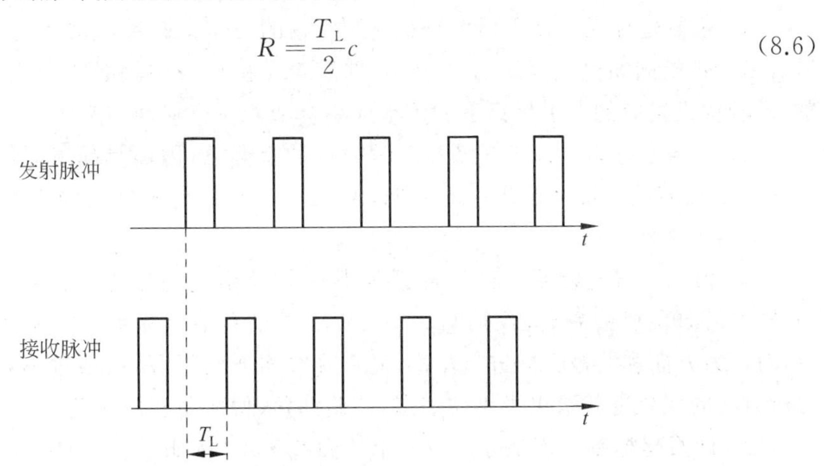

图 8.12 脉冲法激光测距的原理

同样，脉冲法激光测距的测量精度直接取决于 T_{L} 的测量精度。这是由传感器内的计时器精度所决定的。同样，脉冲法激光测距能够测量的最大距离也取决于计时器的最大计时长度。但在实际应用中，最大测量距离往往取决于激光脉冲的能量强度，因为回波信号必须具有足够的强度才能够被接收器从杂波噪声中分离出来。所以，激光的散度、大气干扰、目标反射率和接收器灵敏度都会对此产生影响。此外，对地形的连续扫描需要周期性地发射激光脉冲，脉冲发射频率同样限制了最大测量距离不能超过一个发射周期内光线的传播距离的一半，否则接收器就无法分辨接收到的信号对应的是哪一次发射。

在 LiDAR 的应用中，由于检测精度和长距离扫描式检测的需要，采用的激光应具有如下性质：高能量、短脉冲长度、高瞄准性、窄波谱(高单色性)、人眼安全、对地形特征的光谱反射特性。

2. 激光测距采用的坐标系及坐标系之间的转换

在 LiDAR 测量中，为了获取地形数据，需要得知每一个扫描点在 WGS-84 地理坐标系中的坐标，在每一次激光脉冲发射后要获得如下信息：飞机到激光照射点的距离，激光发射角度，飞机的侧滚角、俯仰角和偏航角，飞机在 3 个坐标方向上的加速度，激光扫描器的 GPS 坐标。

在上述数据中，飞机到激光照射点的距离由激光测距获得，激光发射角度由仪器安装参数得知，侧滚角、俯仰角和偏航角及飞机加速度由惯性制导系统(INS)获得，激光扫描器的 GPS 坐标由 GPS 获得。

激光测距、INS 和 GPS 3 个系统分别独立地工作，获得相应的一系列数据点。最终要根据激光发射角度、飞机本身的姿态和相对距离获得目标点和飞机之间的向量。而飞机自身的地理坐标由差分脉冲 GPS 获得，从而根据已知点(激光扫描器)的坐标获得未知点(激光照射点)的坐标。而这 3 个测量系统各自有其参考坐标系，首先需要弄清楚 3 个

坐标系和地理坐标系的定义和相互的转换关系。

（1）**仪器坐标系**。该坐标系是激光测距仪的工作坐标系，原点位于激光发射点，Z 轴沿着激光束指向激光扫描线的中心，X 轴沿着飞机机身中轴线指向飞机前方，Y 轴与 X 轴、Z 轴构成相应的右手坐标系。该坐标系会随着飞机移动和旋转。

（2）**扫描坐标系**。该坐标系是瞬时扫描的坐标系，因而是随着时间变化的。该坐标系的 Z 轴沿着瞬时脉冲激光束的方向，X 轴等同于仪器坐标系的 X 轴，Y 轴与 X 轴、Z 轴构成右手坐标系。

（3）**惯性制导坐标系**。该坐标系为惯性制导系统的参考坐标系，X 轴指向飞机机头，Y 轴指向飞机的右翼，Z 轴与 X 轴、Y 轴构成右手坐标系。在惯性制导系统刚打开时，对重力方向和北极方向进行配准，随后在飞机飞行过程中，通过不断检测重力方向和北极方向的变化随时给出飞机的姿态，即俯仰角、偏航角和侧滚角。

（4）**地面坐标系**。该坐标系以一个地面参考点（例如导航台）作为坐标原点，X 轴指向北极点，Z 轴指向地球的质心，按右手坐标系确定 Y 轴方向。以该坐标系为参考可以得到飞机的姿态。

（5）**WGS-84 坐标系**。该坐标系为绝对地理坐标系，以地球质心为原点 O，X 轴指向格林尼治中央子午线同赤道的交点，Y 轴指向东，Z 轴指向北极点，构成右手坐标系。

对各个原始数据进行处理时有一个坐标系的转换过程，即从扫描坐标系到仪器坐标系，到惯性制导坐标系，最后到 WGS-84 坐标系，得到绝对的地理坐标。首先，激光测距获得的距离在扫描坐标系下表示为距离向量$[0,0,z]$，其中 $z=R$。在仪器坐标系中，对该向量进行了一个旋转，旋转角度取决于扫描的角度。然后，根据仪器的安装参数，将该向量转换到惯性制导坐标系下。根据惯性制导系统测得的飞机方位，即俯仰角、偏航角和侧滚角，可以将该向量旋转到地面坐标系下。由于地面位置为已知，地面坐标系和 WGS-84 坐标系的转换关系可以确定，最终将该向量转换到绝对的地理坐标系下。

3. 激光扫描模式

一次激光脉冲发射只能获取一个激光照射点的地理位置信息。为了获得一个区域的地形数据，必须以一定的扫描模式对要探测的区域进行扫描。常见的扫描模式有以下几种：

（1）折线扫描模式。

（2）平行线扫描模式。

（3）椭圆扫描模式。

（4）光纤阵列扫描模式。

在**折线扫描模式**中，激光发射器利用一面转动的镜面改变激光束的发射角度。通过连续地发射激光脉冲同时不断地转动反射镜面，使激光照射点形成一条连续的扫描线。往复转动反射镜面，同时飞机不断地前进，即可使扫描线形成一条折线，对目标区域进行扫描。由于镜面的转动不可能完全匀速，在折返点附近会有一个减速和加速的过程，使得扫描线上点的密度不均匀。这个问题可以通过检流计的应用来解决，使扫描网格规范化。折线扫描是最常见的扫描模式，已经在一些商业系统中应用。折线扫描模式如图 8.13

所示。通过调节镜面旋转的速度，可以使折线相交点成圆弧形，而使扫描路径主体平行，如图 8.13(b)中第二种形状所示。图 8.13(b)中箭头表示扫描方向。

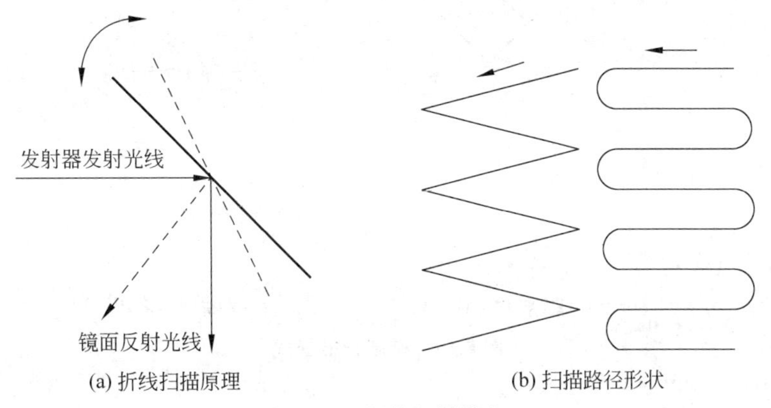

(a) 折线扫描原理　　(b) 扫描路径形状

图 8.13　折线扫描模式

平行线扫描模式的原理与折线扫描模式不同，它总是从同一个方向向另一方扫描，是一种非往复式的循环扫描方式。为了实现这一功能，平行线扫描模式采用一个旋转的多边形反射镜面，如图 8.14 所示。多边形旋转时，当反射点位于同一条边时，使扫描线向一个方向匀速运动；而当反射点跨越一条边时，由于反射角度的突变，使扫描线瞬间回到扫描起始角度，再随着镜面的旋转匀速扫描。图 8.14(b)显示了扫描路径形状，箭头表示扫描方向。当扫描至最左端时，由于反射角度的突变，使扫描点回到最右端，继续向左扫描。

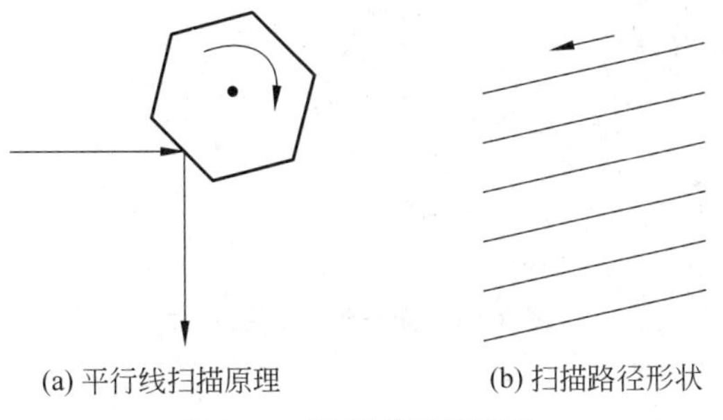

(a) 平行线扫描原理　　(b) 扫描路径形状

图 8.14　平行线扫描模式

椭圆扫描模式通过旋转一个镜面与旋转轴线不垂直的反射体实现扫描线的循环往复移动。由于镜面与旋转轴不垂直，使得反射方向向四周发散成椭圆形，随着飞机的向前飞行，形成了如图 8.15 所示的扫描形状。

光纤阵列扫描模式采用一组阵列传感器进行扫描。扫描时，激光通过一组光纤阵列进行发射，并且通过一套类似的阵列系统接收回波。光纤阵列保证了扫描线的平行性和规范性。光纤阵列扫描模式如图 8.16 所示。

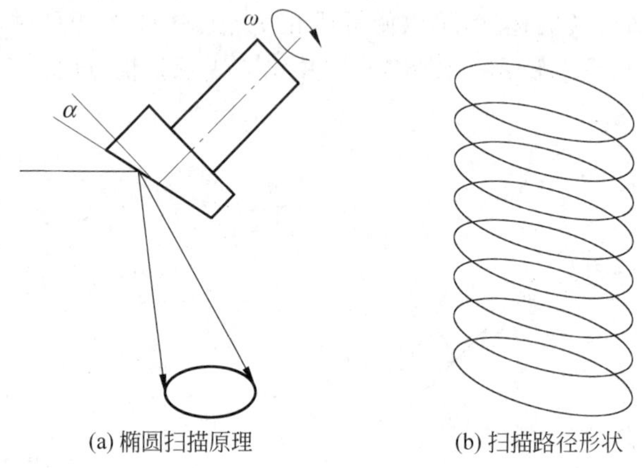

图 8.15 椭圆扫描模式

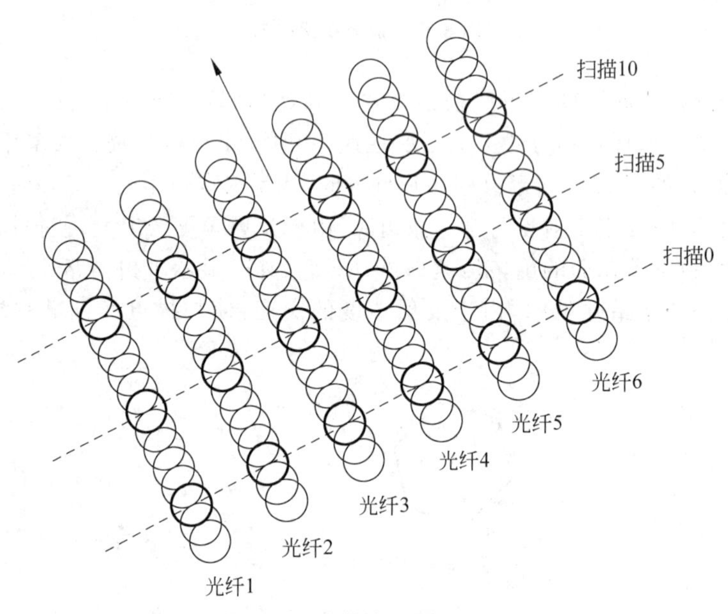

图 8.16 光纤阵列扫描模式

4. 数据密度

采集数据的精确度主要采用数据密度指标进行度量。**数据密度**是激光雷达测量的重要指标。数据密度的提高有利于更好地捕捉地形数据，获得更多的信息，但也会带来时间和资源的更高消耗。数据密度主要由传感器的参数和飞行平台（一般为飞机）决定，如飞行高度、速度、扫描角度和频率、脉冲发射速率、扫描模式、加速度和平台的姿态变化。此外，它同样受地理环境和反射率影响。

在一次连续的扫描中（例如折线扫描和平行线扫描中的一条扫描线），假设扫描频率为 f_x（每秒扫描的线数），每秒扫描产生的点数为 F，则一次扫描获得的数据点数为

$$N=\frac{F}{f_x} \tag{8.7}$$

假设平台的高度为 H,扫描角度是 θ,则扫描线的长度 S 为

$$S = 2H\tan\frac{\theta}{2} \tag{8.8}$$

于是得到扫描的密度为

$$d_s = \frac{N}{S} \tag{8.9}$$

数据精度的另一种表达方式为单位扫描面积的数据点数,即

$$d = \frac{F}{v \times S} \tag{8.10}$$

其中,v 为机载平台的速度,S 为扫描宽度,则 $v \times S$ 为单位时间内扫描的面积。

8.5 3S技术的综合集成应用

GPS提供目标、各类传感器和运载平台的位置,RS周期性地提供目标及其环境信息,发现地球表面上的各种变化。RS的遥感数据和GPS的定位数据接入GIS平台,在统一的时空管理模型中实现3S集成,进行综合处理、分析和可视化。

8.5.1 3S综合集成技术

在3S综合集成应用中,GPS主要用于实时、快速地提供目标和各类传感器和运载平台(车、船、飞机和卫星等)的空间定位。RS主要用于周期性地提供目标及其环境的语义或非语义信息,发现地球表面上的各种变化,及时地对GIS进行数据更新。GIS主要用于对多种来源的时空数据进行综合处理、集成管理和动态存取。三者的关系可以用图8.17表示。GIS、GPS和RS两两之间都有交互,其中GIS接收来自RS且经过GPS校正的区域信息,并把几何配准和辅助分类等信息反馈给RS;GIS向GPS发出定点定位等专题查询信息,GPS做出相应处理后将结果传递给GIS。从三者的关系可以明显看出:GIS是整个系统的交互平台,主要负责接受用户的命令,并将结果显示出来;而GPS和RS为GIS提供基本数据服务。

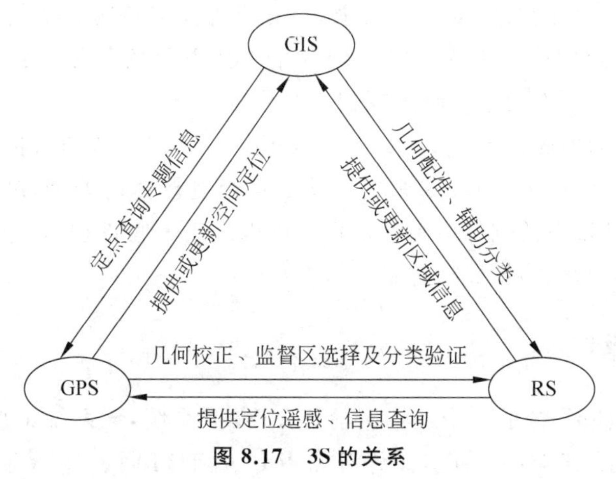

图8.17 3S的关系

3S集成是一种有机的结合、在线的连接和实时的处理，具有系统整体性。因此，3S集成系统不是三项技术的简单叠加，而是以地球空间信息为核心，从集成系统的应用目的出发，选择与应用目的相适应的获取和处理信息的方法，并把系统所需的软硬件结合在一起，在系统论的指导下建立定量的信息描述、采集、处理、分析和应用系统，并能够比各分系统更全面、准确、快速地理解地理信息。3S集成流程如图8.18所示。

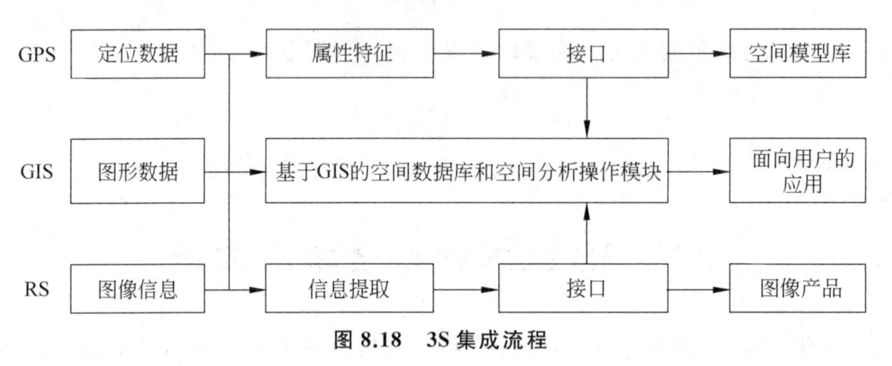

图 8.18　3S 集成流程

从3S集成流程可以看出，GPS、GIS和RS三大系统分别提供了空间模型库、面向用户的应用和图像产品3种服务。RS产生的遥感影像信息和GPS产生的定位数据通过特定的接口与GIS空间数据库及空间分析操作模块交换信息，数据经融合等处理之后，为用户提供可视化、易操作、面向服务的应用。

多尺度空间数据的组织及其表现是3S集成的基础技术。为了在有限尺寸的计算机屏幕上清晰地观看地图，获得某空间实体或区域不同详细程度的信息，就需要多尺度地图数据的组织和显示能力。尺度可以看成是地理空间数据被表示、观察和分析的详细程度。尺度涉及地图的比例尺。比例尺越大，地理要素表示得就越详细；比例尺越小，地理环境就表现得越广阔。

有两种多尺度空间数据的组织方式：

(1) 为同一地区存储和管理多个尺度的数据。

(2) 采用地图概括方法生成不同尺度的数据。

为了满足多尺度空间数据浏览的要求，首先自然想到的方法就是存储多种比例尺、不同详细程度的空间数据。为同一空间保存多个比例尺的数据，会产生大量的数据冗余，存储空间需求大，不方便进行跨图幅的地图分析。

另一种方法称为**地图综合**(map generalization)，又称为地图概括、地图缩编或地图概化等。地图综合是对大比例尺的原始地图数据经过概括性处理，减少一些辅助性的、不必要的细节，得到较小比例尺地图的过程。可以采用一些自动综合算法，例如分类、分级、数量选取、内容选取、图像概括等。

8.5.2　VISAT 系统

3S技术综合集成系统的一个经典例子是VISAT系统，该系统是加拿大卡尔加里大学和Geofit公司联合研制的。研究工作开始于1992年11月。1993年7月VISAT系统首次亮相，1995 年正式形成产品。

VISAT 系统集 CCD 摄像机、GPS、GIS 和 INS 为一体。图 8.19 是 VISAT 系统的框架。在一辆汽车上集成安装了一台 INS、两台双频 GPS 接收机、一组 CCD 摄像机和一套影像控制单元机。车上前置的一对 CCD 摄像机为遥感摄像系统。GPS 和 INS 联合使用，可互相补偿运动中可能的失锁和其他系统误差。GIS 置于车内。GPS 和 INS 为两个 CCD 摄像机提供外方位元素，通过影像处理可求出点、线、面地面目标的实时坐标参数，通过与 GIS 数据比较，可实时地监测变化、数据更新和自动导航。

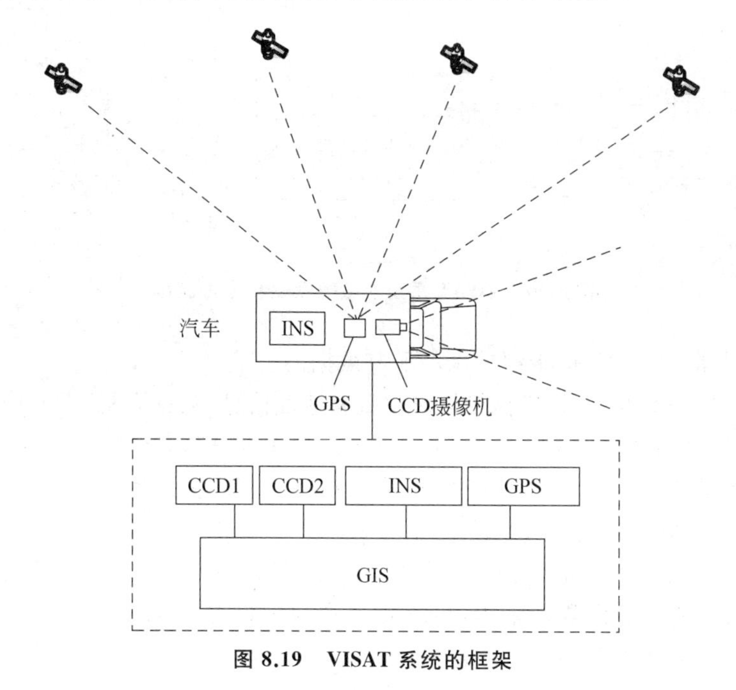

图 8.19　VISAT 系统的框架

VISAT 系统根据差分 GPS 技术确定平台参考中心(摄像机中心)的位置，INS 获取摄像机的姿态信息，摄像机等距离间歇地对地面目标进行拍照，获取地面目标影像。拍照距离的合理设计使得每一目标有适当的影像冗余，这有利于选择高精度的立体像对进行三维几何重构和信息提取。系统中的 GPS 和 INS 可以起到互补作用，GPS 用于控制 INS 的漂移误差，同时 INS 又可以校正 GPS 的周期滑动，在 GPS 方位之间进行精确的内插。当汽车以 50～60km/h 的速度行驶时，在 30m 的通道中，其绝对定位精度可达0.3m，目标点的相对位置精度可达 0.1m。

在 VISAT 系统中，依据定位传感器 GPS/INS 可给每台摄像机拍摄的相片打上地理定位参数的“印记”，即可以确定每一相片的三维坐标和 3 个姿态(方向)参数。在此基础上可直接利用立体影像进行三维重构，建立目标的三维几何模型。

VISAT 系统的数据获取和处理流程如图 8.20 所示。

(1) INS 为 CCD 摄像机提供基本的定位和方向信息，数据率为 64Hz(4KB/s)。INS 的数据通过 ARINC-429 的智能部件和计算机交互，其中 ARINC-429 可以缓冲大小为 768×64B 的数据块，这相当于 INS 在 12s 的时间产生的数据。ARINC-429 每秒发出 64

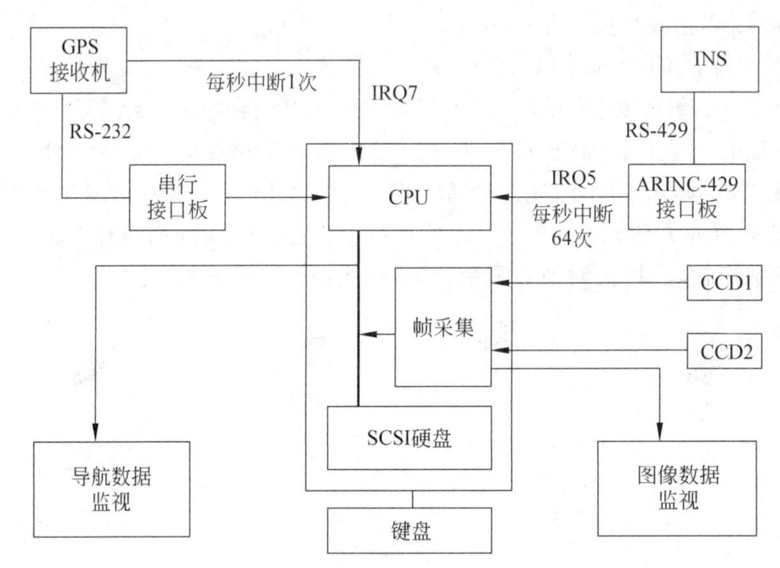

图 8.20 VISAT 系统的数据获取和处理流程

次中断,在中断期间,CPU 取走缓冲区的所有数据。

(2) GPS 为 INS 和 CCD 摄像机提供位置和速度信息,数据率是 1Hz(1KB/s)。GPS 接收器的数据串行部件和 CPU 交互,每一字节产生一个请求。CPU 每秒可以提供 1000 个以上的中断服务。为了避免过多的中断请求,VISAT 系统使用 RS-232 作为通信接口,每秒只缓冲和取出一次串行数据。

VISAT 系统能实时获取地面目标的空间信息和属性信息。将 VISAT 系统用于城市街道和道路两旁的目标数据采集,可真正实现地理信息获取、处理、存储和管理的自动化。

8.5.3 Google Earth

1. Google Earth 概述

Google Earth(Google 地球)是一个包括虚拟世界、地图和 GIS 的系统,其前身为 Keyhole EarthViewer,Google 公司在 2004 年收购了 Keyhole 公司后发布了 Google Earth。它将叠加的图像映射到一个数字地球上,包括卫星图像、航空摄影照片和 GIS 三维数据。该产品在 2005 年推出,可以直接运行在操作系统上,也可以作为浏览器插件。

Google Earth 能显示地球表面的高分辨率卫星图像,使用户能够通过垂直或倾斜向下的角度(鸟瞰图)看到城市以及房屋。据 Google 公司透露,Google Earth 已经覆盖了全球 98%的区域,并且已经捕获了 1000 万英里(一英里约 1609m)的街景图像,这一距离是地球周长的 400 倍。它的精度取决于地点的兴趣和知名度,但大部分地区(除了一些岛屿以外)有 15m 的空间分辨率范围。在澳大利亚的墨尔本和维多利亚州以及美国的拉斯维加斯和内华达州等地的某些区域,最高分辨率可达 15cm。Google Earth 允许用户通过输入坐标的方法搜索地址,或简单地使用鼠标浏览某个位置。其内部坐标系统采用世界大地系统 WGS-84 基准,坐标用经纬度表示。Google Earth 是从空中平台(例如飞机或卫星)俯视的角度展现地球。采用的投影方法类似于正射投影,但是投影点是有限距离的(靠近地球),而不是无限距离的(深空)。

在 NASA 和 USGS 的 Landsat 8 卫星发射之前,Google Earth 部分依赖于 Landsat 7 拍摄的图像,因此大部分地区只有二维图像可以显示。2018 年,Google Earth 使用 Landsat 8 提供的更高质量和更高分辨率的图像。同时使用由 NASA 的航天飞机雷达地形探测器(Shuttle Radar Topography Mission, SRTM)收集的数字高程模型(DEM)数据,即使图像只是二维的,也会产生三维地形的影像。因此人们可以在三维空间里查看美国大峡谷或珠穆朗玛峰。

Google Earth 在 5.0 版中引入了历史图像,允许用户查看不同时间某一地理位置的图像,该功能可以让用户观察区域随时间推进而发生的变化。而不同的区域,默认展示的图像拍摄时间可能是不同的,在缩放浏览的时候,对于显示的不同尺度的卫星图像,其采集的日期也不尽相同。

Google Earth 能够显示地球表面覆盖的各种形状,同时也是一个网络地图服务的客户端,它通过 Keyhole 标记语言(Keyhole Markup Language,KML)管理三维地理空间数据。

Google Earth 可以显示三维建筑物(如桥梁)。Google Earth 的第一批三维建筑是使用 SketchUp 等三维建模软件创建的,从 2009 年开始改为 Building Maker,通过其三维模型库上传到 Google Earth。2012 年 6 月,Google 公司宣布将用自动生成的三维网格替换用户生成的三维建筑物,这项计划首先从选定的大城市开始推进,但最初伦敦和多伦多等大型城市被排除在外,理由是需要更多时间来处理大城市中大量建筑物的详细图像。到 2016 年年初,三维图像已扩展到 40 多个国家和地区的数百个城市,包括美国所有州以及除南极洲以外的所有大陆。

Google Ocean(Google 海洋)提供世界各地海洋的水下全景图,包括世界各地的航海图像,以及适合冲浪处、适合潜水处、鱼群出没地、真实海洋考察的地点等信息。利用此功能,用户可以潜到海平面以下,以三维的形式探索海底的各个角落。该功能于 2009 年在 Google Earth 5.0 中引入,它支持 20 多个内容层,这些水下图像来源于 SIO、NOAA、美国海军、NGA 和 GEBCO 等。2009 年 4 月 14 日,Google Ocean 添加了一些大湖的测深数据。2011 年 6 月,Google Ocean 将某些深海底区域的分辨率从 1km 的网格提高到 100m。高分辨率特征是由哥伦比亚大学拉蒙特-多尔蒂地球观测站的海洋学家根据研究航行中收集的科学数据开发的,这使得大约 5%的海洋可使用更清晰的焦点。

Google 公司在 2008 年推出了 **Street View**(Google 街景)功能,可提供世界各地许多街道位置的交互式全景图。其视图显示的是拼接图像的全景图,大多数是由汽车摄影完成的,其余是由三轮车、轮船、雪地摩托、水下设备以及步行完成的。2009 年,Google Street View 引入了智能导航功能,允许用户通过双击光标在任何地方进行导航。2018 年,Google Japan 还提供了从动物的角度观看街景的服务。如今,Google Street View 已经覆盖了全球大部分城市和农村地区。

历史图像(Historical Imagery)在Google Earth 5.0版本时推出,用户可以查看以前某些地区的卫星图片。此功能可用于各地区历史变迁和变化的分析。

除了观看地球外,Google公司还提供了外太空服务,可用于探索火星,月球等近地行星或卫星。Google Sky(Google天空)是其中一项服务,它于2007年8月22日在Google Earth 4.2中发布,2008年3月13日在基于浏览器的应用程序中以及具有增强现实功能的Android智能手机中引入。Google Sky允许用户查看恒星和其他天体。它是由Google公司与位于巴尔的摩的哈勃太空望远镜科学研究所(STScI)合作开发的。STScI的Alberto Conti博士和他的联合开发者Carol Christian博士计划添加2007年以来的公共图像以及来自哈勃望远镜的高级测量相机的所有已存档数据的彩色图像。新发布的哈勃图片一经发布即被添加到Google Sky程序中。

Google Mars(Google火星)是Google公司与美国国家航空航天局(NASA)合作的成果。用户通过三维图像观察火星,通过最新的高分辨率三维图像实现火星之旅,寻找人类发射的探测器在这颗红色星球上的着陆地点等。火星侦察轨道飞行器的HiRISE摄像机还提供了一些分辨率非常高的图像,这些图像的分辨率与地球上的城市图像相似。最后,还有许多来自各种火星着陆器的高分辨率全景图像,可以用类似于Google Street View的方式查看火星表面。

2009年7月20日,正值庆祝阿波罗11号成功发射40周年之际,Google公司推出基于Google Earth的**Google Moon**(Google月球)版本,用户可以查看月球的卫星图像。

自从Google Earth 4开始增加了全球各地名胜和自然景观的三维渲染模型后,Google Earth建立了一个可以自由分享并上传的三维模型库。除了采用官方的名胜三维模型以外,Google Earth也开始允许用户自行设计建筑三维模型。使用Google SketchUp,就可以创建KML或KMZ 3D模型文件,并放置到Google Earth上共享。

现在世界上的许多城市都已经实现了全三维化的视图。这些模型有些是Google公司官方设计的,也有些是用户或者一些网站提供的。它最大的优点在于可以让用户自己设计建筑的三维模型并上传到Google Earth的三维模型库中。通过这一方法,Google Earth快速地实现了很多地区的三维化。

Google Earth从2001年发布1.0版至今,已经历19年的变革,如今已有版本可以兼容macOS、Linux、iOS和Android等不同系统,最新的版本则是2017年4月发布的9.0版。

2. Google Earth的图层

Google Earth有许多图层,描述和表示不同的地理信息,包含商业网点和兴趣点,以及网络社区的内容,如维基百科、Panoramio和YouTube。

(1) **边界和地名层**。包含国家/省的边界,显示城市和城镇的地标。用粗黄线标记国境线,一级行政边界(通常是省和州)用淡紫色线,二级行政边界(县、市)用青色线,海岸线用细黄线。可以显示国家、一级行政区域和岛屿的名称以及大面积水域(例如海洋、海湾)和人口稠密地区的地名。

(2) **兴趣点层**。商业和服务网点的集合。

(3) **Panoramio层及维基百科层**。Google Earth集成了维基百科和Panoramio,把维基百科的知识和Panoramio照片与地理位置关联起来,作为图层在Google Earth中显示。Panoramio是一种面向地理位置的照片共享网站。经过集成后,其照片就可以在Google Earth的Panoramio图层的相应地理位置上显示。维基百科知识放在more图层中。

(4) **道路层**。显示道路网,放大时,会获得道路名称等更多的详细信息。道路显示的颜色与道路等级有关。一般情况下,各国高速公路标为淡橙色线,重要的道路也以橙色标记,其他道路标为白色,部分小路标为透明的白线。

(5) **三维建筑层**。显示三维建筑物,在大城市较为普遍,例如纽约、香港等城市。三维建筑表现有两种类型:一种是显示逼真的建筑物外形的三维建筑物;另一种是三维灰色简图,不具有逼真的效果,只是外形与实际建筑相同。

(6) **街景层**。用360°全景图像的方式表示街景。Google Street View视图提供360°全景街道的漫游,允许用户查看城市部分地区的街景。目前有美国40多个城市,新西兰和澳大利亚大多数城市,以及新加坡、加拿大、墨西哥、日本、西班牙、法国、英国、荷兰、意大利、瑞士、葡萄牙等国的街景。

(7) **气象层**。显示气象信息。基于地球静止卫星和低轨卫星拍摄的云层数据显示云层覆盖的情况。根据云顶温度(相对于地表温度)及高度计算云层的可视效果。显示weather.com和Weather Services国际组织提供的气象雷达数据,每5~6min更新一次数据。显示本地温度和天气情况以及天气预报。

(8) **图片层**。显示来自许多著名位置采集机构的与地理位置相关的图片,例如来自探索(Discovery)网络、欧洲空间局、美国国家航空航天局、美国国家地理杂志和YouTube等的图片。

(9) **海洋层**。显示有关海洋的地理图片和信息,例如来自美国国家地理杂志、BBC地球的图片以及冲浪点、潜水点、海滩、海洋保护区和海洋状况等信息。

(10) **地形层**。携带高程数据,用于显示地形的高低起伏状态。这是在Google Earth中"倾斜"视图时看到的3D地形,可让用户看到诸如山脉、山谷和峡谷等。如果没有启用此功能,将无法潜入海洋。而且,如果没有打开Terrain,则三维模型可能无法正确放置在地面上。

(11) **交通层**。显示交通状况,实时监控道路的车流量。绿色表示交通状况较好,黄色表示车速较慢,红色表示交通状况较差。

(12) **地理特征层**。该图层包含许多子层,例如火山的位置、山脉的名称和水体。可以在"景点"图层下找到该图层。

3. Google Maps及其视图

Google Maps(Google地图)是Google公司提供的Web地图服务和技术,包括局部详细的卫星照片。按照Lars Rasmussen(Google Maps的创立者之一)的话来说,Google Maps是一种按地理空间组织信息的方法。它提供3种基本的视图:

(1) 向量视图。提供政区和交通以及商业信息。

（2）不同分辨率的卫星照片。是一种俯视图，与Google Earth上的卫星照片基本一样，但是许多高分辨率图像其实是航空照片。

（3）地形视图。可以显示地形和等高线。

它的姊妹产品是Google Earth，一个桌面应用程序，基于三维模型提供街景和更多的卫星视图及GPS定位（付费版本）的功能，但没有上述的向量视图和地形视图功能。

Google Maps的功能还包括路线规划，可以显示两个地点的距离和行车时间。在部分地方，Google Maps开通了"街景视图"服务。使用者可以通过街道上的视角查看街景（例如公交车站和商铺等）。但是该服务有侵犯个人隐私的嫌疑，因为街景视图的照片是由Google公司的甲壳虫车在街上随机拍到的，街边路人的动作和停泊点上的车牌号都一清二楚。

Google Maps采用一种类似墨卡托投影的投影法，不能显示两极附近的区域，因此将南北纬度85°以上的地方切掉不显示。而Google Earth是一个独立的程序，提供更全球性的视图要素，可以显示极地区域。

和Google公司的其他许多Web应用一样，Google Maps使用JavaScript实现其功能。当用户拖动地图时，地图栅格块从服务器下载到本地并插入页面中。当用户搜索一个企业时，搜索的结果从后台下载到本地，并插入侧面板和地图上，动态绘制在相应的地图位置上，并用一个红色大头针表示。页面并不重新装载。页面采用隐藏的HTML的IFrame结构提交表格查询，因为它可以保持浏览器的历史。由于性能的原因，Google Maps网站没有采用XML，而是用JSON作为数据交换语言。

JSON（JavaScript Object Notation）是一种简捷的数据交换语言，以文本为基础，易于让人阅读。尽管JSON是JavaScript的一个子集，但JSON是独立于语言的文本格式，并且采用了类似于C语言家族的一些习惯。JSON与XML最大的不同在于XML是一个完整的标记语言，而JSON不是。这使得XML在程序判读上需要较长时间。XML的设计理念与JSON不同，XML利用标记语言的特性提供了良好的扩展性，而JSON的重点在于数据交换。

Google Maps采用了球体墨卡托投影规则，但是地图上要素的坐标是基于WGS-84基准的GPS坐标。球体和WGS-84椭球体之间的差异导致投影不能精确一致。在全球尺度上这种差异影响不大，但是在局部区域地图上比较明显。

4. 遥感影像、GPS及其他信息的集成

在Google Earth中，除了可能直接创建、编辑和组织地标数据、覆盖层等数据，还可以导入和集成现有的应用数据，包括向量数据、影像和GPS数据等。

（1）**向量数据**。向量数据可以包含点、线、道路、实多边形或空多边形。有些向量数据中还有投影信息。也可以从文本文件（例如TXT文件或CSV文件）中导入数据。一个点的位置可以由经纬度或街道的地址决定。此外，为了定义地点的位置，文本文件可以包含任意数量的描述字段，包含字符串、整数或浮点值。

（2）**图像**。导入的图像是一些已经分配了附加信息的数据。图像的每个点都有和文件关联的地理参数和预测信息。Google Earth使用了圆柱投影坐标系统WGS-84。当打开图像数据时，Google Earth 尝试通过 WGS-84 坐标系统重现该图像，然后转换成 PNG 格式的地面覆盖层，覆盖在 GIS 图像的指定区域。当图像超过最大纹理尺寸（这依赖于系统）时，则它必须被缩放或裁剪。Google Earth 支持的 GIS 图像类型有 GeoTIFF（允许将地理参照数据嵌入 TIFF 格式中）和压缩的 TIFF（Tagged Image File Format）文件、国家影像转换格式 NTF（National Transfer Format）以及 Erdas Imagine 图像格式 IMG。对于缺少投影信息的格式，必须对图像进行定位，并人工地缩放和旋转，支持的格式有 JPEG、BMP、TIF、TGA、PNG、GIF、TIFF、DDS、PPM 和 PGM 等。

（3）**GPS 数据**。Google Earth 允许导入 GPS 数据。有 3 种 GPS 类型：轨迹（Track）、路点（Waypoint）和路线（Route）。轨迹是 GPS 设备沿路线行进时周期性自动记录的点，它记录了行进的路线。路点是用户手工输入的用于导航目的的参照点，通常用名字标注，例如"家""折返点"等。路线显示要行进的一系列位置，GPS 用这些点建立行进路线。例如，当用户指示设备从一个记录点行进到另一个记录点时，就创建了一条路线。GPS 数据可以直接从 GPS 设备导入。当设备连接到计算机时，用户只需要利用 GPS 工具菜单打开对话框，选择导入数据类型（轨迹、路点或路线）就可以了。GPS 数据可以覆盖在地面上或者保存海拔信息。如果不是直接从 GPS 设备导入，GPS 数据还可以通过 GPX 和 LOC 文件导入，这些文件中都包含了 GPS 信息。Google Earth 提供实时显示 GPS 数据的功能。

（4）**路径**。路径是通过连接线定义的，连接线是由一系列指定经度、纬度和海拔高度的点序列组成的。路径可以标记在地面上，或者设定在特定的高度，然后覆盖到地形上。

（5）**地面覆盖层**。Google Earth 和 Google Maps 地面叠加层允许在地球上覆盖地形图像。覆盖图像可旋转（$-180°\sim+180°$，以正北为纵坐标轴正方向）。该层支持的图像格式有 BMP、GIF、TIFF、TGA、PNG 和 JPEG。

（6）**链**。通过链可以在本地或者从指定的 URL 加载相关文件。链可以用于动态导入数据，是一种信息管理集成应用。

5. 地理标记语言及地理信息的描述

互联网技术的发展促进了 GIS 的发展。描述性文本标记语言广泛应用于空间数据的存储、传输、交换和表现，例如 GML（由开放标准地理空间联盟定义的地理标记语言）、SVG（可缩放向量图形语言）和 KML（Keyhole Markup Language）。GML、SVG 和 KML 用于描述地理数据，它们只是不同的语言，并没有本质上的差异。GML 的主要功能是描绘地理信息，而 SVG 主要应用在地理信息的表现上；KML 不仅可以描述地理信息，同时也能表现地理信息。GML 和 SVG 并没有真正流行起来，这是由于它们不充分支持文件的兼容性；而应用到 Google Earth 的 KML 在这方面是成功的。

Google 公司开发的 KML 是一个基于 XML 的语法和文件格式的描述标记语言，用于描述和存储点、线、面、立体对象等地理信息。在吸收和借鉴 GML 的基础上，KML 舍弃了关于地理模型拓扑关系的描绘，简化了描述性元素，并开发了地理信息的一种基于标记的语法。KML 是为 Google Earth 定制的。它建立了卫星照片、航海图和 GIS 的三维地球模型，这个模型是包含命名空间的信息载体。大量的地理信息以地标的形式集成在 Google Earth 里。使用这项技术，直接在客户端和服务器端通信的不是空间数据，而是图像和 KML 文件。

KML 是 Keyhole 公司首先开发的，后被 Google 公司收购。这种描述标记语言基于 XML 标准，形成了一个以标记和属性的名称为基础的架构。KML 是 Google Earth 的信息存储格式，它的二维产品有 Google Maps 以及 Google Maps for Mobile。虽然 Google Maps 和 Google Maps for Mobile 仅支持 KML 的一个子集，但它提供了一个分享和存储信息的媒介，使之可用于各种应用。KML 可用于以下应用：

(1) 指定图标和标签，以确定地球表面上的位置。

(2) 创建不同的相机视图，定义一个独特的视图。

(3) 将图像叠加层附着在地面或屏幕上。

(4) 定义样式，使得要素能独特地表现。

(5) 创建 HTML 的描述特征，包括超链接和嵌入的图像。

(6) 从远程或本地网络位置动态获取和更新 KML 文件。

(7) 从三维浏览器的变化中提取数据。

(8) 显示三维对象的纹理信息。

KML 文件的压缩版本是 KMZ 文件。一个空的 KML 文件的例子如下：

```
<Placemark>
    <name>CGV</name>
    <description>
        <![CDATA[
            <h3>Institute for Computer Graphics and Knowledge Visualization <h3>
            <p>The institute is located at Inffeldgasse 16c,8010 Graz,Austria </p>
            <a href="http://www.cgv.tugraz.at">Homepage</a>
        ]]>
    </description>
    <Point>
        <coordinates>15.461209,47.058912</coordinates>
    </Point>
</Placemark>
```

6. Google Earth 的系统框架

空间数据的存储、传输、交换和表现是 GIS 要解决的重要问题。因此 Google Earth 引入了 KML 来规范数据的组织。KML 是一种应用在 Google Earth 中的描述标记语言。Google Earth 构建了一种基于 KML 的地理信息系统框架，它能够描述并表示地理信息，提取存储在服务器中的地理信息数据，将数据转换成 XML 格式和 KML 格式，最后在客户端网页中表现地理信息的 KML 数据。

Google Earth 采用的是一种基于 GIS 和 Google Earth KML 的新框架。它主要解决如何用 Google Earth 的 API 加载地图与数据，如何发送数据请求，如何从 XML 数据转换为 KML 数据，以及如何显示与表现 KML 数据等问题。

Google Earth 显示 KML 的过程与网页浏览器打开 HTML 文件的过程类似。其中，KML 文件是基于 KML 标准生成的，并由 Google Earth 浏览器解释与表现。Google Earth 的原理类似于网页浏览器，它可以查看互联网上的任何 KML 文件，并将 KML 文件保存到本地计算机中，但其内容是静态的，而不是动态的，这与 HTML 类似。在服务器端请求的动态页面经过服务器的处理后生成静态页面，并返回给用户。因此，如果要查看 KML 数据，Google Earth 浏览器是必不可少的。图 8.21 给出了 Google Earth 浏览器与网页浏览器的对比。

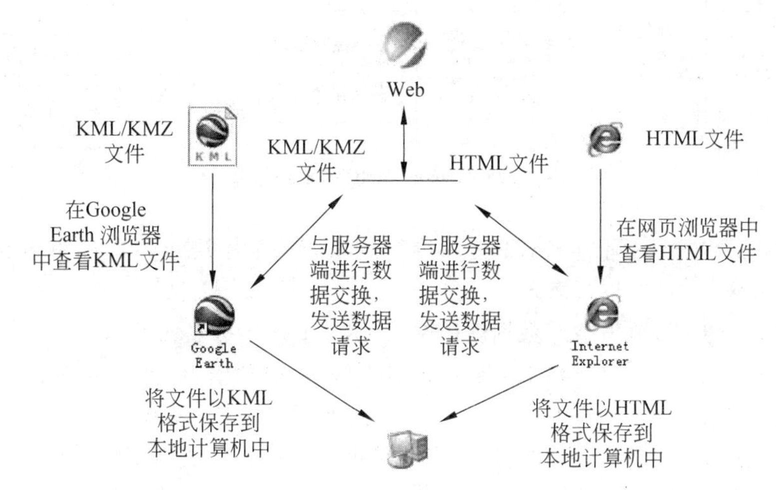

图 8.21　Google Earth 浏览器与网页浏览器的对比

Google Earth 的客户端其实只是一个用于浏览和表现地理信息数据的浏览器，其功能相当于通常的网页浏览器。不同的是，它表现的数据是以 KML 文件格式保存的，而网页浏览器是以 HTML 文件格式保存的，其与服务器端的数据交换的区别也是如此。用户也可以在使用 Google Earth 的时候将文件以 KML 格式保存到本地计算机中。

一个 KML 文件通常包含 3 部分：

(1) XML 文件头，例如<?xml version="1.0" encoding="UTF-8"?>。

(2) 定义 KML 的命名空间，例如<kml xmlns="http://earth.google.com/kml/2.1">。

(3) 地理标签对象。在层次结构中，地理标签对象包括<name>、<description>、<LookAt>、<longitude>、<latitude>和<Point> 等。

在 GIS 中，数据处理模块和显示模块是两个重要的组成部分。Google Earth 借助类似于网页浏览器模式的框架实现这两个功能，其系统框架如图 8.22 所示。

在图 8.22 中，系统的处理过程包括以下 6 个步骤：

(1) 客户端装载 Google Earth 或者 Google Maps 浏览器。

(2) 客户端通过网络向服务器端发送数据请求。

(3) 服务器端根据接收到的请求进行处理，并向数据库发送数据请求。

(4) 数据库根据数据请求进行数据查询，并将查询的结果返回给服务器端。

(5) 服务器端根据数据库发送的数据以及客户端的数据请求生成静态的 KMZ 文件，并将其发送给发出请求的客户端。

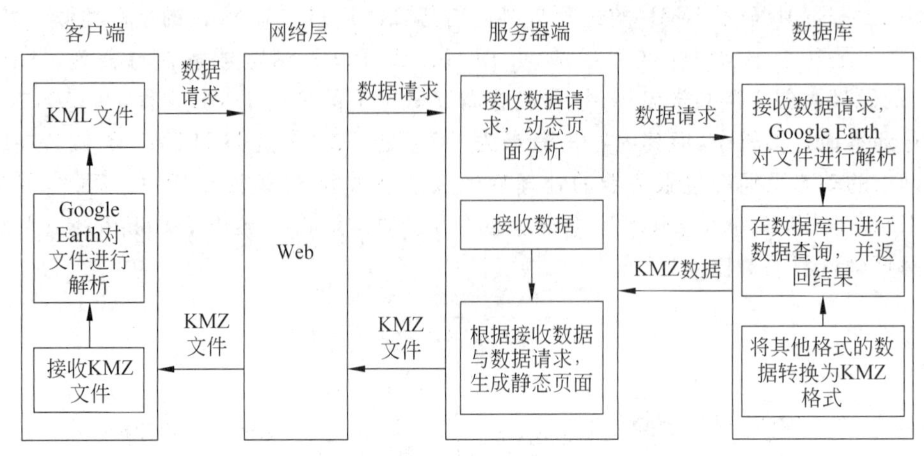

图 8.22　Google Earth 的系统框架

(6) 客户端对接收到的 KMZ 文件进行解析，转换为 KML 文件，并在浏览器(如 Google Earth 浏览器)中进行表现。

通过这 6 个步骤，地理空间数据就能在 Google Earth 中表现了。

在系统的具体实施中，要在 Google Earth 中查看地理信息，就需要在客户端和服务器端之间进行数据传送，解析 KML 数据等，因此 KML 是整个系统的核心。

如何得到地理区域的纬度和经度信息？纬度和经度是生成 KML 文件的基础和必要条件。然而，要获得精确的纬度与经度信息并不是一件简单的事。因此，有必要获得地理区域的纬度和经度，并存储在系统数据库的表中。

如何在客户端表现 KML 数据？客户端接收到服务器端发送的数据后，就要在浏览器上对其进行表现。这个过程的实现是建立在 KML 表现规则的基础之上的。KML 是特别为 Google Earth 设计的，其包含了 Google 设计的地理信息表现的各种模型的信息。加载 KML 文件的过程如下：

(1) Google Earth 接收从服务器端发送的 KML 数据。

(2) Google Earth 对 KML 文件进行解析，并根据 KML 文件中的数据以及地理信息进行场景的重现。

(3) 在用户交互界面表现地理信息。

KML 文件的加载过程如图 8.23 所示。

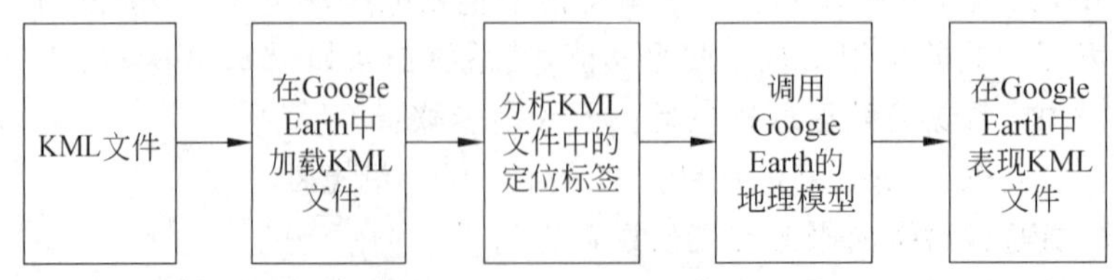

图 8.23　KML 文件的加载过程

7. Google Maps 的定位服务

Google Maps for Mobile 是 Google 公司在 2006 年引入的 Java 应用，可以运行在任何基于 Java 的电话或移动设备上。该应用自 2.0 版本起引入了类似 GPS 的定位服务，但是不一定需要 GPS 接收器。定位信息的利用顺序如下：

(1) 基于 GPS 的服务。

(2) 基于 WLAN 的服务。

(3) 基于蜂窝发射基站的服务。

如果有 GPS 接收器，就利用 GPS 定位信息；如果没有，就用 WLAN 信号或蜂窝发射基站信号。WLAN 定位信息是根据附近热点的位置计算得到的，当前热点的位置是通过检索在线 Wi-Fi 数据获得的。蜂窝定位的过程是：用三角测量方法获得从不同蜂窝发射基站发射的信号强度，从在线蜂窝基站数据库中检索出位置，通过计算获得用户当前的位置。

8.6 本章小结

RS、GIS 和 GPS 是 3 种有关空间信息获取和处理的技术，它们之间存在明显的互补性，并有过独立、平行的发展历程。3S 集成包括多种具体的实现形式，可以从广度、深度和时效性方面分别细分为 4 种方式、3 个层次和 3 种模式：

(1) 4 种方式：RS 与 GIS 的集成，RS 与 GPS 的集成，GIS 与 GPS 的集成，RS、GIS 与 GPS 的集成。

(2) 3 个层次：数据层次、平台层次和功能层次。

(3) 3 种模式：完全同步、准同步和非同步。3S 集成的目的是充分利用其各系统在功能上和信息上的互补性，提高系统的整体能力。

GPS 主要用于实时、快速地提供目标，包括各类传感器和运载平台(车、船 飞机和卫星等)的空间位置。RS 用于实时地或准实时地提供目标及其环境的语义或非语义信息，发现地球表面上的各种变化，及时地对 GIS 进行数据更新；GIS 则对多种来源的时空数据进行综合处理、集成管理和动态存取，作为新的集成系统的基础平台，并为智能化数据采集提供地学知识。利用 GIS 中的电子地图和 GPS 接收机的实时差分定位技术，可以组成 GPS+GIS 的各种电子导航系统，用于交通、公安侦破、车船自动驾驶。也可以直接用 GPS 对 GIS 实时更新数据。

RS 是 GIS 重要的数据源和数据更新的手段；反过来，GIS 数据则是 RS 中数据处理的辅助信息，用于语义和非语义信息的自动提取。GIS 与 RS 各种可能的结合方式包括分开但是平行的结合(不同的用户界面、不同的工具库和不同的数据库)、表面无缝的结合(同一用户界面、不同的工具库和不同的数据库)和整体的集成(同一个用户界面、工具库和数据库)。

GIS 与 RS 的集成主要用于变化监测和实时更新，它涉及计算机模式识别和图像理解。在海湾战争中，这种集成方式用于战场实况的快速勘察，为战场指挥服务。这种集成方式也用于全球变化和环境监测。遥感中的目标定位一直依赖于地面控制点,如果要实时地实现无地面控制的遥感目标定位,则需要将遥感影像获取的瞬间空间位置和传感器姿态同步记录下来。对于中低精度定位用伪距法,对于高精度定位则要用相位差分法。目前 GPS 动态相位差分已用于航空航天摄影测量,进行空中三角测量。

空间定位技术、遥感技术和地理信息技术的整体集成无疑是人们追求的目标。这种系统不仅具有自动、实时地采集、处理和更新数据的功能,而且能够智能地分析和运用空间数据,为国民经济和国家安全提供空间信息服务和决策支持。

中英文词汇对照

A

affine transformation	仿射变换
altitude	高度角
activity route	活跃路线
AT(Atomic Time)	原子时

B

bearing	导向
BIH(Bureau International de L'Heure)	国际时间局
buffer analysis	缓冲区分析
bilinear interpolation	双线性插值方法
BDT(Barycentric Dynamical Time)	质心力学时

C

Cartesian coordinate	笛卡儿坐标,直角坐标
cost distance	耗费距离
cost raster	耗费栅格
cubic convolution	立方卷积插值法
CDMA(Code Division Multiple Access)	码分多址技术
civil time	民用时
celestial Sphere	天球
celestial coordinate system	天球坐标系
CTP(Conventional Terrestrial Pole)	协议地极
CTS(Conventional Terrestrial System)	协议地球坐标系
CGCS2000(China Geodetic Coordinate System 2000)	中国国家大地坐标系统 2000
central meridian	中央经线,中央子午线
coordinate	坐标

D

dark-object method	暗物体法
declination	赤纬
datum	大地基准
direction raster	方向栅格
DR(Dead Reckoning)	航迹推算
density estimation	密度估计
density map	密度图
DTM(Digital Terrain Model)	数字地面模型

DigitalGlobe	数字地球
DEM(Digital Elevation Matrix)	数字高程矩阵
DEM(Digital Elevation Model)	数字高程模型

E

equator	赤道
equatorial coordinate system	赤道坐标系统
ERTS(Earth Resource Technology Satellite)	地球资源技术卫星
ecliptic	黄道
ET(Ephemeris Time)	历书时
Euclidean transformation	欧几里得变换
ESDA(Exploratory Spatial Data Analysis)	探查性空间数据分析
EDA(Exploratory Data Analysis)	探查性数据分析
exosphere	逃逸层
ellipsoid	椭球体

F

fundamental plane	基础平面

G

geodesy	大地测量(学)
geodetic datum	大地基准
geoid	大地水准面
geodetic coordinate system	大地坐标系
Geospatial data	地理空间数据,地球空间数据
geostatistics	地理统计学,地统计学,地质统计学
GIS(Geographic Information System)	地理信息系统
geographic feature	地理要素
GCP(Ground Control Point)	地面控制点
geocentric	地心
geocentric datum	地心基准
geocentric coordinate system	地心坐标系
GMT(Greenwich Mean Time)	格林尼治平时,格林尼治标准时
grey body	灰体
geometric transformation	几何变换
geometric correction	几何校正
GPS(Global Positioning System)	全球定位系统

H

hierarchical model	层次模型
horizontal coordinate system	地平坐标系

HRS(Hyper-spectral Remote Sensing)	高光谱分辨率遥感
heading	前进方向
Hue	色调
HOW(Hand Over Word)	转换码

I

imaging spectrometer	成像光谱仪
IGS(International GNSS Service)	地球动力学服务组织
ionosphere	电离层
IDW(Inverse Distance Weighting)	反向距离加权法
INS(Inertial Navigation System)	惯性导航系统
ITRS(International Terrestrial Reference System)	国际地球参考系统
intensity	亮度
IAT(International Atomic Time)	原子时

K

kilometer grid	方里网
Kriging	克里金方法

L

layer	层,图层
location-allocation	定位-分配
LiDAR(Light Detection And Ranging)	机载激光雷达
Landsat	陆地卫星
landmark	路标
latitude	纬度
line	线

M

magnetosphere	磁层
map overlay	地图叠置
map generalization	地图综合,地图概括,地图概化
MSS(Multi-Spectral Scanner)	多光谱扫描仪
Mie scattering	米氏散射
mean sun	平太阳
mean solar day	平太阳日
mean solar time	平太阳时
mesosphere	中间层
meridian	子午线

N

nugget	块金

neighborhood operation	邻域运算
NGA(National Geospatial-Intelligence Agency)	美国国家地理空间情报局
NNSS(Navy Navigation Satellite System)	美国海军导航卫星系统
nadir	天底
network model	网状模型
navigation satellite timing and ranging	卫星测时测距导航
non-selective scattering	无选择性散射
nutation	章动
neutral layer	中性层
nearest neighbor interpolation	最邻近插值法

O

OTF(On The Fly)	动态初始化技术
optical mechanical scanner	光学-机械扫描仪
object oriented model	面向对象模型
ordinary Kriging	普通克里金插值法

P

prime meridian	本初子午线
point	点
polar motion	极移
PPP(Precise Point Positioning)	精密单点定位
PPS(Precise Positioning Service)	精密定位服务
partial sill	偏基台值
photogrammetry	摄影测量
precession	岁差
projection transformation	投影变换
projective transformation	投影变换
pushbroom scanner	推扫式扫描
PRN(Pseudo Random Noise)	伪随机噪声
PCA(Principal Component Analysis)	主成分分析
plot trail	足迹线

R

range	变程
reference ellipsoid	参考椭球,基准椭球
reference-ellipsoid-centric	参考椭球中心
right ascension	赤经
RBV(Return Beam Vidicon)	返束光导摄像机
relational model	关系模型
route	路线

rayleigh scattering	瑞利散射
RTK(Real Time Kinematic)	实时处理
remote sensor	遥感传感器
remote control	遥控
raster	栅格
RAR(Real Aperture Radar)	真实孔径雷达
re-sampling	重采样

S

SAR(Synthetic Aperture Radar)	合成孔径雷达
SA(Selective Availability)	选择性可用
satellite remote sensing	卫星遥感
saturation	饱和度
sidereal time	恒星时
sill	基台
simivariogram	半变异图
solar azimuth angle	太阳方位角
solar constant	太阳常数
solar elevation angle	太阳高度角
solar Time	太阳时
space remote sensing	航天遥感,太空遥感
spatial data	空间数据
spherical coordinate	球面坐标系
SPS(Standard Positioning Service)	标准定位服务方式
stratosphere	平流层
sun set/raise time	日出/日落时间
surface	表面
SWIR(Short-Wave Infrared)	短波红外波段

T

TAI(International Atomic Time,法语 Temps Atomique International)	国际原子时
TDT (Terrestrial Dynamical Time)	地球动力学时间
telecontrol	遥控
telemetering	遥测
terrestrial time	地球时
time zone	时区
TIN(Triangulated Irregular Network)	不规则三角网
TLW(Telemetry Word)	遥测码
TM(Thematic Mapper)	专题成像仪
troposphere	对流层
true solar day	真太阳日

U

UT(Universal Time)	世界时
UTC(Coordinated Universal Time)	协调世界时

V

variography	变异图
vectorization	矢量化,向量化
vector	矢量,向量
viewshed analysis	视域分析

W

waypoint	路标
weighted-distance raster	加权距离栅格
WGS-84(World Geodetic System)	世界大地坐标系(1984 年)
WGS-72(World Geodetic System)	世界大地坐标系(1972 年)
whiskbroom scanner	掸扫式扫描仪

Z

zenith	天顶
zulu time	祖鲁时间

参考文献

[1] El-Sheimy N. 3D GIS Data Acquisition Using VISAT—A Mobile Mapping System[EB/OL]. http://www.gisdevelopment.net/technology/mobilemapping/me05_061abs.htm.

[2] El-Sheimy N. The Development of VISAT—A Mobile Survey System for GIS Applications[D]. Calgary: University of Calgary, 1996.

[3] 李德仁. 论 Geomatics 的中译名[J]. 测绘学报, 1998, 27(2): 95-98.

[4] 廖克. 21 世纪的地球信息科学及其应用[J]. 测绘科学, 2001, 26(2): 1-7.

[5] 周成虎, 鲁学军. 对地球信息科学的思考[J]. 地理学报, 1998, 53(4): 372-380.

[6] 陈述彭. 地球信息科学[M]. 北京:高等教育出版社, 2007.

[7] 廖克. 地球信息科学导论[M]. 北京: 科学出版社, 2007.

[8] 李德仁. 论 RS、GPS 与 GIS 集成的定义、理论与关键技术[J]. 遥感学报, 1997, 1(1): 64-68.

[9] 毛政元, 李霖. 3S 集成及其应用[J]. 华中师范大学学报(自然科学版), 2002, 36(3): 385-388.

[10] 李德仁. 数字地球与 3S 技术[J]. 中国测绘, 2002(2): 28-31.

[11] Zeiler M. Modeling Our World: ESRI Guide to Geodatabase Design[M]. Redlands: ESRI Press, 1999.

[12] Chang K T. 地理信息系统导论[M]. 北京: 科学出版社, 2003.

[13] NASA. Remote Sensing Tutorial[EB/OL]. http://rst.gsfc.nasa.gov.

[14] 邓永卫. 我周边主要国家和地区的卫星侦查能力[J]. 现代军事, 2008(2): 55-58.

[15] 国家遥感中心. 中国遥感奋进创新二十年的回顾与展望[EB/OL]. http://www.nrscc.gov.cn.

[16] 朱振海, 黄晓霞, 李红旮. 中国遥感的回顾与展望[J]. 地球物理学进展, 2002, 17(2): 310-316.

[17] CCRS. Canada Center for Remote Sensing[EB/OL]. http://ccrs.nrcan.gc.ca.

[18] 丁建华, 肖克炎. 遥感技术在我国矿产资源预测评价中的应用[J]. 地球物理学进展, 2006, 21(2): 588-593.

[19] 吴焕娟, 郭明珠, 张皎. 遥感技术在防震减灾领域中的应用[J]. 地震工程与工程振, 2006, 26(3):267-269.

[20] 李德仁. 浅论 21 世纪遥感与 GIS 的发展[J]. 东北测绘, 2002, 25(4): 3-5.

[21] 张亚梅. 地物反射波谱特征及高光谱成像遥感[J]. 光电技术应用, 2008, 23(5): 6-11.

[22] 邱宏烈, 钟骏平, 董新光. 新疆乌鲁木齐市附近地区主要地物的反射光谱特征[J]. 新疆农业大学学报, 2001, 24(2): 17-21.

[23] 刘华根, 杨树峰, 陈汉林. 广东两类花岗岩的反射光谱特征及其遥感意义[J]. 高校地质学报, 1997, 3(4): 445-450.

[24] 杨可明, 郭达志. 植被高光谱特征分析及其病害信息提取研究[J]. 地理与地理信息科, 2006, 22(4):31-34.

[25] 舒宁. 微波遥感原理[M]. 武汉: 武汉测绘科技大学出版社,2000.

[26] 张祖荫, 林士杰. 微波辐射测量技术及应用[M]. 北京: 电子工业出版社, 1995.

[27] 崔锦泰. 小波分析导论[M]. 程正兴, 译. 西安: 西安交通大学出版社, 1995.

[28] 关泽群, 刘继琳. 遥感图像解译[M]. 武汉: 武汉大学出版社, 2007.

[29] Lillesand T M, Kiefer R W. 遥感与图像解译[M]. 彭望琭,余先川, 译. 北京: 电子工业出版社,2003.

[30] 潘建刚，赵文吉，宫辉力. 遥感图像分类方法的研究[J]. 首都师范大学学报(自然科学版)，2004，25(3)：86-91.
[31] 袁曾任. 人工神经元网络及其应用[M]. 北京：清华大学出版社，1999.
[32] Longley P A，Goodchild M F，Maguire D J. 地理信息系统与科学[M]. 张晶，刘瑜，张洁，等译. 北京：机械工业出版社，2007.
[33] 国家遥感中心. 地球空间信息科学技术进展[M]. 北京：电子工业出版社，2009.
[34] Okabe A，Miller H J. Exact Computational Methods for Calculating Distances between Objects in a Cartographic Database[J]. Cartography and Geographic Information Systems，1996，23，180-195.
[35] 李德仁，关泽群. 空间信息系统的集成与实现[M]. 武汉：武汉测绘科技大学出版社，2000.
[37] Gagnon P. Geomatics—An Integrated Systematic Approach to Meet the Needs for Spatial Information[J]. CISM Journal ACSGC，1990，44(4)：377-382.
[38] Zeiler M. 为我们的世界建模：ESRI 地理数据库设计指南[M]. 张晓祥，译. 北京：人民邮电出版社，2004.
[39] ESRI. ArcGIS Desktop 9.3 Help[EB/OL]. http://webhelp.esri.com/arcgisdesktop/9.3/index.cfm.
[40] 倪金生，李琦，曹学军. 遥感与地理信息系统[M]. 北京：电子工业出版社，2004.
[41] 李树楷. 遥感时空信息集成技术及其应用[M]. 北京：科学出版社，2003.
[42] 边少锋，李文魁. 卫星导航系统概论[M]. 北京：电子工业出版社，2005.
[43] 武汉大学精品课程教学平台. 地理信息系统[EB/OL]. http://jpkc.whu.edu.cn/jpkc/gis/course/index.htm.
[44] 南京师范大学精品课程教学平台. 地理信息系统[EB/OL]. http://202.119.109.14/jpkc/index2.htm.
[45] 广州大学精品课程教学平台. 地理信息系统[EB/OL]. http://geo.gzhu.edu.cn/cyb.
[46] 西北大学精品课程教学平台. 地理信息系统[EB/OL]. http://jpkc.nwu.edu.cn/gis.
[47] 北京大学精品课程教学平台. 地理信息系统概论[EB/OL]. http://www.jpk.pku.edu.cn/pkujpk/course/dlxxxt/.
[48] 华东师范大学精品课程教学平台. 地理信息系统[EB/OL]. http://jpkc.ecnu.edu.cn/dlxx/index.htm.
[49] 汤国安. 地理信息系统教程[M]. 2版. 北京：高等教育出版社，2019.
[50] 吴信才，吴亮，万波. 地理信息系统原理与方法[M]. 4版. 北京：电子工业出版社，2019.
[51] 杨慧. 空间分析与建模[M]. 北京：清华大学出版社，2013.
[52] 日本遥感研究会. 遥感精解[M]. 刘勇卫，贺雪鸿，译. 北京：测绘出版社，1997.
[53] 张永生. 遥感图像信息系统[M]. 北京：科学出版社，2000.
[54] 梅安新，彭望录. 遥感导论[M]. 北京：高等教育出版社，2003.
[55] 朱述龙. 遥感图像获取与分析[M]. 北京：科学出版社，2000.
[56] 汤国安. 遥感数字图像处理[M]. 北京：科学出版社，2004.
[57] 郭德方. 遥感图像的计算机处理和模式识别[M]. 北京：电子工业出版社，1987.
[58] 朱述龙. 遥感图像处理与应用[M]. 北京：科学出版社，2006.
[59] Castlema K R. 数字图像处理[M]. 北京：电子工业出版社，2002.
[60] 徐绍诠. GPS测量原理与应用[M]. 北京：武汉大学出版社，2003.
[61] 刘基余. 全球定位系统原理及其应用[M]. 北京：测绘出版社，1999.

[62] 周忠谟. GPS 卫星测量原理与应用[M]. 北京：测绘出版社，2004.

[63] 刘基余. GPS 卫星导航定位原理与方法[M]. 北京：科学出版社,2003.

[64] 李洪涛. GPS 应用程序设计[M]. 北京：科学出版社,2000.

[65] 李连营，李清泉. 基于 MapX 的 GIS 应用[M]. 武汉：武汉大学出版社,2003.

[66] 李满春. GIS 设计与实现[M]. 北京：科学出版社,2004.

[67] 邱致和，王乃义. GPS 原理与应用[M]. 北京：电子工业出版社,2002.

[68] 王惠南. GPS 导航原理与应用[M]. 北京：科学出版社，2003.

[69] 王广运,郭秉义. 差分 GPS 定位技术与应用[M]. 北京：电子工业出版社,1996.

[70] 刘大杰,施一民. 全球定位系统(GPS)的原理与数据处理[M]. 上海：同济大学出版社,1996.

[71] 安德欣,谢世杰,高启贵. GPS 精密定位及其误差源[J]. 地矿测绘,2000，16(2)：4-7.

[72] 郭际明. GPS 与 GLONASS 最新发展[J]. 测绘信息工程,2002(2)：28-30.

[73] Hofnmann-Wellenhof B，Lichtenegger H，Collins J. GPS Theory and Practice[M]. New York：Springer，1997.

[74] 宋崇汶,孙向前,谢毅. 利用 GPS 对计算机实现精确授时[J]. 计算机测量与控制，2002 (10)：477-479.

[75] 熊志昂，冯大伟. 用 GPS 实现空中多目标的实时测量[J]. 计算机测量与控制，2000，8(4)：18-20，42.

[76] McDonald K D. Performance Improvements to GPS in the Decade 2000-2010[C]. In：ION 55th Annual Meeting，Cambridge，MA，1999：1-16.

[77] Xu G C.GPS Theory,Algorithms and Application[M].Berlin：Springer-Verlag,2003.

[78] Radovanovic R，Teskey W F. Development of a Precision GPS Monitoring System：Short Baseline Deformation Detection.Technical Report[R]. Dep. of Geomatics Engineering，University of Calgary，1999.

[79] 冯学智，王结臣，周卫，等. 3S 技术与集成[M]. 北京：商务印书馆，2007.

[80] Kaplan E D. GPS 原理与应用[M]. 寇艳红,译. 2 版. 北京：电子工业出版社,2007.

[81] Wikipedia. Google Earth[EB/OL]. http://en.wikipedia.org/wiki/Google_Earth.

[82] 冯钟葵,石丹,陈文熙. 法国遥感卫星的发展——从 SPOT 到 Pleiade[J]. 遥感数据. 2007(4)：87-92.

[83] Brown L G. A Survey of Image Registration Techniques[J]. ACM Computer Surveys，1992，24(4)：325-376.

图书资源支持

感谢您一直以来对清华版图书的支持和爱护。为了配合本书的使用，本书提供配套的资源，有需求的读者请扫描下方的“书圈”微信公众号二维码，在图书专区下载，也可以拨打电话或发送电子邮件咨询。

如果您在使用本书的过程中遇到了什么问题，或者有相关图书出版计划，也请您发邮件告诉我们，以便我们更好地为您服务。

我们的联系方式：

清华大学出版社计算机与信息分社网站：https://www.shuimushuhui.com/

地　　址：北京市海淀区双清路学研大厦 A 座 714

邮　　编：100084

电　　话：010-83470236　010-83470237

客服邮箱：2301891038@qq.com

QQ：2301891038（请写明您的单位和姓名）

资源下载：关注公众号“书圈”下载配套资源。

资源下载、样书申请

书圈

图书案例

清华计算机学堂

观看课程直播